无师自通

AutoCAD

中文版 建筑设计

◎ 张秀 编著

self-learning

人民邮电出版社

北京

图书在版编目（CIP）数据

无师自通AutoCAD中文版建筑设计 / 张秀编著. --
北京：人民邮电出版社，2017.10
ISBN 978-7-115-46634-1

Ⅰ. ①无… Ⅱ. ①张… Ⅲ. ①建筑设计－计算机辅助
设计－AutoCAD软件 Ⅳ. ①TU201.4

中国版本图书馆CIP数据核字(2017)第210884号

内 容 提 要

本书以 AutoCAD 2014 中文版为平台，通过"知识点+实例+疑难解答+经验分享"的形式全面地、循序渐进地介绍 AutoCAD 建筑绘图的方法和技巧。

本书共 16 章，第 1～5 章介绍建筑设计的基础知识，包括绘图环境与绘图命令、辅助功能与坐标输入、点与线、编辑线图元以及绘制二维图形；第 6～7 章介绍建筑设计的进阶知识，包括编辑、管理二维图形及图层、特性与查询；第 8～10 章介绍建筑设计的提高知识，包括应用设计资源与创建特殊图形、标注尺寸及文字注释；第 11 章介绍建筑设计的打印输出；第 12 章介绍建筑设计的必备知识，包括三视图的绘图原理以及建筑设计图的绘图规范；第 13～16 章是综合实例，包括绘制建筑平面图、绘制建筑立面图、绘制建筑剖面图及绘制建筑结构图。

本书配套一张 DVD 光盘，其主要内容有：长达 22 小时共 307 集的与书内容同步的高清自学视频，帮助读者有效提高实战能力；长达 3 小时共 51 集的难点教学视频，帮助读者快速解决学习及设计过程中的疑难问题；书中所有案例的素材文件、图块文件和效果文件，方便读者学习本书内容。

本书适合所有 AutoCAD 用户阅读，尤其适合零基础的建筑设计读者自学。同时，也可作为工程技术人员的参考用书。

◆ 编　著　张　秀
　责任编辑　牟桂玲
　责任印制　彭志环

◆ 人民邮电出版社出版发行　　北京市丰台区成寿寺路 11 号
　邮编　100164　　电子邮件　315@ptpress.com.cn
　网址　http://www.ptpress.com.cn
　大厂聚鑫印刷有限责任公司印刷

◆ 开本：787×1092　1/16
　印张：25
　字数：684 千字　　　　　　　　2017 年 10 月第 1 版
　印数：1 - 2 000 册　　　　　　2017 年 10 月河北第 1 次印刷

定价：69.80 元（附光盘）

读者服务热线：(010)81055410　印装质量热线：(010)81055316
反盗版热线：(010)81055315
广告经营许可证：京东工商广登字 20170147 号

编者的话

AutoCAD 强大的图形设计功能深受广大建筑设计人员青睐。本书以 AutoCAD 2014 中文版为平台，结合大量工程设计案例，全面介绍 AutoCAD 在室内设计方面的应用技巧和方法。在无老师指导的情况下，读者通过阅读本书，能在短时间内快速提高使用 AutoCAD 进行建筑设计的能力，从而为其职业生涯奠定扎实的基础。

本书特色

（1）知识体系完善，讲解细致入微

AutoCAD 是一款功能强大的图形设计软件，其知识点多、内容繁杂，读者要想在无老师指导的情况下全面掌握其操作技巧非常困难。目前市面上大多数 AutoCAD 图书，仅关注技术实现，其结果是只能授人与鱼。本书则立足于工作实际，从"菜鸟"级读者的角度出发，对软件基础知识进行系统分类及讲解，然后通过大量的真实案例，全方位展现建筑设计图的设计思路、设计方法以及技术实现，使读者如亲临工作现场，真正体验建筑设计之要义。同时，书中知无不言，言无不尽，不仅细说其然，更点明其所以然，帮助读者快速掌握 AutoCAD 建筑设计的精髓。另外，书中还安排了具体实例让读者自己尝试练习，及时实践和消化所学知识，最终达到融会贯通、无师自通。

（2）案例真实、丰富，专业性和实用性强

在建筑设计中，平面图、立面图和剖面图是最主要、最常用的 3 种图纸，本书就围绕这 3 种图纸的绘制，详细讲解了使用 AutoCAD 进行建筑绘图的方法和技巧。在案例安排上，特别挑选了建筑设计中的 38 个典型设计案例进行讲解。在讲解过程中，每一个知识点后均配有实例辅助读者理解，每一个操作都配有相应的图解和操作注释，这种图文并茂的方法，使读者在学习的过程中直观、清晰地看到操作过程和结果，便于读者深刻理解和掌握。此外，对于每一个案例，都配有详细的名师视频讲解，读者可边看边练，轻松、高效学习。

（3）6 个特色小栏目，帮助读者加深理解和掌握所学知识及技能

本书提供了"实例引导""技术看板""练一练""疑难解答""综合实例""综合自测"6 个特色小栏目。

- 实例引导：通过具体案例对相关命令功能进行讲解。
- 技术看板：对容易出现的操作错误及时提点和分析；对所涉及的相关操作技巧进行补充和延伸介绍。
- 练一练：在重要命令讲解后，让读者通过自己实操练习，加深对该命令的理解和掌握。
- 疑难解答：对学习及操作过程中遇到的疑难问题进行详细分析和专业解答，帮助读者彻底消除疑惑，扫清学习障碍。
- 综合实例：通过具体案例对每一章知识点进行综合练习，强化核心操作方法。
- 综合自测：通过精心设计的章末选择题及操作题，对该章所学的知识及操作方法进行检验，帮助读者巩固所学知识，提升实践应用能力。

光盘特点

为了使读者更好地学习本书的内容，本书附有一张 DVD 光盘，光盘中包含以下内容。

- 专家讲堂：本书同步案例操作视频讲解。
- 效果文件：本书所有实例的效果文件。

- 图块文件：本书实例调用的图块文件。
- 样板文件：本书实例绘图的样板文件。
- 素材文件：本书实例调用的素材文件。
- 疑难解答：疑难问题名师解答视频。
- 习题答案：章末综合自测的参考答案及操作题详解。
- 附赠资料：涵盖建筑设计领域的 254 个精品设计素材。
- 快捷键速查：36 个常用命令功能键及 103 个常用命令快捷键。

创作团队

本书由张秀执笔完成，参与本书资料整理及光盘制作的人员有史宇宏、张传记、白春英、陈玉蓉、林永、刘海芹、卢春洁、秦真亮、史小虎、孙爱芳、谭桂爱、唐美灵、王莹、张伟、徐丽、张伟、赵明富、郝晓丽、翟成刚、边金良、王海宾、樊明、张洪东、孙红云、罗云风等，在此一并表示感谢。

尽管在本书编写的过程中，我们力求做到精益求精，但也难免有疏漏和不妥之处，恳请广大读者不吝指正。若您在学习过程中产生疑问，或者有任何建议和意见，可发送电子邮件至 muguiling@ptpress.com.cn。

编　者

目录

CONTENTS

| 第 5 章 | 建筑设计中的基本图元——二维图形

115

第 1 章
建筑设计必备基础知识——绘图环境与绘图命令

　　AutoCAD 建筑设计是指使用 AutoCAD 设计软件对建筑物的功能进行设计，例如，建筑物的规划位置、外部造型、内部布置、内外装修、细部构造、固定设施及施工要求等。作为 AutoCAD 建筑设计初学者，首先需要熟悉 AutoCAD 的绘图环境以及基本操作，本章就来学习相关内容。

| 第1章 |

建筑设计必备基础知识——绘图环境与绘图命令

本章内容概览

知识点	功能 / 用途	难易度与应用频率
4 种工作空间（P2）	● 绘制、编辑二维图形 ● 创建、修改三维模型 ● 标注图形尺寸、文字注释 ● 打印输出设计图	难易度：★ 应用频率：★
AutoCAD 经典工作空间详解（P7）	● 绘制、编辑二维图形 ● 创建、修改三维模型 ● 标注图形尺寸、文字注释 ● 打印输出设计图	难易度：★ 应用频率：★★★★★
系统设置（P11）	● 设置系统背景颜色 ● 设置光标大小 ● 设置文件自动存储与格式 ● 设置文件打开数目	难易度：★ 应用频率：★
图形文件的基本操作（P16）	● 新建图形文件 ● 保存图形文件 ● 打开图形文件	难易度：★ 应用频率：★★★★★
缩放与调整视图（P18）	● 调整视图大小 ● 平移视图 ● 查看图形文件	难易度：★ 应用频率：★★★★★
启动绘图命令（P21）	● 启动绘图命令 ● 绘制、编辑二维图形 ● 创建、修改三维模型	难易度：★ 应用频率：★★★★★
直线（P24）	● 绘制水平、垂直直线 ● 绘制二维图形	难易度：★ 应用频率：★★★★★
综合自测（P26）	● 软件知识检验——选择题 ● 操作技能入门——切换工作空间 ● 操作技能入门——设置背景颜色	

1.1 认识绘图环境——4 种工作空间

　　AutoCAD 为用户提供了 4 种工作空间，具体包括"草图与注释"工作空间、"三维绘图"工作空间、"三维建模"工作空间与"AutoCAD 经典"工作空间。本节主要介绍这 4 种工作空间。

本节内容概览

知识点	功能 / 用途	难易度与应用频率
"草图与注释"工作空间（P3）	● 绘制编辑二维图形 ● 创建三维模型 ● 打印输出建筑设计图	难易度：★★★ 应用频率：★★
"三维基础"工作空间（P3）	● 创建编辑三维基本模型 ● 绘制、编辑二维图形 ● 打印输出建筑设计图	难易度：★★★ 应用频率：★

续表

知识点	功能 / 用途	难易度与应用频率
"三维建模"工作空间（P5）	● 创建编辑三维模型 ● 绘制编辑二维图形 ● 打印输出建筑设计图	难易度：★★★ 应用频率：★
"AutoCAD 经典"工作空间（P6）	● 绘制、编辑二维图形 ● 创建、编辑三维模型 ● 打印输出建筑设计图	难易度：★ 应用频率：★★★★★

1.1.1　"草图与注释"工作空间

🖥 视频文件	专家讲堂\第 1 章\草图与注释工作空间 .swf

　　用户成功安装并启动 AutoCAD 应用程序后，即可进入 AutoCAD 软件默认的"草图与注释"工作空间，同时会自动打开一个名为"Drawing1.dwg"的默认绘图文件。

　　该工作空间包括标题栏、功能区、绘图区、命令行以及状态栏 5 大部分，如图 1-1 所示。

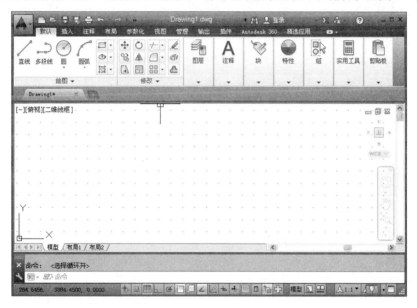

图 1-1

1.1.2　"三维基础"工作空间

🖥 视频文件	专家讲堂\第 1 章\"三维基础"工作空间 .swf

　　"三维基础"工作空间是三维绘图的基础工作空间，主要用于创建三维基本模型、通过对二维图形编辑创建三维模型等，可以通过以下方法进入到该空间。

⚙ **实例引导**——切换到"三维基础"工作空间

Step01 ▶ 在"草图与注释"工作空间的标题栏中单击 AutoCAD 经典 按钮。

Step02 ▶ 在展开的下拉菜单中选择"三维基础"选项，如图 1-2 所示。

　　此时会将工作空间切换到"三维基础"工作空间，该工作空间界面布局、操作方法等与"草图与注释"工作空间完全相同，包括标题栏、功能区、绘图区、命令行以及状态栏 5 大部分，如图 1-3 所示。

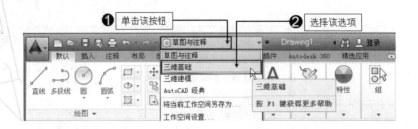

图 1-2

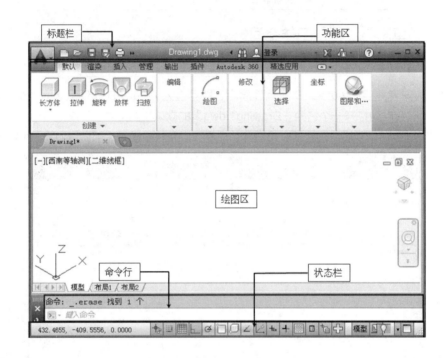

图 1-3

在"功能区"进入各选项卡，显示各功能按钮，实现对模型的创建、编辑等工作，例如，在该工作空间创建一个长方体三维模型，具体操作如下。

⚙️ **实例引导**——在"三维基础"工作空间创建长方体

Step01▶ 在【默认】选项卡中单击"长方体"按钮🔲。

Step02▶ 在绘图区单击确定长方体的角点。

Step03▶ 拖曳鼠标指针到合适位置并单击，确定长方体的长度。

Step04▶ 拖曳鼠标指针到合适位置并单击，确定长方体的宽度。

Step05▶ 拖曳鼠标指针到合适位置并单击，确定长方体的高度。

Step06▶ 绘制一个长方体三维模型。

Step07▶ 由于默认状态下视图为二维平面视图，用户只能看到长方体的一个平面，将视图切换到三维空间即可看到长方体的三维效果，如图1-4所示。

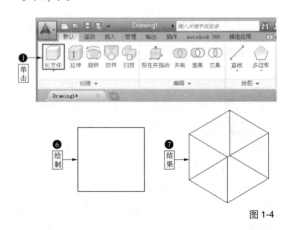

图 1-4

1.1.3 "三维建模"工作空间

💻 视频文件	专家讲堂 \ 第 1 章 \ "三维建模"工作空间 .swf

　　"三维建模"工作空间是三维设计的常用工作空间，在该工作空间可以实现创建三维实体模型、三维曲面模型、三维网格模型、编辑、修改三维模型、渲染三维模型、创建、编辑二维图形、标注图形尺寸、文字等相关操作，可以通过以下方法进入该工作空间。

⚙ 实例引导——切换到"三维建模"工作空间

Step01 ▶ 在"三维基础"工作空间标题栏中单击 ⚙三维基础 按钮。

Step02 ▶ 在展开的下拉菜单中选择"三维建模"选项，如图 1-5 所示。

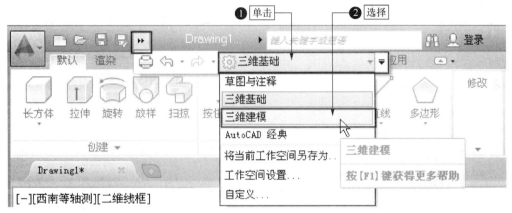

图 1-5

　　此时会将工作空间切换到"三维建模"工作空间，该工作空间界面布局、操作方法等与"草图与注释"工作空间完全相同，其中包括标题栏、功能区、绘图区、命令行以及状态栏 5 大部分，如图 1-6 所示。

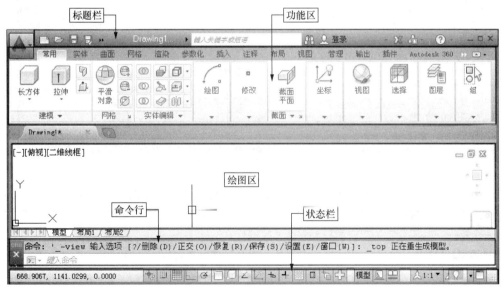

图 1-6

　　在"功能区"进入各选项卡，显示各功能按钮，实现对模型的创建、编辑等工作，其操作方法与"三维基础"工作空间的操作方法相同，在此不再赘述。

1.1.4 "AutoCAD 经典"工作空间

💻 视频文件	专家讲堂\第1章\"AutoCAD 经典"工作空间 .swf

"AutoCAD 经典"工作空间是 AutoCAD 软件早期版本中的一种工作空间，该工作空间集绘制二维图形、创建三维模型、图形编辑、修改、标注尺寸、文字注释以及打印输入等功能于一身，是一种较常用的工作空间，用户可以通过以下方法进入该工作空间。

⚙️ **实例引导** ——切换到"AutoCAD 经典"工作空间

Step01 ▶ 在"三维建模"工作空间标题栏中单击 ⚙️ 草图与注释 ▼ 按钮。

Step02 ▶ 在展开的按钮菜单中选择"AutoCAD 经典"选项，如图 1-7 所示。

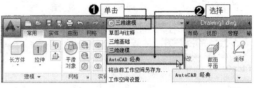

图 1-7

此时会将工作空间切换到"AutoCAD 经典"工作空间，该工作空间无论是操作方法还是界面布局，都与其他工作空间完全不同，其界面主要由应用程序菜单、标题栏、菜单栏、工具栏、绘图区、命令行以及状态栏 7 个部分组成，如图 1-8 所示。

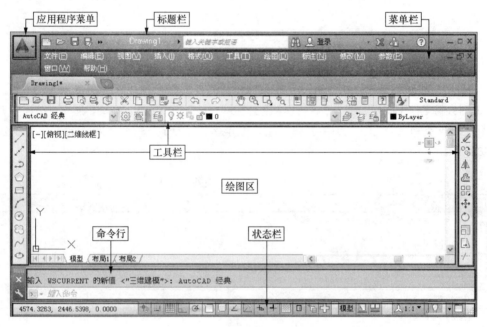

图 1-8

"AutoCAD 经典"工作空间更人性化、操作更方便，所有工具按钮都呈现在界面上，一目了然，只需直接单击按钮即可激活相关命令，实现绘图或编辑修改图形等操作。例如，在该工作空间绘制一个矩形，并将绘制的矩形再复制一个，其操作方法如下。

┃技术看板┃ 除上述工作空间的切换方法外，用户还可以通过以下几种方式来切换工作空间。

♦ 在任意工作空间单击标题栏上的工作空间切换按钮 ⚙️ AutoCAD 经典 ▼ ，在展开的按钮菜单中选择相应的工作空间，如图 1-9 所示。

♦ 在"AutoCAD 经典"工作空间，执行【工具】菜单中的【工作空间】下一级菜单，选择相应的工作空间，如图 1-10 所示。

♦ 在任意工作空间单击状态栏上的按钮，从展开的下拉菜单中选择所需工作空间，如图 1-12 所示。

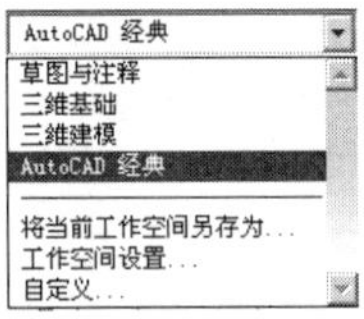

图 1-9　　　　　　　　图 1-10

♦ 在"AutoCAD 经典"工作空间，展开【工作空间】工具栏上的【工作空间控制】下拉列表，选用相应的工作空间，如图 1-11 所示。

图 1-11　　　　　　　　图 1-12

1.2　初学者的首选——"AutoCAD 经典"工作空间详解

上节内容是对 AutoCAD 的 4 种工作空间的基本介绍，这 4 种工作空间各有特色，且侧重点不同，无论是哪种工作空间，都可以进行各种设计工作。而作为 AutoCAD 建筑设计初学者，当首选"AutoCAD 经典"工作空间，该工作空间界面设计更简洁、更人性化，操作也更方便，同时其界面布局与其他应用程序界面布局类似，作为初学者，更容易操作。本节将重点对"AutoCAD 经典"工作空间进行详细讲解。

本节内容概览

知识点	功能 / 用途	难易度与应用频率
标题栏（P7）	● 显示程序与当前文件名称 ● 切换工作空间、查询、搜索 ● 控制程序窗口	难易度：★ 应用频率：★
菜单栏（P8）	● 执行相关命令 ● 绘制、编辑图形 ● 标注图形尺寸、文字注释等	难易度：★ 应用频率：★
工具栏（P8）	● 执行绘图、编辑、修改等命令 ● 绘制、编辑建筑设计图	难易度：★ 应用频率：★★★★★
绘图区与十字光标（P9）	● 绘制图形 ● 选择图形	难易度：★ 应用频率：★★★★★
命令行（P10）	● 输入命令表达式、命令快捷方式 ● 启动绘图、编辑命令绘制与编辑图形	难易度：★ 应用频率：★★★★★
状态栏（P11）	● 显示操作状态 ● 启动绘图辅助功能	难易度：★ 应用频率：★★★★★

1.2.1　标题栏

💻 视频文件　｜　专家讲堂 \ 第 1 章 \ 标题栏 .swf

在"AutoCAD 经典"工作空间，标题栏位于界面的最顶部，它包括快速访问工具栏、工作空间切换按钮、当前文件名称显示区、快速查询信息中心以及程序窗口控制按钮等内容如图 1-13 所示。

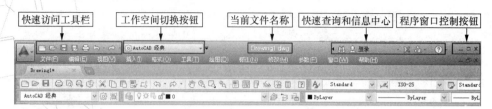

快速访问工具栏　　工作空间切换按钮　　当前文件名称　　快速查询和信息中心　　程序窗口控制按钮

图 1-13

1.2.2　菜单栏

💻 视频文件 　　专家讲堂 \ 第 1 章 \ 菜单栏 .swf

菜单栏只在"AutoCAD 经典"工作空间中出现，它放置了一些与绘图、图形编辑等相关的菜单命令，如图 1-14 所示。

图 1-14

AutoCAD 2014 菜单的操作方法与其他应用程序的菜单操作方法相同，在此不再赘述，各菜单的主要功能如下。

◆【文件】菜单用于对图形文件进行设置、保存、清理、打印以及发布等。

◆【编辑】菜单用于对图形进行一些常规编辑，包括复制、粘贴、链接等。

◆【视图】菜单主要用于调整和管理视图，以方便视图内图形的显示、便于查看和修改图形。

◆【插入】菜单用于向当前文件中引用外部资源，如块、参照、图像、布局以及超链接等。

◆【格式】菜单用于设置与绘图环境有关的参数和样式等，如绘图单位、颜色、线型及文字、尺寸样式等。

◆【工具】菜单为用户设置了一些辅助工具和常规的资源组织管理工具。

◆【绘图】菜单是一个二维和三维图元的绘制菜单，几乎所有的绘图和建模工具都组织在此菜单内。

◆【标注】菜单是一个专用于为图形标注尺寸的菜单，它包含了所有与尺寸标注相关的工具。

◆【修改】菜单主要用于对图形进行修整、编辑、细化和完善。

◆【参数】菜单主要用于为图形添加几何约束和标注约束等。

◆【窗口】菜单主要用于控制 AutoCAD 多文档的排列方式以及 AutoCAD 界面元素的锁定状态。

◆【帮助】菜单主要用于为用户提供一些帮助性的信息。

1.2.3　工具栏

💻 视频文件 　　专家讲堂 \ 第 1 章 \ 工具栏 .swf

工具栏是"AutoCAD 经典"工作空间的一大特色，也是其核心和重要组成部分，共有 52 种工具栏。除了界面上放置在菜单栏下方和界面两侧的主工具栏、绘图工具栏和修改工具栏，还有为了节省绘图区域，处于隐藏状态的其他工具栏，用户可以很方便地打开这些工具栏，具体操作如下。

实例引导——打开隐藏的工具栏

Step01 ▶ 在主工具栏任意工具按钮上单击鼠标右键。

Step02 ▶ 打开工具菜单。

Step03 ▶ 选择相应的菜单命令，如选择【对象捕捉】命令。

Step04 ▶ 打开【对象捕捉】工具栏，如图 1-15 所示。

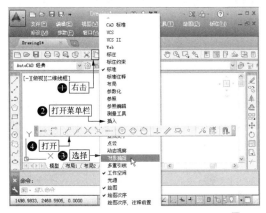

图 1-15

┃技术看板┃

在打开的工具菜单中，勾选的菜单表示工具栏是

打开状态，未勾选的菜单表示工具未打开，如果再次单击已勾选的菜单，即可将该菜单关闭。

　　系统默认下，所有工具栏都是可活动状态，也就是说，用户可以将这些工具栏随意拖放到任意位置。

┃技术看板┃ 用户可以将工具栏固定在某一个地方使其不可移动，在工具栏右键菜单上选择【锁定位置】/【固定的工具栏/面板】选项，这样就可以将绘图区四侧的工具栏都固定，如图 1-16 所示。

另外，单击状态栏上的"工具栏/窗口位置未锁定"按钮，从弹出的按钮菜单中选择是否进行控制工具栏和窗口的固定状态，如图 1-17 所示。

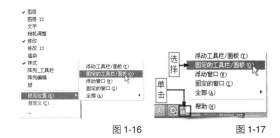

图 1-16　　　　　　图 1-17

1.2.4　绘图区与十字光标

🖵 视频文件　｜　专家讲堂\第 1 章\绘图区与十字光标 .swf

位于工作界面正中央、被工具栏和命令行所包围的整个区域就是绘图区，如图 1-18 所示。

图 1-18

绘图区其实并不仅仅是一个区域，它还包括了随鼠标指针移动的十字符号，在没有执行任何命

令时，该符号是由一个矩形和一个十字相交的符号组成，简称"十字光标"，如图 1-19 所示。

图 1-19

当执行了绘图命令后，它就只有一个十字符号，将其称为"拾取点光标"，用于拾取图形的一个点进行绘图。下面来绘制一个矩形，注意观察十字光标的显示状态。

实例引导——绘制一个矩形

Step01 ▶ 单击【绘图】工具栏上的"矩形"按钮口。

Step02 ▶ 此时光标只有一个十字符号，用于拾取矩形的一个角点。

Step03 ▶ 在绘图区单击，确定矩形的一个角点。

Step04 ▶ 拖曳鼠标光标确定矩形的宽度和高度。

Step05 ▶ 单击确定矩形的另一个角点，结果如图 1-20 所示。

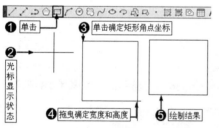

图 1-20

当需要对图形进行编辑修改时，进入修改

模式后，十字符号就会显示为一个小矩形，将其称为"选择光标"，用于选择对象。当选择结束后，光标又显示为"拾取点光标"，用于拾取基点，对图形进行编辑。下面对绘制的矩形进行复制，注意观察十字光标的变化。

实例引导——复制矩形

Step01 ▶ 单击【修改】工具栏上的"复制"按钮%。

Step02 ▶ 此时光标显示一个小矩形。

Step03 ▶ 将光标移到矩形上单击选中矩形。

Step04 ▶ 按【Enter】键，结束选择，此时光标显示为一个十字。

Step05 ▶ 移动光标到矩形左下角点位置单击，捕捉端点。

Step06 ▶ 移动光标到合适位置单击，确定目标点。

Step07 ▶ 按【Enter】键，结束操作，复制过程及结果如图 1-21 所示。

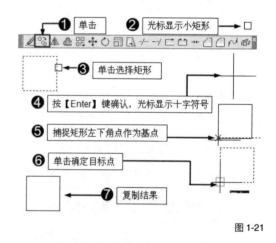

图 1-21

由此得出一个结论，即十字光标不是一成不变的，而是随着操作不同而发生不同的变化。

1.2.5 命令行

🖵 视频文件 | 专家讲堂 \ 第 1 章 \ 命令行 .swf

命令行位于绘图区的下方，由两部分组成，一部分是命令输入窗口，另一部分是命令记录窗口，如图 1-22 所示。

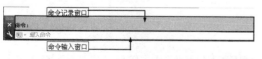

图 1-22

命令输入窗口用于输入相关命令选项和命令表达式，而命令记录窗口则用于记录所执行的命令。

与其他应用程序不同，在 AutoCAD 中绘图时，需要向 AutoCAD 发出相关命令，它才能执行相关操作，如用户单击一个工具按钮，或者执行相关菜单，甚至在命令输入窗口输入相关命令，这些都是向 AutoCAD 发出命令。当用户向 AutoCAD 发出相关命令后，系统会将对应的命令指令指定给操作程序，程序再按照命令指令执行相关操作进行绘图，同时还会将输入的命令记录在命令记录窗口中，方便用户随时查看操作过程。例如，单击【绘图】工具栏上的"矩形"按钮□，此时在命令行出现【矩形】命令表达式以及相关选项，如图 1-23 所示。

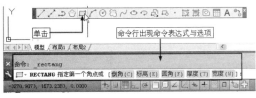

图 1-23

在绘图区单击，确定矩形的一个角点，此时命令行提示再确定另一个角点的位置，同时会将前面的操作过程进行记录，如图 1-24 所示。

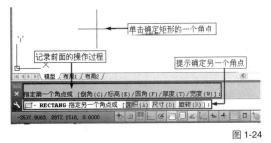

图 1-24

在命令行输入矩形另一个角点坐标

"@100,50"，然后按【Enter】键确认，即可完成矩形的绘制，如图 1-25 所示。

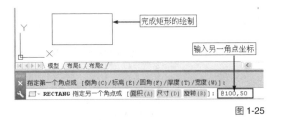

图 1-25

此时在命令记录窗口会记录下所有操作过程，方便用户查看，如图 1-26 所示。

图 1-26

|技术看板| 由于"命令历史窗口"的显示内容有限，如果需要直观快速地查看更多的历史信息，可以按【F2】键，系统就会以"文本窗口"的形式显示历史信息，如图 1-27 所示。再次按【F2】键，即可关闭文本窗口。

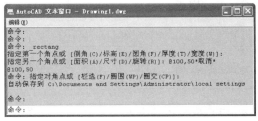

图 1-27

1.2.6　状态栏

💻 视频文件 ｜ 专家讲堂\第 1 章\状态栏 .swf

状态栏位于操作界面的最底部，它是由坐标读数器、辅助功能区、状态栏菜单按钮 3 部分组成，如图 1-28 所示。

图 1-28

状态栏用于显示当前操作状态，"AutoCAD 经典"工作空间的状态栏与其他工作空间的状态栏完全相同，其详细操作和应用将在后面章节进行详细讲解，在此不再赘述。

1.3　打造便捷的绘图环境——系统设置

学习了"AutoCAD 经典"工作空间后，本节重点学习设置绘图环境。

AutoCAD 系统环境的设置是在【选项】面板进行的，在命令行输入"OP"，然后按 Enter 键，或者执行菜单栏中的【工具】/【选项】命令，即可打开【选项】面板，该面板主要由"文件""显示""打开和保存""打印和发布""系统""用户系统配置""绘图""三维建模""选择集""配置"以及"联机"11 个选项卡组成，如图 1-29 所示。

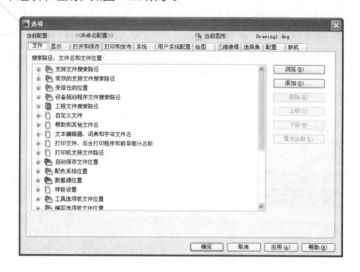

图 1-29

用户可以通过【选项】面板，随心所欲地设置工作环境，具体包括窗口元素、布局元素、显示精度、十字光标大小、文件保存格式、文件安全措施、默认输出设备等一系列设置。本节主要学习设置系统环境的相关知识。

本节内容概览

知识点	功能 / 用途	难易度与应用频率
设置界面背景颜色（P12）	● 将界面背景颜色设置为自己满意的颜色	难易度：★ 应用频率：★
设置十字光标大小（P13）	● 将十字光标大小设置为合适的大小	难易度：★ 应用频率：★
"另存为"设置（P14）	● 将文件的保存格式设置为特定的格式	难易度：★ 应用频率：★★
疑难解答（P14）	● 如何将文件保存为其他格式的文件	
"自动保存"设置（P15）	● 设置文件的自动保存功能 ● 自动保存图形文件	难易度：★ 应用频率：★★
"文件打开"设置（P15）	● 设置最近使用的文件数 ● 快速找到并打开相关文件	难易度：★ 应用频率：★★

1.3.1 设置界面背景颜色

🖵 视频文件 | 专家讲堂 \ 第 1 章 \ 设置界面背景颜色 .swf

如果是 AutoCAD 的初始用户，第一次启动 AutoCAD 程序时，会发现整个绘图空间背景颜色为黑色，如图 1-30 所示。

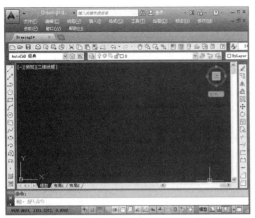

图 1-30

这种黑色背景对大多数初学者来说会显得沉闷，这时可以将背景颜色设置为其他颜色，例如将绘图背景颜色设置为白色，设置结果如图 1-31 所示。

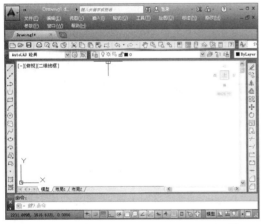

图 1-31

实例引导——设置绘图空间颜色为白色

Step01 ▶ 在【选项】面板进入【显示】选项卡，单击 颜色(C)... 按钮。

Step02 ▶ 打开【图形窗口颜色】对话框。

Step03 ▶ 在【颜色】下拉列表选择 "白"。

Step04 ▶ 单击 应用并关闭(A) 按钮，如图 1-32 所示。

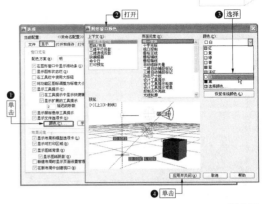

图 1-32

Step05 ▶ 单击 应用并关闭(A) 按钮回到【选项】对话框，此时绘图空间背景颜色变为了白色，如图 1-31 所示。

| 技术看板 | 除了设置绘图背景颜色外，也可以设置界面其他元素的颜色，在 "界面元素" 下选择相关元素，然后在 "颜色" 下拉列表中选择所需颜色；如果想恢复系统默认的颜色，单击 恢复传统颜色(L) 按钮，然后单击 应用(A) 按钮和 确定 按钮即可，如图 1-33 所示。

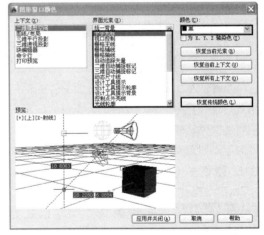

图 1-33

1.3.2 设置十字光标大小

💻 视频文件	专家讲堂 \ 第 1 章 \ 设置十字光标大小 .swf

系统默认下，十字光标大小为 100mm，其十字线布满整个绘图区，如图 1-34 所示。

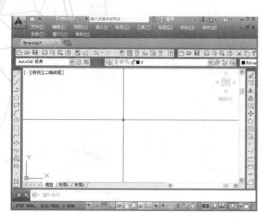

图 1-34

系统默认的十字光标大小在绘图和查看图形时，很容易将其与图线相混淆。例如，在绘图过程中，十字光标的十字线往往会与图形的水平线、垂直线相重叠，或者与图形相交，这时会给初学者造成识图困难和误导，会将这种线误认为是图线，因此，建议用户重新设置十字光标。

⚙ **实例引导** ——设置十字光标大小为 5mm

Step01 ▶ 在【显示】选项卡右侧的"十字光标

大小"选项下拖动滑块。

Step02 ▶ 设置十字光标大小为 5。

Step03 ▶ 单击 [应用(A)] 按钮。

Step04 ▶ 此时十字光标就变小了，如图 1-35 所示。

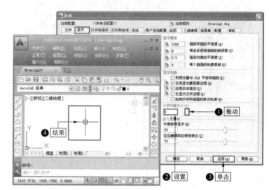

图 1-35

┃**技术看板**┃以上主要介绍了常用的一些显示设置，除此之外，用户还可以根据自己的喜好和习惯设置其他的显示效果，不过不建议用户进行其他显示设置，因为其他的显示都是系统根据软件性能所作的最好的设置，如果对其他的显示效果进行了设置，反而不利于绘图。

1.3.3 "另存为"设置

🖥 视频文件 | 专家讲堂\第 1 章\"另存为"设置 .swf

"另存为"设置可以用户设置文件的保持格式，这样在今后保存文件时，系统会以用户设置的文件格式进行保存，省却了每次保存文件时手动设置文件保存格式的麻烦。例如将文件保存格式设置为"AutoCAD 2013 图形（*.dwg）"格式。

⚙ **实例引导** ——设置文件保存格式为"AutoCAD 2013 图形（*.dwg）"格式

Step01 ▶ 在【选项】对话框进入"打开和保存"选项卡，单击"另存为"下拉按钮。

Step02 ▶ 选择"AutoCAD 2013 图形（*.dwg）"格式。

Step03 ▶ 单击 [应用(A)] 按钮，如图 1-36 所示。

图 1-36

这样所有文件保存时，系统都会自动默认保存为"AutoCAD 2013 图形（*.dwg）"格式。

1.3.4　疑难解答——如何将文件保存为其他格式的文件

🖥 视频文件 | 疑难解答\第 1 章\疑难解答——如何将文件保存为其他格式的文件 .swf

疑难： 在【选项】对话框中设置了文件的"另存为"格式之后，如果要将文件保存为其他格式，例如要将文件保存为"AutoCAD 2010"格式时该怎么办？

解答： 当在【选项】对话框中设置了文件的"另存为"格式之后，如果偶尔要将某一个文件保存为"AutoCAD 2010"格式时，可以执行【文件】菜单下的【另存为】命令，在打开的【图形另存为】对话框，选择"AutoCAD 2010/LT2010 图形（*.dwg）"格式，如图 1-37 所示。

选择完毕后单击 保存(S) 按钮进行保存即可，这样今后您的其他文件还会自动保存为您在【选项】对话框中所选择的文件格式；如果以后要将所有文件都保存为"AutoCAD 2010"

格式，可以重新在【选项】对话框中将文件的"另存为"格式设置为"AutoCAD 2010/LT2010 图形（*.dwg）"格式。

图 1-37

1.3.5 "自动保存"设置

💻 视频文件　　专家讲堂 \ 第 1 章 \ "自动保存"设置 .swf

相信您在操作其他应用软件时出现过这样的情况，那就是在您正集中精力工作时，电脑突然间毫无征兆的出现故障，结果您前面所作的所有工作结果全都丢失了。

为了避免这种情况出现，您可以设置"自动保存"，这样可以起到预防、挽救的措施。

1.3.6 "文件打开"设置

💻 视频文件　　专家讲堂 \ 第 1 章 \ "文件打开"设置 .swf

要想快速找到并打开最近使用或编辑过的相关文件，只需要进行"文件打开"设置即可。默认设置下，AutoCAD 将最近使用过的最少 9 个文件都设置在【文件】菜单中和程序菜单下，如果觉得这些文件数还不够，可以将最近使用过的至少 50 个文件都设置在这些菜单下，这样一来，就可以在【文件】菜单下快速找到并打开最近使用过的这些文件。下面将 50 个图形文件通过设置，使其放置在【文件】菜单和应用程序菜单下。

🔧 **实例引导**——设置最近使用过的文件数

Step01 ▶ 在【选项】对话框中切换到"打开和保存"选项卡，在"文件打开"输入框中输入"最近使用的文件数"为 9。

Step02 ▶ 在"应用程序菜单"输入框设置"最

近使用的文件数"为 50。

Step03 ▶ 设置完成后单击 应用(A) 按钮，如图 1-38 所示。

图 1-38

Step04 ▶ 执行【文件】命令，在其菜单底部将显示最近使用过的 9 个文件及其存储路径，如图 1-39 所示。

显示最近使用过的至少50个文件，如图1-40所示。

图 1-39

图 1-40

以上主要介绍了常用的一些打开和保存文件的相关设置，除此之外，其他设置不太常用，在此不再赘述。

Step05 ▶ 单击应用程序按钮，在该菜单的右侧将

1.4 绘图的基本技能——文件的基本操作

了解了"AutoCAD 经典"工作空间及其系统环境设置后，本节主要掌握绘图文件的基本操作技能，具体包括新建绘图文件、保存绘图文件以及打开图形文件等。

本节内容概览

知识点	功能 / 用途	难易度与应用频率
新建绘图文件（P16）	● 创建绘图文件 ● 创建样板文件	难易度：★ 应用频率：★★★★★
疑难解答（P17）	● "样板"文件与"无样板"文件的区别 ● 新建文件时的"公制"与"英制"的区别	
保存与另存（P18）	● 保存图形文件 ● 另存图形文件	难易度：★★ 应用频率：★★★★★
疑难解答（P18）	● 如何选择图形文件的存储格式	
打开图形文件（P18）	● 打开图形文件	难易度：★ 应用频率：★★★★★

1.4.1 新建绘图文件

🖳 视频文件　　专家讲堂 \ 第 1 章 \ 新建绘图文件 .swf

新建绘图文件是绘图的基本技能，当用户启动 AutoCAD 之后，系统会自动新建一个绘图文件。用户可以在该绘图文件上绘图，也可以重新新建一个绘图文件，下面学习新建绘图文件的方法。

⚙ **实例引导** ——新建绘图文件

Step01 ▶ 单击【标准】工具栏或【快速访问工具栏】上的"新建"按钮 🗋。

Step02 ▶ 打开【选择样板】对话框。

Step03 ▶ 选择"acadISo-Named Plot Styles"样板文件。

Step04 ▶ 单击 打开(⑴) 按钮，即可新建一个绘图文件，如图 1-41 所示。

图 1-41

|技术看板| 用户还可以通过以下方法打开【选择样板】对话框。

◆ 单击菜单【文件】/【新建】命令。

◆ 在命令行输入"NEW"后按【Enter】键。

◆ 按【Ctrl+N】组合键。

在此对话框中，系统提供了多种样板文件，其中"acadISo-Named Plot Styles"和"acadiso"都是公制单位的样板文件，这两种样板文件的区别就在于，前者使用的打印样式为"命名打印样式"，后者使用的打印样式为"颜色相关打印样式"。

另外，用户还可以以"无样板"方式得到二维或者三维的空白电子绘图纸，具体操作就是在【选择样板】对话框中选择了一个图纸类型后，单击 打开(⑴) ▼ 按钮右侧的下拉按钮，在打开的按钮菜单中选择"无样板打开—公制"选项，即可快速新建一个公制单位的绘图文件，如图 1-42 所示。

图 1-42

1.4.2　疑难解答——"样板"文件与"无样本"文件的区别

🖥 视频文件	疑难解答 \ 第 1 章 \ 疑难解答——"样板"文件与"无样本"文件的区别 .swf

疑难：什么是"样板"文件？"无样本"文件与"样板"文件的区别是什么？

解答："样板"就是已经定义好绘图单位、绘图精度等一系列与绘图有关的设置的文件。在系统默认设置下，所有样板文件都已经定义了相关的设置，这些设置只是系统的设置，并不能满足设计图的要求。而"无样板"就是还

没有定义相关设置的空白文件。其实，在实际绘图过程中，不管是有样板还是无样板，都需要重新定义相关的设置，才能绘制出符合设计要求的图纸，因此，采用"无样板"方式还是"样板"方式得到的绘图文件对实际设计没有太大影响。至于如何设置才能满足绘图需要，在下面章节详细讲述。

1.4.3　疑难解答——"公制"与"英制"的区别

🖥 视频文件	疑难解答 \ 第 1 章 \ 疑难解答——"公制"与"英制"的区别 .swf

疑难：在新建文件时，有"公制"与"英制"两种模式，这两种模式有什么区别？

解答：所谓"公制"就是采用我国对设计图的相关制式要求，而"英制"就是采用美国对设计图的相关制式要求。一般情况下都是采用我国对设计图的相关制式要求来绘图的，因此用户在新建

绘图文件时，选择"公制"模式即可。

1.4.4 "保存"与"另存"图形文件

💻 视频文件 | 专家讲堂 \ 第 1 章 \ "保存"与"另存"图形文件 .swf

在绘图完图形后一定要记得将图形保存，否则设计工作成果就会丢失。在保存文件时可以选择两种方式，一种是使用【保存】命令将图形文件保存在原目录下；另一种是使用【另存为】命令将图形文件重新保存在其他目录下。本节主要学习保存图形文件的方法。

| 技术看板 | 用户可以通过以下方式打开该对话框。

♦ 单击菜单【文件】/【保存】或【另存为】命令。

♦ 在命令行输入"SAVE"后按【Enter】键。

♦ 按【Ctrl+S】组合键。

1.4.5 疑难解答——如何选择图形文件的存储格式

💻 视频文件 | 疑难解答 \ 第 1 章 \ 疑难解答——图形文件的存储格式 .swf

疑难：在保存图形文件时，AutoCAD 提供了多种存储格式，选择哪种存储格式存储图形文件比较合适？

解答：关于 AutoCAD 文件的存储格式，首先需要明白，AutoCAD 专业文件格式为".dwg"，默认的 AutoCAD 存储类型为"AutoCAD 2013 图形（*.dwg）"，使用此种格式将文件存盘后，只能被 AutoCAD 2013 及其更高的版本打开。如果需要在 AutoCAD 早期版本中打开该图形文件，可以选择更低的文件格式进行存盘，例如选择"AutoCAD 2000 图形（*.dwg）"等，如图 1-43 所示。

图 1-43

另外，如果要将设计图与其他软件进行交互使用，例如要在 3ds Max 软件中使用设计图，应该选择".dws"或者".dxf"格式进行保存；如果保存的是一个样板文件，应该选择".dwt"格式进行保存。有关样板文件，将在后面章节进行更详细的讲解。

1.4.6 打开图形文件

💻 视频文件 | 专家讲堂 \ 第 1 章 \ 打开图形文件 .swf

当用户需要查看或者编辑已经存储的图形文件时，就需要在 AutoCAD 中打开相关文件，打开图形文件只需执行【打开】命令。

| 技术看板 | 用户可以通过以下方式打开该对话框。

♦ 单击【文件】/【打开】命令。

♦ 在命令行输入"OPEN"后按【Enter】键。

♦ 按【Ctrl+O】组合键。

1.5 查看图形的利器——缩放与调整视图

查看图形文件时，可以对视图进行缩放，以便查看图形文件的全部或者局部细节，AutoCAD 提供了众多视图缩放调控功能，缩放控制视图，本节主要掌握几种常用的功能，其他视图调整功能在此不做详细讲解。

本节内容概览

知识点	功能 / 用途	难易度与应用频率
缩放视图（P19）	● 调整视图大小 ● 查看图形文件	难易度：★ 应用频率：★★★★★
恢复与平移视图（P20）	● 平移视图 ● 查看图形文件	难易度：★ 应用频率：★★★★★

1.5.1　缩放视图

📄 素材文件	素材文件 \ 吊顶图 .dwg
🖥 视频文件	专家讲堂 \ 第 1 章 \ 缩放视图 .swf

通过对视图进行缩放，可以使视图中的图形文件也放大或缩小，以便查看图形文件的全部或局部细节。AutoCAD 提供了多种缩放视图的工具和方法，本节就来学习缩放视图的方法。

1. 窗口缩放

如果想缩放图形的某一区域，使用"窗口缩放"比较合适，该缩放功能是以窗口的方式，将图形某一区域缩小或放大。这是一种较常用的缩放调控视图技能。例如：打开素材文件中的建筑室内装饰吊顶图，通过"窗口缩放"功能查看该吊顶图的细部效果。

⚙ 实例引导——窗口缩放视图

Step01 ▶ 单击【缩放】工具栏上的"窗口缩放"按钮 🔍。

Step02 ▶ 按住鼠标左键，在吊顶图上部位置拖曳鼠标指针创建矩形框。

Step03 ▶ 释放鼠标左键，矩形框内的图形被放大，如图 1-44 所示。

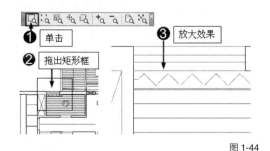

图 1-44

2. 比例缩放

如果想按照一定的比例来缩放视图，可采用"比例缩放"，该功能会按照用户指定的比例来缩放视图。视图被调整后，视图中心点保持不变。下面学习如何将素材文件放大 2 倍。

⚙ 实例引导——比例缩放视图

Step01 ▶ 单击【缩放】工具栏上的"比例缩放"按钮 🔍。

Step02 ▶ 在命令行中输入放大倍数"2"。

Step03 ▶ 按【Enter】键，视图被放大 2 倍，如图 1-45 所示。

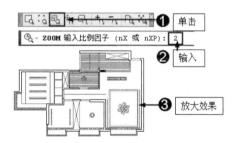

图 1-45

| 技术看板 | 在输入缩放比例参数时，有以下 3 种情况。

◆ 第 1 种情况就是直接在命令行内输入数字，表示相对于图形界限的倍数，"图形界限"其实就是绘图时的图纸大小。例如绘图纸大小为 A1 图纸，如果输入了"2"，表示将视图放大 A1 的 2 倍。需要说明的是，如果当前视图显示大小已经超过了图形界限大小，则会缩小视图。

◆ 第 2 种情况是在输入的数字后加字母"X"，表示相对于当前视图的缩放倍数。当前视图就是图形当前显示的效果，例如您输入"2X"，表示将视图按照当前视图大小放大 2 倍。

◆ 第 3 种情况是在输入的数字后加字母"XP"，表示系统将根据图纸空间单位确定缩放比例。

3. 中心缩放

如果用户想根据某中心点缩放调整视图，可以使用"中心缩放"功能，该功能将以鼠标指针所在位置作为缩放中心对图形进行缩放。下面以右下方房间吊灯的中心点为缩放中心，将该视图放大 2 倍。

实例引导——中心缩放视图

Step01 ▶ 单击【缩放】工具栏上的"中心缩放"按钮。

Step02 ▶ 捕捉右下角房间吊灯的中心点作为缩放中心。

Step03 ▶ 在命令行输入"2"，确定缩放比例。

Step04 ▶ 按【Enter】键，视图被放大 2 倍，如图 1-46 所示。

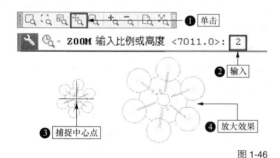

图 1-46

| 技术看板 | 在输入缩放比例参数时，有以下两种方法。

♦ 直接在命令行输入一个数值，系统将以此数值作为新视图的高度调整视图。

♦ 如果在输入的数值后加一个"X"，则系统将其看作视图的缩放倍数调整视图。

4. 缩放对象

如果用户想将图形某部分最大限度地显示在当前视图内，可以使用该工具。最大限度就是将图形完全显示在视图区。下面将吊灯图形最大限度的显示在当前视图内。

实例引导——缩放对象

Step01 ▶ 单击【缩放】工具栏中的"缩放对象"按钮。

Step02 ▶ 按住鼠标左键由左向右拖曳鼠标指针，拖出浅蓝色选择框将吊灯图形包围。

Step03 ▶ 按【Enter】键，吊灯图形将最大限度地显示在视图区，如图 1-47 所示。

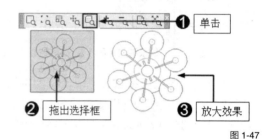

图 1-47

5. 其他缩放对象的操作

除了以上所讲解的缩放功能之外，还有其他一些缩放功能，这些功能操作非常简单，具体如下。

♦ "放大"、"缩小"图形：如果只想将图形放大或缩小一倍，可以单击"放大"按钮或"缩小"按钮，每单击一次，就可以将图形放大或缩小一倍，多次单击则可以成倍的放大或缩小视图。

♦ "全部缩放"图形：如果想将图形按照图形界限或图形范围的尺寸，在绘图区域内全部显示，单击"全部缩放"按钮即可，在显示时，图形界限与图形范围中哪个尺寸大，便由哪个决定图形显示的尺寸。

♦ "范围缩放"图形：使用"全部缩放"功能显示图形时会受到图形界限的影响，如果不想让图形界限影响缩放，可以单击"范围缩放"按钮，即可将所有图形全部显示在屏幕上，并最大限度地充满整个屏幕。

1.5.2 恢复与平移视图

🖥 视频文件 | 专家讲堂\第 1 章\恢复与平移视图 .swf

当图形被放大或缩小后，还可以将图形恢复到缩放前的样子，另外也可以对视图进行平移，以查看图形，本节主要学习恢复与平移视图的方法。

1. 恢复视图

AutoCAD 有一个特殊功能，那就是当视图被缩放后，以前视图的显示状态会被 AutoCAD 自动保存起来，方便用户随时恢复视图，使其回到调控之前的视图状态。下面学习恢复视图的方法。

图 1-48

实例引导 ——恢复视图

Step01 ▸ 您可以单击【主工具栏】上的"缩放上一个"按钮。

Step02 ▸ 将视图恢复到上一个视图的显示状态。

Step03 ▸ 连续单击该按钮，系统将连续地恢复视图，直至退回到前 10 个视图。

2. 平移视图

视图被缩放后，如果想查看视图某一部分，可以使用视图的平移工具对视图进行平移，以方便观察视图内的图形。

实例引导 ——平移视图

Step01 ▸ 执行菜单栏中的【视图】/【平移】命令。

Step02 ▸ 在其下一级菜单中有各种平移命令，如图 1-48 所示。

◆【实时】用于将视图随着光标的移动而平移，也可在【标准】工具栏上单击按钮，以激活【实时平移】工具。

◆【点】平移是根据指定的基点和目标点平移视图。定点平移时，需要指定两点，第一点作为基点，第二点作为位移的目标点，平移视图内的图形。

◆【左】、【右】、【上】和【下】命令分别用于在 X 轴和 Y 轴方向上移动视图。

| 技术看板 |

激活【实时】命令后指针变为"🖑"形状，此时可以按住鼠标左键向需要的方向平移视图。另外，在任何情况下都可以按【Enter】键或【Esc】键来停止平移。

1.6　绘图的首要操作——启动绘图命令

了解了"AutoCAD 经典"工作空间之后，本节就来学习绘图命令的启动方法，为开始绘图做准备。AutoCAD 绘图命令的启动方式有多种，本节将一一进行详细讲解。

本节内容概览

知识点	功能 / 用途	难易度与应用频率
最简单的启动方法——单击工具按钮启动绘图命令（P21）	● 单击工具按钮以启动绘图命令 ● 绘制图形	难易度：★ 应用频率：★★★★★
最复杂的启动方法——输入命令表达式启动绘图命令（P22）	● 输入命令表达式启动绘图命令 ● 绘制图形	难易度：★★★★★ 应用频率：★
疑难解答（P22）	● 如何知道各命令的命令表达式	
最快捷的启动方法——使用快捷键启动绘图命令（P23）	● 通过命令快捷键启动绘图命令 ● 绘制图形	难易度：★ 应用频率：★★★★★
最传统的启动方法——执行菜单启动绘图命令（P23）	● 执行相关菜单启动绘图命令 ● 绘制图形	难易度：★ 应用频率：★★★

1.6.1　最简单的启动方法——单击工具按钮启动绘图命令

🖥 视频文件　专家讲堂 \ 第 1 章 \ 最简单的启动方法——单击工具按钮启动绘图命令 .swf

工具栏中形象而又直观的按钮，其实就是 AutoCAD 的一个个绘图与修改命令，当用户将光标移动到某按钮上时，会自动显示出该按钮的名称以及操作方法提示等，例如，将光标移动到【绘图】工具栏上的"直线"按钮 ∕ 上，会出现对该工具按钮的提示说明，如图 1-49 所示。

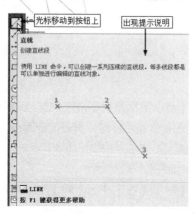

图 1-49

用户只需单击该按钮，即可启动【直线】命令。下面我们学习如何通过单击【绘图】工具栏中的"矩形"按钮 □，启动【矩形】命令来绘制一个矩形。

⚙ 实例引导 ——启动【矩形】命令绘制矩形

Step01 ▶ 单击【绘图】工具栏中的"矩形"按钮 □。

Step02 ▶ 在绘图区单击，确定矩形的第 1 个角点。

Step03 ▶ 拖曳鼠标指针到合适位置单击，确定矩形的另一个角点。

Step04 ▶ 绘制过程及结果如图 1-50 所示。

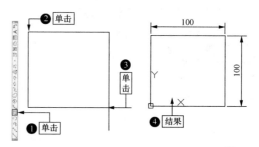

图 1-50

1.6.2 最复杂的启动方法——输入命令表达式启动绘图命令

🖥 视频文件 | 专家讲堂 \ 第 1 章 \ 最复杂的启动方法——输入命令表达式启动绘图命令 .swf

命令表达式，就是 AutoCAD 的英文命令，您只需在命令行的输入窗口中输入 CAD 命令的英文表达式，然后再按【Enter】键确认，就可以启动此命令。下面学习如何通过输入矩形的命令表达式来绘制矩形。

⚙ 实例引导 ——输入命令表达式启动【矩形】命令绘制矩形

Step01 ▶ 在命令行输入 "RECTANG"，按【Enter】键，启动【矩形】命令。

Step02 ▶ 在绘图区单击，确定矩形的第 1 个角点。

Step03 ▶ 拖曳鼠标指针到合适位置单击，确定矩形的另一个角点。

Step04 ▶ 绘制过程及结果如图 1-51 所示。

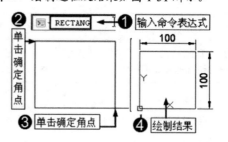

图 1-51

1.6.3 疑难解答——如何知道各命令的命令表达式

🖥 视频文件 | 疑难解答 \ 第 1 章 \ 疑难解答——如何知道各命令的命令表达式 .swf

疑难：对于英文不太好以及初学者来说，如何知道各命令的命令表达式？

解答：其实，作为专业性很强的设计软件，其命令表达式与一般的英文拼写并不太一样，即使英语水平很高的人，也不一定能正确拼写出所有命令的命令表达式，对于 AutoCAD 初学者以及英文水平一般的人来说就更难了。这时，您可以将光标移动到各工具按钮上，光标下方会自动出现各工具按钮的英文名称，例如，将光标移到到【绘图】工具栏中的"矩形"按钮 □ 上，此时会在光标下方出现该按钮的名称，如图 1-52 所示。

这样用户就能知道"矩形"按钮的英文名称了，在命令行直接输入其英文名称，然后按【Enter】键，即可启动该命令。

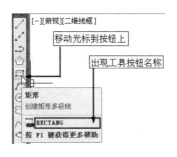

图 1-52

1.6.4　最快捷的启动方法——使用快捷键启动绘图命令

📺 视频文件 ┃ 专家讲堂 \ 第 1 章 \ 最快捷的启动方法——使用快捷键启动绘图命令 .swf

使用命令表达式启动绘图命令时，不仅需要用户牢记所有命令的命令表达式，还要保证输入不能出错，这对初学者有一定的难度。其实，还有一种比命令表达式更为简单的方式，那就是使用快捷键来启动绘图命令。

快捷键实际上是各工具命令的英文简写，一般为个命令的英文名称的第 1 个字母或者第 1、第 2 个字母的组合。可以将光标移到到工具按钮上，光标下方会自动出现各工具按钮的名称，例如，将光标移动到【绘图】工具栏中的"矩形"按钮🔲上，此时会在光标下方出现该按钮的名称，如图 1-45 所示。

用户只需在命令行直接输入该英文名称前的第 1 个英文字母（有一些工具按钮需要输入英文名称前第 1 和第 2 个英文字母组合或者英文名称前第 1、第 2 和第 3 个字母组合），然后按【Enter】键，即可启动该命令。下面以坐标系原点作为矩形的一个角点坐标绘制矩形。

⚙️ **实例引导**——使用快捷键启动命令绘制 100mm×100mm 矩形

Step01 ▶ 输入"REC"，按【Enter】键，激活【矩形】命令。

Step02 ▶ 输入矩形第 1 个角点坐标"0,0"。

Step03 ▶ 按【Enter】键，确定矩形第 1 个角点为坐标系原点。

Step04 ▶ 输入"100,100"，按【Enter】键，确定矩形的另一个角点坐标。

Step05 ▶ 绘制矩形，绘制过程及结果如图 1-53 所示。

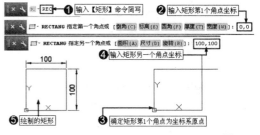

图 1-53

AutoCAD 2014 为所有的绘图工具都设置了快捷键，用户只要记住这些快捷键，并在绘图时加以利用，会大大提高绘图速度。

1.6.5　最传统的启动方法——执行菜单启动绘图命令

📺 视频文件 ┃ 专家讲堂 \ 第 1 章 \ 最传统的启动方法——执行菜单启动绘图命令 .swf

不习惯使用以上几种方式启动绘图命令的用户。也可以通过最传统的方式来启动绘图命令，就是执行菜单命令。在菜单栏【绘图】菜单下，系统为用户提供了启动绘图命令的相关菜单，只要单击相关菜单，即可启动相关命令。下面使用启动【矩形】菜单命令绘制一个 100mm×100mm 的矩形，其操作如下。

实例引导——使用菜单启动命令绘制矩形

Step01 ▶ 执行菜单栏中的【绘图】/【矩形】命令。

Step02 ▶ 输入矩形第 1 个角点坐标 "0,0"。

Step03 ▶ 按【Enter】键，确定矩形第 1 个角点为坐标系原点。

Step04 ▶ 输入矩形另一个角点坐标 "100,100"。

Step05 ▶ 按【Enter】键，确认绘制矩形，结果如图 1-54 所示。

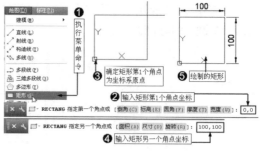

图 1-54

AutoCAD 菜单命令的操作方法与其他应用程序菜单的操作相同，在此不再赘述。

1.7 绘制简单图形——直线

在 AutoCAD 2014 中，直线是最简单、最常用的二维图形，也是组成其他图形的基本图，本节学习如何绘制直线。

本节内容概览

知识点	功能 / 用途	难易度与应用频率
直线（P24）	● 绘制水平、垂直直线 ● 绘制二维图形	难易度：★ 应用频率：★★★★★
实例（P25）	● 使用直线绘制边长为 100mm 的矩形	
疑难解答	● 不启用【正交】功能可以绘制水平或垂直的直线吗（P25） ● 坐标输入中的 "@" 符号作用（P26）	

1.7.1 绘制长度为 100mm 的水平直线

💻 视频文件	专家讲堂 \ 第 1 章 \ 绘制长度为 100mm 的水平直线 .swf

在 AutoCAD 中，绘制直线时，首先必须确定直线的起点，然后再确定直线的端点，这样才能绘制一条直线，确定直线起点和端点时，用户可以拾取一点或者输入点的坐标。

实例引导——绘制长度为 100mm 的水平直线

Step01 ▶ 按【F8】键，启用状态栏上的【正交】功能。

Step02 ▶ 单击【绘图】工具栏上的 "直线" 按钮 ✏。

Step03 ▶ 在绘图区单击，拾取一点作为直线的起点。

Step04 ▶ 水平向右引导光标。

Step05 ▶ 输入 "100"，按【Enter】键，确定直线的长度。

Step06 ▶ 再按【Enter】键结束操作，绘制过程及结果如图 1-55 所示。

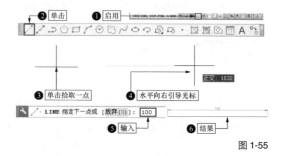

图 1-55

| 技术看板 |【正交】功能可以将光标强制控制在水平和垂直的方向，简单地说，就是启用

【正交】功能后，光标只能沿水平或者垂直方向移动，这样方便绘制水平或者垂直的直线。

另外，启动【直线】命令时，还可以通过以下方式激活【直线】命令。

♦ 在命令行输入"LINE"后按【Enter】键。

♦ 使用命令简写"L"。

♦ 单击菜单栏中的【绘图】/【直线】命令，如图 1-56 所示。

图 1-56

| 练一练 | 下面尝试绘制以绘制的水平直线的端点作为另一条直线的起点，绘制一条长度为 100mm 的垂直直线，绘制结果如图 1-57 所示。

图 1-57

1.7.2　实例——使用直线绘制边长为 100mm 的矩形

💻 视频文件	专家讲堂 \ 第 1 章 \ 实例——使用直线绘制长度为 100mm 的矩形 .swf

使用【直线】命令不仅可以绘制直线，还可以绘制图形，下面使用直线绘制边长为 100mm 的矩形。

⚙ **实例引导** ——使用直线绘制边长为 100mm 的矩形

Step01 ▶ 按【F8】键，启用状态栏上的【正交】功能。

Step02 ▶ 单击【绘图】工具栏上的"直线"按钮。

Step03 ▶ 在绘图区单击，拾取一点作为直线的起点。

Step04 ▶ 水平向右引导光标，输入"100"，按【Enter】键，绘制矩形下水平边。

Step05 ▶ 垂直向上引导光标，输入"100"，按【Enter】键，绘制矩形右垂直边。

Step06 ▶ 水平向左引导光标，输入"100"，按【Enter】键，绘制矩形上水平边。

Step07 ▶ 在命令行输入"C"，按【Enter】键，闭合图形，绘制过程及结果如图 1-58 所示。

| 技术看板 | 在绘制直线的过程中，当拾取一点确定直线起点后，命令行会出现相关选项，

如图 1-59 所示。

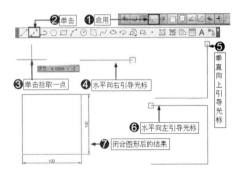

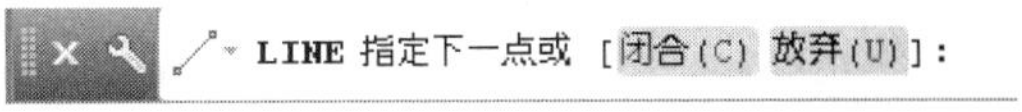

图 1-58

图 1-59　命令行选项

如果想结束或放弃操作，在命令行输入"U"，然后按【Enter】键，激活"放弃"选项，可以终止操作；如果要绘制一个闭合图形，则输入"C"，按【Enter】键，激活"闭合"选项，可以绘制封闭图形。

1.7.3　疑难解答——不启用【正交】功能可以绘制水平或垂直的直线吗

💻 视频文件	疑难解答 \ 第 1 章 \ 疑难解答——不启用【正交】功能可以绘制水平或垂直的直线吗 .swf

疑难：不启用【正交】功能可以绘制水平或垂直的直线？

解答：【正交】功能可以将光标强制控制在水平或者垂直方向，这样方便绘制水平或垂直的直线。如果不启用【正交】功能，可以通过输入直线端点坐标来绘制水平或垂直的直线。下面就通过坐标输入绘制长度为 100mm 的水平直线和垂直直线。

⚙ **实例引导** ——绘制水平和垂直直线

1. 绘制长度为 100mm 的水平直线

Step01 ▶ 按【F8】键，关闭状态栏上的【正交】功能。然后单击【绘图】工具栏上的"直线"按钮 ⟋。

Step02 ▶ 在绘图区单击拾取任意一点作为直线的起点。

Step03 ▶ 输入直线端点坐标"@100,0"，按【Enter】键确认。

Step04 ▶ 再次按【Enter】键，结束操作，绘制过程及结果如图 1-60 所示。

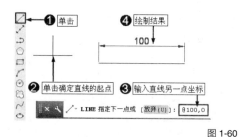

图 1-60

2. 绘制长度为 100mm 的垂直直线

下面以水平直线的端点作为垂直直线的起点，通过坐标输入绘制长度为 100mm 的垂直直线。

Step01 ▶ 单击【绘图】工具栏上的"直线"按钮 ⟋。

Step02 ▶ 捕捉水平直线的右端点作为直线的起点。

Step03 ▶ 输入直线端点坐标"@0,100"，按【Enter】键确认。

Step04 ▶ 再次按【Enter】键，结束操作，绘制过程及结果如图 1-61 所示。

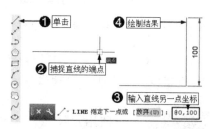

图 1-61

1.7.4 疑难解答——坐标输入中的"@"符号的作用

🖥 视频文件 | 疑难解答 \ 第 1 章 \ 疑难解答——坐标输入中的"@"符号的作用 .swf

疑难：在输入直线端点坐标时，"@"符号代表什么意思？如何能确定绘制的直线就一定是水平或垂直的？

解答：在 AutoCAD 中，坐标系是坐标输入的重要依据，坐标系由 X 轴和 Y 轴组成，其中 X 轴代表水平方向，Y 轴代表垂直方向，当 X 轴为 0 时，表示水平方向的长度为 0；当 Y 轴为 0 时，表示垂直方向的长度为 0。在以上绘制水平和垂直直线的操作中，输入坐标值"@100,0"，其中"@"符号是"相对"的意思，表示相对于直线的起点，直线沿 X 轴移动了 100mm，直线沿 Y 轴移动了 0mm，这就表示该直线是水平直线；而在绘制垂直直线时，输入坐标值"@0,100"，同样，"@"符号也是"相对"的意思，表示相对与直线

的起点，直线沿 X 轴移动了 0mm，直线沿 Y 轴移动了 100mm，这表示该直线是垂直直线。

坐标输入是绘图的基础，有关坐标输入的知识，将在后面章节进行详细讲解。

| 练一练 | 下面尝试通过坐标输入功能，绘制边长为 100mm 的矩形，绘制结果如图 1-62 所示。

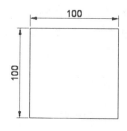

图 1-62

1.8 综合自测

1.8.1 软件知识检验——选择题

（1）默认设置下 AutoCAD 的工作空间是（　　）。

A．AutoCAD 经典工作空间　　　　B．草图与注释工作空间

C．三维建模工作空间　　　　　　D．三维基础工作空间

（2）AutoCAD 2014 默认的文件存储版本与格式是（　　　）。

A．"AutoCAD 2013 图形（*.dwg）"格式

B．"AutoCAD 2014 图形（*.dwg）"格式

C．"AutoCAD 2013 图形（*.dwt）"格式

D．"AutoCAD 2014 图形（*.dwt）"格式

（3）默认设置下，AutoCAD 系统会将（　　　）个文件自动放置在【文件】菜单下，方便用户快速找到并打开这些文件。

A．9　　　　　　　B．10　　　　　　　C．50　　　　　　　D．20

1.8.2　操作技能入门——切换工作空间

（1）尝试将工作空间切换为 4 种不同的工作空间。

（2）尝试将背景颜色设置为黑色。

第 2 章
建筑设计的基本技能——辅助功能与坐标输入

在 AutoCAD 建筑设计中，坐标输入与辅助功能设置是绘图的基础，只有通过坐标输入，配合绘图辅助功能，才能绘制出符合设计要求的设计图。本章学习坐标输入与辅助功能设置的方法。

|第 2 章|

建筑设计的基本技能——辅助功能与坐标输入

本章内容概览

知识点	功能／用途	难易度与应用频率
自动捕捉（P29）	● 捕捉图形特征点 ● 精确绘图	难易度：★ 应用频率：★★★★★
临时捕捉（P38）	● 捕捉图形特征点 ● 精确绘图	难易度：★ 应用频率：★★★★★
对象追踪（P41）	● 捕捉图形外的点 ● 精确绘图	难易度：★ 应用频率：★★★★★
坐标输入（P44）	● 输入点的绝对和相对坐标 ● 精确绘图	难易度：★★ 应用频率：★★★★★
综合实例（P50）	● 绘制建筑设计图中的标高符号	
综合自测（P52）	● 软件知识检验——选择题 ● 操作技能入门——绘制双扇立面窗	

2.1 最常用的绘图辅助功能——自动捕捉

所谓"自动捕捉"是指，当设置捕捉模式后，系统会自动捕捉图形上的特征点进行绘图，如直线、圆弧的端点、中点、圆的圆心和象限点等，这是绘图必不可少的辅助功能。AutoCAD 提供了多达 13 种捕捉模式，启用这些捕捉模式，可以帮助用户精确绘图。本节学习对象捕捉的相关知识。

本节内容概览

知识点	功能／用途	难易度与应用频率
设置捕捉模式（P30）	● 设置捕捉模式 ● 精确绘图	难易度：★ 应用频率：★★★★★
"端点"捕捉（P30）	● 捕捉图线端点 ● 精确绘图	难易度：★ 应用频率：★★★★★
"中点"捕捉（P31）	● 捕捉图线中点 ● 精确绘图	难易度：★ 应用频率：★★★★★
"圆心"与"象限点"捕捉（P32）	● 捕捉圆心与象限点 ● 精确绘图	难易度：★ 应用频率：★★★★★
"切点"捕捉（P32）	● 捕捉圆或圆弧的切点 ● 绘制圆或圆弧的公切线	难易度：★ 应用频率：★★★★
"交点"捕捉（P33）	● 捕捉图线的交点 ● 精确绘图	难易度：★ 应用频率：★★★★★
"延长线"捕捉（P34）	● 捕捉延长线上的点 ● 精确绘图	难易度：★ 应用频率：★★★★
"垂直"捕捉（P35）	● 捕捉垂足 ● 绘制垂线	难易度：★ 应用频率：★★★★★
"平行线"捕捉（P36）	● 捕捉到图线的平行线 ● 绘制已知图线的平行线	难易度：★ 应用频率：★★★★
"最近点"捕捉（P36）	● 捕捉到距离光标最近的点 ● 精确绘图	难易度：★ 应用频率：★★★★★
疑难解答	● 设置捕捉模式后为何不能捕捉（P37） ● 设置捕捉模式后为何不能正确捕捉（P38）	

2.1.1 设置捕捉模式——【草图设置】对话框

📺 视频文件 | 专家讲堂\第2章\设置捕捉模式——【草图设置】对话框.swf

捕捉模式的设置是在【草图设置】对话框中进行的，设置捕捉模式后，绘图时光标会自动捕捉到图形的相关特征点上。

⚙️ **实例引导** ——设置捕捉模式

Step01 ▸ 在命令行输入"SE"。

Step02 ▸ 按【Enter】键，打开【草图设置】对话框。

Step03 ▸ 单击【对象捕捉】选项卡，在该选项卡内共有13种对象捕捉模式。

Step04 ▸ 勾选"启用对象捕捉"选项。

Step05 ▸ 在"对象捕捉模式"选项下勾选所需捕捉模式选项。

Step06 ▸ 单击 确定 按钮关闭该对话框，完成

对象捕捉的设置，如图2-1所示。

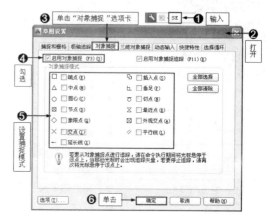

图 2-1

2.1.2 "端点"捕捉——绘制图线

📺 视频文件 | 专家讲堂\第2章\"端点捕捉——绘制图线".swf

"端点"一般是指线、圆弧等图线的起点和端点，"端点"捕捉是指捕捉到图线的端点上进行精确绘图。下面通过一个简单操作，学习"端点"捕捉模式的设置以及应用方法。

⚙️ **实例引导** ——绘制长度为100mm的水平直线和垂直直线

首先使用【直线】命令绘制长度为100mm的一条水平直线，设置"端点"捕捉，以水平直线的右端点作为直线的起点，绘制长度为100mm的垂直直线。

1. 绘制长度为100mm的水平直线

Step01 ▸ 输入"L"，按【Enter】键，激活【直线】命令。

Step02 ▸ 在绘图区单击拾取一点作为直线的起点。

Step03 ▸ 输入"@100,0"，按【Enter】键，确认直线的端点。

Step04 ▸ 按【Enter】键结束操作，绘制结果如图2-2所示。

2. 设置"端点"捕捉模式

Step01 ▸ 依照前面的操作打开【草图设置】对话框，单击【对象捕捉】选项卡。

Step02 ▸ 勾选"启用对象捕捉"选项。

图 2-2

Step03 ▸ 在"对象捕捉模式"选项下勾选"端点"捕捉模式。

Step04 ▸ 单击 确定 按钮关闭该对话框，如图2-3所示。

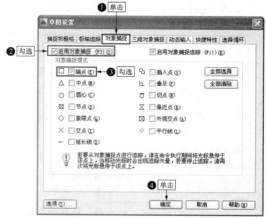

图 2-3

3. 绘制长度为100mm的垂直直线

Step01 ▸ 输入"L"，按【Enter】键，激活【直线】命令。

Step02 ▶ 移动光标到水平直线右端点位置，此时会出现端点捕捉符号。

Step03 ▶ 单击捕捉该端点，然后输入"@0,100"。

Step04 ▶ 按 2 次【Enter】键确认并结束操作，绘制过程及结果如图 2-4 所示。

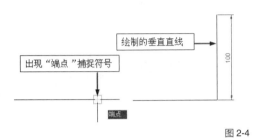

图 2-4

| **练一练** | 掌握了"端点"捕捉的设置和应用方法，下面尝试使用直线，捕捉图 2-4 水平直线的左端点和垂直直线的上端点绘制一个直线，将该图形创建成为一个三角形，绘制过程及结果如图 2-5 所示。

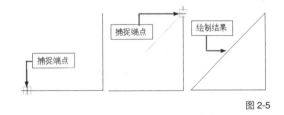

图 2-5

2.1.3 "中点"捕捉——绘制中点连线

🖥 视频文件　　专家讲堂 \ 第 2 章 \ "中点"捕捉——绘制中点连线 .swf

"中点"一般是指线的中点，"中点"捕捉是指捕捉到图线的中点上进行精确绘图。下面通过一个简单操作，学习"中点"捕捉模式的设置以及应用方法，绘制图 2-5 中三角形边线的中点连线。

⚙ **实例引导**——绘制三角形边线的中点连线

1. 设置"中点"捕捉模式

Step01 ▶ 依照前面的操作打开【草图设置】对话框，单击【对象捕捉】选项卡。

Step02 ▶ 勾选"启用对象捕捉"选项。

Step03 ▶ 在"对象捕捉模式"选项下勾选"中点"捕捉模式。

Step04 ▶ 单击 确定 按钮关闭该对话框，如图 2-6 所示。

2. 绘制三角形边线的中点连线

Step01 ▶ 输入"L"，按【Enter】键，激活【直线】命令。

Step02 ▶ 移动光标到三角形下水平边的中点位置，出现中点捕捉符号，单击捕捉该中点。

Step03 ▶ 继续移动光标到三角形右垂直边的中点位置，出现中点捕捉符号，单击捕捉该中点。

Step04 ▶ 按【Enter】键确认并结束操作，绘制过程及结果如图 2-7 所示。

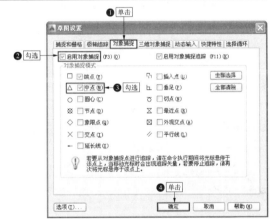

图 2-6

图 2-7

| **练一练** | 掌握了"中点"捕捉的设置和应用方法，下面尝试使用直线，捕捉图 2-5 所示的水平边线的中点和倾斜边线的中点，绘制这两条边中点的连线，绘制结果如图 2-8 所示。

图 2-8

2.1.4 "圆心"与"象限点"捕捉——绘制圆半径

素材文件	素材文件\圆心捕捉示例.dwg
视频文件	专家讲堂\第2章\"圆心"与"象限点"捕捉——绘制圆半径.swf

"圆心"与"象限点"捕捉主要是针对圆、圆环以及圆弧图形的两种捕捉模式,"圆心"捕捉是捕捉圆、圆环以及圆弧的圆心,而"象限点"捕捉则是捕捉圆、圆环以及圆弧的象限点。下面通过简单实例,学习这两种捕捉模式的设置以及应用。

实例引导——捕捉圆心与象限点绘制圆半径

首先打开素材文件,然后使用直线配合"圆心"和"象限点"捕捉功能,绘制圆的半径。

1. 设置"圆心"和"象限点"捕捉模式

Step01▶ 依照前面的操作打开【草图设置】对话框,单击【对象捕捉】选项卡。

Step02▶ 勾选"启用对象捕捉"选项。

Step03▶ 在"对象捕捉模式"选项下勾选"圆心"和"象限点"捕捉模式。

Step04▶ 单击 确定 按钮关闭该对话框,如图2-9所示。

2. 绘制圆半径

Step01▶ 输入"L",按【Enter】键,激活【直线】命令。

Step02▶ 移动光标到圆心位置,出现圆心捕捉符号,单击捕捉圆心。

Step03▶ 继续移动光标到圆左象限点位置,出现象限点捕捉符号,单击捕捉象限点。

Step04▶ 按【Enter】键确认并结束操作,绘制过程及结果如图2-10所示。

|练一练| 掌握了"圆心"和"象限点"捕捉的设置和应用方法,下面尝试使用直线,捕捉圆心和上象限点,绘制圆的垂直半径,绘制结果如图2-11所示。

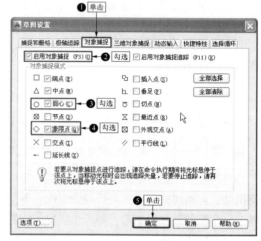

图2-9

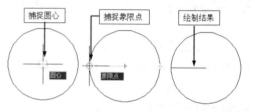

图2-10

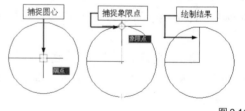

图2-11

2.1.5 "切点"捕捉——绘制圆的切线

素材文件	素材文件\切点捕捉示例.dwg
视频文件	专家讲堂\第2章\"切点"捕捉——绘制圆的切线.swf

"切点"捕捉也是针对圆、圆环以及圆弧图形的捕捉模式,"切点"捕捉是捕捉圆、圆环以及圆弧的切点,以绘制圆、圆环以及圆弧的公切线。下面通过简单实例,学习"切点"捕捉模式的设置以及应用。

⚙ **实例引导**——绘制两个圆的切线

首先打开素材文件，然后使用直线配合"切点"捕捉功能，绘制这两个圆的切线。

1. 设置"切点"捕捉模式

Step01 ▶ 依照前面的操作打开【草图设置】对话框，单击【对象捕捉】选项卡。

Step02 ▶ 勾选"启用对象捕捉"选项。

Step03 ▶ 在"对象捕捉模式"选项下勾选"切点"捕捉模式。

Step04 ▶ 单击 确定 按钮关闭该对话框，如图 2-12 所示。

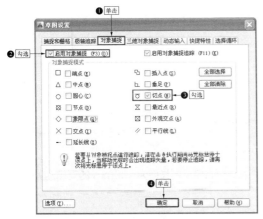

图 2-12

2. 绘制两个圆的公切线

Step01 ▶ 输入"L"，按【Enter】键，激活【直线】命令。

2.1.6 "交点"捕捉——绘制矩形对角线

📄 素材文件	素材文件\交点捕捉示例 .dwg
🖥 视频文件	专家讲堂\第 2 章\"交点"捕捉——绘制矩形对角线 .swf

所谓"交点"就是图线相交的点，设置"交点"捕捉模式，可以精确捕捉到图线的交点上，以精确绘图。下面通过简单实例，学习"交点"捕捉模式的设置以及应用。

⚙ **实例引导**——通过交点捕捉绘制图线

首先打开素材文件，然后使用直线配合"交点"捕捉功能，绘制矩形的对角线。

1. 设置"交点"捕捉模式

Step01 ▶ 依照前面的操作打开【草图设置】对话框，单击【对象捕捉】选项卡。

Step02 ▶ 移动光标到左侧圆的上方位置，出现切点捕捉符号，单击捕捉切点。

Step03 ▶ 继续移动光标到右侧圆的上方位置，出现切点捕捉符号，单击捕捉切点。

Step04 ▶ 按【Enter】键确认并结束操作，绘制过程及结果如图 2-13 所示。

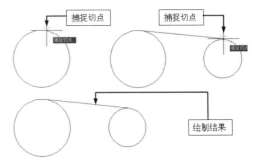

图 2-13

| **练一练** | 掌握了"切点"捕捉的设置和应用方法，下面尝试使用直线，配合切点捕捉功能，绘制两个圆的另一条公切线，绘制结果如图 2-14 所示。

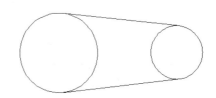

图 2-14

Step02 ▶ 勾选"启用对象捕捉"选项。

Step03 ▶ 在"对象捕捉模式"选项下勾选"交点"捕捉模式。

Step04 ▶ 单击 确定 按钮关闭该对话框，如图 2-15 所示。

2. 绘制矩形对角线

Step01 ▶ 输入"L"，按【Enter】键，激活【直线】命令。

Step02 ▶ 移动光标到矩形左上角位置，出现交点捕捉符号，单击捕捉交点。

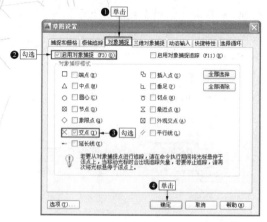

图 2-15

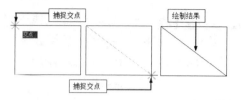

图 2-16

| 练一练 | 掌握了"交点"捕捉的设置和应用方法，下面尝试使用直线，配合"交点"捕捉功能，绘制矩形的另一条对角线，绘制结果如图 2-17 所示。

Step03 ▸ 继续移动光标到矩形右下角位置，出现交点捕捉符号，单击捕捉交点。

Step04 ▸ 按【Enter】键确认并结束操作，绘制过制及结果如图 2-16 所示。

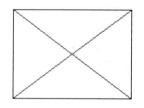

图 2-17

2.1.7 "延长线"捕捉——在矩形右侧绘制长度为 100mm 的直线

📄 素材文件	素材文件\交点捕捉示例 .dwg
🖥 视频文件	专家讲堂\第 2 章\"延长线"捕捉——在矩形右侧绘制长度为 100mm 的直线 .swf

"延长线"捕捉是指，当光标经过某点时，显示临时延长线，以便用户在临时延长线上指定点，以精确绘图。下面通过简单实例，学习"延长线"捕捉模式的设置以及应用。

实例引导——通过交点捕捉绘制图线

首先打开素材文件，使用直线配合"延长线"捕捉功能，以距离矩形左上角点 50mm 的位置作为直线的起点，绘制长度为 100mm 的垂直直线。

1. 设置"延长线"捕捉模式

Step01 ▸ 依照前面的操作打开【草图设置】对话框，单击【对象捕捉】选项卡。

Step02 ▸ 勾选"启用对象捕捉"选项。

Step03 ▸ 在"对象捕捉模式"选项下勾选"延长线"捕捉模式。

Step04 ▸ 单击 确定 按钮关闭该对话框，如图 2-18 所示。

2. 绘制长度为 100mm 的垂直直线

Step01 ▸ 输入"L"，按【Enter】键，激活【直线】命令。

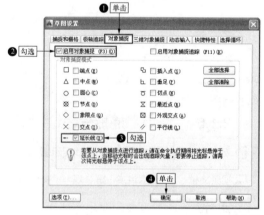

图 2-18

Step02 ▸ 移动光标到矩形右上角点位置，向右引出临时延长线。

Step03 ▸ 输入"50"，按【Enter】键，确定直线的起点。

Step04 ▸ 输入直线的端点坐标"@0, -100"，按【Enter】键确认。

Step05 ▸ 再次按【Enter】键结束操作，绘制过程及结果如图 2-19 所示。

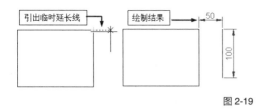

图 2-19

置绘制长度为 100mm 的垂直线，绘制结果如图 2-20 所示。

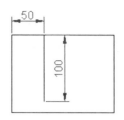

图 2-20

| 练一练 | 掌握了"延长线"捕捉的设置和应用方法，下面尝试使用直线，配合"延长线"捕捉功能，以距离矩形左上角点向右 50mm 位

2.1.8 "垂足"捕捉——绘制矩形对角线的垂线

📄 素材文件	素材文件 \ 垂足捕捉示例 .dwg
💻 视频文件	专家讲堂 \ 第 2 章 \ "垂足"捕捉——绘制矩形对角线的垂线 .swf

"垂足"捕捉是指捕捉到图形的垂足，绘制图形的垂线。下面通过简单实例，学习"垂足"捕捉模式的设置以及应用。

⚙️ **实例引导**——绘制矩形对角线的垂线

打开素材文件，以矩形另一个角点作为直线的起点，绘制矩形对角线的垂线。

1. 设置"端点"和"垂足"捕捉模式

Step01 ▶ 依照前面的操作打开【草图设置】对话框，单击【对象捕捉】选项卡。

Step02 ▶ 勾选"启用对象捕捉"选项。

Step03 ▶ 在"对象捕捉模式"选项下勾选"端点"和"垂足"捕捉模式。

Step04 ▶ 单击 确定 按钮关闭该对话框，如图 2-21 所示。

2. 绘制对角线的垂线

Step01 ▶ 输入"L"，按【Enter】键，激活【直线】命令。

Step02 ▶ 移动光标到矩形右上角点位置，单击捕捉该端点作为直线的起点。

Step03 ▶ 将光标移到到矩形对角线上，出现"垂足"捕捉符号，单击捕捉垂足。

Step04 ▶ 按【Enter】键确认并结束操作，绘制过程及结果如图 2-22 所示。

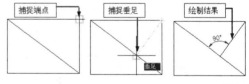

图 2-22

| 练一练 | 掌握了"垂足"捕捉的设置和应用方法，下面尝试以矩形左下角点为直线的起点，绘制对角线的另一条垂线，绘制结果如图 2-23 所示。

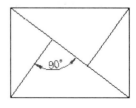

图 2-23

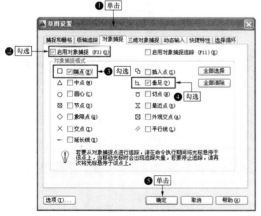

图 2-21

2.1.9 "平行线"捕捉——绘制矩形对角线的平行线

素材文件	素材文件\垂足捕捉示例.dwg
视频文件	专家讲堂\第2章\"平行线"捕捉——绘制矩形对角线的平行线.swf

"平行线"捕捉是指直线线段、多段线线段、射线、构造线等限制为其他线段的平行线。该捕捉常用来绘制与其他线段平行的线段。下面通过简单实例，学习"平行线"捕捉模式的设置以及应用。

实例引导——绘制矩形对角线的平行线

打开素材文件，以矩形垂直边的中点为起点，绘制长度为80mm的、与矩形对角线相平行的线段。

1. 设置"中点"和"平行线"捕捉模式

Step01 ▶ 依照前面的操作打开【草图设置】对话框，单击【对象捕捉】选项卡。

Step02 ▶ 勾选"启用对象捕捉"选项。

Step03 ▶ 在"对象捕捉模式"选项下勾选"中点"和"平行线"捕捉模式。

Step04 ▶ 单击 确定 按钮关闭该对话框，如图2-24所示。

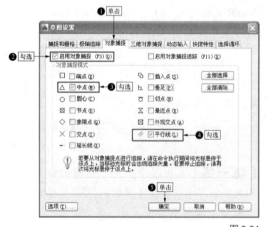

图 2-24

2. 绘制对角线的平行线

Step01 ▶ 输入"L"，按【Enter】键，激活【直线】命令。

Step02 ▶ 捕捉矩形右垂直边的中点作为线的起点。

Step03 ▶ 移到光标到对角线上，此时出现"平行线"捕捉符号。

Step04 ▶ 沿左上角引出与对角线相平行的方向矢量，输入"80"，按【Enter】键确认。

Step05 ▶ 按【Enter】键确认并结束操作，绘制过程及结果如图2-25所示。

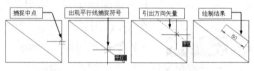

图 2-25

| **练一练** | 掌握了"平行线"捕捉的设置和应用方法，下面以矩形左下水平边的中点为直线的起点，尝试绘制长度为150mm的对角线的另一条平行线，绘制结果如图2-26所示。

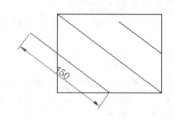

图 2-26

2.1.10 "最近点"捕捉

视频文件	专家讲堂\第2章\"最近点"捕捉.swf

"最近点"捕捉是指，捕捉距离光标最近的点，这是一种非常简单的捕捉模式。下面通过简单操作学习"最近点"捕捉模式的设置与应用技能。

实例引导——设置"最近点"捕捉

1. 设置"最近点"捕捉模式

Step01 ▶ 依照前面的操作打开【草图设置】对话框，单击【对象捕捉】选项卡。

Step02▶ 勾选"启用对象捕捉"选项。

Step03▶ 在"对象捕捉模式"选项下勾选"最近点"捕捉模式。

Step04▶ 单击 确定 按钮关闭该对话框，如图 2-27 所示。

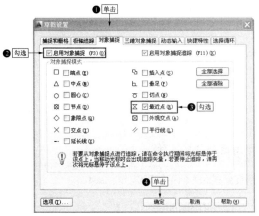

图 2-27

2. 捕捉距离光标最近的点

Step01▶ 输入"L"，按【Enter】键，激活【直线】命令。

Step02▶ 将光标移到到矩形上水平边任意位置，出现"最近点"捕捉符号，单击捕捉最近点。

Step03▶ 移到光标到矩形右垂直边任意位置，出现"最近点"捕捉符号，单击捕捉最近点。

Step04▶ 移到光标到矩形下水平边任意位置，出现"最近点"捕捉符号，单击捕捉最近点。

Step05▶ 按【Enter】键确认并结束操作，绘制过程及结果如图 2-28 所示。

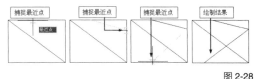

图 2-28

|**技术看板**| 除了以上介绍的这几种捕捉模式之外，还包括"节点""插入点"以及"外观交点"捕捉模式，这些捕捉使用都比较简单，用户自己可以尝试操作。

♦"节点"捕捉用于捕捉使用【点】命令绘制的点对象。使用时需将拾取框放在节点上，系统会显示出节点的标记符号，如图 2-29 所示，单击鼠标左键即可拾取该点。

♦"插入点"捕捉用来捕捉块、文字、属性或属性定义等的插入点，如图 2-30 所示。

♦"外观交点"捕捉用来捕捉图形外的交点。

图 2-29　　　　　　　　　　图 2-30

2.1.11　疑难解答——设置捕捉模式后为何不能捕捉

📺 视频文件	疑难解答\第 2 章\疑难解答——设置捕捉模式后为何不能捕捉 .swf

疑难： 已经设置了相关捕捉模式，例如设置"象限点"捕捉模式，但是将光标移到圆的象限点上时，并没有出现"象限点"捕捉符号，如图 2-31 所示，这是为什么？

解答： 这是因为，尽管用户设置了"象限点"捕捉模式，但并没有勾选"启用对象捕捉"选项，这表示并没有启用该捕捉功能，也就不能捕捉。因此要切记，当设置了捕捉模式之后，一定要勾选"启用对象捕捉"选项，或者单击"状态栏"中的"对象捕捉"按钮🔲将其激活，这样才能进行捕捉，如图

2-32 所示。

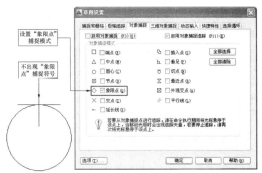

图 2-31

图 2-32

2.1.12 疑难解答——设置捕捉模式后为何不能正确捕捉

🖥 视频文件	疑难解答 \ 第 2 章 \ 疑难解答——设置捕捉模式后为何不能正确捕捉 .swf

疑难: 已经设置了相关捕捉模式,并启用了捕捉功能,但是不能正确捕捉,例如设置"象限点""圆心""切点"捕捉,但是在绘制圆的公切线时,却不能正确捕捉到圆的切点上,而总是会捕捉圆的象限点上,如图 2-33 所示,这是为什么?

解答: AutoCAD 允许用户设置更多的捕捉模式,以方便启用多种捕捉功能。但是,当设置了更多的捕捉模式之后,这些捕捉都会被激活,系统会同时进行多种模式的捕捉,尤其是当多种捕捉特征比较相近时,就会出现捕捉模式的混乱,因此,用户总是不能正确捕捉。要想避免这种情况的发生,最好的方法就是,一次只设置一种与实际操作相符的捕捉模式,

这样就能正确捕捉了。

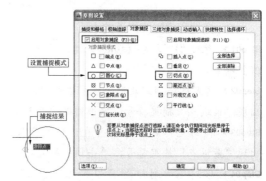

图 2-33

需要说明的是,当用户设置了某种捕捉之后,系统将一直沿用该捕捉设置,直到取消相关的捕捉设置才能关闭。

2.2 不可不用的辅助功能——临时捕捉与其他捕捉功能

所谓"临时捕捉"是指,激活后只能使用一次,如果要多次使用相关捕捉功能,需要多次激活。临时捕捉功能位于【捕捉】工具栏上,将鼠标指针移动到主工具栏空白位置,并单击鼠标右键,在弹出的快捷菜单中选择【对象捕捉】命令,即可打开【对象捕捉】工具栏,如图 2-34 所示。

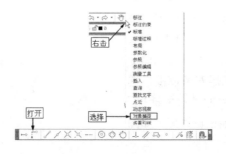

图 2-34

该工具栏中的各捕捉功能大多数都与【草图设置】对话框中的捕捉功能完全相同。下面对个别捕捉功能进行讲解。

本节内容概览

知识点	功能 / 用途	难易度与应用频率
启用临时捕捉功能绘图（P39）	● 捕捉图形特征点 ● 精确绘图	难易度：★ 应用频率：★★★★★
"自"功能（P39）	● 以参照点定位目标点坐标 ● 精确绘图	难易度：★ 应用频率：★★★★★
两点之间的中点（P40）	● 捕捉两点之间的中点 ● 精确绘图	难易度：★ 应用频率：★★★★★

2.2.1　启用"临时捕捉"功能绘图——绘制矩形对角线

素材文件	素材文件\交点捕捉示例.dwg
视频文件	专家讲堂\第2章\启用"临时捕捉"绘图——绘制矩形对角线.swf

实例引导——绘制矩形对角线

Step01 ▶ 输入"L"，按【Enter】键，激活【直线】命令。

Step02 ▶ 单击【捕捉】工具栏中的"端点"捕捉按钮，激活"端点"捕捉功能。

Step03 ▶ 移动光标到矩形左上角位置，出现端点捕捉符号，单击捕捉端点。

Step04 ▶ 再次单击【捕捉】工具栏中的"端点"捕捉按钮，激活该功能。

Step05 ▶ 继续移动光标到矩形右下角位置，出现端点捕捉符号，单击捕捉交点。

Step06 ▶ 按【Enter】键确认并结束操作，绘制过程及结果如图 2-35 所示。

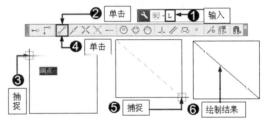

图 2-35

｜技术看板｜ 通过以上操作可以看出，激活"临时"捕捉功能后只能使用一次，如果要多次使用临时捕捉功能，需要多次激活相关捕捉功能。另外，在使用临时捕捉功能时，需要在【草图设置】对话框取消所有捕捉模式的设置，否则二者会产生冲突。

2.2.2　"自"功能——在矩形内部绘制另一个矩形

素材文件	素材文件\交点捕捉示例.dwg
视频文件	专家讲堂\第2章\"自"功能——在矩形内部绘制另一个矩形.swf

"自"功能就是以某一点作为参照，来确定相对于该点的另一个点的坐标，这是一种特殊捕捉功能，也是绘图过程中使用比较频繁的一个捕捉功能。

打开素材文件如图 2-36（左）所示。下面在该矩形内再绘制一个矩形，两个矩形的边距为 20mm，绘制结果如图 2-36（右）所示。

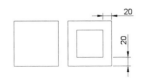

图 2-36

要想在已知矩形内部再绘制一个矩形，必须知道要绘制的矩形的具体尺寸及其角点坐标，在只知道要绘制的矩形与已知矩形之间的距离的情况下，就需要以已知矩形的两个角点作为参照，根据给定的距离来确定要绘制的矩形的角点坐标。这时需要使用"自"功能。

⚙ 实例引导——在已知矩形内绘制另一个矩形

Step01 ▶ 单击【绘图】工具栏上的"矩形"按钮 □。

Step02 ▶ 单击【对象捕捉】工具栏上的"捕捉自"按钮 ⌐，启用"自"功能。

Step03 ▶ 捕捉已知矩形左下端点作为参照点。

Step04 ▶ 输入"@20,20"，按【Enter】键，确定矩形的左下角坐标（该坐标值也就是两个矩形的边距值）。

Step05 ▶ 单击【对象捕捉】工具栏上的"捕捉自"按钮 ⌐，再次启用"自"功能。

Step06 ▶ 捕捉已知矩形右上端点作为参照点。

Step07 ▶ 输入"@-20,-20"，按【Enter】键，确定矩形的右上角坐标（该坐标值也就是两个矩形的边距值），绘制过程及结果如图 2-37 所示。

| 技术看板 | 用户还可以通过以下方式激活"捕捉自"功能。

♦ 在命令行输入"_from"后按【Enter】键。

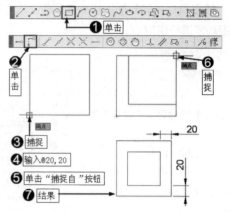

图 2-37

♦ 按住【Ctrl】键或【Shift】键，单击鼠标右键，选择菜单中的"自"选项，如图 2-38 所示。

| 练一练 | 明白"自"功能的应用方法和作用，尝试根据提示尺寸，在素材文件内绘制一条线段，绘制结果如图 2-39 所示。

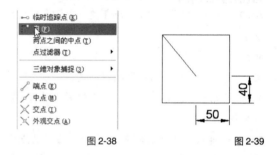

图 2-38   图 2-39

2.2.3 "两点之间的中点"——以两个圆心之间的中点作为圆心绘制另一个圆

📄 素材文件	素材文件 \ 切点捕捉示例 .dwg
🖥 视频文件	专家讲堂\第2章\"两点之间的中点"——以两个圆心之间的中点作为圆心绘制另一个圆 .swf

所谓"两点之间的中点"就是捕捉两个点之间的中点。打开素材文件，如图 2-40 所示。下面绘制一个圆心是已知两个圆的圆心之间的中点，并与右侧小圆相切的另一个圆，绘制结果如图 2-41 所示。

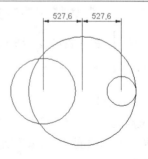

图 2-41

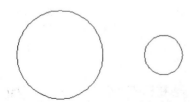

图 2-40

要想实现图 2-41 中的效果，首先必须找到已知两个圆心之间的中点来确定圆心，这时就可以借助"两点之间的中点"功能，准确找到这两个圆心之间的中点。下面就来绘制该圆，首先在【草图设置】对话框设置"圆心"和"象限点"捕捉模式，便于进行捕捉绘图，如图 2-42 所示。

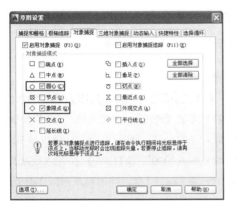

图 2-42

| 练一练 | 明白"两点之间的中点"捕捉功能的应用方法和作用后可以尝试以左侧圆右象限点和右侧圆左象限点之间的中点作为圆心，绘制与右侧圆相切的另一个圆，绘制结果如图 2-43 所示。

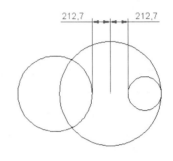

图 2-43

2.3　可选用的辅助功能——对象追踪

追踪是指光标沿某一点引出方向矢量线，捕捉矢量线上的点进行绘图，它与捕捉最大的区别就是，捕捉对象外的点。AutoCAD 追踪功能有正交模式、极轴追踪和对象捕捉追踪。本节学习对象追踪的设置方法。

本节内容概览

知识点	功能 / 用途	难易度与应用频率
正交功能（P41）	● 强制光标在水平和垂直方向 ● 绘制水平或垂直图线	难易度：★ 应用频率：★★★★★
极轴追踪（P42）	● 按极轴角度进行追踪 ● 捕捉追踪线上的点	难易度：★ 应用频率：★★★★★
疑难解答（P42）	● 系统预设的极轴角度不能满足绘图需要时该怎么办 ● 如何取消新建的增量角的使用	
实例（P43）	● 绘制边长为 120mm 的等边三角形	
疑难解答（P44）	● 为何实际操作与设置的极轴角度不符	
对象捕捉追踪（P44）	● 沿点引出追踪线 ● 捕捉追踪线上的点	难易度：★ 应用频率：★★★★★

2.3.1 【正交】功能——使用直线绘制矩形

🖥 视频文件　专家讲堂 \ 第 2 章 \ "正交"功能——使用直线绘制矩形 .swf

所谓"正交"就是强制光标沿水平或者垂直方向引出追踪线，捕捉追踪线上的点。正交追踪确定 4 个方向，向右引导光标时，系统定位 0° 方向；向上引导光标时，系统定位 90° 方向；向左引导引导光标时，系统定位 180° 方向；向下引导光标时，系统定位 270° 方向，如图 2-44 所示。

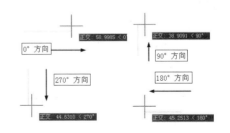

图 2-44

| 技术看板 | 用户还可以通过以下方式启动正交模式。

◆ 单击状态栏上的"正交模式"按钮 ▢ （或在此按钮上单击鼠标右键，在弹出的快捷菜单中选择"启用"选项。

◆ 按【F8】键。

◆ 在命令行输入"ORTHO"后按【Enter】键

2.3.2 极轴追踪——绘制长度为 100mm 的 30° 角的线段

| 🖥 视频文件 | 专家讲堂\第 2 章\极轴追踪——绘制长度为 100mm 的 30° 角的线段 .swf |

"极轴追踪"与"正交"功能不同，它除了可以沿水平方向和垂直方向引导光标外，还可以沿某一角度引导光标。

在默认设置下，系统仅以水平或垂直的方向进行追踪点，如果需要按照某一角度进行追踪点，可以在【极轴追踪】选项卡中设置追踪的样式。

🔧 **实例引导** ——绘制倾斜角度为 30°、长度为 100 的线段

1. 启用极轴追踪功能并设置极轴角度

Step01 ▸ 在状态栏上的"极轴追踪"按钮 ◢ 上右击，选择【设置】选项。

Step02 ▸ 打开【草图设置】对话框，进入"极轴追踪"选项卡。

Step03 ▸ 勾选"启用极轴追踪"选项。

Step04 ▸ 单击"增量角"下拉按钮，选择增量

角度为 30°，单击 ▢ 确定 ▢ 按钮。

2. 绘制长度为 100，角度为 30° 的直线

Step01 ▸ 单击【绘图】工具栏上的"直线"按钮 ✎。

Step02 ▸ 拾取一点，然后引出 30° 的极轴角度。

Step03 ▸ 输入"100"，按【Enter】键，输入线段长度。

Step04 ▸ 按【Enter】键，绘制结果如图 2-45 所示。

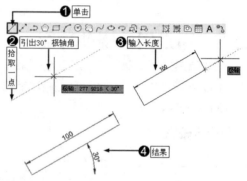

图 2-45

2.3.3 疑难解答——系统预设的极轴角度不能满足绘图需要时该怎么办

| 🖥 视频文件 | 疑难解答\第 2 章\疑难解答——系统预设的极轴角度不能满足绘图需要时该怎么办 .swf |

疑难：系统预设的角度不能满足绘图要求时该怎么办？

解答：在"增量角"列表，系统只设置了常用的一些角度，这些角度基本能满足绘图需要，但是如果系统提供的角度不能满足绘图要求时，系统允许用户自己重新新建一个合适的角度，例如需要一个 13° 的增量角度，则具体操作如下。

Step01 ▸ 勾选"附加角"选项。

Step02 ▸ 单击 新建(N) 按钮。

Step03 ▸ 在空白框中输入"13"。

Step04 ▸ 单击 ▢ 确定 ▢ 按钮，如图 2-46 所示。

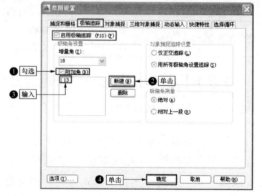

图 2-46

2.3.4 疑难解答——如何取消新建的增量角的使用

| 🖥 视频文件 | 疑难解答\第 2 章\疑难解答——如何取消新建的增量角的使用 .swf |

　　疑难：新建增量角后，系统将会一直沿用该角度，如何取消该新建的增量角的使用？

　　解答：如果想取消新建的增量角的使用，可以采用两种方式取消新建的角度：一种方式是，取消"附加角"选项的勾选，这样可以保留用户新建的增量角，但不会应用该增量角，以便以后继续使用；如果以后不再使用新建的该增量角，可以直接将其删除。删除新建的增变角的操作方法如下。

Step01 ▶ 选择新建的增量角度。

Step02 ▶ 单击 □删除□ 按钮。

Step03 ▶ 删除过程及结果如图 2-47 所示。

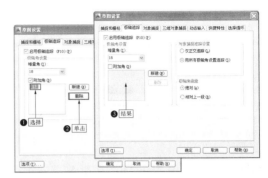

图 2-47

2.3.5　实例——绘制边长为 120mm 的等边三角形

💻 视频文件 ┃ 专家讲堂 \ 第 2 章 \ 实例——绘制边长为 120mm 的等边三角形 .swf

　　下面来绘制如图 2-48 所示的边长为 100mm 的等边三角形。

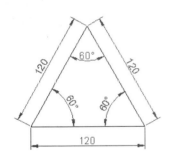

图 2-48

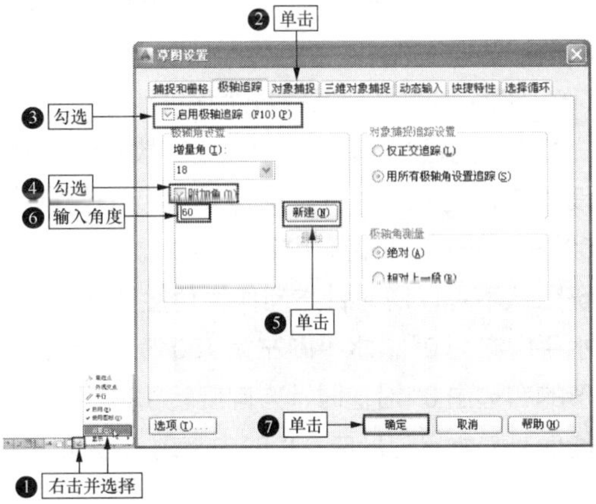

⚙ **操作步骤**

1. 新建增量角度

　　我们知道等边三角形的内角为 60°，因此在绘制前我们需要设置极轴角度为 60°，而系统提供的角度中并没有 60° 角，则需要新建一个 60° 的增量角度。

Step01 ▶ 在状态栏上的"极轴追踪"按钮 ⌖ 上单击鼠标右键并选择"设置"选项。

Step02 ▶ 打开【草图设置】对话框，单击【极轴追踪】选项卡。

Step03 ▶ 勾选"启用极轴追踪"选项。

Step04 ▶ 勾选"附加角"选项。

Step05 ▶ 单击 新建⑩ 按钮新建一个增量角。

Step06 ▶ 输入增量角度为 60。

Step07 ▶ 单击 □确定□ 按钮，如图 2-49 所示。

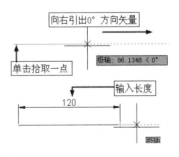

图 2-49

2. 绘制等边三角形

Step01 ▶ 单击【绘图】工具栏上的"直线"按钮 ✏。

Step02 ▶ 在绘图区单击拾取一点，向右引出 0° 方向矢量，输入"120"，按【Enter】键，绘制三角形一条边，如图 2-50 所示。

图 2-50

Step03 ▶ 向左上角引出 120° 方向矢量，输入

"120"，按【Enter】键，绘制三角形另一条边，如图 2-51 所示。

"120"，按【Enter】键，绘制三角形另一条边，如图 2-52 所示。

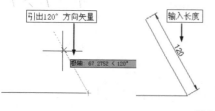

图 2-51

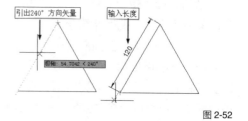

图 2-52

Step04 ▶ 向左下角引出 240°方向矢量，输入

Step05 ▶ 按【Enter】键结束操作。

2.3.6 疑难解答——为何实际操作与设置的极轴角度不符

💻 视频文件 | 疑难解答\第 2 章\疑难解答——为何实际操作与设置的极轴角度不符 .swf

疑难：在上一节实例操作中，设置的极轴角度是 60°，为什么实际操作中使用的是 120°的角？

解答：这个问题需要分两部分来解答，首先要说明的是，极轴角度可以成倍数进行追踪，设置角度为 60°，在实际操作中我们使用了60°的 2 倍进行追踪，也就是 120°。另外，系统默认下是以逆时针方向作为角度的正方向，水平向右为 0°，水平向左为 180°，则当三角形的右边由 0°沿逆时针方向旋转 120°后，才能使其与水平边形成 60°的内夹角，因此，实

际操作中引出三角形另一条边的旋转角度120°是正确的操作，如图 2-53 所示。

同理，三角形第 3 条边从 0°逆时针旋转240°（从 180°开始再旋转 60°），这样才能与水平线形成 60°的夹角，如图 2-54 所示。

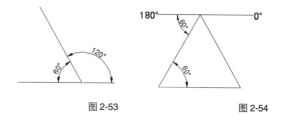

图 2-53

图 2-54

2.3.7 自动捕捉的辅助功能——对象捕捉追踪

💻 视频文件 | 专家讲堂\第 2 章\自动捕捉的辅助功能——对象捕捉追踪 .swf

"对象捕捉追踪"是自动捕捉的辅助功能，当启用该功能后，由图形对象上的特征点引出向两端无限延伸的对象追踪虚线，以捕捉图形外的一点，如图 2-55 所示。

图 2-55

┃技术看板┃"对象捕捉追踪"功能只有在"对象捕捉"和"对象捕捉追踪"同时启用的情况下才可使用，而且只能追踪对象捕捉类型里所设置的自动捕捉类型。另外，用户还可以通过以下方式启用对象捕捉追踪功能。

◆ 单击状态栏上的"对象捕捉追踪"按钮∠。

◆ 按【F11】键。

◆ 在【草图设置】对话框展开"对象捕捉"选项卡，勾选"启用对象捕捉追踪"选项。

2.4 绘图基础——坐标输入

坐标输入是 AutoCAD 绘图的基础，无论绘制一条简单的线段，还是绘制复杂的建筑设计图，都离不开坐标输入。本节学习坐标输入的相关知识。

本节内容概览

知识点	功能 / 用途	难易度与应用频率
认识坐标系（P45）	● 输入点的坐标 ● 精确绘图	难易度：★ 应用频率：★★★★★
绝对坐标输入（P46）	● 输入点的绝对坐标值 ● 精确绘图	难易度：★ 应用频率：★★★★★
疑难解答（P47）	● 关于"绝对极坐标"输入的疑问	
相对坐标输入（P48）	● 输入点的相对坐标值 ● 精确绘图	难易度：★ 应用频率：★★★★★
动态输入（P49）	● 将输入的点的坐标转换为相对坐标值 ● 精确绘图	难易度：★ 应用频率：★★★★★

2.4.1　坐标输入的依据——认识坐标系

💻 视频文件　专家讲堂 \ 第 2 章 \ 坐标输入的依据——认识坐标系 .swf

在 AutoCAD 中，坐标系包括 WCS（世界坐标系）和 UCS（用户坐标系）两种。AutoCAD 默认坐标系为 WCS（世界坐标系），位于绘图区左下方，此坐标系是由 3 个相互垂直并相交的坐标轴 X、Y、Z 组成。如果在二维绘图空间绘图，那么坐标系的 X 轴正方向水平向右，Y 轴正方向垂直向上，Z 轴正方向垂直屏幕向外，指向用户，如图 2-56 所示；如果在三维空间绘图，即绘制三维模型，那么坐标系也会自动切换为三维坐标系，如图 2-57 所示。

图 2-56　　　　　　图 2-57

坐标系是坐标输入的重要依据，在二维绘图空间，X 轴表示图形的水平距离，例如输入 X 为 100，表示从坐标系原点（X 轴和 Y 轴的交点）向 X 正方向（向右）为 100 个绘图单位，如图 2-62（上）所示。输入 X 为 -100，表示从坐标系原点（X 轴和 Y 轴的交点）向 X 负方向（向左）为 100 个绘图单位，如图 2-58（下）所示。

而 Y 轴表示图形的垂直距离，例如输入 Y 为 100，表示从坐标系原点（X 轴和 Y 轴的交点）向 Y 正方向（向上）为 100 个绘图单位，

如图 2-59（左）所示。输入 Y 为 -100，表示从坐标系原点（X 轴和 Y 轴的交点）向 Y 负方向（向下）为 100 个绘图单位，如图 2-59（右）所示。

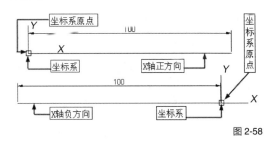

图 2-58

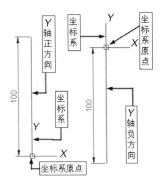

图 2-59

由于绘图的需要，有时需要重新定义坐标系，重新定义的坐标系称为 UCS（用户坐标系），此种坐标系在后面章节将通过具体案例进行详细讲解。

2.4.2 输入点的绝对坐标值——绝对坐标输入

💻 视频文件 | 专家讲堂\第2章\输入点的绝对坐标值——绝对坐标输入.swf

"绝对坐标输入"是指输入点的绝对坐标值，通俗地讲，就是输入坐标原点与目标点之间的绝对距离值，它包括"绝对直角坐标"和"绝对极坐标"两种输入法。本节学习"绝对坐标输入"的相关技能。

1. "绝对直角坐标"输入

"绝对直角坐标"是以坐标系原点（0,0）作为参考点来定位其他点，其表达式为（x,y,z），用户可以直接输入点的 x、y、z 绝对坐标值来表示点。

如图 2-60 所示，A 点的绝对直角坐标为（4,7），其中 4 表示从 A 点向 X 轴引垂线，垂足与坐标系原点的距离为 4 个绘图单位，而 7 表示从 A 点向 Y 轴引垂线，垂足与原点的距离为 7 个绘图单位。

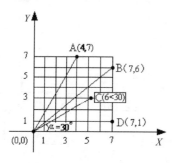

图 2-60

下面配合【正交】功能，使用【直线】命令，采用"绝对直角坐标"输入法绘制矩形，其矩形左下端点位于坐标系原点位置，如图2-61所示。

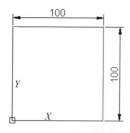

图 2-61

⚙️ **实例引导**——使用"绝对直角坐标"绘制 100mm×100mm 的矩形

Step01▶ 按【F8】键，激活【正交】功能。

Step02▶ 输入"L"，按【Enter】键，激活【直线】命令。

Step03▶ 输入"0,0"，按【Enter】键，确定矩形左下角点为坐标系的原点。

Step04▶ 水平向右引导光标，输入"100"，按【Enter】键，确定矩形下水平边的长度。

Step05▶ 垂直向上引导光标，输入"100"，按【Enter】键，确定矩形右垂直边的长度。

Step06▶ 水平向左引导光标，输入"100"，按【Enter】键，确定矩形上水平边的长度。

Step07▶ 垂直向下引导光标，输入"100"，按【Enter】键，确定矩形左垂直边的长度。

Step08▶ 按【Enter】键，结束操作。

2. "绝对极坐标"输入

"绝对极坐标"也是以坐标系原点作为参考点，通过某点相对于原点的极长和角度来定义点。其表达式为（L<α），其中，"L"表示某点和原点之间的极长，即长度；"α"表示某点连接原点的边线与 X 轴的夹角。

图 2-64 所示的 C 点就是用绝对极坐标表示的，其表达式为（6<30），其中"6"表示 C 点和坐标系原点连线的长度，"30"表示 C 点和原点连线与 X 轴的正向夹角为 30°。

技术看板 在默认设置下，AutoCAD 是以逆时针来测量角度的。0°水平向右，90°垂直向上，180°水平向左，270°垂直向下。

下面使用【直线】命令，采用"绝对极坐标"输入法绘制矩形，其矩形的左下角点位于坐标系原点位置。

⚙️ **实例引导**——使用"绝对极坐标"绘制边长为 100mm 的矩形

Step01▶ 输入"L"，按【Enter】键，激活【直线】命令。

Step02▶ 输入"0,0"，按【Enter】键，确定矩形下水平线的左端点（即，坐标系原点）。

Step03▶ 输入"100<0"，按【Enter】键，确定矩形下水平线右端点（表示坐标系原点到水平

线右端点的长度为 100mm，水平线与坐标轴 X 轴的角度为 0°），如图 2-62 所示。

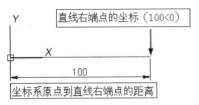

图 2-62

Step04 ▸ 输入 "141.42<45"，按【Enter】键，确定矩形右上角点坐标（表示坐标系原点与矩形右上角点的距离为 141.42mm，矩形右上角点到坐标系原点连线与 X 轴的角度为 45°），如图 2-63 所示。

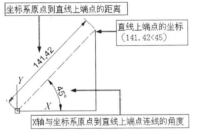

图 2-63

Step05 ▸ 输入 "100<90"，按【Enter】键，确定矩形左上角点坐标（表示坐标系原点与矩形左上角点的距离为 100mm，左上角点距离坐标轴 X 轴的角度为 90°，表示线的长度为 100mm，直线与坐标轴 X 轴的角度为 90°），如图 2-64 所示。

Step06 ▸ 输入 "0,0"，按【Enter】键，输入下一目标点的坐标（即，坐标坐标系原点），如

图 2-65 所示。

Step07 ▸ 按【Enter】键结束操作。

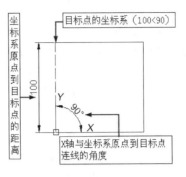

图 2-64

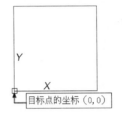

图 2-65

┃练一练┃ 以上分别采用"绝对直角坐标"输入法和"绝对极坐标"输入法绘制了相同尺寸的矩形，但是输入的参数却完全不同，下面尝试采用"绝对极坐标"输入法绘制边长为 100 个绘图单位的等边三角形，如图 2-66 所示。

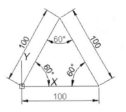

图 2-66

2.4.3　疑难解答——关于绝对极坐标参数输入的疑问

🖥 视频文件 ┃ 疑难解答 \ 第 2 章 \ 疑难解答——关于绝对极坐标参数输入的疑问 .swf

　　疑难：为什么在使用"绝对极坐标"绘制 100mm×100mm 的矩形时，在 Step04 的操作中输入的参数并不是矩形的边长和矩形的内角度？ 141.42 和 45 代表什么数值？

　　解答：前面我们已经讲过，"绝对极坐标"输入法的关键有两个，一个是坐标系原点与

目标点的长度，另一个是坐标系原点和目标点连线与 X 轴的角度。因此，在 Step04 操作中，在确定矩形右上角点时，输入 141.42 其实就是矩形右上角点到坐标系原点的距离值，也就是矩形对角线的长度，而 45 则是矩形右上角点到坐标系原点连线与 X 轴的角度。

2.4.4 输入点的相对坐标值——相对坐标输入

💻 视频文件 ┃ 专家讲堂\第2章\输入点的相对坐标值——相对坐标输入.swf

与绝对坐标输入不同，相对坐标输入是以上一点作为参照点，输入下一点的坐标值来确定点，它包括"相对直角坐标"和"相对极坐标"两种，本节学习"相对坐标输入"的相关技能。

1."相对直角坐标"输入

在 AutoCAD 绘图过程中，常把上一点看作参照点来定位下一点坐标，而"相对直角坐标"就是以某一点相对于参照点 X 轴、Y 轴和 Z 轴3个方向上的坐标变化来定位下一点坐标的，其表达式为（@x,y,z）。

在图 2-64 所示的坐标系中，如果以 B 点作为参照点，使用"相对直角坐标"表示 A 点，那么表达式则为（@-3,1），其中，"@"表示相对的意思，就是相对于 B 点来表示 A 点的坐标，"-3"表示从 B 点到 A 点的 X 轴负方向的距离，而"1"则表示从 B 点到 A 点的 Y 轴正方向距离。

下面继续使用"相对直角坐标"输入法来绘制矩形，看看与其他输入法有什么不同。

⚙️ **实例引导**——使用"相对直角坐标"绘制 100mm×100mm 的矩形

Step01▸ 输入"L"，按【Enter】键，激活【直线】命令。

Step02▸ 输入"0,0"，按【Enter】键，确定矩形下水平线的左端点（即坐标系原点）。

Step03▸ 输入"@100,0"，按【Enter】键，确定矩形下水平线右端点（表示相对于坐标系原点，矩形下水平线右端点的 X 轴坐标为100，Y 轴坐标为0），如图 2-67 所示。

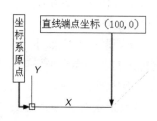

图 2-67

Step04▸ 输入"@0,100"，按【Enter】键，确定矩形右垂直线上端点（表示相对于水平线右端点，矩形右垂直线上端点的 X 轴坐标为0，Y 轴坐标为100），如图 2-68 所示。

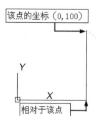

图 2-68

Step05▸ 输入"@-100,0"，按【Enter】键，确定矩形上水平线左端点（表示相对于矩形右垂直边上端点，矩形上水平线左端点的 X 轴坐标为 -100，Y 轴坐标为0），如图 2-69 所示。

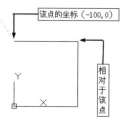

图 2-69

Step06▸ 输入 @0,-100，按【Enter】键，确定矩形左垂直线下端点（表示相对于上水平线左端点，矩形左垂直线下端点的 X 轴坐标为0，Y 轴坐标为 -100），如图 2-70 所示。

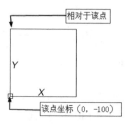

图 2-70

Step07▸ 最后按【Enter】键结束操作。

2."相对极坐标"输入

"相对极坐标"是通过相对于参照点的极长距离和偏移角度来表示点，其表达式为

（@L<α），其中，"@"表示相对的意思，"L"表示极长，"α"表示角度。

在图 2-64 所示的坐标系中，如果以 D 点作为参照点，使用相对极坐标表示 B 点，那么表达式则为（@5<90），其中"5"表示 D 点和 B 点的极长距离为 5 个绘图单位，"90"表示 D 点和 B 点的连线与 X 轴的角度为 90°。

⚙ **实例引导**——使用"相对极坐标"绘制 100mm×100mm 的矩形

Step01 ▶ 输入"L"，按【Enter】键，激活【直线】命令。

Step02 ▶ 输入"0,0"，按【Enter】键，确定矩形下水平线的左端点（即坐标系原点）。

Step03 ▶ 输入"@100<0"，按【Enter】键，确定矩形下水平线（表示相对于坐标系原点，矩形下水平线长度为 100mm，水平线与 X 轴的角度为 0°），如图 2-71 所示。

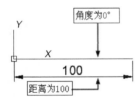

图 2-71

Step04 ▶ 输入"@100<90"，按【Enter】键，确定矩形右垂直线（表示相对于下水平线右端点，矩形右垂直线长度为 100mm，右垂直线与 X 轴的角度为 90°），如图 2-72 所示。

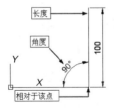

图 2-72

Step05 ▶ 输入"@100<180"，按【Enter】键，

确定矩形上水平线（表示相对于右垂直线上端点，矩形上水平线长度为 100mm，上水平线与 X 轴的角度为 180°），如图 2-73 所示。

Step06 ▶ 输入"@100<270"，按【Enter】键，确定矩形左垂直线（表示相对于矩形上水平线的左端点，矩形左垂直线长度为 100mm，左垂直线 X 轴的角度为 270°），如图 2-74 所示。

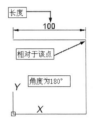

图 2-73

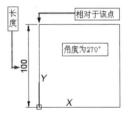

图 2-74

| 练一练 | 以上分别采用"相对直角坐标"输入法和"相对极坐标"输入法绘制了相同尺寸的矩形，但是输入的参数却完全不同，下面尝试采用"相对极坐标"输入法绘制边长为 100 个绘图单位的等边三角形，如图 2-75 所示。

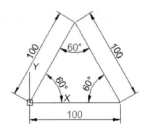

图 2-75

2.4.5　坐标输入的另一种方式——动态输入

💻 视频文件　｜　专家讲堂 \ 第 2 章 \ 坐标输入的另一种方式——动态输入 .swf

"动态输入"其实是另一种坐标输入方式，启用该功能后，输入的坐标点被看做是相对坐标点，用户只需输入点的坐标值即可，而不需要再输入符号"@"，系统会自动在坐标值前添加此符号。

单击状态栏上的"动态输入"按钮，或按键盘上的【F12】键，即可激活【动态输入】功能。激活该功能后，在光标下方会出现坐标输入框，如图 2-76 所示。

指定第一个点： 198.8544 126.1604

图 2-76

此时只需直接输入坐标值即可，例如输入"100,0"，系统会将其看做是"相对直角坐标"，输入"100<90"，系统会将其看做是"相对极坐标"。

下面启用【动态输入】功能，分别使用"直角坐标"和"极坐标"再绘制矩形，看看输入的参数有什么变化。

实例引导——启用【动态输入】功能绘制 100mm×100mm 的矩形

1. "直角坐标"绘制矩形

Step01 ▶ 按【F12】键，启用【动态输入】功能。

Step02 ▶ 输入"L"，按【Enter】键，激活【直线】命令。

Step03 ▶ 输入"0,0"，按【Enter】键，确定矩

形下水平线的左端点（即坐标系原点）。

Step04 ▶ 输入"100,0"，按【Enter】键，确定矩形下水平线。

Step05 ▶ 输入"0,100"，按【Enter】键，确定矩形右垂直线。

Step06 ▶ 输入"-100,0"，按【Enter】键，确定矩形上水平线。

Step07 ▶ 输入"0，-100"，按【Enter】键，确定矩形左垂直线，完成矩形的绘制。

2. "极坐标"绘制矩形

Step01 ▶ 按【F12】键，启用【动态输入】功能

Step02 ▶ 输入"L"，按【Enter】键，激活【直线】命令。

Step03 ▶ 输入"0,0"，按【Enter】键，确定矩形下水平线的左端点（即坐标系原点）。

Step04 ▶ 输入"100<0"，按【Enter】键，确定矩形下水平线。

Step05 ▶ 输入"100<90"，按【Enter】键，确定矩形右垂直线。

Step06 ▶ 输入"100<180"，按【Enter】键，确定矩形上水平线。

Step07 ▶ 输入"100<270"，按【Enter】键，确定矩形左垂直线，完成矩形的绘制。

通过以上操作可以看出，启用【动态输入】功能后，这两种输入法看似采用了"绝对坐标输入"，但却都是采用了"相对坐标输入"的绘图参数来绘图。

2.5 综合实例——绘制建筑设计图中的标高符号

📄 素材文件	效果文件\第2章\综合实例——绘制建筑设计图中的标高符号 .dwg
🖥 视频文件	专家讲堂\第2章\综合实例——绘制建筑设计图中的标高符号 .swf

在建筑设计图中会有许多符号，"标高符号"就是其中之一，一般在建筑立面图和剖面图中用于标注建筑物的层高。本节就来绘制图 2-77 所示的标高符号。

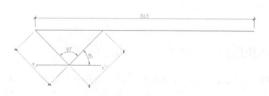

图 2-77

⚙️ 操作步骤

1. 设置捕捉与追踪模式

Step01 ▶ 输入"SE",按【Enter】键,打开【草图设置】对话框。

Step02 ▶ 单击【极轴追踪】选项卡,设置极轴追踪的增量角。

Step03 ▶ 单击【对象捕捉】选项卡,设置捕捉模式。

Step04 ▶ 单击 确定 按钮确认并关闭该对话框,如图 2-78 所示。

图 2-78

2. 绘制标高符号

Step01 ▶ 输入"L",按【Enter】键,激活【直线】命令。

Step02 ▶ 在绘图区单击拾取一点作为直线的起点。

Step03 ▶ 输入"@-20.5,0",按【Enter】键,确定直线的端点。

Step04 ▶ 向右下角引出 315° 的方向矢量,然后输入"4.5",按【Enter】键确认。

Step05 ▶ 继续向右上角引出 45° 的方向矢量,然后输入"4.5",按【Enter】键确认,如图 2-79 所示。

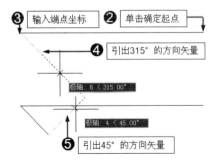

图 2-79

Step06 ▶ 再次按【Enter】键确认,绘制结果如图 2-80 所示。

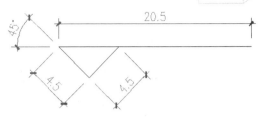

图 2-80

3. 完善标高符号

Step01 ▶ 再次输入"L",按【Enter】键,激活【直线】命令。

Step02 ▶ 由标高符号下方的端点引出 0° 方向矢量。

Step03 ▶ 由标高符号左端点向下引出 270° 方向矢量。

Step04 ▶ 捕捉方向矢量线的交点作为线的起点,如图 2-81 所示。

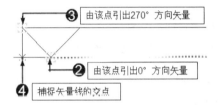

图 2-81

Step05 ▶ 向右引出 0° 方向矢量。

Step06 ▶ 由标高符号的交点向下引出 270° 方向矢量。

Step07 ▶ 捕捉方向矢量线的交点作为线的端点,如图 2-82 所示。

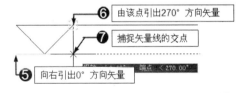

图 2-82

Step08 ▶ 按【Enter】键确认,完成标高符号的绘制,结果如图 2-83 所示。

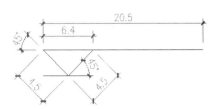

图 2-83

Step09 ▶ 将该图形命名保存。

2.6 综合自测

2.6.1 软件知识检验——选择题

（1）启用正交模式的快捷键是（   ）。

A. F5   B. F6   C. F7   D. F8

（2）启用极轴追踪的快捷键是（   ）。

A. F10   B. F9   C. F7   D. F8

（3）启用对象捕捉的快捷键是（   ）。

A. F2   B. F3   C. F4   D. F5

（4）启用对象捕捉追踪的快捷键是（   ）。

A. F10   B. F11   C. F12   D. F13

（5）启用动态输入功能的快捷键是（   ）。

A. F10   B. F11   C. F12   D. F13

2.6.2 操作技能入门——绘制双扇立面窗

📄 素材文件	效果文件 \ 第 2 章 \ 操作技能入门——绘制双扇立面窗 .dwg
🖥 视频文件	专家讲堂 \ 第 2 章 \ 操作技能入门——绘制双扇立面窗 .swf

启动【直线】命令，配合自动捕捉和追踪功能，使用"绝对坐标输入"和"相对坐标输入"绘制图 2-84 所示的双扇立面窗。

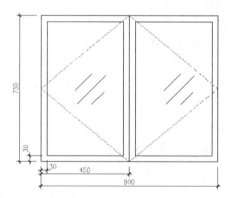

图 2-84

第 3 章
建筑设计中的简单图元——点与线

任何复杂的建筑设计图都是由简单图元组合而成，对于 AutoCAD 建筑设计初学者来说，掌握简单图元的绘制，是建筑设计的基本功。本章介绍简单图元的绘制技能与方法。

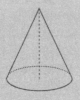

| 第 3 章 |

建筑设计中的简单图元——点与线

本章内容概览

知识点	功能 / 用途	难易度与应用频率
点（P54）	● 创建单点和多点 ● 创建室内灯具	难易度：★★ 应用频率：★★★
构造线（P60）	● 创建绘图辅助线 ● 创建图形轮廓线	难易度：★★★ 应用频率：★★★★★
多段线（P63）	● 创建图形轮廓线 ● 创建绘图辅助线	难易度：★★★★ 应用频率：★★★★★
多线（P69）	● 创建墙线和窗线 ● 创建图形轮廓线	难易度：★★★★★ 应用频率：★★★★★
编辑多线（P73）	● 编辑墙线 ● 编辑图形轮廓线	难易度：★★ 应用频率：★★★★★
综合实例（P76）	● 设置墙线和窗线样式 ● 绘制墙线 ● 绘制窗线 ● 绘制阳台线	
综合自测（P83）	● 软件知识检验——选择题 ● 操作技能入门——绘制立面窗户	

3.1 建筑设计中的特殊图元——点

AutoCAD 中的点与传统意义上的点不同，它是一个特殊图元，有着特殊的用途。例如在 AutoCAD 建筑室内装饰装潢设计图中，常使用点图元来表示室内布置图中的各种灯具，或者对目标对象进行等分等。本节就来学习点图元的绘制方法。

本节内容概览

知识点	功能 / 用途	难易度与应用频率
设置点样式（P54）	● 设置点样式模式 ● 创建点图元	难易度：★ 应用频率：★★
单点（P55）	● 绘制单个点 ● 创建点图元	难易度：★ 应用频率：★★
多点（P55）	● 绘制多个点 ● 创建点图元图	难易度：★ 应用频率：★★
定数等分（P55）	● 使用点将线段等分为相等的几段 ● 创建点图元	难易度：★ 应用频率：★★
定距等分（P56）	● 按照设定的距离使用点等分线段 ● 创建点图元	难易度：★ 应用频率：★★
疑难解答（P57）	● 【定距等分】与【定数等分】的区别	
实例（P58）	● 布置吊顶图装饰灯具	

3.1.1 绘制点前的准备工作——设置点样式

🖵 视频文件 | 专家讲堂 \ 第 3 章 \ 绘制点前的准备工作——设置点样式 .swf

绘制点前，首先需要设置点样式，这是因为系统默认下的点是一个小点，不容易看到。

⚙ **实例引导**——设置点样式

Step01 ▶ 执行【格式】/【点样式】命令，打开【点样式】对话框。

Step02 ▶ 单击选择一种点样式。

Step03 ▶ 在"点大小"输入框设置点的大小。

Step04 ▶ 单击 确定 按钮，完成点样式的设置，如图 3-1 所示

当设置点样式后，系统会使用设置的点样式绘制点。

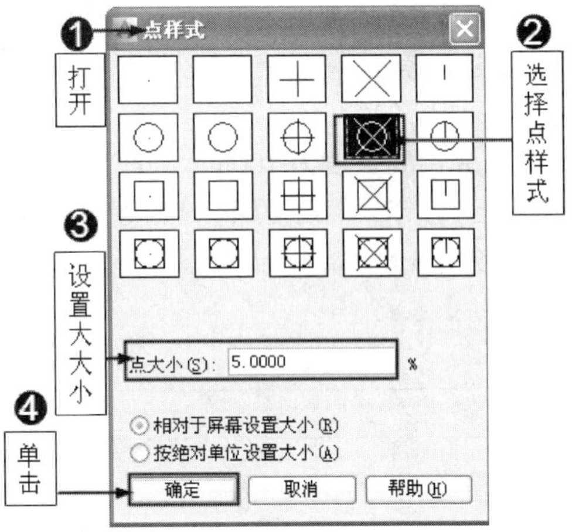

| 技术看板 |

在【点样式】对话框中，不仅可以设置点的样式，还可以设置点样式的大小。

【相对于屏幕设置大小】：按照屏幕的百分比显示点，这种点会根据屏幕大小变化而发生变化，一般可用于在屏幕上表现点时使用。

图 3-1

【用绝对单位设置尺寸】：按照点的实际尺寸来显示点，也就是说，不管屏幕如何变化，点的实际尺寸是不会发生变化的，这种点适合在图纸上表现点时使用。

选择好点大小的显示方式后，用户可以在"点大小"输入框输入点的百分比或者实际尺寸。

3.1.2 单点——绘制单个点

🖥 视频文件 | 专家讲堂\第 3 章\单点 绘制单个点 .swf

执行【单点】命令只能绘制一个点，如果想绘制多个点，则需要多次执行【单点】命令。

⚙ **实例引导**——绘制单个点

Step01 ▶ 执行【绘图】/【点】/【单点】命令。

Step02 ▶ 在绘图区单击。

Step03 ▶ 绘制一个单点，同时系统自动结束命令，绘制过程及结果如图 3-2 所示。

图 3-2

3.1.3 多点——绘制多个点

🖥 视频文件 | 专家讲堂\第 3 章\多点——绘制多个点 .swf

与【单点】命令不同，执行【多点】命令后可以连续绘制多个点对象，直到结束操作。

⚙ **实例引导**——绘制多个点

Step01 ▶ 执行【绘图】/【点】/【多点】命令。

Step02 ▶ 在绘图区连续单击，即可绘制多个点，如图 3-3 所示。

图 3-3

Step03 ▶ 按【Esc】键结束命令。

3.1.4 定数等分——按照段数等分图线

🖥 视频文件 | 专家讲堂\第 3 章\定数等分——按照段数等分图线 .swf

【定数等分】是指按照段数，使用点对目标对象进行等分。不管等分多少段，每一段的距离都是相等的。

首先绘制长度为 100mm 的线段，如图 3-4（上）所示，然后使用【定数等分】将该线段等分为 5 段，绘制结果如图 3-4(下)所示。

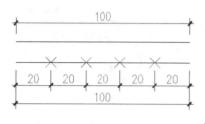

图 3-4

⚙ 实例引导——将长度为 100mm 的线段等分为 5 段

1. 绘制长度为 100mm 的线段

Step01 ▶ 输入"L"，按【Enter】键，激活【直线】命令。

Step02 ▶ 在绘图区单击拾取线的起点。

Step03 ▶ 输入端点坐标"@100,0"。

Step04 ▶ 按 2 次【Enter】键完成线段的绘制，绘制结果如图 3-5 所示。

图 3-5

2. 设置点样式

Step01 ▶ 执行【格式】/【点样式】命令，打开【点样式】对话框。

Step02 ▶ 单击选择一种点样式作为等分的点样式。

Step03 ▶ 单击 确定 按钮，完成点样式的设置，如图 3-6 所示。

3. 使用【定数等分】命令将该线段等分为相等的 5 段

Step01 ▶ 执行菜单栏中的【绘图】/【点】/【定

数等分】命令。

Step02 ▶ 单击直线。

Step03 ▶ 输入分段数"5"，按【Enter】键，绘制结果如图 3-7 所示

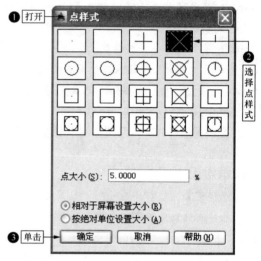

图 3-6

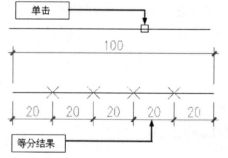

图 3-7

|练一练| 使用【定数等分】命令等分图线的操作，将长度为 150 个绘图单位的线段，通过【定数等分】命令等分为 5 段，绘制结果如图 3-8 所示。

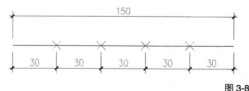

图 3-8

3.1.5 定距等分——按照距离等分图线

💻 视频文件　专家讲堂\第 3 章\定距等分——按照距离等分图线 .swf

【定距等分】是按照设定的距离来等分图线，这与等分段数无关，等分时从鼠标单击的一端开

始等分。

绘制长度为 100mm 的线段，如图 3-9（上）所示。使用【定距等分】命令将该线段以每段 30mm 进行等分，绘制结果如图 3-9（下）所示。

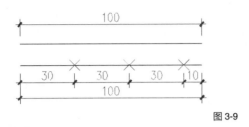

图 3-9

⚙ **实例引导** ——将长度为 100mm 线段按每段 30mm 等分

1. 绘制长度为 100mm 的线段

Step01▶ 输入"L"，按【Enter】键，激活【直线】命令。

Step02 ▶ 在绘图区单击拾取线的起点。

Step03 ▶ 输入端点坐标"@100,0"。

Step04 ▶ 按 2 次【Enter】键完成线段的绘制，绘制结果如图 3-10 所示。

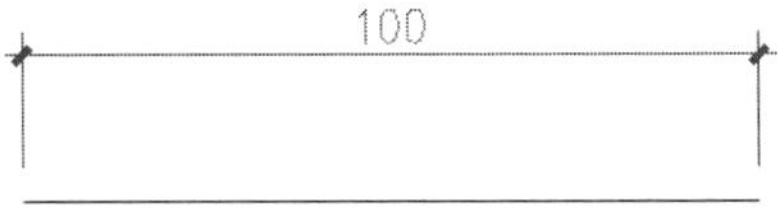

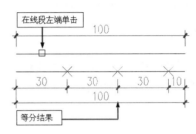

图 3-10

2. 定距等分

Step01 ▶ 执行【绘图】/【点】/【定距等分】命令。

Step02 ▶ 在线段左端单击。

Step03 ▶ 输入等分距离"30"，按【Enter】键。等分结果如图 3-11 所示。

图 3-11

| 技术看板 |

不管是使用【等数等分】还是使用【定距等分】等分图线，等分的结果仅仅是在图线上添加个点的标记，对线段并没有任何影响。

3.1.6　疑难解答——【定数等分】与【定距等分】的区别

💻 视频文件　　疑难解答 \ 第 3 章 \ 疑难解答——【定数等分】与【定距等分】的区别 .swf

疑难：【定数等分】与【定距等分】有什么区别？为什么使用【定距等分】后每段的距离不相等？

解答：【定数等分】与【定距等分】的区别在于等分结果不同，【定数等分】命令是按照分段数来等分对象，不管将目标对象等分多少段，各等分段之间的距离永远是相等的。例如，长度为 100 个绘图单位的线段使用【定数等分】命令分别等分 5 段和 3 段，每一种等分结果的每段距离都是相等的，如图 3-12 所示。

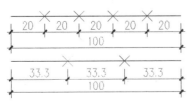

图 3-12

而【定距等分】则是按照等分距离来等分目标对象，其等分段数取决于等分距离，例如，长度为 100 个绘图单位的线段使用【定距等分】命令分别按照 30 和 40 个绘图单位的距离进行等分，其结果如图 3-13 所示。

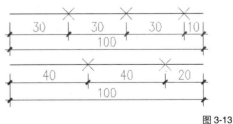

图 3-13

另外，使用【定数等分】时，鼠标指针单击的位置对等分效果没有任何影响，但使用【定距等分】时，鼠标单击的位置不同，则等分结果也不同。例如，在对长度为 100 个绘图单位的线段按照 30 个绘图单位进行【定距等分】时，如果单击线段左端，则系统从线段左端开始等分；如果单击右端，则系统从右端开始等分，如图 3-14 所示。

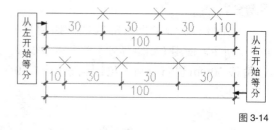

图 3-14

3.1.7 实例——布置吊顶图装饰灯具

📄 素材文件	素材文件 \ 吊顶图 .dwg
✒ 效果文件	效果文件 \ 第 3 章 \ 实例——布置吊顶图装饰灯具 .dwg
🖥 视频文件	专家讲堂 \ 第 3 章 \ 实例——布置吊顶图装饰灯具 .swf

在建筑室内装饰设计中，吊顶图中的装饰灯具往往使用各点来代替，本节学习在室内装饰吊顶图中布置装饰灯具，效果如图 3-15 所示。

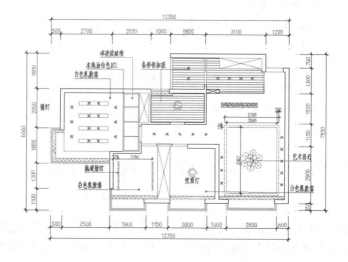

图 3-15

⚙ 操作步骤

1. 设置为当前层与捕捉模式

在室内设计中，室内各用具要根据其不同属性绘制在不同的图层中，这样便于我们管理和编辑图形。由于装饰灯具与其他装饰、照明灯具同属于一个类型的图形元素，可以将其绘制在"灯具层"，因此，在绘制前应该首先将"灯具层"设置为当前图层才行。

另外，在布置装饰灯具时，为了使辅助灯具的位置更精准、效果更美观，还需要设置相关捕捉模式。

Step01 ▶ 打开素材文件，然后单击"图层控制"下拉按钮。

Step02 ▶ 在弹出的下拉列表中选择"灯具层"，将其设置为当前图层，如图 3-16 所示。

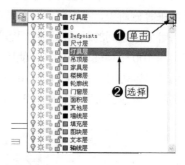

图 3-16

Step03 ▶ 输入"SE"，按【Enter】键打开【草图设置】对话框。

Step04 ▸ 设置"中点"捕捉模式，并启用对象捕捉。

Step05 ▸ 单击 确定 按钮，如图 3-17 所示。

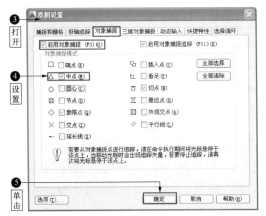

图 3-17

2. 设置点样式

在使用点代表室内装饰灯具时，根据灯具类型不同，需要选择不同的点样式，同时还需要根据灯具具体大小设置点样式大小。

Step01 ▸ 执行【格式】/【点样式】命令，打开【点样式】对话框。

Step02 ▸ 选择点样式。

Step03 ▸ 为点样式设置大小。

Step04 ▸ 单击 确定 按钮，如图 3-18 所示。

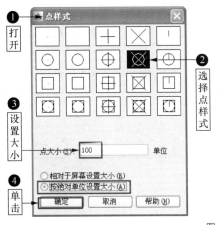

图 3-18

3. 设置主卧室射灯

在该吊顶图中，主卧室吊顶左右两边各需要 3 盏射灯。下面将主卧室吊顶左右两边的灯具辅助线按照【定数等分】的方法等分为 4 段，这样就形成 3 个辅助灯具。

Step01 ▸ 执行【绘图】/【点】/【定数等分】命令。

Step02 ▸ 单击主卧室吊顶左侧的垂直灯具辅助线。

Step03 ▸ 输入"4"，按【Enter】键确认，绘制过程及结果如图 3-19 所示。

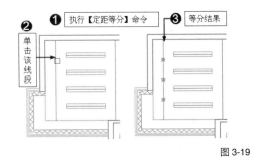

图 3-19

| 练一练 | 请读者尝试布置其他房间灯具，注意观察各房间的灯具数，绘制结果如图 3-20 所示。

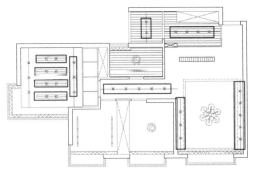

图 3-20

4. 设置餐厅射灯

餐厅吊顶只有一个射灯，因此可以使用【单点】或者【多点】命令来创建点比较合适。下面使用【多点】命令来设置餐厅射灯。

Step01 ▸ 执行【绘图】/【点】/【多点】命令。

Step02 ▸ 配合"中点"捕捉功能，捕捉餐厅吊顶灯池中的灯具辅助线以添加点。

Step03 ▸ 依次继续捕捉其他灯具辅助线的中点添加其他点，如图 3-21 所示。

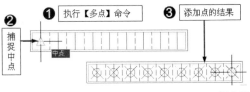

图 3-21

Step04 ▸ 按【Esc】键结束操作。

5. 删除灯具定位辅助线并保存图形

当灯具都布置完成后，需要删除灯具定位辅助线，删除辅助线的操作非常简单。

Step01 ▶ 在无任何命令发出的情况下单击所有灯具辅助线，使其夹点显示。

| 技术看板 |

所谓"夹点显示"是指，在无任何命令发出的情况下单击图形对象时，图形会以蓝色显示其特征点，所谓特征点就是表现图形特征的点，图形对象不同，其特征点数量不同，例如直线段特征点是 2 个端点和 1 个中点。通过图形夹点编辑图形是一种常用的图形编辑方法，有关夹点编辑的具体操作，将在后面章节详细讲解。

Step02 ▶ 按【Delete】键将其删除，结果如图 3-15 所示。

Step03 ▶ 这样就完成了灯具图辅助射灯的布置，最后将图形命名结果保存。

3.2 建筑设计中的辅助线——构造线

构造线是一种向两端无限延伸的线图元，在 AutoCAD 建筑设计中，此种线图元通常用作绘图辅助线，而不能直接充当图形轮廓线，但用户可以通过修改编辑，将其创建为图形轮廓线。本节学习构造线的绘制方法。

本节内容概览

知识点	功能 / 用途	难易度与应用频率
水平、垂直（P60）	● 绘制水平、垂直构造线 ● 绘制绘图辅助线 ● 编辑创建图形轮廓线	难易度：★ 应用频率：★★★★★
疑难解答（P61）	● 绘制水平、垂直构造线的其他方法	
距离（P61）	● 设置距离偏移构造线 ● 绘制绘图辅助线 ● 编辑创建图形轮廓线	难易度：★ 应用频率：★★★★★
通过（P61）	● 通过点创建构造线 ● 绘制绘图辅助线 ● 编辑创建图形轮廓线	难易度：★ 应用频率：★★★★★
角度（P62）	● 绘制特定角度的构造线 ● 绘制绘图辅助线 ● 编辑创建图形轮廓线	难易度：★ 应用频率：★★★★★
疑难解答（P63）	● 绘制特定角度构造线的其他方法	
二等分（P63）	● 绘制角度平分线	难易度：★ 应用频率：★

3.2.1 绘制水平、垂直构造线

🖥 视频文件 | 专家讲堂 \ 第 3 章 \ 绘制水平、垂直构造线 .swf

水平构造线是沿 0°～180° 方向无限延伸，而垂直构造线是沿 90°～270° 方向无限延伸，本节介绍绘制水平与垂直构造线。

| 技术看板 |

除了单击【绘图】工具栏中的"构造线"按钮，还可以通过以下方法激活【构造线】命令。

◆ 单击【绘图】/【构造线】命令。

◆ 在命令行输入"XLINE"后按【Enter】键。

◆ 使用快捷键"XL"。

3.2.2 疑难解答——绘制水平或垂直构造线的其他方法

💻 视频文件	疑难解答 \ 第 3 章 \ 疑难解答——绘制水平、垂直构造线的其他方法 .swf

疑难：在绘制水平或垂直构造线时，除了需要激活【水平】或【垂直】命令外，还有没有其他方法？

解答：在绘制水平或垂直构造线时，除了需要激活【水平】或【垂直】命令外，还可以采用以下 3 种方式绘制。

1. 启用【正交】功能

【正交】功能可以将光标强制性控制在水平或垂直方向，因此，启用【正交】功能可以绘制水平或垂直构造线。

2. 启用【极轴追踪】功能

【极轴追踪】功能可以沿某角度引出追踪线，拾取追踪线上的点，可以应用这一功能引出 90° 或者 0° 的方向矢量，以绘制水平或垂直构造线。

3. 使用坐标输入功能

坐标输入是绘图的基础，当确定构造线的第 1 点后，输入构造线另一点的坐标，也可以绘制水平或垂直构造线。

3.2.3 "距离"偏移创建构造线

💻 视频文件	专家讲堂 \ 第 3 章 \ "距离"偏移创建构造线 .swf

"距离"偏移创建构造线是指，通过设定偏移距离，对构造线或其他图线进行偏移，以创建另一条构造线。下面将上一节绘制的水平构造线向上偏移 100 个绘图单位，以创建另一条水平构造线。

⚙️ **实例引导** ——"距离"偏移创建构造线

Step01 ▶ 单击【绘图】工具栏上的"构造线"按钮 ✗，激活【构造线】命令。

Step02 ▶ 输入"O"，按【Enter】键，激活【偏移】命令。

Step03 ▶ 输入"100"，按【Enter】键确定偏移距离。

Step04 ▶ 单击水平构造线。

Step05 ▶ 在构造线上方单击。

Step06 ▶ 按【Enter】键结束操作，绘制过程及结果如图 3-22 所示。

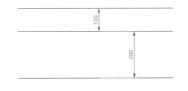

图 3-22

| **练一练** | 使用"距离"偏移构造线的操作方法，将水平构造线向下偏移 200 个绘图单位，以创建另外一条水平构造线，绘制结果如图 3-23 所示。

图 3-23

3.2.4 "通过"偏移创建构造线

📄 素材文件	素材文件 \ 偏移示例 .dwg
💻 视频文件	专家讲堂 \ 第 3 章 \ "通过"偏移创建构造线 .swf

与"距离"偏移不同，"通过"偏移不用指定偏移距离，而是通过某一点对其他图线或构造线进行偏移以创建另一条构造线。

打开素材文件，然后"通过"圆的上象限点，对圆的水平直径进行偏移，以创建另一条水平构造线。

⚙️ **实例引导** ——"通过"圆的象限点偏移创建构造线

Step01 ▶ 设置"象限点"捕捉模式，在此不再详述。

Step02 ▶ 单击【绘图】工具栏上的"构造线"按钮 ✗ ，激活【构造线】命令。

Step03 ▶ 输入"O"，按【Enter】键，激活【偏移】命令。

Step04 ▶ 输入"T"，按【Enter】键，激活【通过】命令。

Step05 ▶ 单击圆的水平直径。

Step06 ▶ 捕捉圆的上象限点。

Step07 ▶ 按【Enter】键结束操作，绘制过程结果如图 3-24 所示。

| 练一练 | 使用"通过"点偏移构造线的操作方法，将圆的直径通过圆的下象限点进行偏移，以创建另外一条水平构造线，绘制结果如图 3-25 所示。

| 技术看板 | 通过以上案例操作会发现，不管是距离偏移还是点偏移，既可以对构造线进行偏移以创建新的构造线，也可以对其他图线进行偏移以创建构造线。另外，在通过

点偏移创建构造线时，要根据具体情况设置相关的捕捉模式，以便能正确捕捉到点，有关捕捉的设置，请参阅本书第 2 章 2.1 节的讲解。

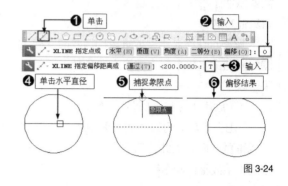

图 3-24

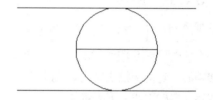

图 3-25

3.2.5　绘制特定角度的构造线

🖥 视频文件 | 专家讲堂 \ 第 3 章 \ 绘制特定角度的构造线 .swf

　　除了绘制水平或垂直构造线外，还可以绘制具有一定倾斜角度的构造线，例如绘制 30°、40° 的构造线。

⚙️ **实例引导** ——绘制 30° 角的构造线

Step01 ▶ 单击【绘图】工具栏上的"构造线"按钮 ✗ ，激活【构造线】命令。

Step02 ▶ 输入"A"，按【Enter】键，激活【角度】命令。

Step03 ▶ 输入"30'"，按【Enter】键确定角度。

Step04 ▶ 在绘图区单击拾取一点。

Step05 ▶ 按【Enter】键结束操作，绘制过程及结果如图 3-26 所示。

| 练一练 | 使用创建一定角度的构造线的操作方法，创建角度为 75° 的构造线，绘制结果如图 3-27 所示。

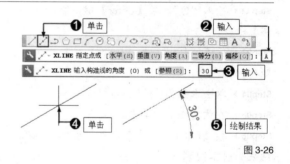

图 3-26

图 3-27

3.2.6　疑难解答——绘制特定角度构造线的其他方法

📺 视频文件	疑难解答 \ 第 3 章 \ 疑难解答——绘制特定角度构造线的其他方法 .swf

疑难： 不启用【角度】选项时，能否绘制特定角度的构造线？

解答： 除了启用【角度】选项绘制特定角度构造线外，还可以采用以下两种方式绘制特定角度的构造线。

1. 设置极轴角度

根据需要设置极轴角度，然后就可以绘制特定角度的构造线，例如绘制 15° 角的构造线。

2. 极坐标输入绘制特定角度的构造线

前面学习过极坐标输入时输入的点的极长和角度，根据这一原理，可以直接输入构造线的倾斜角度与极长来绘制特定角度的构造线，例如绘制倾斜角度为 15° 的构造线。

3.2.7　绘制"二等分"构造线

📺 视频文件	专家讲堂 \ 第 3 章 \ 绘制"二等分"构造线 .swf

"二等分"构造线其实就是角的平分线，例如使用构造线绘制 30° 角的平分线，使其形成两个 15° 的角。

⚙ 实例引导 ——使用构造线绘制 90° 角的平分线

Step01 ▶ 单击【绘图】工具栏上的"构造线"按钮 ，激活【构造线】命令。

Step02 ▶ 输入"B"，按【Enter】键，激活【二等分】命令。

Step03 ▶ 捕捉图线的交点。

Step04 ▶ 捕捉垂直线端点。

Step05 ▶ 捕捉水平线的端点。

Step06 ▶ 按【Enter】键结束操作，绘制过程及结果如图 3-28 所示。

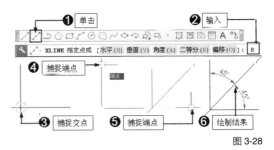

图 3-28

3.3　建筑设计中的主要图线——多段线

多段线由一系列直线段或弧线段连接而成的一种特殊线图元，与直线最大的区别就是，多段线无论它包含多少条直线或弧，它都是一个整体。

在无任何命令发出的情况下，单击由直线组成的图线时，只有单击的线段以夹点样式显示，如图 3-29（上）所示。而单击由多段线组成的图线时，则所有线段都以夹点样式显示，如图 3-29（下）所示。本节学习绘制多段线的方法。

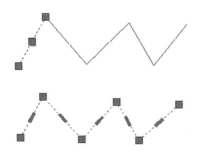

图 3-29

本节内容概览

知识点	功能 / 用途	难易度与应用频率
直线（P64）	● 绘制有直线组成的多段线 ● 绘制图形轮廓线	难易度：★ 应用频率：★★★★★
疑难解答（P64）	● "单击指定下一点"指的是什么	
圆弧和直线（P65）	● 绘制由圆弧组成的多段线 ● 绘制图形轮廓线	难易度：★ 应用频率：★★★★★
宽度（P66）	● 绘制具有宽度的多段线 ● 绘制图形轮廓线	难易度：★ 应用频率：★★★★★
实例（P66）	● 绘制箭头 ● 绘制沙发平面图	

3.3.1 绘制由直线段组成的多段线

💻 视频文件 | 专家讲堂 \ 第 3 章 \ 绘制由直线段组成的多段线 .swf

默认设置下，多段线是由直线段组成，绘制多段线时，可以绘制开放的多段线图形，也可以绘制闭合的多段线图形。

⚙️ **实例引导**——绘制由直线段组成的多段线

Step01▶ 单击【绘图】工具栏上的"多段线"按钮⚲，激活【多段线】命令。

Step02▶ 在绘图区单击指定起点。

Step03▶ 移动光标到合适位置，单击指定下一点。

Step04▶ 继续移动光标到合适位置，单击指定下一点。

Step05▶ 继续移动光标到合适位置，单击指定下一点。

Step06▶ 按【Enter】键结束操作，绘制过程及结果如图 3-30 所示。

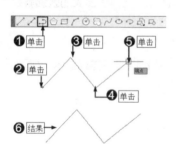

图 3-30

| **技术看板** | 如果要绘制闭合多段线，则在绘制结束时，输入"C"，按【Enter】键激活【闭合】命令，即可创建闭合的多段线，如图 3-31 所示。

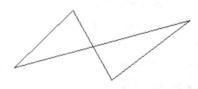

图 3-31

| **技术看板** | 除了单击【绘图】工具栏或面板上的"多段线"按钮⚲，激活【多段线】命令之外，还可以通过以下方式激活【多段线】命令。

♦ 单击菜单【绘图】/【多段线】命令。

♦ 在命令行输入"PLINE"后按【Enter】键。

♦ 使用快捷键"PL"。

3.3.2 疑难解答——"指定下一点"指的是什么

💻 视频文件 | 疑难解答 \ 第 3 章 \ 疑难解答——"指定下一点"指的是什么 .swf

疑难： 在绘制多段线的操作中，有多个步骤中都出现了"指定下一点"的操作，这个"单击指定下一点"是什么意思?

解答: 在绘制多段线的过程中,"指定下一点"是指系统要求用户确定多段线的另一个端点,可以直接单击鼠标以确定下一端点,也可以通过输入多段线下一点的坐标来确定端点。例如,要绘制长度为 100 个绘图单位、方向矢量为 0° 的多段线,当确定了多段线的起点之后,可以输入下一端点的坐标来绘制,具体操作如下。

实例引导——绘制长度为 100 个绘图单位的水平多段线

Step01 ▸ 单击【绘图】工具栏上的"多段线"

按钮 ↺,激活【多段线】命令。

Step02 ▸ 在绘图区单击指定多段线的起点。

Step03 ▸ 输入"@100,0",按【Enter】键指定多段线下一端点的坐标。

Step04 ▸ 按【Enter】键结束操作,绘制过程及结果如图 3-32 所示。

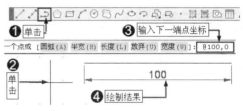

图 3-32

3.3.3 绘制由圆弧和直线组成的多段线

💻 视频文件 | 专家讲堂 \ 第 3 章 \ 绘制由圆弧和直线组成的多段线 .swf

多段线不仅可以由直线段组成,还可以由弧线、直线结合组成。

实例引导——绘制由圆弧和直线组成的多段线

1. 绘制圆弧多段线

Step01 ▸ 单击【绘图】工具栏上的"多段线"按钮 ↺,激活【多段线】命令。

Step02 ▸ 在绘图区单击指定起点。

Step03 ▸ 输入"A",按【Enter】键,激活"圆弧"选项。

Step04 ▸ 单击指定圆弧的端点。

Step05 ▸ 单击指定圆弧的另一个端点。

Step06 ▸ 按【Enter】键结束操作,绘制过程及结果如图 3-33 所示。

2. 绘制圆弧和直线组成的多段线

Step01 ▸ 单击【绘图】工具栏上的"多段线"按钮 ↺,激活【多段线】命令。

Step02 ▸ 在绘图区单击指定起点。

Step03 ▸ 移动光标到合适位置单击指定端点。

Step04 ▸ 输入"A",按【Enter】键,激活"圆弧"选项。

Step05 ▸ 单击指定圆弧的端点。

Step06 ▸ 单击指定圆弧的另一个端点。

Step07 ▸ 输入"L",按【Enter】键,激活"直线"选项。

Step08 ▸ 单击指定直线的端点。

Step09 ▸ 按【Enter】键结束操作,绘制过程及结果如图 3-34 所示。

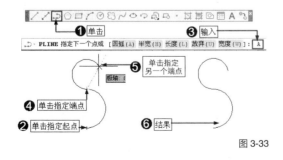

图 3-33

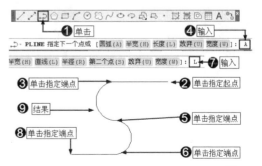

图 3-34

3.3.4 绘制具有宽度的多段线

🖥 视频文件　专家讲堂\第3章\绘制具有宽度的多段线.swf

默认设置下，多段线宽度为0mm，用户可以根据需要设置宽度，以绘制具有一定宽度的多段线，其宽度分为起点宽度和端点宽度。

1. 绘制起点和端点宽度一致的多段线

⚙ **实例引导**——绘制起点和端点宽度均为100mm、长度为300mm的多段线

Step01▶ 单击【绘图】工具栏上的"多段线"按钮 ⌐∍ 。

Step02▶ 单击指定起点。

Step03▶ 输入"W"，按【Enter】键，激活"宽度"选项。

Step04▶ 输入"100"，按【Enter】键指定起点宽度。

Step05▶ 输入"100"，按【Enter】键指定端点宽度。

Step06▶ 输入"@300,0"，按【Enter】键，指定端点坐标。

Step07▶ 按【Enter】键结束操作，绘制过程及结果如图3-35所示。

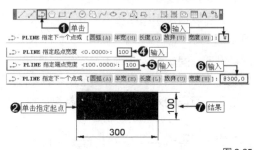

图 3-35

2. 绘制起点宽度和端点宽度不一致的多段线

当多段线的起点和端点宽度不一致时，绘制的多段线类似于一个多边形。如果设置多段线端点宽度为0，则绘制结果类似于一个三角形。读者可自行尝试绘制图3-36所示的两条多段线，具体绘制过程可参见本书配书光盘中的视频讲解。

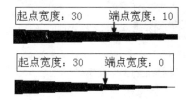

图 3-36

3.3.5 实例——绘制箭头

⬇ 效果文件	效果文件\第3章\实例——绘制箭头.dwg
🖥 视频文件	专家讲堂\第3章\实例——绘制箭头.swf

下面绘制一个箭头线宽度为10mm，箭头线长度为500mm，箭头宽度和箭头长度均为100mm的一个箭头。

⚙ **操作步骤**

Step01▶ 单击【绘图】工具栏中的"多段线"按钮 ⌐∍ 。

Step02▶ 单击指定起点。

Step03▶ 输入"W"，按【Enter】键，激活"宽度"选项。

Step04▶ 输入箭头线起点宽度"10"，按【Enter】键。

Step05▶ 输入箭头线端点宽度"10"，按【Enter】键。

Step06▶ 输入"@500,0"，按【Enter】键，确定箭头线端点坐标。

Step07▶ 输入"W"，按【Enter】键，激活"宽度"选项。

Step08▶ 输入"100"，按【Enter】键，确定箭头起点宽度。

Step09▶ 输入"0"，按【Enter】键，确定箭头端点宽度。

Step10▶ 输入"@100,0"，按【Enter】键，确定箭头端点坐标。

Step11▶ 按【Enter】键结束操作，绘制结果如图3-37所示。

图 3-37

3.3.6　实例——绘制沙发平面图

效果文件	效果文件\第 3 章\实例——绘制沙发平面图 .dwg
视频文件	专家讲堂\第 3 章\实例——绘制沙发平面图 .swf

下面使用多段线绘制图 3-38 所示的沙发平面图。

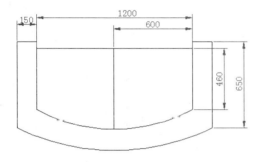

图 3-38

操作步骤

1. 设置捕捉模式

在开始绘制图形前，一定要记得设置捕捉模式，这样便于精确捕捉，精确绘图。

Step01 ▶ 输入 "SE"，按【Enter】键，打开【草图设置】对话框。

Step02 ▶ 设置捕捉模式。

Step03 ▶ 单击 确定 按钮，如图 3-39 所示。

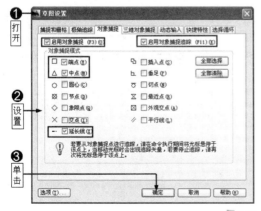

图 3-39

2. 绘制平面沙发外轮廓线

Step01 ▶ 单击 "多段线" 按钮。

Step02 ▶ 在绘图区拾取一点。

Step03 ▶ 输入 "@650<-90"，按【Enter】键指定下一点坐标。

Step04 ▶ 输入 "A"，按【Enter】键，激活 "圆弧" 选项。

Step05 ▶ 输入 "S"，按【Enter】键，激活 "第二个点" 选项。

Step06 ▶ 输入 "@750, -170"，按【Enter】键，指定圆弧上的第二个点。

Step07 ▶ 输入 "@750,170"，按【Enter】键，指定圆弧的端点。

Step08 ▶ 输入 "L"，按【Enter】键，转入画线模式。

Step09 ▶ 输入 "@650<90"，按【Enter】键，指定下一点。

Step10 ▶ 输入 "@-150,0"，按【Enter】键，指定下一点。

Step11 ▶ 输入 "@0, -510"，按【Enter】键，指定下一点。

Step12 ▶ 输入 "A"，按【Enter】键，转入画弧模式。

Step13 ▶ 输入 "S"，按【Enter】键，指定圆弧上的第二个点。

Step14 ▶ 按住【Shift】键，同时单击鼠标右键，选择 "自" 选项。

Step15 ▶ 捕捉图 3-40 所示的圆弧中点。

Step16 ▶ 输入 "@0,160"，按【Enter】键，指定另一点。

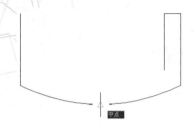

图 3-40

Step17▸ 按住【Shift】键，同时单击鼠标右键，选择"自"选项。

Step18▸ 捕捉图 3-41 所示的端点。

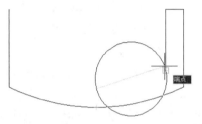

图 3-41

Step19▸ 输入 "@-1200,0"，按【Enter】键指定下一点。

Step20▸ 输入 "L"，按【Enter】键，转入画线模式。

Step21▸ 输入 "@510<90"，按【Enter】键，指定下一点。

Step22▸ 输入 "C"，按【Enter】键，闭合图形，绘制结果如图 3-42 所示。

图 3-42

3. 绘制平面沙发内部线

Step01▸ 按【Enter】键，重复【多段线】命令。

Step02▸ 由沙发左扶手右上角点向下引出延伸矢量。

Step03▸ 输入 "50"，按【Enter】键，指定起点，如图 3-43 所示。

Step04▸ 输入 "@1200,0"，按【Enter】键，指定下一个点。

图 3-43

Step05▸ 按【Enter】键，绘制结果如图 3-44 所示。

图 3-44

Step06▸ 按【Enter】键，重复执行【多段线】命令。

Step07▸ 捕捉图 3-45 所示的中点。

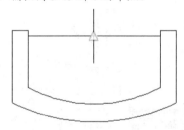

图 3-45

Step08▸ 捕捉图 3-46 所示的中点。

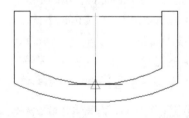

图 3-46

Step09▸ 按【Enter】键，结果如图 3-47 所示。

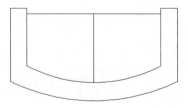

图 3-47

Step10▸ 将绘制结果保存。

3.4　建筑设计中的特殊图线——多线

在 AutoCAD 中，多线是一种特殊的线图元，它是由两条或两条以上的平行线元素构成的复合对象。与多段线相同，无论多线图元中包含多少条平行线元素，系统都将其看作是一个对象，并且平行线元素的线型、颜色及间距都是可以设置的，如图 3-48 所示。

图 3-48

在 AutoCAD2014 建筑设计中，多线常用来创建墙线、窗线、阳台线以及其他建筑构件的轮廓线等。本节就来学习绘制多线的方法。

本节内容概览

知识点	功能 / 用途	难易度与应用频率
绘制多线（P69）	● 创建墙线、窗线 ● 创建建筑构件	难易度：★ 应用频率：★★★★★
设置多线样式（P70）	● 新建多线样式 ● 设置多线样式	难易度：★ 应用频率：★★★★★
多线的"比例"与"对正"（P71）	● 设置多线比例 ● 设置多线对正方式	难易度：★ 应用频率：★★★★★
实例（P72）	● 绘制立面柜	

3.4.1　绘制多线

💻 视频文件	专家讲堂 \ 第 3 章 \ 绘制多线 .swf

绘制多线的方法与绘制其他线的方法基本相同，绘制时可以移动光标到合适位置单击拾取下一点，也可以直接输入下一点的坐标来绘制多线。

⚙️ 实例引导——绘制一条多线

Step01 ▸ 执行【绘图】/【多线】命令。

Step02 ▸ 在绘图区单击拾取一点。

Step03 ▸ 移动光标到合适位置单击拾取另一点。

Step04 ▸ 继续移动光标到合适位置单击拾取另一点。

Step05 ▸ 继续移动光标到合适位置单击拾取另一点。

Step06 ▸ 按【Enter】键结束操作，绘制过程及结果如图 3-49 所示。

技术看板 如果要绘制闭合的多线，在绘制结束时输入 "C"，按【Enter】键，即可绘制闭

合的多线图形，如图 3-50 所示。

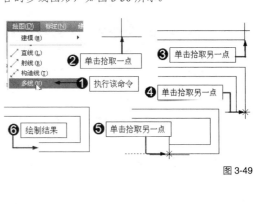

图 3-49

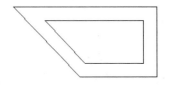

图 3-50

| 技术看板 | 除了单击菜单栏中的【绘图】/【多线】命令之外，还可以通过以下方式激活【多线】命令。

◆ 命令行输入"MLINE"后按【Enter】键。

◆ 使用快捷键"ML"。

3.4.2 设置多线样式

| 💻 视频文件 | 专家讲堂\第3章\设置多线样式.swf |

系统默认下的多线是两条平行的线，但在实际绘图中，用户可以根据绘图需要设置多线的样式。

⚙️ **实例引导**——设置多线样式

1. 新建样式

设置多线样式时，首先需要新建一个样式，下面新建名为"样式1"的多样样式。

Step01 ▶ 单击【格式】/【多线样式】命令，打开【多线样式】对话框。

Step02 ▶ 单击 新建(N)... 按钮，打开【创建新的多线样式】对话框。

Step03 ▶ 输入新样式名为"样式1"，如图3-51所示。

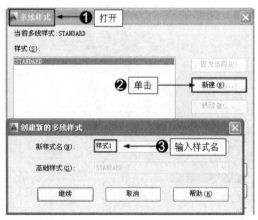

图 3-51

Step04 ▶ 单击【创建新的多线样式】对话框中的 继续 按钮。

Step05 ▶ 打开【新建多线样式：样式1】对话框，如图3-52所示。

2. 设置封口样式

默认设置下，多线并没有封口，即多线的起点和端点都是开放的，可以在"封口"选项组设置多线的封口形式，如图3-53所示。

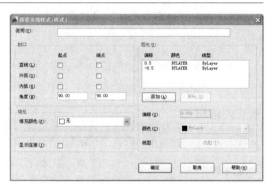

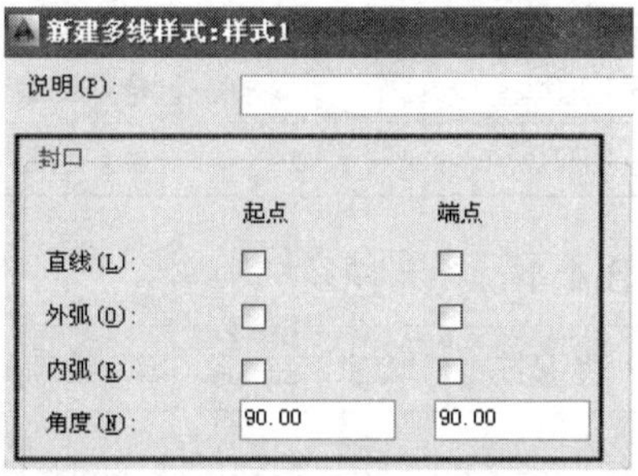

图 3-52

图 3-53

Step01 ▶ 勾选"直线"选项的"起点"和"端点"选项，则多线与直线进行封口。

Step02 ▶ 勾选"外弧"和"内弧"封口选项，则多线以圆弧进行封口。

Step03 ▶ 勾选"直线"和"外弧"同时封口，则多线以直线和圆弧进行封口。

Step04 ▶ 也可以设置"起点"和"端点"的角度为45°，并使用直线进行封口，效果如图3-54所示。

3. 设置图元

图元就是多线中的各平行线，默认设置下，多线只有两个图元，也就是只有两条平行线，但在许多情况下，这并不能满足绘图的需要，例如在建筑设计中，窗线是由4条平行线表示，这时就需要重新设置多线的图元，下面为多线再次添加 2 个图元。

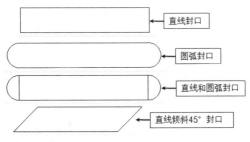

图 3-54

Step01▶ 在"图元"选项下单击 添加(A) 按钮。

Step02▶ 为其添加一个图元。

Step03▶ 然后在"偏移"输入框设置图元的"偏移"值。

Step04▶ 单击"颜色"下拉按钮，在弹出的下拉列表中设置颜色。

Step05▶ 单击 线型(Y)... 按钮设置线型，如图 3-55 所示。

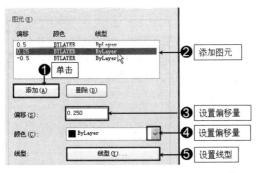

图 3-55

Step06▶ 使用相同的方法再次添加一个图元，并设置其"偏移"值为 -0.25。

┃技术看板┃ 单击 线型(Y)... 按钮之后，将打开【选择线型】对话框，在该对话框单击 加载(L)... 按钮，在打开的【加载或重载线型】对话框选择一种线型，有关线型设置的详

细操作，将在后面章节进行详细讲解。

Step07▶ 设置完成之后，单击 确定 按钮回到【多线样式】对话框，在下方预览新建的多线样式。

4. 设置为当前多线样式

如果想要使用设置的多线进行绘图，切记要将该多线样式设置为当前样式。

Step01▶ 选择新建的"样式 1"的多线样式。

Step02▶ 单击 置为当前(U) 按钮将其设置为当前多线样式。

Step03▶ 单击 确定 按钮，如图 3-56 所示。

图 3-56

Step04▶ 重新执行【多线】命令绘制多线，此时将使用新建的"样式 1"的多线进行绘制，绘制结果如图 3-57 所示。

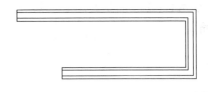

图 3-57

3.4.3　多线的"比例"与"对正"

💻 视频文件　　专家讲堂\第 3 章\多线的"比例"与"对正".swf

　　"比例"与"对正"是多线中的两个重要的选项，"比例"用于控制多线的宽度，而"对正"则用于设置的绘制方式，下面来学习这两个选项。

　　1. 多线的"比例"

　　系统默认下，多线的比例为 20，在实际工作中，我们可以根据需要设置多线的"比例"。下面

设置多线的比例为 204，绘制长度为 1000mm 的一条多线。

⚙ 实例引导——设置多线的"比例"

Step01▶ 执行【绘图】/【多线】命令。

Step02▶ 输入"S"，按【Enter】键，激活"比例"选项。

Step03▶ 输入"240"，按【Enter】键，设置多线比例。

Step04▶ 在绘图区单击拾取一点。

Step05▶ 输入另一点坐标为"@1000,0"，按【Enter】键确认。

Step06▶ 再次按【Enter】键结束操作，绘制过程及结果如图 3-58 所示。

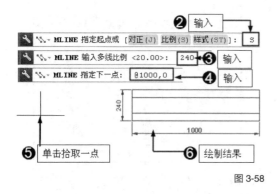

图 3-58

2. 多线的"对正"

简单地说，"对正"是指多线的对齐方式，主要有 3 种方式，当执行【多线】命令后，输入"J"，按【Enter】键激活"对正"选项，此时命令行显示这 3 种对正方式，如图 3-59 所示。

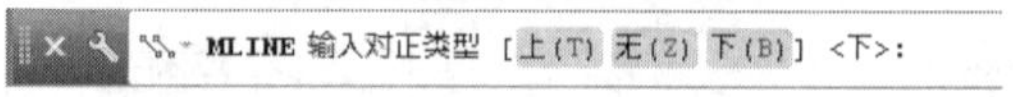

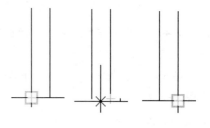

图 3-59

其中，【上（T）】对正是指多线的上方与对象对齐，如图 3-60（左）所示；【无（Z）】对正是指多线的中心与对象对齐，如图 3-60（中）所示；【下（B）】对正是指多线的下方与对象对齐，如图 3-60（右）所示。

图 3-60

在实际绘图过程中，可以根据具体需要，设置不同的对正方式来绘图。

3.4.4 实例——绘制立面柜

📝 效果文件	效果文件\第 3 章\实例——绘制立面柜 .dwg
💻 视频文件	专家讲堂\第 3 章\实例——绘制立面柜 .swf

使用【多线】命令绘制图 3-61 所示的立面柜图形。

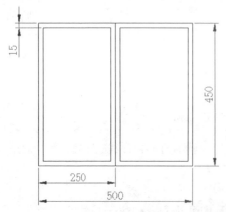

图 3-61

⚙ 操作步骤

Step01▶ 新建多线样式。

Step02▶ 设置多线绘图模式。

Step03▶ 绘制立柜左边图形。

Step04▶ 绘制立柜右边图形。

Step05▶ 保存文件。

详细的操作步骤请观看本书随书光盘中本节的视频文件"实例——绘制立面柜 .swf"。

3.5　编辑多线

使用多线绘图后，需要对多线进行编辑，才能使其达到设计要求。编辑多线时，多线有两种相交状态，一种是多线呈十字相交状态，另一种是多线呈 T 形相交状态。编辑后的多线有 3 种相交状态，即呈十字相交、T 形相交和 L 形相交状态。本节就来学习编辑多线的方法。

本节内容概览

知识点	功能 / 用途	难易度与应用频率
十字相交（P73）	● 编辑十字相交的多线	难易度：★ 应用频率：★★★★★
T 型相交（P74）	● 编辑 T 形相交的多线	难易度：★ 应用频率：★★★★★
角度结合（P75）	● 将相交的多线编辑为 L 形	难易度：★ 应用频率：★★★★★
疑难解答（P75）	● 编辑多线时，选择顺序对编辑结果有没有影响	

3.5.1　编辑十字相交的多线

💻 视频文件　| 专家讲堂 \ 第 3 章 \ 编辑十字相交的多线 .swf

"十字相交"是指多线呈十字相交状态，编辑这类多线时有 3 种结果，一种结果是编辑后多线呈十字闭合状态，另一种结果是编辑后多线呈十字打开状态，还有一种情况是编辑后多线呈十字合并状态。

首先新建名为"样式 1"的多线样式，设置相关参数并将其设置为当前多线样式，如图 3-62 所示。

图 3-62

然后绘制十字相交的两条多线，双击任意一条多线，打开【多线编辑工具】对话框，如

图 3-63 所示。

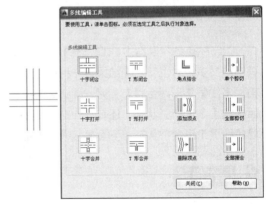

图 3-63

下面介绍编辑十字相交多线的方法。

⚙️ **操作步骤**

1. 十字闭合

"十字闭合"是指表示相交的两条多线的十字封闭状态，即一个多线不断开，另一个多线断开。

Step01 ▶ 单击"十字闭合"按钮，返回绘图区。

Step02 ▶ 单击水平多线。

Step03 ▶ 单击垂直多线。绘制过程及结果如图 3-64 所示。

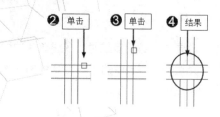

图 3-64

2. 十字打开

"十字打开"是指相交两条多线呈十字开放状态，将两线的相交部分全部断开，第一条多线的轴线在相交部分也要断开。

Step01▶ 单击"十字打开"按钮，返回绘图区。

Step02▶ 单击水平多线。

Step03▶ 单击垂直多线。绘制过程及结果如图3-65所示。

3. 十字合并

"十字合并"是指相交两条多线呈十字合并状态，将两线的相交部分全部断开，但两条

多线的轴线在相交部分相交。

Step01▶ 单击"十字合并"按钮，返回绘图区。

Step02▶ 单击水平多线。

Step03▶ 单击垂直多线。绘制过程及结果如图3-66所示。

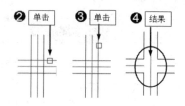

图 3-65

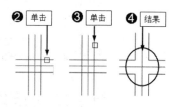

图 3-66

3.5.2 编辑 T 形相交的多线

💻 视频文件	专家讲堂\第3章\编辑T型相交的多线.swf

"T形相交"是指多线呈T形相交状态，编辑这类多线时也有3种结果，一种结果是编辑后多线呈T形闭合状态，另一种结果是编辑后多线呈T形打开状态，还有一种结果是编辑后多线呈T形合并状态。下面学习编辑T形相交多线的方法。

😊 操作步骤

1. T 形闭合

"T形合并"是指相交两条多线的T形封闭状态，将选择的第一条多线与第二条多线相交部分的修剪去掉，而第二条多线保持原样连通。

Step01▶ 单击"T形闭合"按钮，返回绘图区。

Step02▶ 单击水平多线。

Step03▶ 单击垂直多线。绘制过程及结果如图3-67所示。

2. T 形打开

"T形打开"是指相交两条多线的T形开放状态，将两线的相交部分全部断开，但第一

条多线的轴线在相交部分也断开。

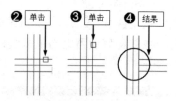

图 3-67

Step01▶ 单击"T形打开"按钮，返回绘图区。

Step02▶ 单击水平多线。

Step03▶ 单击垂直多线。绘制过程及结果如图3-68所示。

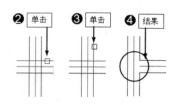

图 3-68

3. T 形合并

"T 形合并"是指相交两条多线的 T 形合并状态,将两线的相交部分全部断开,但第一条与第二条多线的轴线在相交部分相交。

Step01 ▶ 单击"T 形合并"按钮⫪,返回绘图区。

Step02 ▶ 单击水平多线。

Step03 ▶ 单击垂直多线。绘制过程及结果如图 3-69 所示。

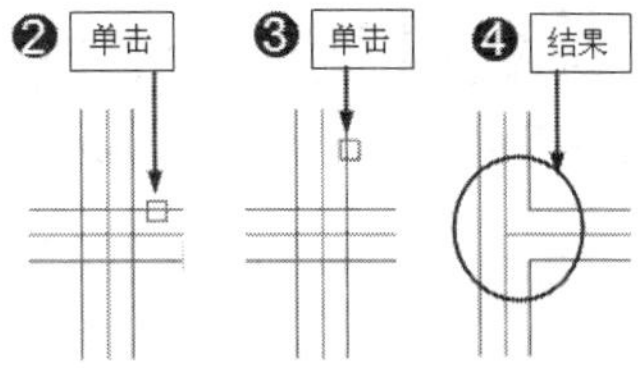

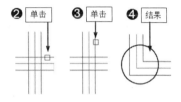

图 3-69

3.5.3　角点结合

💻 视频文件　专家讲堂 \ 第 3 章 \ 角点结合 .swf

"角点结合"是指表示修剪或延长两条多线直到它们接触形成一相交角,将第一条和第二条多线的拾取部分保留,并将其相交部分全部断开剪去。简单地说,就是将十字相交以及 T 形相交的多线编辑后,多线呈 L 形相交状态,这在建筑设计中经常会出现,下面介绍这类编辑方法。

⚙ **实例引导**——角点结合

Step01 ▶ 单击"角点结合"按钮⌐,返回绘图区。

Step02 ▶ 单击水平多线。

Step03 ▶ 单击垂直多线。绘制过程及结果如图 3-70 所示。

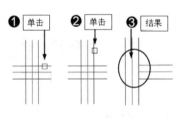

图 3-70

| **技术看板** | 除了以上所讲解的编辑多线的几种方法之外,还有"单个剪切""全部剪切""全部结合""添加顶点"以及"删除顶点"等编辑方法。这些编辑命令操作都比较简单,在 AutoCAD 建筑设计中也不常用,在此不再一一讲解。

3.5.4　疑难解答——编辑多线时,选择顺序对编辑结果有没有影响

💻 视频文件　疑难解答 \ 第 3 章 \ 疑难解答——编辑多线时,选择顺序对编辑结果有没有影响 .swf

疑问：编辑多线时,选择多线的顺序对编辑结果有没有影响?

解答：编辑多线时,选择多线的顺序对编辑结果有影响,例如在 T 形闭合操作中,首先单击水平多线,再单击垂直多线,其编辑结果是,水平多线以垂直多线作为边界进行了修剪,如图 3-71 所示;如果先单击垂直多线,再单击水平多线,其编辑结果是,垂直多线以水平多线作为边界进行了修剪,如图 3-72 所示。

在实际工作中,要根据图形设计的要求,正确选择多线的编辑顺序来编辑多线,其规律是,首先单击要修剪的多线,而后单击作为边界的多线,记住这一点就可以编辑出符合设计要求的结果。

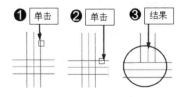

图 3-71

图 3-72

3.6 综合实例——绘制建筑墙体平面图

综合应用本章所学的知识，绘制图 3-73 所示的某建筑墙体平面图。

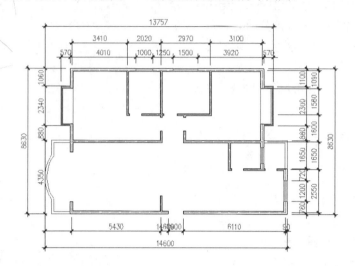

图 3-73

3.6.1 绘图思路与流程

绘图思路如下。

（1）设置墙线样式并绘制墙线。

（2）设置窗线样式并绘制窗线。

（3）使用【多段线】命令绘制阳台线，绘制过程结果如图 3-74 所示。

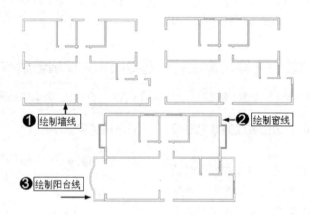

图 3-74

3.6.2 新建墙线和窗线样式

📄 素材文件	素材文件\墙体定位线.dwg
✒ 效果文件	效果文件\第 3 章\新建墙线和窗线样式.dwg
🖥 视频文件	专家讲堂\第 3 章\新建墙线和窗线样式.swf

墙线样式和窗线样式是 AutoCAD 建筑设计中不可缺少的两种多线样式，首先打开素材文件，

在该文件内新建这两种多线样式。

3.6.3　绘制墙线

📄 素材文件	素材文件\新建墙线和窗线样式 .dwg
✒ 效果文件	效果文件\第 3 章\绘制墙线 .dwg
🖥 视频文件	专家讲堂\第 3 章\绘制墙线 .swf

打开素材文件，这是已经绘制好的某建筑墙体定位线，如图 3-75 所示。所谓墙体定位线其实就是定位墙线的辅助线，它是创建墙线的关键，也是建筑工程中放线的主要依据。有关墙体定位线的其他知识，将在后面章节进行详细讲解。下面在该定位线的基础上绘制墙线。

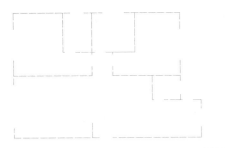

图 3-75

⚙ **操作步骤**

1. 设置当前图层

在建筑设计中，建筑设计图中的各图元要根据其属性，将其绘制在不同的图层中，这样便于对图形进行管理和编辑修改。在该操作中，需要将墙线绘制在"墙线层"，因此需要将"墙线层"设置为当前图层。

Step01 ▸ 单击"图层控制"下拉按钮。

Step02 ▸ 选择"墙线层"，如图 3-76 所示。

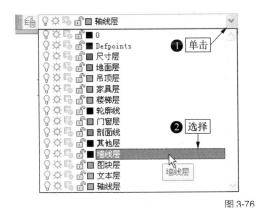

图 3-76

2. 绘制宽度为 180mm 的主墙线

先来了解有关墙线的相关知识。在建筑设计中，墙线有主墙线和次墙线之分，所谓主墙线就是我们平常所说的承重墙，它是建筑物的主要骨架，承担建筑物整体重量以及房屋结构的受力，一般主墙体厚度有 240mm、180mm不等。不管在什么情况下，严禁对主墙体进行人为破坏，否则会影响建筑物的整体结构和安全。除了主墙体之外，还有次墙体，次墙体就是不承担建筑物的承重和框架结构的受力，只起到分割建筑物内部空间的作用。一般情况下，次墙体允许进行拆除，尤其是在建筑室内装饰中，为了重新布置建筑物内部空间，可以适当拆除部分次墙体，次墙体的厚度一般为120mm。

下面首先绘制 180mm 的主墙线。

Step01 ▸ 执行【绘图】/【多线】命令。

Step02 ▸ 输入"S"，按【Enter】键，激活"比例"选项。

Step03 ▸ 输入"180"，按【Enter】键，设置多线比例。

Step04 ▸ 输入"J"，按【Enter】键，激活"对正"选项。

Step05 ▸ 输入"Z"，按【Enter】键，设置【无】对正方式。

Step06 ▸ 捕捉图 3-77 所示的端点 1。

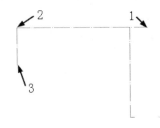

图 3-77

Step07▶ 捕捉图 3-77 所示的端点 2。

Step08▶ 捕捉图 3-77 所示的端点 3。

Step09▶ 按【Enter】键，完成墙线的绘制，绘制过程及结果如图 3-78 所示。

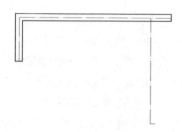

图 3-78

下面尝试完成其他主墙线的绘制。注意，在绘制墙线前要设置【端点】捕捉模式，这样可以保证能精确捕捉到定位线的端点，以保证绘制的墙线精确。有关【端点】捕捉设置，请参阅本书第 2 章相关内容的讲解，绘制结果如图 3-79 所示。

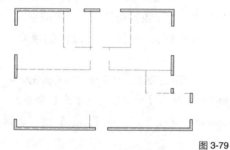

图 3-79

3. 绘制宽度为 120mm 的次墙线

下面绘制次墙线。次墙线宽度为 120mm，因此需要设置多线的比例为 120，然后再进行绘制。

Step01▶ 按【Enter】键，重复执行【多线】命令。

Step02▶ 输入 "S"，按【Enter】键，激活 "比例" 选项。

Step03▶ 输入 "120"，按【Enter】键，设置多线比例。

Step04▶ 输入 "J"，按【Enter】键，激活 "对正" 选项。

Step05▶ 输入 "Z"，按【Enter】键，设置【无】对正方式。

Step06▶ 捕捉轴线各端点，绘制其他次墙线，结果如图 3-80 所示。

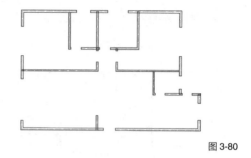

图 3-80

4. 关闭 "轴线层"

主次墙线绘制完毕后，可以讲定位线关闭，这样便于对墙线进行编辑。

Step01▶ 展开 "图层控制" 下拉列表。

Step02▶ 单击 "轴线层" 上的 "开关" 按钮 💡 使其显示为 💡 按钮。

Step03▶ 绘制结果如图 3-81 所示。

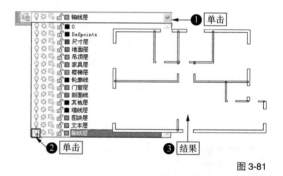

图 3-81

5. 编辑完善 T 形相交的墙线

Step01▶ 双击任意墙线打开【多线编辑工具】对话框。

Step02▶ 单击 "T 形合并" 按钮 。

Step03▶ 单击垂直墙线。

Step04▶ 单击水平墙线。

Step05▶ 按【Enter】键结束操作，绘制过程及结果如图 3-82 所示。

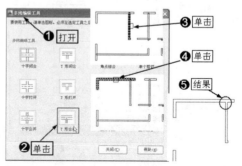

图 3-82

下面尝试对其他 T 形相交的墙线进行编辑完善，编辑时注意墙线的选择顺序，绘制结果如图 3-83 所示。

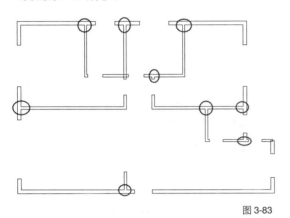

图 3-83

6. 编辑完善角点结合墙线

Step01 ▶ 再次打开【多线编辑工具】对话框。

Step02 ▶ 单击"角点结合"按钮 ⌐。

Step03 ▶ 单击水平墙线。

Step04 ▶ 单击垂直墙线。

Step05 ▶ 按【Enter】键，结果这两条角点相交的多线被合并，如图 3-84 所示。

7. 编辑完善十字相交墙线

Step01 ▶ 再次打开【多线编辑工具】对话框。

Step02 ▶ 单击"十字合并"按钮 ⌗。

Step03 ▶ 单击垂直墙线。

Step04 ▶ 单击水平墙线。

Step05 ▶ 按【Enter】键，结果这两条十字相交

的多线被合并，如图 3-85 所示。

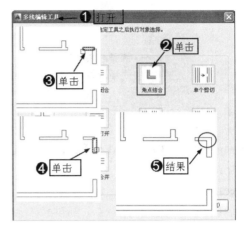

图 3-84

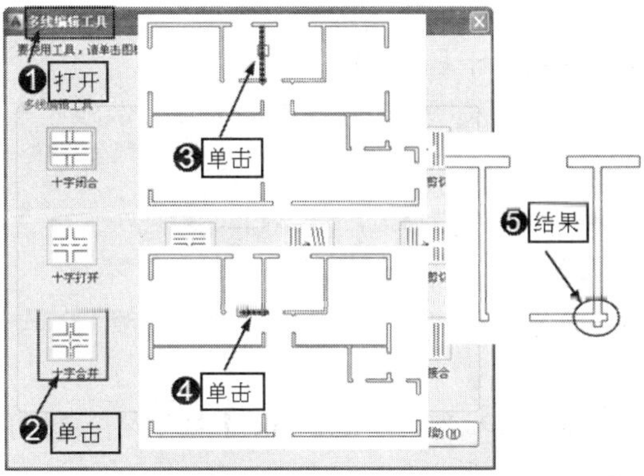

图 3-85

11. 保存文件

执行"保存"命令，保存文件。

3.6.4　绘制窗线

📄 素材文件	效果文件 \ 第 3 章 \ 绘制墙线 .dwg
🖋 效果文件	效果文件 \ 第 3 章 \ 绘制窗线 .dwg
🖥 视频文件	专家讲堂 \ 第 3 章 \ 绘制窗线 .swf

绘制完成墙线之后，下面继续创建窗线。

⚙ **操作步骤**

1. 设置当前图层

打开上一节保存的图形文件，然后来创建窗线。在绘制窗线时同样要将"门窗层"设置为当前图层，这样就可以将窗线绘制在该图层，便于对图形进行管理和编辑修改。

Step01 ▶ 展开"图层控制"下拉列表。

Step02 ▶ 选择"门窗层"，如图 3-86 所示。

2. 设置窗线样式为当前样式

由于窗线一般有 4 条平行的多线来绘制，因此在创建窗线时需要设置窗线样式，在前面的操作中，已经设置了窗线样式，在此只需将其设置为当前样式。

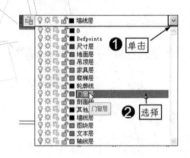

图 3-86

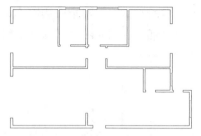

图 3-88

Step01 ▶ 执行【格式】/【多线样式】命令打开【多线样式】对话框。

Step02 ▶ 选择名为"窗线"的多线样式。

Step03 ▶ 单击 置为当前⑪ 按钮，将其设置为当前多线样式。

Step04 ▶ 单击 确定 按钮确认并关闭该对话框。

3. 设置窗线绘制模式

Step01 ▶ 执行【绘图】/【多线】命令。

Step02 ▶ 输入"S"，按【Enter】键，激活"比例"选项。

Step03 ▶ 输入"180"，按【Enter】键，设置多线比例。

Step04 ▶ 输入"J"，按【Enter】键，激活"对正"选项。

Step05 ▶ 输入"Z"，按【Enter】键，设置【无】对正方式。

4. 绘制平面窗线

Step01 ▶ 捕捉墙线的中点。

Step02 ▶ 捕捉墙线的中点。

Step03 ▶ 按【Enter】键结束操作，绘制过程及结果如图 3-87 所示。

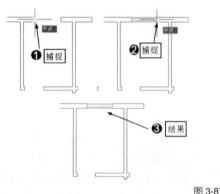

图 3-87

下面尝试绘制其他窗线，结果如图 3-88 所示。

5. 设置凸窗绘图模式

与平面窗不同，凸窗是凸出墙线之外的窗，也是窗户的一种，其宽度为 120mm，因此绘制凸窗时我们可以采用"窗线"样式，设置其比例为 120，同时设置其对正方式为"上"对正方式，这样可以保证凸窗能与墙线很好地结合起来。

Step01 ▶ 按【Enter】键，重复执行【多线】命令。

Step02 ▶ 输入"S"，按【Enter】键，激活"比例"选项。

Step03 ▶ 输入"120"，按【Enter】键，设置多线比例。

Step04 ▶ 输入"J"，按【Enter】键，激活"对正"选项。

Step05 ▶ 输入"T"，按【Enter】键，设置【上】对正方式。

6. 绘制左凸窗

Step01 ▶ 捕捉墙线下端点。

Step02 ▶ 向左引导光标，输入"450"，按【Enter】键。

Step03 ▶ 向下引导光标，输入"2100"，按【Enter】键。

Step04 ▶ 向右引导光标，捕捉端点。

Step05 ▶ 按【Enter】键，绘制过程及结果如图 3-89 所示。

图 3-89

Step06 ▶ 按照同样的方法绘制右边的凸窗。在绘制时，参数设置不变，但要将"对正方式"设置为【下】对正方式，绘制结果如图 3-90 所示。

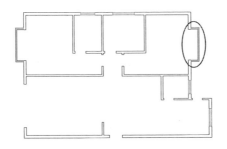

图 3-90

7. 文件重命名保存

将绘制结果重命名为"绘制窗线 .swf"保存。

3.6.5　绘制阳台线

📄素材文件	效果文件 \ 第 3 章 \ 绘制窗线 .dwg
📥效果文件	效果文件 \ 第 3 章 \ 绘制阳台线 .dwg
🖥视频文件	专家讲堂 \ 第 3 章 \ 绘制阳台线 .swf

与平面窗、凸窗不同，阳台具有一定的结构，因此绘制时首先使用多段线来绘制阳台轮廓线，然后再对轮廓线进行偏移，完成阳台的绘制。

打开 3.6.4 节保存的图形文件，下面在该图形的基础上绘制阳台线。

⚙ 操作步骤

1. 绘制阳台轮廓线

Step01 ▶ 输入"PL"，按【Enter】键，激活【多段线】命令。

Step02 ▶ 捕捉图 3-91 所示的端点。

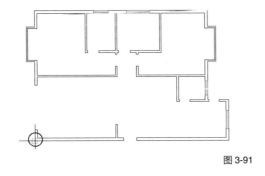

图 3-91

Step03 ▶ 输入"@-1120,0"，按【Enter】键确定下一点。

Step04 ▶ 输入"@0,875"，按【Enter】键确定下一点，绘制结果如图 3-92 所示。

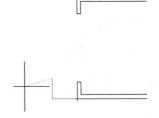

图 3-92

Step05 ▶ 输入"A"，按【Enter】键，激活【圆弧】命令。

Step06 ▶ 输入"S"，按【Enter】键，激活"第 2 点"选项。

Step07 ▶ 输入第 2 点坐标"@-400,1300"，按【Enter】键。

Step08 ▶ 输入圆弧端点坐标"@400,1300"，按【Enter】键，绘制结果如图 3-93 所示。

Step09 ▶ 输入"L"，按【Enter】键，激活【直线】命令。

Step10 ▶ 输入"@0,875"，按【Enter】键，确

定直线端点坐标。

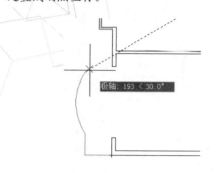

图 3-93

Step11 ▶ 输入 "@1120,0", 按【Enter】键, 确定直线下一点坐标。

Step12 ▶ 按【Enter】键结束操作, 绘制结果如图 3-94 所示。

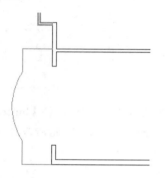

图 3-94

2. 完善阳台线

下面对阳台轮廓线进行偏移, 以完善阳台图形。

Step01 ▶ 输入 "O", 按【Enter】键, 激活【偏移】命令。

Step02 ▶ 选择刚绘制的阳台轮廓线。

Step03 ▶ 输入 "120", 按【Enter】键, 确定偏移距离。

Step04 ▶ 在样条线右侧单击, 绘制结果如图 3-95 所示。

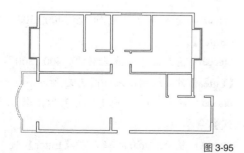

图 3-95

3. 绘制右侧阳台线

Step01 ▶ 输入 "PL", 按【Enter】键, 激活【多段线】命令。

Step02 ▶ 捕捉图 3-96 所示的端点, 并向上引出追踪线。

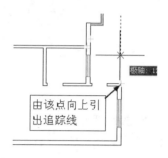

由该点向上引出追踪线

图 3-96

Step03 ▶ 由图 3-97 所示的端点向右引出追踪线。

由该点向右引出追踪线

图 3-97

Step04 ▶ 捕捉追踪线的交点, 然后向左引出追踪线, 捕捉追踪线与墙线的交点, 如图 3-98 所示。

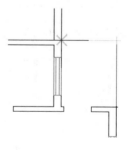

图 3-98

Step05 ▶ 按【Enter】键结束操作, 绘制结果如图 3-99 所示。

Step06 ▶ 依照前面的操作, 将该阳台线向左偏移 120 个绘图单位, 完成建筑墙体平面图的绘制, 结果如图 3-100 所示。

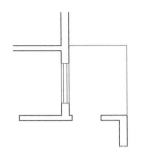

图 3-99

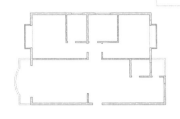

图 3-100

4．文件重命名保存

将绘制结果重命名为"绘制阳台线 .swf"保存。

3.7　综合自测

3.7.1　软件知识检验——选择题

（1）关于【定数等分】说法正确的是（　　）。

A．【定数等分】可以按照一定距离等分直线

B．【定数等分】可以将一条直线等分为相等的段数

C．【定数等分】可以向直线上添加点

D．【定数等分】可以既可以按照一定距离等分直线，也可以将一条直线等分为相等的段数

（2）绘制水平构造线的选项是（　　）。

A．H　　　　　　　B．V　　　　　　　C．A　　　　　　　D．B

（3）关于构造线，说法正确的是（　　）。

A．构造线可以作为图形的轮廓线　　　B．构造线通过编辑可以作为图形轮廓线

C．构造线是一条水平直线　　　　　　D．构造线是一条垂直直线

（4）关于多段线，说法正确的是（　　）。

A．多段线无论有多少段，都是一个整体　B．多段线只能绘制直线

C．多段线只能绘制圆弧线　　　　　　D．多段线不能设置宽度

（5）关于多线，说法正确的是（　　）。

A．多线只能是由两条平行线组成　　　B．多线宽度为 240mm

C．多线只有两个图元　　　　　　　　D．多线既可以设置宽度，也可以添加图元

3.7.2　操作技能入门——绘制立面窗户

效果文件	效果文件 \ 第 3 章 \ 操作技能入门——绘制立面窗户 .dwg
视频文件	专家讲堂 \ 第 3 章 \ 操作技能入门——绘制立面窗户 .swf

根据图示尺寸，绘制图 3-101 所示的立面窗户图。

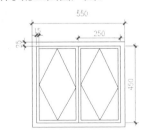

图 3-101

第4章
建筑设计入门
——编辑线图元

在 AutoCAD 建筑设计中，仅掌握简单图元的绘制方法还远远不够，还需要掌握图元的编辑方法，本章介绍简单图元的编辑与修改方法。

|第 4 章|

建筑设计入门——编辑线图元

本章内容概览

知识点	功能 / 用途	难易度与应用频率
选择（P85）	● 选择线图元 ● 编辑、修改线图元	难易度：★★ 应用频率：★★★★
偏移线图元（P88）	● 按照设定距离偏移复制线图元 ● 创建图形轮廓线	难易度：★★★ 应用频率：★★★★
修剪线图元（P93）	● 沿边界修剪线图元 ● 创建绘图轮廓线	难易度：★★★★ 应用频率：★★★★
打断线图元（P97）	● 将线在特定距离上打断并删除 ● 创建门洞、窗洞	难易度：★★★★★ 应用频率：★★★★
延伸与拉长线图元（P100）	● 编沿边界延长图线 ● 按照距离拉长图线	难易度：★★ 应用频率：★★★★
综合实例——绘制建筑平面图（P104）	● 绘制建筑墙体轴线图 ● 完善建筑墙体轴线图 ● 在建筑墙体轴线图上创建门洞和窗洞 ● 在建筑墙体轴线图上绘制墙线 ● 编辑建筑平面图主次墙线 ● 绘制建筑平面图窗线与阳台	
综合自测（P113）	● 软件知识检验——选择题 ● 操作技能入门　绘制楼梯平面图	

4.1　编辑对象的第一步——选择

在 AutoCAD 中，当启动编辑命令后，首先会进入选择模式，只有对象被选择后才能进行编辑操作。因此，选择是编辑对象的第一步操作。本节介绍选择对象的方法。

本节内容概览

知识点	功能 / 用途	难易度与应用频率
编辑模式与非编辑模式（P85）	● 编辑、修改对象 ● 夹点显示	难易度：★ 应用频率：★★★★★
点选（P86）	● 选择单个对象 ● 编辑对象	难易度：★ 应用频率：★★★★★
疑难解答（P86）	● 使用"点选"方式能否选择多个对象	
窗口选择（P87）	● 选择多个对象 ● 编辑对象	难易度：★ 应用频率：★★★★★
窗交选择（P87）	● 选择多个对象 ● 编辑对象	难易度：★ 应用频率：★★★★★
疑难解答（P88）	● "窗口选择"与"窗交选择"的区别	

4.1.1　选择的两种模式——编辑模式与非编辑模式

💻 视频文件　｜　专家讲堂 \ 第 4 章 \ 选择的两种模式——编辑模式与非编辑模式 .swf

选择图元时有两种模式，一种模式是编辑模式下的选择，另一种模式是非编辑模式下的选择。

下面首先了解这两种选择模式。

1. 编辑模式下的选择

所谓"编辑模式"就是指，当执行了任意编辑命令后，系统会自动进入选择模式，在这种模式下选择对象后，对象会以虚线来显示，如图 4-1 所示，左图是源对象，右图是源对象在编辑模式下的选择状态。

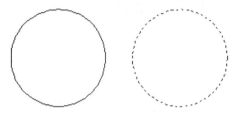

图 4-1

2. 非编辑模式下的选择

所谓"非编辑模式"就是指，在没有执行任意命令的情况下选择对象，此时对象会以虚线来显示，同时其特征点会以蓝色小方块显示，称为"夹点"，如图 4-2 所示，左图是源图形，右图是在没有发出任何命令的情况下选择源图形后的状态。

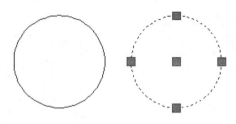

图 4-2

| **技术看板** | 所谓"夹点"是指，在没有执行任何命令的情况下选择对象后，对象以蓝色小方块显示其特征点，称为"夹点显示"。特征点就是表示图形特征的点，不同的图形，其特征点数量也不同。而"夹点模式"是编辑图形的又一种方式，通过夹点编辑图形，称为"夹点编辑"，有关"夹点编辑"的相关知识，将在后面章节进行详细讲解。

4.1.2 选择单个对象——点选

📄 素材文件	效果文件 \ 第 3 章 \ 实例——绘制沙发平面图 .dwg
🖥 视频文件	专家讲堂 \ 第 4 章 \ 选择单个对象——点选 .swf

所谓"点选"就是通过单击对象来选择，这种选择方式一次只能选择一个对象，例如单击选择一条直线、一个矩形、一个圆或者一个图块文件等。因此，这种选择方式常用于选择单个对象。

打开素材文件，这是上一章绘制的沙发平面图，如图 4-3（左）所示。下面在非编辑模式下使用"点选"方式选择沙发的垂直线并将其删除，结果如图 4-3（右）所示。

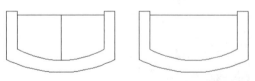

图 4-3

实例引导——选择并删除沙发垂直线

Step01 ▶ 在无任何命令发出的情况下，移动光标到沙发垂直线上。

Step02 ▶ 单击将该垂直线将其选择，此时该垂直线以夹点显示。

Step03 ▶ 按【Delete】键将选择的线删除，如图 4-4 所示。

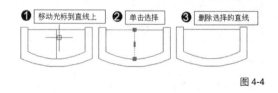

① 移动光标到直线上　② 单击选择　③ 删除选择的直线

图 4-4

4.1.3 疑难解答——使用"点选"方式能否选择多个对象

🖥 视频文件	疑难解答 \ 第 4 章 \ 疑难解答——使用"点选"方式能否选择多个对象 .swf

疑难: 能否使用"点选"方式选择多个对象?

解答:"点选"方式用于选择单个对象,但并不是只能选择一个对象,可以在"编辑模式"或"非编辑模式"下使用"点选"方式选择单个对象会多个对象,在选择多个对象时,连续单击这些对象即可将其选择。例如,在非编辑模式下,使用"点选"方式选择沙发平面图中的水平和垂直线,具体操作如下。

⚙ **操作步骤**

Step01 ▶ 在无任何命令发出的情况下,单击选

择沙发平面图中的水平线。

Step02 ▶ 继续单击选择沙发平面图中的垂直线。如图 4-5 所示。

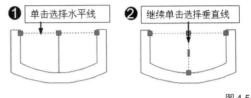

图 4-5

4.1.4　选择多个对象——窗口选择

📄 素材文件	效果文件 \ 第 3 章 \ 实例——绘制沙发平面图 .dwg
🖥 视频文件	专家讲堂 \ 第 4 章 \ 选择多个对象——窗口选择 .swf

如果要一次选择多个对象,这时可以使用"窗口选择"方式来选择。所谓"窗口选择"是指通过选择框来选择多个对象。

"窗口选择"对象时,需要按住鼠标左键,由左向右拖出浅蓝色选择框,将所选对象全部包围,然后释放鼠标,凡是被包围在选择框内的对象都会被选择。

打开素材文件,下面使用"窗口选择"方式来选择平面沙发所有对象。

⚙ **实例引导**——窗口选择沙发所有对象

Step01 ▶ 在无任何命令发出的情况下,按住鼠

标由左向右拖曳,拖出蓝色背景的选择框将平面沙发全部包围。

Step02 ▶ 释放鼠标,结果沙发所有对象被选择,并呈现夹点状态,如图 4-6 所示。

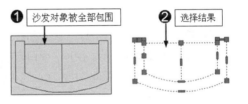

图 4-6

4.1.5　选择多个对象——窗交选择

📄 素材文件	效果文件 \ 第 3 章 \ 实例——绘制沙发平面图 .dwg
🖥 视频文件	专家讲堂 \ 第 4 章 \ 选择多个对象——窗交选择 .swf

"窗交选择"对象时,需要按住鼠标左键,由右向左拖出浅绿色选择框,将所选对象包围或者使其与所选对象相交,然后释放鼠标,结果被包围的对象以及与选择框相交的对象都被选择。下面学习如何使用"窗交选择"方式选择平面沙发的所有对象。

⚙ **实例引导**——窗交选择沙发所有对象

Step01 ▶ 在无任何命令发出的情况下,由右向左拖出浅绿色选择框,使选择框与沙发部分相交。

Step02 ▶ 释放鼠标,结果与选择框相交以及被选择框包围的对象被选择,如图 4-7 所示。

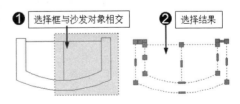

图 4-7

4.1.6 疑难解答——"窗口选择"与"窗交选择"的区别

💻 视频文件 | 疑难解答\第4章\疑难解答——"窗口选择"与"窗交选择"的区别.swf

疑难:"窗口选择"与"窗交选择"的区别是什么?

解答:"窗口选择"与"窗交选择"的区别主要体现在以下方面。

1. 选择方法与选择框颜色不同

"窗口选择"对象时,需要按住鼠标左键由左向右拖曳鼠标指针,拖出浅蓝色选择框。而"窗交选择"对象时需要按住鼠标左键由右向左拖曳鼠标指针,拖出浅绿色选择框,如图4-8所示。

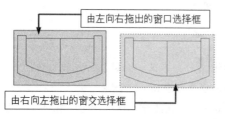

图 4-8

2. 选择方式与结果不同

"窗口选择"对象时,只有被选择框全部包围的对象才能被选择,与选择框相交的对象不能被选择,如图4-9所示。使用"窗口方式"选择沙发平面图,沙发平面图中的水平线和垂直线被包围在选择框内,而沙发外轮廓线(多段线)与沙发相交,结果只有水平和垂直线被选择,外轮廓线(多段线)没有被选择。

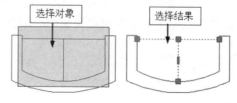

图 4-9

而"窗交选择"对象时,只要对象被全部包围在选择框,或者与选择框相交,则对象就会被选择,如图4-10所示。使用"窗交方式"选择沙发平面图,沙发平面图中的水平线和垂直线被包围在选择框内,而沙发外轮廓线(多段线)与沙发相交,结果水平线、垂直线和外轮廓线(多段线)全部被选择。

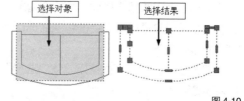

图 4-10

4.2 偏移线图元

在3.2节创建构造线的操作中,已经用到了"偏移"命令。所谓"偏移",简单地说就是对除填充图案、图块、文字、尺寸标注等一些特殊图形符号之外的其他任何图形对象进行复制。需要说明的是,与传统意义上的复制不同,通过偏移可以创建多个形状相同,但尺寸完全不同的对象。本节介绍【偏移】命令的使用方法。

本节内容概览

知识点	功能/用途	难易度与应用频率
距离偏移(P89)	● 设置偏移距离偏移图线 ● 创建绘图辅助线与图线轮廓线	难易度:★★ 应用频率:★★★★★
疑难解答(P90)	● 多次偏移时偏移距离的设置与不偏移方法	
"通过"偏移(P91)	● 通过某一点偏移图线 ● 创建绘图辅助线与图线轮廓线	难易度:★★★ 应用频率:★★★★★

续表

知识点	功能 / 用途	难易度与应用频率
"图层"偏移（P92）	● 将对象偏移到其他图层 ● 创建绘图辅助线与图线轮廓线	难易度：★★★ 应用频率：★★★★★
疑难解答（P93）	●偏移时图层设置错误该如何补救	
"删除"偏移（P93）	● 删除源对象并进行偏移 ● 创建作图辅助线与图线轮廓线	难易度：★★★★ 应用频率：★★★★★

4.2.1 "距离"偏移

🖥 视频文件	专家讲堂 \ 第 4 章 \ "距离"偏移 .swf

"距离"偏移就是按照设定的距离对对象进行偏移，这是 AutoCAD 系统默认的一种偏移方式。

首先绘制长度为 100 个绘图单位的十字相交的图线，如图 4-11（左）所示。下面将该水平线向上和向下各偏移 20 个绘图单位，绘制结果如图 4-11（右）所示。

图 4-11

⚙ 实例引导——将直线偏移 20 个绘图单位

Step01 ▶ 单击【修改】工具栏上的"偏移"按钮 。

Step02 ▶ 输入"20"，按【Enter】键，指定偏移距离。

Step03 ▶ 单击水平线。

Step04 ▶ 在水平线上方单击。

Step05 ▶ 单击水平线。

Step06 ▶ 在水平线下方单击。

Step07 ▶ 按【Enter】键结束操作，如图 4-12 所示。

| 技术看板 | 距离偏移对象时，单击的位置不同，其偏移结果也不同。例如在图 4-12 所示的操作中，在水平线的上方单击，将水平

线向上复制，在水平线下方单击，将水平线向下复制。

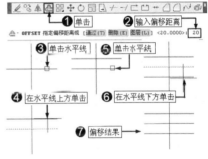

图 4-12

另外，也可以通过以下方式激活【偏移】命令。

♦ 菜单单击【修改】/【偏移】命令。

♦ 在命令行输入"OFFSET"后按【Enter】键。

♦ 使用快捷键"O"。

| 练一练 | 下面将垂直线向左右两边各偏移 20 个绘图单位，创建其他两条垂直线，结果如图 4-13 所示。

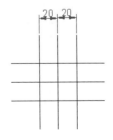

图 4-13

4.2.2 疑难解答——多次偏移时，如何设置偏移距离

🖥 视频文件	疑难解答\第4章\疑难解答——多次偏移时，如何设置偏移距离.swf

疑难：如图 4-14 所示，要将左侧的源垂直线向右偏移复制 5 条垂直线，各垂直线之间的距离为 20 个绘图单位，该如何操作？偏移距离是多少？

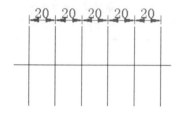

图 4-14

解答：对于这种偏移效果，可以有两种方法进行偏移，具体如下。

1. 以源图线作为偏移对象进行偏移

以源图线作为偏移对象进行偏移时，每一次偏移后的图线与源图线之间的距离不相同。因此每偏移一次，都需要重新设置偏移值，即第 1 次偏移值为 20、第 2 次偏移值为第 1 次偏移值的 2 倍、第 3 次偏移值为第 1 次偏移值的 3 倍，以此类推进行偏移。下面将偏移距离设为 20 个绘图单位，对垂直图线偏移 5 次创建多个垂直图线，具体操作如下。

⚙ 操作步骤

Step01▶ 单击【修改】工具栏上的"偏移"按钮⬚。

Step02▶ 输入"20"，按【Enter】键，指定偏移距离。

Step03▶ 单击最左侧的源垂直线。

Step04▶ 在垂直线右边单击，偏移出第 1 条垂直线。

Step05▶ 按【Enter】键结束操作。

Step06▶ 再次按【Enter】键重复执行【偏移】命令。

Step07▶ 输入"40"（偏移距离的 2 倍），按【Enter】键，指定偏移距离。

Step08▶ 再次单击最左侧的源垂直线。

Step09▶ 在垂直线右边单击，偏移出第 2 条垂直线。

直线。

Step10▶ 按【Enter】键结束操作。

Step11▶ 再次按【Enter】键重复执行【偏移】命令。

Step12▶ 输入"60"（偏移距离的 3 倍），按【Enter】键，指定偏移距离。

Step13▶ 再次单击最左侧的源垂直线。

Step14▶ 在垂直线右边单击，偏移出第 3 条垂直线。

Step15▶ 按【Enter】键结束操作。

Step16▶ 依次进行偏移 5 次，创建出 5 条垂直图线，如图 4-15 所示。

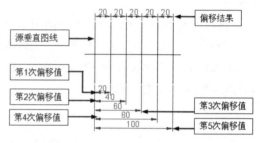

图 4-15

2. 以偏移后的图线作为偏移对象进行偏移

上一节的偏移操作太麻烦，还有一种更简单的偏移方法，那就是以上一次偏移出的图线作为下一次的偏移对象进行偏移。采用这种方法偏移时，只需输入一次偏移距离，同时执行一次【偏移】命令，即可连续对图线进行偏移。下面我们再次将左侧的直线向右偏移，创建间距为 20 个绘图单位的 5 条垂直线，具体操作如下。

⚙ 操作步骤

Step01▶ 单击【修改】工具栏上的"偏移"按钮⬚。

Step02▶ 输入"20"，按【Enter】键，指定偏移距离。

Step03▶ 单击最左侧的源垂直线。

Step04▶ 在垂直线右边单击，偏移出第 1 条垂直线。

Step05 ▶ 继续单击偏移出的第 1 条垂直图线作为偏移对象。

Step06 ▶ 在该直线的右侧单击，偏移出第 2 条垂直线。

Step07 ▶ 继续单击偏移出的第 2 条垂直图线作为偏移对象。

Step08 ▶ 在该直线的右侧单击，偏移出第 3 条垂直线。

Step09 ▶ 依次方法，以偏移出的图线作为下一次偏移对象进行偏移，完成图线的偏移操作，如图 4-16 所示。

| 练一练 | 下面采用两种不同的方法将水平图线向上偏移 20 个绘图单位，创建 5 个水平直线，绘制结果如图 4-17 所示。

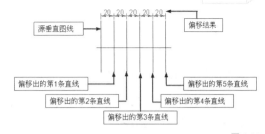

图 4-16

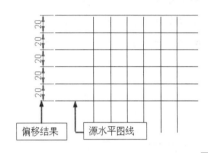

图 4-17

4.2.3　"通过"偏移

📄 素材文件	效果文件\第 3 章\实例——绘制沙发平面图 .dwg
💻 视频文件	专家讲堂\第 4 章\"通过"偏移 .swf

与"距离偏移"不同，"通过"偏移是指通过某一点来偏移对象，这种偏移与偏移距离无关。

首先打开素材文件，如图 4-18（左）所示。下面通过沙发平面图内部圆弧的右端点，对沙发平面图的上水平线进行偏移，结果如图 4-18（右）所示。

图 4-18

🔧 **实例引导** ——通过圆弧的端点偏移水平线

Step01 ▶ 单击"偏移"按钮。

Step02 ▶ 输入"T"，按【Enter】键，激活【通过】选项。

Step03 ▶ 单击上水平边。

Step04 ▶ 捕捉内部圆弧的右端点。

Step05 ▶ 按【Enter】键结束操作，偏移结果如图 4-19 所示。

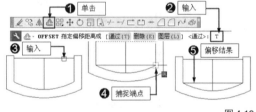

图 4-19

| 技术看板 | 在该操作中，需要首先设置【端点】捕捉模式，同时开启【对象捕捉】功能。有关设置【端点】捕捉模式和开启【对象捕捉】功能的相关操作，请参阅本书第 2 章相关内容的介绍。

| 练一练 | 下面使用"定点偏移"继续将上水平边通过沙发外圆弧象限点进行偏移，绘制结果如图 4-20 所示。

图 4-20

4.2.4 "图层"偏移

📄 素材文件	素材文件 \ 图层偏移示例 .dwg
🖥 视频文件	专家讲堂 \ 第 4 章 \ "图层"偏移 .swf

所谓"图层"偏移是指将 A 图层上的对象偏移到 B 图层，首先打开素材文件，这是一个在"轴线层"绘制的建筑墙体轴线图，如图 4-21（左）所示。下面通过"图层"偏移将定位线偏移到"墙线层"，以创建墙线，结果如图 4-21（右）所示。

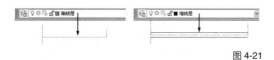

图 4-21

⚙ 操作步骤

1. 设置当前图层

在"图层"偏移时，首先需要将偏移后的对象所在层设置为当前图层，因此，需要将"墙线层"设置为当前图层。

Step01 ▸ 单击"图层控制"下拉按钮。

Step02 ▸ 选择"墙线层"，如图 4-22 所示。

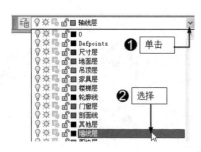

图 4-22

2. 偏移轴线以创建墙线

下面将水平轴线对称偏移 120 个绘图单位，以创建宽度为 240 个绘图单位的墙线。

Step01 ▸ 单击"偏移"按钮 ⬚。

Step02 ▸ 输入"L"，按【Enter】键，激活【图层】命令。

Step03 ▸ 输入"C"，按【Enter】键，激活"当前"选项，表示将对象偏移到当前图层上。

Step04 ▸ 输入"120"，按【Enter】键，设置偏移距离。

Step05 ▸ 单击水平轴线线。

Step06 ▸ 在水平轴线的下方单击进行偏移。

Step07 ▸ 单击水平轴线线。

Step08 ▸ 在水平轴线的上方单击进行偏移。

Step09 ▸ 按【Enter】键结束操作，绘制过程及结果如图 4-23 所示。

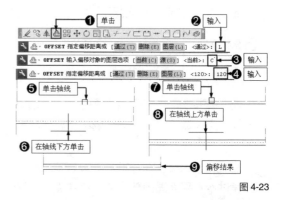

图 4-23

┃技术看板┃ 在该操作中，输入"L"选项激活【图层】命令，表示要将偏移后的对象放在图层中，此时系统会让用户选择图层。如果要将偏移对象放在源图形对象的图层中，则输入"S"，这表示会将偏移后的对象放置在源对象所在图层。如果要将偏移后的对象放置在当前图层，则输入"C"，这样就会将偏移后的对象放置在当前图层。

4.2.5 疑难解答——偏移时图层设置错误该如何补救

🖥 视频文件	疑难解答 \ 第 4 章 \ 疑难解答——偏移时图层设置错误该如何补救 .swf

疑难： 在偏移时，如果不小心将图层设置错误，例如将"门窗层"设置为当前图层，结果轴线被偏移在了"门窗层"，如图 4-24 所示，这时该怎么办？

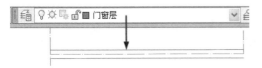

图 4-24

解答： 如果出现这样的错误，解决方法很简单，具体如下。

Step01 ▶ 在没有任何命令发出的情况下单击偏移出的两条线使其夹点显示。

Step02 ▶ 单击"图层控制"下拉按钮，选择"墙

线层"。

Step03 ▶ 按【Esc】键取消夹点显示，结果偏移的两条线被放在了"墙线层"，如图 4-25 所示。

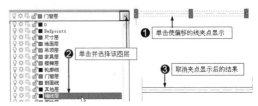

图 4-25

4.2.6 "删除"偏移

📄 素材文件	素材文件 \ 偏移示例 .dwg
🖥 视频文件	专家讲堂 \ 第 4 章 \ "删除"偏移 .swf

系统默认下，偏移时保留源对象，而"删除"偏移是指，在偏移后将源对象删除，只保留偏移后的对象。打开素材文件，这是一个带直径的圆，如图 4-26（左）所示。下面通过"删除"偏移，将其直径通过圆的上象限点，创建为该圆的公切线，并将源直径删除，绘制结果如图 4-26（右）所示。

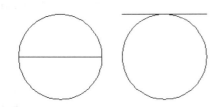

图 4-26

🔧 **实例引导**——通过"删除"偏移创建圆的公切线

Step01 ▶ 单击"偏移"按钮 ⬥。

Step02 ▶ 输入"E"，按【Enter】键，激活【删除】命令。

Step03 ▶ 输入"Y"，按【Enter】键，激活【是】命令。

Step04 ▶ 输入"T"，按【Enter】键，激活【通过】命令。

Step05 ▶ 单击圆的直径。

Step06 ▶ 捕捉圆的上象限点。

Step07 ▶ 按【Enter】键结束操作，绘制过程及结果如图 4-27 所示。

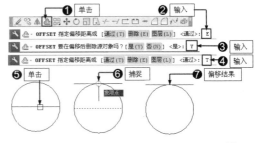

图 4-27

4.3　修剪线图元

在 AutoCAD 中，修剪是指将图线沿指定的边界，修剪掉不需要的部分。它相当于我们手工绘图中的橡皮擦，擦除不需要的图线。本节介绍修剪图线的方法。

本节内容概览

知识点	功能 / 用途	难易度与应用频率
图线相交（P94）	● 了解图线的相交状态 ● 修剪图线	难易度：★★ 应用频率：★★

续表

知识点	功能 / 用途	难易度与应用频率
修剪实际相交的图线（P94）	● 修剪相交的图线 ● 编辑图线	难易度：★★★ 应用频率：★★★★★
疑难解答	● 如何使用修剪边界（P96） ● 鼠标单击的位置对修剪结果有什么影响（P97）	
延伸修剪（P95）	● 修剪没有实际交点的图线 ● 编辑图线	难易度：★★★★ 应用频率：★★★★★

4.3.1　修剪图线的首要条件——图线相交

🖥 视频文件　专家讲堂 \ 第 4 章 \ 修剪图线的首要条件——图线相交 .swf

　　在 AutoCAD 中，修剪图线的首要条件是图线必须相交，而图线的相交状态一般有 3 种情况，第 1 种情况是两条图线实际相交于某一点，如图 4-28 所示；第 2 种情况是两条图线并没有实际相交于某一点，但一条图线的延伸线会与另一条图线相交于某一点，如图 4-29 所示；第 3 种情况是，两条图线没有实际相交于某一点，但两条图线的延伸线相交于某一点，如图 4-30 所示。

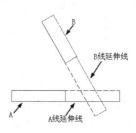

图 4-30

　　所谓延伸线就是图线被延长后的线，延长线一般情况下看不到，但却是实际存在的，如图 4-31 所示，实线就是源图线，虚线则是该线的延伸线。

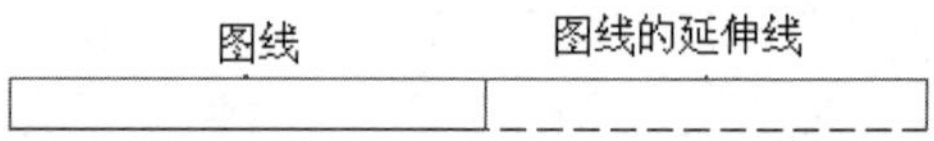

图 4-31

　　在修剪图线时，必须是两条图线实际相交，或者一条图线与另一条图线的延伸线相交。简单地说就是图线出现如图 4-28 和图 4-29 所示的相交情况下才能进行修剪。针对图线不同的相交状态，可以分别采用不同的方式进行修剪。

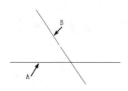

图 4-28

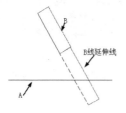

图 4-29

4.3.2　修剪实际相交的图线

🖥 视频文件　专家讲堂 \ 第 4 章 \ 修剪实际相交的图线 .swf

　　首先绘制水平直线和倾斜直线，并使这两条直线相交于一点，如图 4-32（左）所示。下面以倾斜线作为修剪边界，对水平线进行修剪，结果如图 4-32（右）所示。

图 4-32

实例引导 ——修剪水平图线

Step01 ▶ 单击【修改】工具栏上的"修剪"按钮，激活【修剪】命令。

Step02 ▶ 单击倾斜线作为修剪边界，然后按【Enter】键确认。

Step03 ▶ 在水平线右端单击。

Step04 ▶ 按【Enter】键确认，结果水平线被修剪，如图 4-33 所示。

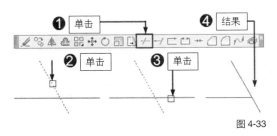

图 4-33

技术看板 还可以通过以下方式激活【修剪】命令。

◆ 单击菜单栏中的【修改】/【修剪】命令。
◆ 在命令行输入"TRIM"后按【Enter】键。
◆ 使用快捷键"TR"。

练一练 下面以水平线作为修剪边界，对倾斜线进行修剪，绘制结果如图 4-34 所示。

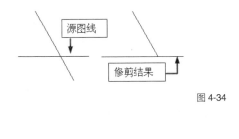

图 4-34

4.3.3 疑难解答——如何使用修剪边界

💻 视频文件 | 疑难解答 \ 第 4 章 \ 疑难解答——如何使用修剪边界 .swf

疑难：什么是修剪边界？一般情况下，修剪一段图线需要多少条修剪边界？

解答：修剪边界就是要修剪图线的界限，要在什么位置对图线进行修剪，就需要找到一个修剪的界限，一般情况下，两条相交的图线都可以是修剪边界，如图 4-33 所示，当修剪水平图线时，倾斜图线就是修剪边界；如图 4-34 所示，当修剪倾斜图线时，水平图线就是修剪边界。

一般情况下，只需要一条修剪边界即可对图线进行修剪，但在某些特殊情况下，根据修剪要求不同，可以有多条修剪边界。例如，要将图 4-35（左）所示的水平图线在两条垂直图线之间修剪掉，结果如图 4-35（右）所示，此时就需要以两条垂直图线作为修剪边界进行修剪，具体操作如下。

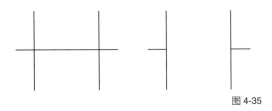

图 4-35

Step01 ▶ 单击【修改】工具栏上的"修剪"按

钮，激活【修剪】命令。

Step02 ▶ 单击左侧的垂直线作为第 1 条修剪边界。

Step03 ▶ 继续单击右侧的垂直线作为第 2 条修剪边界。

Step04 ▶ 按【Enter】键确认，然后在两条垂直线之间单击水平线。

Step05 ▶ 按【Enter】键确认，完成修剪，如图 4-36 所示。

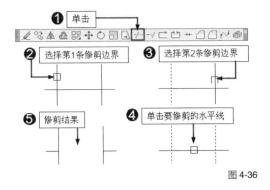

图 4-36

另外，有时还可以使用一条修剪边界对多条图线进行修剪，例如，可以以图 4-37（左）所示的水平线作为边界，对两条垂直图线进行修剪，结果如图 4-37（右）所示，具体操作如下。

图 4-37

Step01 ▶ 单击【修改】工具栏上的"修剪"按
钮 ┼ ，激活【修剪】命令。

Step02 ▶ 单击水平线作为修剪边界。

Step03 ▶ 按【Enter】键确认，然后以窗交方式
选择所有垂直图线。

Step04 ▶ 释放鼠标，然后按【Enter】键确认，
完成修剪，如图 4-38 所示。

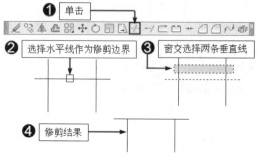

图 4-38

4.3.4 疑难解答——鼠标单击的位置对修剪结果有什么影响

🖥 视频文件	疑难解答 \ 第 4 章 \ 疑难解答——鼠标单击的位置对修剪结果有什么影响 . swf

疑难： 在修剪图线时，鼠标单击的位置对
修剪结果有什么影响？

解答： 在修剪图线时，鼠标单击的位置对
修剪结果有很大影响，鼠标单击的位置不同，
其修剪结果也不同。例如在图 4-38 所示的操
作中，修剪的是水平图线的右端，因此就在水
平图线右端单击；如果在水平图线左端单击，

则会将水平图线左端修剪掉，如图 4-39 所示。

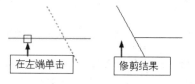

图 4-39

4.3.5 延伸修剪

🖥 视频文件	专家讲堂 \ 第 4 章 \ 延伸修剪 .swf

所谓"延伸修剪"其实就是指，以一条图
线的延伸线作为修剪边界，对另一条图线进行
修剪。在此修剪与实际相交图线的修剪方法有
所不同。

首先绘制水平图线与倾斜图线，使其倾斜
图线的延伸线与水平线相交，如图 4-40（左）
所示。下面以倾斜图线的延伸线作为修剪边
界，对水平图线进行修剪，结果如图 4-40(右)
所示。

图 4-40

⚙ **实例引导**——延伸修剪

Step01 ▶ 单击"修剪"按钮 ┼ 。

Step02 ▶ 单击倾斜线作为修剪边界，按【Enter】
键确认。

Step03 ▶ 输入"E"，按【Enter】键，激活【边】
命令。

Step04 ▶ 输入"E"，按【Enter】键，激活【延
伸】命令。

Step05 ▶ 在水平线右端位置单击。

Step06 ▶ 按【Enter】键确认，绘制过程及结果
如图 4-41 所示。

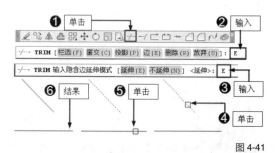

图 4-41

| 技术看板 | 当选择修剪边界后，在命令行会出现相关命令提示，其中：

【投影】选项用于设置三维空间剪切实体的不同投影方法，选择该选项后，AutoCAD 出现"输入投影选项 [无（N）/UCS（U）/ 视图（V）] < 无 >："的操作提示；

【无】选项表示不考虑投影方式，按实际三维空间的相互关系修剪；

【Ucs】选项指在当前 UCS 的 XOY 平面上修剪；【视图】选项表示在当前视图平面上修剪。

另外，输入"E"激活【边】选项后，可以选择【延伸】或【不延伸】，如果选择【不延伸】，将无法对没有实际交点的图线进行修剪；另外，当修剪多个对象时，可以使用【栏选】和【窗交】两种选择功能选择对象，这样可以快速对多条线进行修剪。

4.4　打断线图元

首先了解什么是"打断"。所谓"打断"是指将图线沿两点删除中间一部分，使其成为相连的两部分，如图 4-42（上）所示。或沿一点删除一端的图线，如图 4-42（下）所示。

"打断"与"修剪"有些相似，不同的是"修剪"时需要修剪边界，而"打断"时需要两个断点。在编辑图线时，如果没有修剪边界时，可以使用打断来对图线进行编辑，同样可以得到与修剪图线相同的编辑效果，如图 4-43 所示。

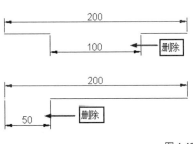

图 4-42

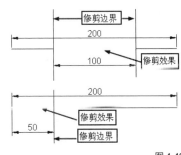

图 4-43

在建筑制图中，常用【打断】命令创建门洞和窗洞。本节就来学打断图线的方法。

本节内容概览

知识点	功能 / 用途	难易度与应用频率
打断（P97）	● 将图线打断，使其成为同一平面上的两部分 ● 编辑图线	难易度：★★ 应用频率：★★★★★
疑难解答（P98）	● 如何在图线的中间位置删除一段图线 ● 操作中常用到的【自】的作用是什么	

4.4.1　打断——从图线中删除部分线段

🖥 视频文件 | 专家讲堂 \ 第 4 章 \ 打断——从图线中删除部分图线 .swf

首先绘制长度为 200mm 的线段，下面使用【打断】命令从该线段左端点起删除长度为 50mm 的线段，如图 4-44 所示。

⚙ **操作步骤**

Step01 ▶ 单击【修改】工具栏上的"打断"按

钮 。

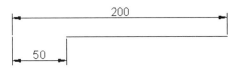

图 4-44

Step02 ▶ 单击直线。

Step03 ▶ 输入 "F"，按【Enter】键，激活 "第1点" 选项。

Step04 ▶ 捕捉端点作为第 1 断点。

Step05 ▶ 输入 "@50,0"，按【Enter】键，输入第 2 断点坐标。绘制过程及结果如图 4-45 所示。

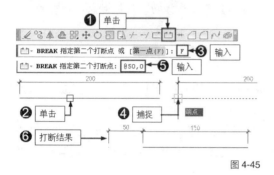

图 4-45

| **技术看板** | 还可以通过以下方法激活【打断】命令。

♦ 单击菜单栏中的【修改】/【打断】命令。

♦ 在命令行输入 "BREAK" 后按【Enter】键。

♦ 使用快捷键 "BR"。

| **技术看板** | 打断图线时需要两个断点，一个是被打断图线的起点，另一个是被打断图线的端点，因此，在打断图线时要输入 "F" 激活【第 1 点】选项，拾取第 1 点，再输入第 2 点坐标，这样才能按照要求打断图线。

| **练一练** | 下面从该线段右端点起删除长度为 50mm 的线段，绘制过程如图 4-46 所示。

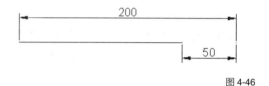

图 4-46

4.4.2 疑难解答——如何在图线的中间位置删除一段图线

💻 视频文件 | 疑难解答\第 4 章\疑难解答——如何在图线的中间位置删除一段图线 .swf

疑难： 如果想在图线中间某位置创建一个开口，例如在距离图线中点 50 个绘图距离向右创建宽度为 20 个绘图单位的开口，如图 4-47 所示，该如何操作？

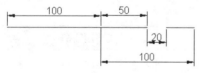

图 4-47

解答： 要实现该效果，首先需要找到该图线的中点，然后以中点作为参照点定位第 1 断点，在输入第 2 断点的坐标，这样就可以在距离该图线中点向右 50 个绘图单位的位置打断长度为 20 个绘图单位的图线，具体操作如下。

Step01 ▶ 单击 "打断" 按钮 📭。

Step02 ▶ 单击直线。

Step03 ▶ 输入 "F"，按【Enter】键，激活 "第

1 点" 选项。

Step04 ▶ 按住【Shift】键，同时单击鼠标右键，选择 "自" 选项。

Step05 ▶ 捕捉图线中点作为参照点。

Step06 ▶ 输入 "@50,0"，按【Enter】键，输入第 1 点坐标。

Step07 ▶ 输入 "@20,0"，按【Enter】键，输入第 2 点坐标。绘制过程及结果如图 4-48 所示。

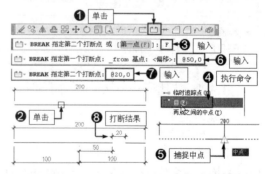

图 4-48

4.4.3 疑难解答——操作中常用到的【自】的作用是什么

💻 视频文件 | 疑难解答\第 4 章\疑难解答——操作中常用到的【自】的作用是什么 .swf

疑难：什么是【自】？为什么指定第 1 点时要激活【自】功能？其作用是什么？

解答：【自】是一个临时捕捉功能，它往往用于捕捉目标点的参照点。在编辑图形的过程中，如果目标点不是图形的特征点，这时就需要为目标点找到一个参照点来确定目标点的位置。

例如在图 4-58 所示的操作中，要打断的图线的第 1 点（目标点）在距离中点 50 个绘图单位的位置，这时就需要以中点作为参照点来确定第 1 点（目标点）的位置。激活【自】功能，捕捉中点作为参照点，然后输入

"@50,0"，表示从中点到第 1 点距离 X 轴为 50 个绘图单位，这样就正确确定了第 1 点的位置，然后输入第 2 点坐标"@20,0"，表示从第 1 点到第 2 点距离 X 轴为 20 个绘图单位。

| 练一练 | 想下面在距离线段左端点 50 个绘图单位的位置创建宽度为 50 个绘图单位的开口，绘制结果如图 4-49 所示。

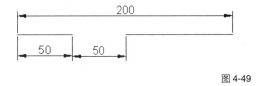

图 4-49

4.5　延伸与拉长线图元

在 AutoCAD 中，用户不仅可以使用【修剪】和【打断】命令，删除部分图线，使其变短，也可以使用【延伸】和【拉长】命令增加图线的长度。

所谓"延伸"就是延长的意思，就是将图线延长，它与修剪图线恰好相反。延伸图线延长图线时分为两种情况，一种情况是，两条图线没有相交，将一条图线延伸后会与另一条图线相交，另一种情况是，两条图线没有相交，将一条图线延伸后，与另一条图线的延长线相交。

而【拉长】与【延伸】很相似，都是增加图线的长度。与【延伸】不同的是，【拉长】可以按照指定的尺寸拉长图线，例如，将长度为 100mm 的图线拉长 50mm，使其总长度为 150m。另外，【拉长】命令还可以根据尺寸缩短图线，例如，将长度为 100mm 的图线缩短 50mm，使其总长度为 50mm。

拉长图线时，可以采用多种方式，具体有【增量】拉长、【百分数】拉长、【全部】拉长以及【动态】拉长等。本节学习延伸和拉长图线的方法。

本节内容概览

知识点	功能 / 用途	难易度与应用频率
通过延伸使图线实际相交（P100）	● 将图线延伸至边界 ● 编辑完善二维图形	难易度：★ 应用频率：★★★★★
通过延伸使延伸线相交（P100）	● 将图线延伸至边界 ● 编辑完善二维图形	难易度：★★ 应用频率：★★★★★
"增量"拉长（P102）	● 设置增量值以拉长图线 ● 编辑线图元	难易度：★★ 应用频率：★★★★★
"百分数"拉长（P102）	● 按照总长百分比拉长图线 ● 编辑线图元	难易度：★★ 应用频率：★★★★★
"全部"拉长（P103）	● 按照总长度拉长图线 ● 编辑线图元	难易度：★★ 应用频率：★★★★★
"动态"拉长（P103）	● 指定目标点拉长图线 ● 编辑线图元	难易度：★★ 应用频率：★★★★★

4.5.1 通过延伸使两条图线相交

📄 素材文件	效果文件\第4章\在建筑墙体轴线图上创建门洞和窗洞.dwg
💻 视频文件	专家讲堂\第4章\通过延伸使两条图线相交.swf

打开素材文件，这是一个建筑墙体轴线图，在该轴线图上已经创建了门洞，如图4-50（左）所示。下面通过延伸图线来封闭创建的门洞，绘制结果如图4-50（右）所示。

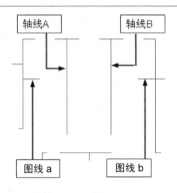

图 4-52

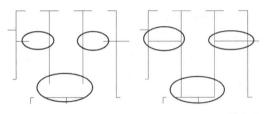

图 4-50

⚙️ 实例引导 ——延伸图线

Step01 ▶ 单击【修改】工具栏上的"延伸"按钮 -/。

Step02 ▶ 依次单击垂直轴线 A、B 和 C 作为延伸边界，如图4-51所示。

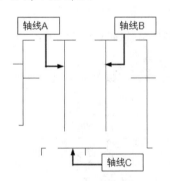

图 4-51

Step03 ▶ 按【Enter】键确认，然后分别在图线 a 的右端、图线 b 的左端和轴线 A 与轴线 B 的下端单击进行延伸，如图4-52所示。

Step04 ▶ 按【Enter】键确认，延伸结果如图4-53所示。

| 技术看板 | 还可以通过以下方法激活【延伸】命令。

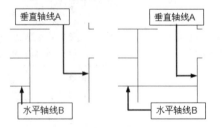

图 4-53

♦ 单击菜单栏中的【修改】/【延伸】命令。
♦ 在命令行输入"EXTEND"后按【Enter】键。
♦ 使用快捷键"EX"。

| 练一练 | 下面以墙体轴线图中图4-54（左）所示的垂直轴线 A 作为延伸边界，对水平轴线 B 进行延伸，绘制结果如图4-54（右）所示。

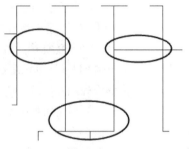

图 4-54

4.5.2 通过延伸使一条图线与另一条图线的延伸线相交

📄 素材文件	效果文件\第4章\在建筑墙体轴线图上创建门洞和窗洞.dwg
💻 视频文件	专家讲堂\第4章\通过延伸使一条图线与另一条图线的延伸线相交.swf

在延伸时还有一种情况，那就是，通过延伸使一条图线与另一条图线的延伸线相交。打开素材文件，水平轴线 A 与垂直轴线 B 没有相交，如图 4-55（左）所示。下面对轴线图中的水平轴线 A 进行延伸，使其与垂直轴线 B 的延伸线相交，如图 4-55（右）所示。

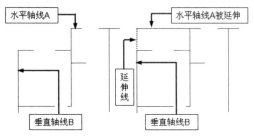

图 4-55

🎛 **实例引导**——通过延伸使一条轴线与另一条轴线的延伸线相交

Step01▶ 单击【修改】工具栏上的"延伸"按钮 ᴇxᴛ。

Step02▶ 单击垂直轴线 B 作为延伸边界，然后按【Enter】键确认。

Step03▶ 输入"E"，按【Enter】键激活【边】命令

Step04▶ 输入"E"，按【Enter】键，激活【延伸】命令。

Step05▶ 在水平轴线 A 的左端单击，结果水平轴线 A 与垂直轴线 B 的延伸线相交。

Step06▶ 按【Enter】结束操作，绘制过程及结果如图 4-56 所示。

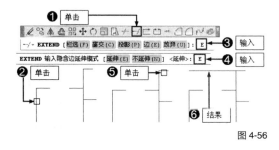

图 4-56

| 技术看板 | 当选择延伸边界后，在命令行会出现相关命令提示，其中：

【投影】选项用于设置三维空间延伸实体的不同投影方法，选择该选项后，AutoCAD 出现

"输入投影选项 [无（N）/UCS（U）/ 视图（V）] ＜无＞："的操作提示；

【无】选项表示不考虑投影方式，按实际三维空间的相互关系进行延伸；

【Ucs】选项指在当前 UCS 的 XOY 平面上延伸；

【视图】选项表示在当前视图平面上延伸。

另外，输入"E"激活【边】命令后，可以选择【延伸】或【不延伸】，如果选择【不延伸】，将无法对隐含交点的图线进行延伸；另外，当延伸多个对象时，可以使用【栏选】和【窗交】两种选择功能选择对象，这样可以快速对多条线进行延伸。

| 练一练 | 下面继续对墙体轴线图右边的垂直轴线 A 进行延伸，使其与最上方的水平轴线 B 的延伸线相交，绘制结果如图 4-57 所示。

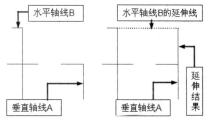

图 4-57

| 技术看板 | 在延伸图线时，如果要对多个对象进行延伸，可以输入"C"激活【窗交】功能或输入"F"激活【栏选】功能，然后通过窗交或栏选方式选择多个对象进行延伸。所谓"窗交"是指，由右向左拖曳鼠标指针，拖出浅绿色选择框，使其与要选择的对象相交；"栏选"则是由左向右拖曳鼠标指针，拖出浅蓝色选择框，将要选择的对象全部包围，这两种选择方式是较常用的选择方式，如图 4-58 所示。

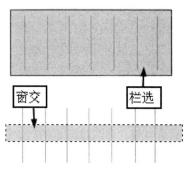

图 4-50

4.5.3 "增量"拉长

🖥 视频文件	专家讲堂\第4章\"增量"拉长.swf

"增量"拉长是指设置一个增量尺寸对图线进行拉长。如图4-59（上）所示，源图线长度为100个绘图单位，增量拉长后为150个绘图单位，其增量值就是50个绘图单位，如图4-59（下）所示。

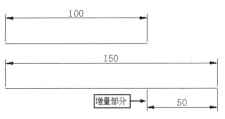

图 4-59

使用【直线】命令绘制一个长度为100个绘图单位的直线，下面对图线"增量"拉长50个绘图单位。

⚙ **实例引导** ——"增量"拉长

Step01 ▶ 单击【修改】/【拉长】命令。

Step02 ▶ 输入"DE"，按【Enter】键，激活"增量"选项。

Step03 ▶ 输入"50"，按【Enter】键，输入增量值。

Step04 ▶ 在图线一端单击。

Step05 ▶ 按【Enter】键结束操作，绘制过程及结果如图4-60所示。

技术看板 还可以通过以下方法激活【拉长】命令。

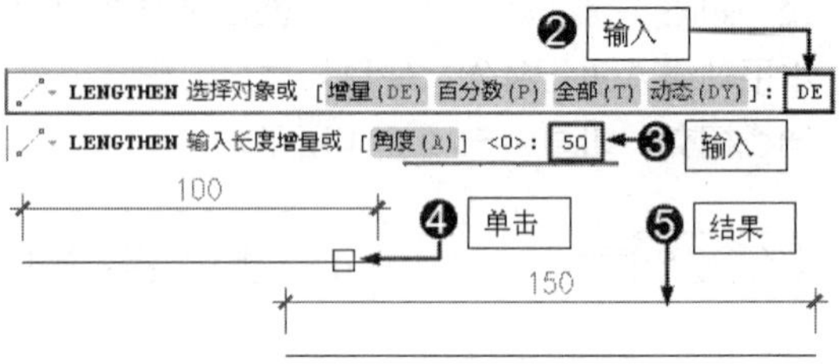

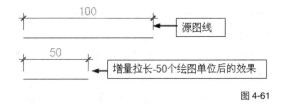

图 4-60

♦ 单击【常用】选项卡或【修改】面板上的"拉长"按钮📏。

♦ 在命令行输入"LENGTHEN"后按【Enter】键。

♦ 使用快捷键"LEN"。

练一练 "增量"拉长不仅可以增加图线长度，如果设置增量值为负值，还可以缩短图线，下面将长度为100个绘图单位的图线缩短50个绘图单位，如图4-61所示。

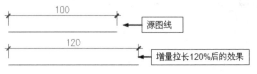

图 4-61

技术看板 在"增量"拉长图线时，要想让图线在哪一端拉长或缩短，就在哪一端单击，这样图线就会在单击的一端进行拉长或缩短。

4.5.4 "百分数"拉长

🖥 视频文件	专家讲堂\第4章\"百分数"拉长.swf

与"增量"拉长不同，"百分数"拉长是按照直线总长度的百分数来拉长图线，例如直线总长度为100个绘图单位，如果百分数为150%，则表示按照直线总长度的150%来拉长图线，那么最终图线的长度就会被拉长为150个绘图单位。下面对长度为100个绘图单位的图线按照120%的百分数进行拉长，结果如图4-62所示。

图 4-62

⚙ **实例引导** ——百分数拉长图线

Step01 ▶ 单击【修改】/【拉长】命令。

Step02 ▶ 输入"P"，按【Enter】键激活【百分数】选项。

Step03 ▶ 输入"120"，按【Enter】键确定百分数。

Step04 ▶ 在水平中心线右端单击。

Step05 ▶ 按【Enter】键确认，绘制过程及结果如图 4-63 所示。

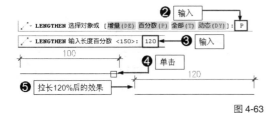

图 4-63

| 技术看板 | 百分数拉长图线时，百分数值必须为正且非零，如果百分数值大于 100 则拉长图线，如果百分数值小于 100，则会缩短图线。例如直线总长度为 100 个绘图单位，如果百分数 50%，则表示按照直线总长度的 50% 来拉长图线，那么最终图线的长度就会被拉长为 50 个绘图单位，也就是缩短图线了。

4.5.5　"全部"拉长

💻 视频文件	专家讲堂 \ 第 4 章 \ "全部"拉长 .swf

所谓"全部"拉长，指的是根据指定一个总长度或者总角度进行拉长或缩短对象。

下面绘制长度为 100 个绘图单位的线段，然后将其拉长至 150 个绘图单位。

⚙ 实例引导 ——"全部"拉长

Step01 ▶ 单击【修改】/【拉长】命令。

Step02 ▶ 输入"T"，按【Enter】键，激活"全部"选项。

Step03 ▶ 输入"150"，按【Enter】键，确认总长度。

Step04 ▶ 在线段右端单击。

Step05 ▶ 按【Enter】键，绘制过程及结果如图 4-64 所示。

| 练一练 | "全部"拉长时，如果源对象的总长度或总角度大于所指定的总长度或总角度，

结果源对象将被缩短；反之，将被拉长。下面尝试将长度为 100 个绘图单位的图线拉长至 60 个绘图单位，如图 4-65 所示。

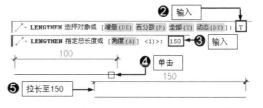

图 4-64

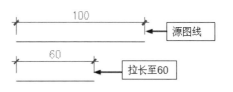

图 4-65

4.5.6　"动态"拉长

📄 素材文件	效果文件 \ 第 4 章 \ 实例——在墙体轴线图上创建门洞和窗洞 .dwg
💻 视频文件	专家讲堂 \ 第 4 章 \ "动态"拉长 .swf

"动态"拉长，是通过拾取一点或输入点的坐标以拉长图线。打开素材文件，下面将左上角的水平轴线 A 通过动态拉长，拉长至水平轴线 B 左端点位置，结果如图 4-66 所示。

⚙ 实例引导 ——动态拉长

Step01 ▶ 单击【修改】/【拉长】命令。

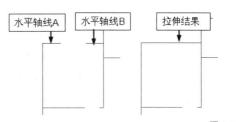

图 4-66

Step02 ▶ 输入"DY",按【Enter】键,激活"动态"选项。

Step03 ▶ 在水平轴线 A 右端单击。

Step04 ▶ 向右引导光标,捕捉水平轴线 B 的左端点。

Step05 ▶ 按【Enter】键确认,绘制过程及结果如图 4-67 所示。

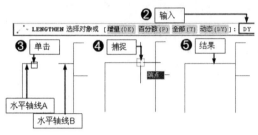

图 4-67

| 练一练 | "动态"拉长图线时,如果向图线延伸线相反方向引导光标,或者输入负值,则会缩短图线。下面尝试以"动态"拉长方式将轴线图中的水平轴线由右端点向左拉伸至交点位置,如图 4-68 所示。

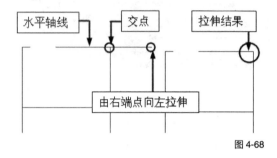

图 4-68

4.6 综合实例——绘制建筑平面图

建筑平面图是建筑设计中的重要图纸之一,本节综合运用本章所学的知识绘制图 4-69 所示的某建筑平面图。

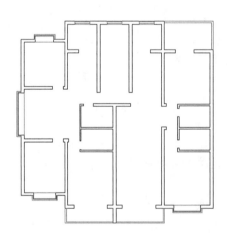

图 4-69

4.6.1 绘制建筑墙体轴线图

📄 样板文件	样板文件 \ 建筑样板 .dwt
🔖 效果文件	效果文件 \ 第 4 章 \ 绘制建筑墙体轴线图 .dwg
🖥 视频文件	专家讲堂 \ 第 4 章 \ 绘制建筑墙体轴线图 .swf

在 AutoCAD 建筑设计中,墙体轴线图是非常重要的一种图纸,它是定位墙线的重要依据。这一节来绘制图 4-70 所示的某建筑设计图中的墙体定位轴线图。

⚙ **操作步骤**

1. 调用样板并设置绘图环境

Step01 ▶ 执行【新建】命令,以随书光盘"样板文件" / "建筑样板 .dwt"作为基础样板,新建绘图文件。

图 4-70

| 技术看板 | 为了方便调用自定义的样板文件，读者可以将随书光盘"样板文件"/"建筑样板 .dwt"文件拷贝至 AutoCAD 2014 安装目标中的"Template"文件下。

Step02 ▶ 展开【图层】工具栏上的"图层控制"下拉列表，将"轴线层"设置为当前图层。

Step03 ▶ 使用快捷键"LT"激活【线型】命令，在打开的【线型管理器】对话框中，调整线型比例为 1，如图 4-71 所示。

图 4-71

2. 绘制纵横轴线

Step01 ▶ 使用快捷键"L"激活【直线】命令。

Step02 ▶ 在绘图区单击拾取一点。

Step03 ▶ 然后输入"@0, -16020"，按【Enter】键确认。

Step04 ▶ 继续输入"@15350,0"，按【Enter】键确认。

Step05 ▶ 按【Enter】键结束操作，绘制结果如图 4-72 所示。

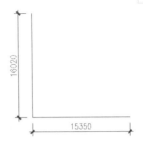

图 4-72

3. 偏移创建轴线

Step01 ▶ 单击【修改】工具栏上的"偏移"按钮。

Step02 ▶ 输入"3600"，按【Enter】键，设置偏移距离。

Step03 ▶ 单击垂直边。

Step04 ▶ 在垂直边的右侧单击拾取一点。

Step05 ▶ 按【Enter】键结束操作，绘制过程及结果如图 4-73 所示。

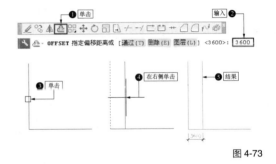

图 4-73

4. 继续偏移以创建轴线

Step01 ▶ 按【Enter】键重复执行【偏移】命令。

Step02 ▶ 根据图示尺寸，对垂直图线进行偏移，以创建其他垂直轴线，结果如图 4-74 所示。

Step03 ▶ 继续执行【偏移】命令，根据图示尺寸，对水平轴线进行偏移，以创建其他水平轴线，结果如图 4-75 所示。

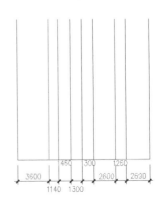

图 4-74

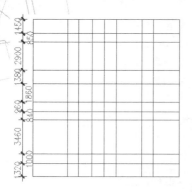

图 4-75

5. 保存

执行【另存为】命令,将该图形命名保存。

| **技术看板** | 到此只是绘制出了轴线图的基本轮廓线,还需要对该轮廓线进行修改编辑,例如,创建门洞、窗洞以及其他内容的编辑,有关轴线图的其他操作效果将在后面章节再为大家讲解。

4.6.2 完善建筑墙体轴线图

📄 素材文件	效果文件\第4章\绘制建筑墙体轴线图.dwg
✒ 效果文件	效果文件\第4章\完善建筑墙体轴线图.dwg
🖥 视频文件	专家讲堂\第4章\完善建筑墙体轴线图.swf

打开素材文件,这一节我们继续对上一节创建的建筑墙体轴线图进行完善,其结果如图 4-76 所示。

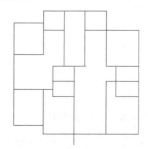

图 4-76

⚙ 操作步骤

Step01 ▶ 使用快捷键"E"激活【删除】命令。

Step02 ▶ 单击最下方的水平边,然后按【Enter】键将其删除,结果如图 4-77 所示。

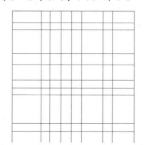

图 4-77

Step03 ▶ 单击【修改】工具栏上的"修剪"按钮 ✄ 。

Step04 ▶ 单击垂直轴线 2 作为剪切边界。

Step05 ▶ 分别在水平轴线 A、H、K 轴线的左端单击,在水平轴线 J、B、G 轴线的右端单击进行修剪,结果如图 4-78 所示。

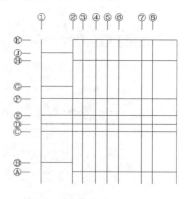

图 4-78

Step06 ▶ 重复执行【修剪】命令,以垂直轴线 3 作为剪切边界,分别对水平轴线 C、D、E、F 进行修剪,修剪结果如图 4-79 所示。

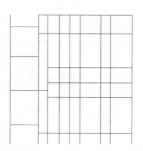

图 4-79

Step07 ▶ 重复执行【修剪】命令，以相应的垂直轴线作为剪切边界，对其他水平轴线进行修剪，修剪结果如图 4-80 所示。

令对其他图线进行修剪，对建筑墙体轴线图进行完善，结果如图 4-81 所示。

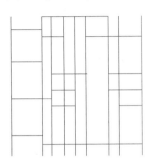

图 4-80

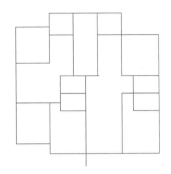

图 4-81

Step08 ▶ 参照上述操作步骤，使用【修剪】命

Step09 ▶ 最后将该图形命名保存。

4.6.3 在建筑墙体轴线图上创建门洞和窗洞

📄 素材文件	效果文件 \ 第 4 章 \ 完善建筑墙体轴线图 .dwg
🖊 效果文件	效果文件 \ 第 4 章 \ 在建筑墙体轴线图上创建门洞和窗洞 .dwg
🖥 视频文件	专家讲堂 \ 第 4 章 \ 在建筑墙体轴线图上创建门洞和窗洞 .swf

打开素材文件，这是我们创建的建筑墙体轴线图，下面在该轴线图上创建出门洞和窗洞，如图 4-82 所示。

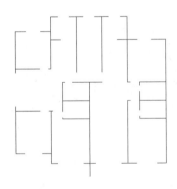

图 4-82

⚙ 操作步骤

1. 使用【偏移】和【修剪】命令创建窗洞

Step01 ▶ 使用快捷键"O"激活【偏移】命令，将最左侧的垂直轴线向右偏移 1050 和 2550 个绘图单位，如图 4-83 所示。

Step02 ▶ 单击【修改】工具栏"修剪"按钮，激活【修剪】命令。

Step03 ▶ 单击选择刚偏移的两条垂直轴线作为

剪切边，然后按【Enter】键确认。

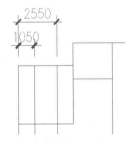

图 4-83

Step04 ▶ 在两条辅助轴线之间单击水平轴线 J 进行修剪。

Step05 ▶ 按【Enter】键确认，创建宽度为 1500 个绘图单位的窗洞，如图 4-84 所示。

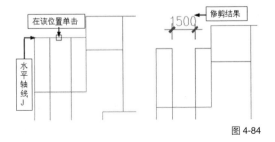

图 4-84

Step06 ▶ 在无任何命令发出的情况下单击偏移

出的两条垂直图线使其夹点显示。

Step07▶ 按【Delete】键将其删除，结果如图 4-85 所示。

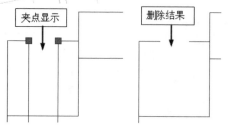

图 4-85

┃**技术看板**┃综合【修剪】和【偏移】命令创建门窗洞口，是一种比较方便直观的打洞方式，此种方式应用很普遍。

2. 使用【打断】命令创建窗洞、门洞

Step01▶ 单击【修改】工具栏上的"打断"按钮，激活【打断】命令。

Step02▶ 选择最上侧的水平轴线，如图 4-86 所示。

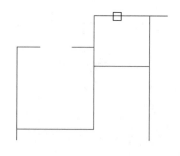

图 4-86

Step03▶ 输入"F"，按【Enter】键，激活"第1点"选项。

Step04▶ 按住【Shift】键，同时单击鼠标右键，选择"自"选项。

Step05▶ 捕捉水平线的左端点，如图 4-87 所示。

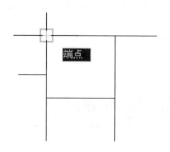

图 4-87

Step06▶ 输入"@700,0"，按【Enter】键，确认指定第 1 点。

Step07▶ 输入"@1200,0"，按【Enter】键，确认指定第 2 点。

Step08▶ 在该轴线上创建宽度为 1200 个绘图单位的窗洞，如图 4-88 所示。

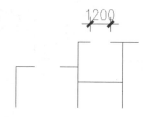

图 4-88

┃**技术看板**┃此种打洞方式是应用频率最高的一种方式，特别是在内部结构比较复杂的施工图中，使用此种开洞方式，不需要绘制任何辅助线，操作极为简捷。

Step09▶ 综合应用【偏移】、【修剪】、【删除】以及【打断】命令创建其他门窗洞，最终结果如图 4-89 所示。

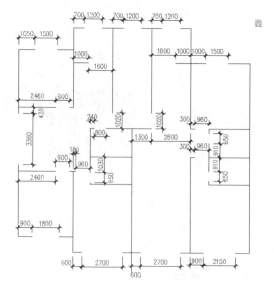

图 4-89

3. 保存

至此，在墙体轴线图上创建门洞和窗洞的操作完成，最后执行【另存为】命令将该文件命名保存。

4.6.4　在建筑墙体轴线图上绘制墙线

📄 素材文件	效果文件 \ 第 4 章 \ 在建筑墙体轴线图上创建门洞和窗洞 .dwg
🖊 效果文件	效果文件 \ 第 4 章 \ 在建筑墙体轴线图上绘制墙线 .dwg
🖥 视频文件	专家讲堂 \ 第 4 章 \ 在建筑墙体轴线图上绘制墙线 .swf

　　墙线有主次墙线之分，主墙线一般为 240mm，主墙线是房屋的主体结构，主要起到了承重的作用，而次墙线一般为 120mm，次墙线不承担房屋的承重功能，它主要用于分割房屋空间。

　　打开上一节保存的图形文件，这一节在墙体定位轴线图上绘制主次墙线，其结果如图 4-90 所示。

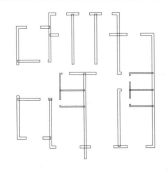

图 4-90

4.6.5　编辑建筑平面图主次墙线

📄 素材文件	效果文件 \ 第 4 章 \ 在建筑墙体轴线图上绘制墙线 .dwg
🖊 效果文件	效果文件 \ 第 4 章 \ 编辑建筑平面图土次墙线 .dwg
🖥 视频文件	专家讲堂 \ 第 4 章 \ 编辑建筑平面图主次墙线 .swf

　　创建完成住宅楼主次墙线后，还需要对墙线进行编辑，这样才算完成了墙线的创建。首先打开上一节保存的图形文件，下面使用多线编辑工具对主次墙线进行编辑，其编辑结果如图 4-91 所示。

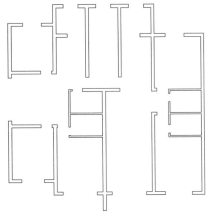

图 4-91

辑这类墙线时，可以使用"T 形合并"工具 ⯊ 来编辑。

Step01 ▶ 双击任意墙线，打开【多线编辑工具】对话框。

Step02 ▶ 单击"T 形合并"按钮 ⯊。

Step03 ▶ 返回绘图区，单击水平墙线。

Step04 ▶ 单击垂直墙线。此时 T 形相交的墙线进行合并，如图 4-92 所示。

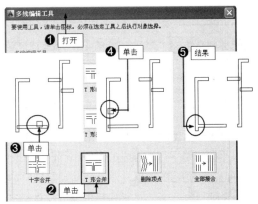

图 4-92

⚙ 操作步骤

1. 编辑 T 形相交的墙线

　　T 形相交的墙线是指内条墙线成 T 形。编

Step05 ▶ 使用相同的方法，继续刘其他 T 形相

交的墙线进行编辑，结果如图 4-93 所示。

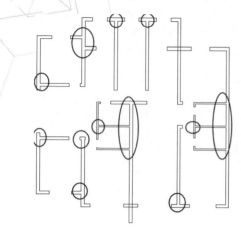

图 4-93

| 技术看板 | 当两条墙线的位置为 **T** 形时，要先单击垂直墙线，再单击水平墙线；当两条多线的位置为 **⊥** 形时，先单击垂直墙线，再单击水平墙线；当两条墙线的位置为 **→** 形时，先单击水平墙线，再单击垂直墙线；当两条墙线的位置为 **L** 形时，先单击水平墙线，再单击垂直墙线。

2. 编辑十字相交的墙线

十字相交的墙线是指两条墙线呈十字相交状态。编辑这类墙线时，可以使用"十字合并"工具来编辑。

Step01 ▶ 继续在【多线编辑工具】对话框单击"十字合并"按钮。

Step02 ▶ 单击十字相交的墙线的垂直墙线。

Step03 ▶ 单击十字相交的墙线的水平墙线。结

果如图 4-94 所示。

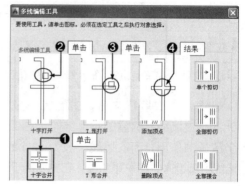

图 4-94

Step04 ▶ 使用相同的方法，继续对下方十字相交的墙线进行编辑，结果如图 4-95 所示。

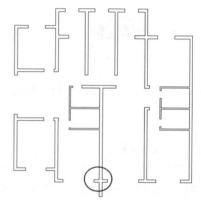

图 4-95

3. 保存

至此，主次墙线编辑完成，执行【另存为】命令，将图形另名保存。

4.6.6 绘制建筑平面图窗线与阳台

📄 素材文件	效果文件 \ 第 4 章 \ 编辑建筑平面图主次墙线 .dwg
💾 效果文件	效果文件 \ 第 4 章 \ 绘制建筑平面图窗线与阳台 .dwg
🖥 视频文件	专家讲堂 \ 第 4 章 \ 绘制建筑平面图窗线与阳台 .swf

窗户和阳台用于房屋采光和通风，是建筑设计中必不可少的设计内容。窗户有平面窗和凸窗之分，平面窗是平行于墙线的窗户，而凸窗和阳台都突出墙面外，在绘制墙线时都会事先在墙线上预留好凸窗和阳台的位置，然后根据预留的尺寸绘制凸窗和阳台。

打开上一节保存的编辑后的墙线文件，在此基础上创建住宅楼的窗线与阳台，其结果如图 4-96 所示。

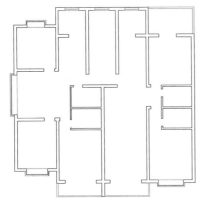

图 4-96

⚙ 操作步骤

1. 设置图层与多线样式

窗户和阳台需要绘制在"门窗层",因此需要将"门窗层"设置为当前图层。另外,窗线与墙线样式不同,因此绘制窗户时,还需要设置名为"窗线样式"的多线样式,由于使用的是样板文件,样板文件本身已经设置好了"窗线样式",只是需要将其设置为当前多线样式。下面首先设置当前图层,然后设置"窗线样式"为当前多线样式。

Step01 ▶ 在"图层控制"下拉列表中将"门窗层"设为当前图层。

Step02 ▶ 执行【格式】/【多线样式】命令,打开【多线样式】对话框。

Step03 ▶ 将"窗线样式"设为当前样式。

Step04 ▶ 单击 确定 按钮关闭该对话框,如图 4-97 所示。

图 4-97

2. 绘制平面窗

下面首先绘制平面窗,平面窗的宽带与墙线宽度一致,也是 240 个绘图单位,因此绘制时注意设置多线的比例为 240。

Step01 ▶ 使用快捷键"ML"激活【多线】命令。

Step02 ▶ 输入"S",按【Enter】键,激活"比例"选项。

Step03 ▶ 输入"240",按【Enter】键,设置多线比例。

Step04 ▶ 捕捉墙线的中点。

Step05 ▶ 再次捕捉墙线的中点。

Step06 ▶ 按【Enter】键,绘制窗线效果如图 4-98 所示。

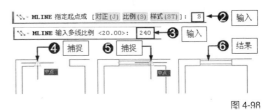

图 4-98

Step07 ▶ 使用相同的方法和多线设置,继续配合【中点】捕捉绘制其他平面窗,结果如图 4-99 所示。

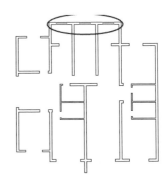

图 4-99

3. 绘制凸窗线

凸窗与平面窗不同,它突出与墙面外,绘制凸窗时一般可以使用多段线来绘制,下面继续绘制凸窗。

Step01 ▶ 单击【绘图】工具栏上的"多段线"按钮 ⤵。

Step02 ▶ 捕捉图 4-100 所示的墙线的上端点。

Step03 ▶ 输入"@0,240",按【Enter】键,指定下一点坐标。

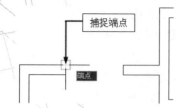

图 4-100

Step04 ▶ 输入"@1500,0",按【Enter】键,指定下一点坐标。

Step05 ▶ 输入"@0,-240",按【Enter】键,指定下一点坐标。

Step06 ▶ 按【Enter】键,结果如图 4-101 所示。

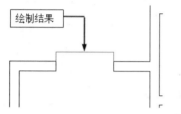

图 4-101

4. 偏移凸窗线以创建出凸窗

Step01 ▶ 使用快捷键"O"激活【偏移】命令。

Step02 ▶ 设置偏移距离为 50 个绘图单位,将凸窗线向外偏移。

Step03 ▶ 重新设置偏移距离为 120 个绘图单位。

Step04 ▶ 继续将凸窗线向外偏移,结果如图 4-102 所示。

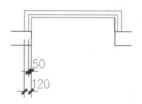

图 4-102

Step05 ▶ 继续使用【多段线】命令,捕捉墙线的下端点,在凸窗下方绘制一条水平线,完成凸窗的绘制,结果如图 4-103 所示。

图 4-103

Step06 ▶ 使用相同的方法,继续绘制其他凸窗,结果如图 4-104 所示。

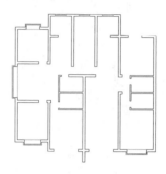

图 4-104

5. 绘制阳台线

下面来绘制阳台线,可以使用【多段线】和【偏移】命令来绘制。

Step01 ▶ 使用快捷键"PL",激活【多段线】命令。

Step02 ▶ 捕捉墙线下端点。

Step03 ▶ 向下引出矢量线,然后输入"1200",按【Enter】键。

Step04 ▶ 向右引出矢量线,捕捉墙线下端点。

Step05 ▶ 按【Enter】键,绘制结果如图 4-105 所示。

Step06 ▶ 依照前面的操作,对绘制的阳台线向内偏移 120 个绘图单位,结果如图 4-106 所示。

Step07 ▶ 继续依照前面的操作,绘制右侧和右上角的阳台线,并对其进行偏移,结果如图 4-107 所示。

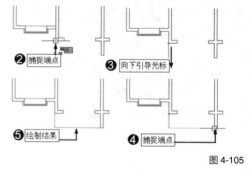

图 4-105

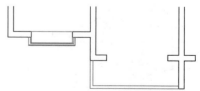

图 4-106

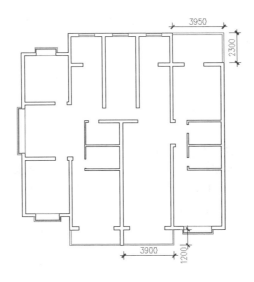

图 4-107

6．保存

至此，建筑平面图窗户和阳台绘制完毕，将图形另名保存。

4.7　综合自测

4.7.1　软件知识检验——选择题

（1）关于"窗口选择"，说法正确的是（　　）。

A．"窗口选择"对象时，按住鼠标由左向右拖出选择框，被选择框包围的对象即可被选择

B．"窗口选择"对象时，按住鼠标由左向右拖出选择框，被选择框包围和与选择框相交的对象可被选择

C．"窗口选择"对象时，按住鼠标由右向左拖出选择框，被选择框包围和与选择框相交的对象可被选择

D．"窗口选择"对象时，按住鼠标由右向左拖出选择框，与选择框相交的对象可被选择

（2）关于"窗交选择"，说法正确的是（　　）。

A．"窗交选择"对象时，按住鼠标由左向右拖出选择框，被选择框包围的对象即可被选择

B．"窗交选择"对象时，按住鼠标由左向右拖出选择框，被选择框包围和与选择框相交的对象可被选择

C．"窗交选择"对象时，按住鼠标由右向左拖出选择框，被选择框包围和与选择框相交的对象可被选择

D．"窗交选择"对象时，按住鼠标由右向左拖出选择框，与选择框相交的对象可被选择

（3）关于偏移，说法正确的是（　　）。

A．偏移图线时，只能沿一个方向偏移　　B．偏移图线时，偏移距离决定偏移方向

C．偏移图线时，不可以将源对象删除　　D．偏移图线时，可以将对象偏移到其他图层

（4）关于"修剪"，说法正确的是（　　）。

A．没有实际相交的图线不能修剪

B．修剪时使用一条边界可以修剪多条图线

C．修剪图线时，必须是两条图线实际相交，或一条图线与另一条图线的延伸线相交

D. 修剪两条实际相交的图线时，任意一条图线都可以作为修剪边界

（5）关于"打断"，说法正确的是（   ）。

A. 只能从图线一端打断并删除部分图线

B. 只能从图线中间部分打断并删除部分图线

C. 打断图线时，图线的端点是打断的第 1 点

D. 打断图线时，需要确定打断的第 1 点和第 2 点

（6）关于"延伸"，说法正确的是（   ）。

A. 延伸图线时不需要延伸边界   B. 延伸图线时需要设置延伸距离

C. 延伸图线后图线一定会与边界相交与一点   D. 延伸图线时必须要有延伸边界

（7）关于"拉长"，说法正确的是（   ）。

A. 拉长图线时需要一个边界   B. 拉长图线时需要设置拉长距离

C. 拉长图线就是增加图线长度   D. 可以沿负值拉长图线

4.7.2　操作技能入门——绘制楼梯平面图

✒ 效果文件	效果文件 \ 第 4 章 \ 操作技能入门——绘制楼体平面图 .dwg
🖵 视频文件	专家讲堂 \ 第 4 章 \ 操作技能入门——绘制楼梯平面图 .swf

根据图示尺寸，绘制如图 4-108 所示的楼体平面图。

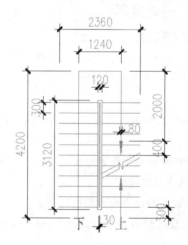

图 4-108

第 5 章
建筑设计中的基本图元——二维图形

在 AutoCAD 建筑设计中，二维图形是非常重要的基本图元。本章就来学习建筑设计中常用的二维图形的绘制方法。

|第 5 章|
建筑设计中的基本图元——二维图形

本章内容概览

知识点	功能 / 用途	难易度与应用频率
圆（P116）	● 绘制圆 ● 绘制二维图形	难易度：★★ 应用频率：★★★★★
矩形（P120）	● 绘制矩形 ● 绘制二维图形	难易度：★★ 应用频率：★★★★★
多边形（P123）	● 绘制多边形 ● 绘制二维图形	难易度：★★ 应用频率：★★★★★
椭圆（P126）	● 绘制椭圆 ● 绘制二维图形	难易度：★ 应用频率：★★★★★
圆弧（P129）	● 绘制椭圆 ● 绘制二维图形	难易度：★ 应用频率：★★★★★
综合实例——绘制建筑构件（P132）	● 绘制平面椅子 ● 绘制木门立面图 ● 绘制马桶平面图 ● 绘制洗手盘平面图	
综合自测（P255）	● 软件知识检验——选择题 ● 操作技能入门——绘制立面窗 ● 操作技能提升——绘制橱柜门立面图	

5.1 圆

在 AutoCAD 建筑设计中，圆是一种最简单、最常用的二维图形，一般用于绘制圆形立柱、圆形家具等建筑构件。另外，图也可以与其他图形结合，通过编辑创建其他建筑构件。这一节就来学习圆的绘制方法。

本节内容概览

知识点	功能 / 用途	难易度与应用频率
"半径、直径"方式（P116）	● 输入半径画圆 ● 输入直径画圆	难易度：★ 应用频率：★★★★★
"三点"方式（P117）	● 拾取三点画圆 ● 创建二维图形	难易度：★ 应用频率：★★★★★
"两点"方式（P118）	● 拾取直径的起点和端点画圆 ● 创建二维图形	难易度：★ 应用频率：★★★★★
疑难解答（P118）	● "两点"方式与直径方式的共同点与区别	
"切点、切点、半径"方式（P119）	● 绘制与两个对象相切的圆 ● 创建二维图形	难易度：★ 应用频率：★★★★★
"切点、切点、切点"方式（P120）	● 绘制与三个对象相切的圆 ● 创建二维图形	难易度：★ 应用频率：★★★★★
疑难解答（P120）	● "三点"方式与"相切、相切、相切"方式的区别	

5.1.1 系统默认的画圆方式——半径、直径方式

💻 视频文件 | 专家讲堂 \ 第 5 章 \ 系统默认的画圆方式——半径、直径方式 .swf

半径、直径方式是系统默认的一种画圆方式。采用这种方式画圆时，您只要确定圆的圆心，然后输入圆的半径或直径，即可绘制圆。可以分别使用半径方式和直径方式来绘制图5-1 所示的半径为 200mm 和直径为 400mm的两个圆。

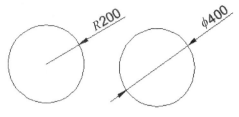

图 5-1

| 技术看板 | 您可以采用以下方式激活【圆】命令。

◆ 单击菜单栏中的【绘图】/【圆】级联菜单中的各种命令。

◆ 在命令行输入"CIRCLE"后按【Enter】键。

◆ 使用快捷键"C"。

| 练一练 | 尝试使用半径和直径方式绘制半径为 100mm 和直径为 300mm 的圆。

5.1.2 "三点"方式画圆

素材文件	素材文件 \ 三点示例 .dwg
视频文件	专家讲堂 \ 第 5 章 \ "三点"方式画圆 .swf

"三点"方式画圆是指通过指定圆上的 3个点来绘制圆，这种绘制圆的方式与圆的圆心、半径和直径无关。

打开素材文件，如图 5-2（左）所示，这是一个等边三角形。下面通过三角形 3 条边的中点绘制一个圆，如图 5-2（右）所示。

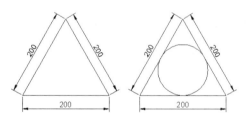

图 5-2

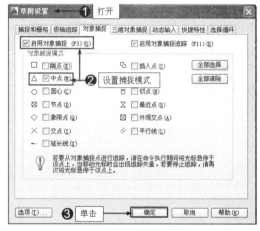

图 5-3

◆ 右击状态栏上的"捕捉模式"按钮 ▦ 并选择右键菜单上的"启用"选项。

◆ 按【F9】键。

◆ 单击菜单栏中的【工具】/【绘图设置】命令，打开【草图设置】对话框。

操作步骤

1. 设置捕捉模式

要通过三角形 3 条边的中点绘制圆，首先需要正确捕捉到 3 条边的 3 个中点上，因此我们需要设置【中点】捕捉模式。

Step01 ▶ 输入"SE"，按【Enter】键，打开【草图设置】对话框。

Step02 ▶ 设置并启用捕捉模式。

Step03 ▶ 单击 确定 按钮，如图 5-3 所示。

| 技术看板 | 您也可以通过以下方式打开【草图设置】对话框。

2. "三点"方式绘制圆

Step01 ▶ 单击【绘图】工具栏上的"圆"按钮 ⊙。

Step02 ▶ 输入"3P"，按【Enter】键，激活"三点"选项。

Step03 ▶ 捕捉三角形左边的中点。

Step04 ▶ 捕捉三角形右边的中点。

Step05 ▶ 捕捉三角形下边的中点。绘制过程及结果如图 5-4 所示。

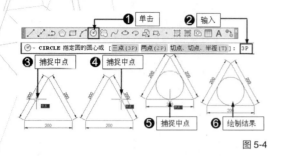

图 5-4

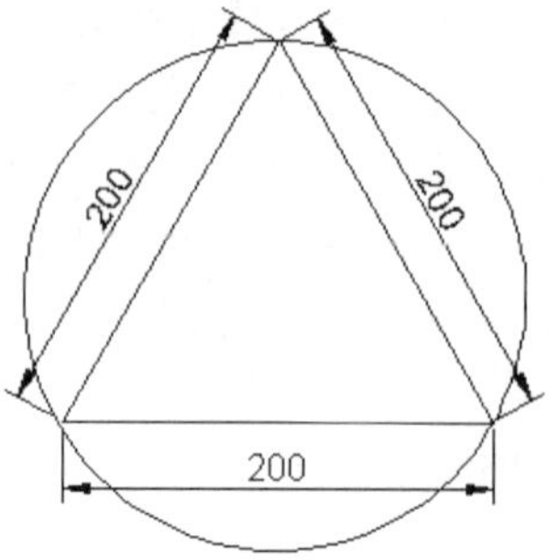

图 5-5

| 练一练 | 尝试通过三角形 3 个顶点绘制一个圆，如图 5-5 所示。

5.1.3 "两点"方式画圆

素材文件	素材文件 \ 三点示例 .dwg
视频文件	专家讲堂 \ 第 5 章 \ "两点"方式画圆 .swf

与"三点"方式画圆相同，"两点"方式画圆也不用考虑圆的圆心和半径，只要指定圆直径的两个端点，即可绘制一个圆。

打开素材文件，如图 5-6（左）所示。下面使用"两点"方式，通过三角形左、右两条边的中点来绘制一个圆，如图 5-6（右）所示。

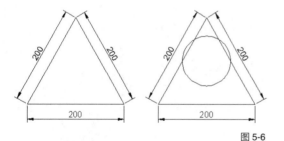

图 5-6

实例引导 ——"两点"方式绘制圆

Step01 ▶ 设置"中点"捕捉模式。

Step02 ▶ 单击【绘图】工具栏上的"圆"按钮。

Step03 ▶ 输入"2P"，按【Enter】键，激活"两点"选项。

Step04 ▶ 捕捉三角形左边的中点（即第 1 点）。

Step05 ▶ 捕捉三角形右边的中点（即第 2 点）。绘制过程及结果如图 5-7 所示。

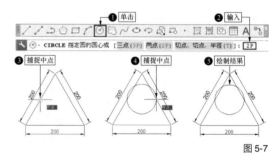

图 5-7

| 技术看板 |

在拾取第 2 点时，您可以直接输入相关尺寸，这相当于使用"直径方式"来绘制圆。

5.1.4 疑难解答——"两点"方式与直径方式的共同点与区别

视频文件	疑难解答 \ 第 5 章 \ 疑难解答——"两点"方式与直径方式的共同点与区别 .swf

疑难："两点"方式画圆拾取的是圆直径的两个端点，而"直径"方式画圆是输入圆的直径参数，那么这两种画圆方式有什么区别和共同点？

解答："两点"方式画圆与直径方式画圆其实都是应用了圆直径这个条件，这是它们的共同点。二者的区别在于，"两点"方式不用考虑圆直径起点和终点的坐标参数，也不用考虑圆的圆心，直接拾取圆直径的这两个端点即可，而"直径"方式首先需要确定圆的圆心，然后输入圆的直径值才能绘制圆。

在实际工作中，如果我们已知圆直径两个端点的位置，这时可以使用"两点"方式画圆，这样最简单；如果我们知道圆心位置和直径参数，则可以使用直径方式画圆，这样更简单。

5.1.5 "切点、切点、半径"方式画圆

📄 素材文件	素材文件 \ 三点示例 .dwg
💻 视频文件	专家讲堂 \ 第 5 章 \ "切点、切点、半径"方式画圆 .swf

首先了解什么是切点。所谓切点，就是两条光滑曲线交于一点时，它们在该点处的切线方向相同，则该点称为切点。"切点、切点、半径"方式画圆就是绘制一个与两条直线都相切的圆。

打开素材文件，如图 5-8（左）所示。下面绘制一个与三角形两条边都相切，半径为50mm 的圆，如图 5-8（右）所示。

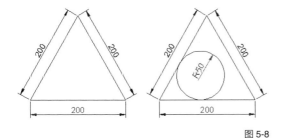

图 5-8

⚙️ 操作步骤

1. 设置捕捉模式

使用切点、切点、半径方式画圆时，要设置为【切点】捕捉模式，这样便于精确捕捉到圆的切点。

Step01 ▶ 输入 "SE"，按【Enter】键，打开【草图设置】对话框。

Step02 ▶ 设置 "切点" 捕捉模式。

Step03 ▶ 单击 确定 按钮，如图 5-9 所示。

2. "切点、切点、半径"方式画圆

Step01 ▶ 单击【绘图】工具栏上的 "圆" 按钮 ⊙。

Step02 ▶ 输入 "T"，按【Enter】键，激活 "切点、切点、半径" 选项。

Step03 ▶ 单击拾取切点。

Step04 ▶ 单击拾取另一切点。

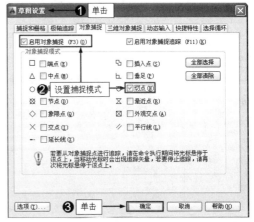

图 5-9

Step05 ▶ 输入圆的半径 "50"。

Step06 ▶ 按【Enter】键，绘制过程及结果如图 5-10所示。

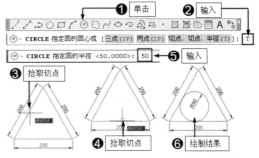

图 5-10

| 练一练 | 尝试使用 "切点、切点、半径"方式，绘制半径为 50mm，并与三角形两条边相切的圆，如图 5-11 所示。

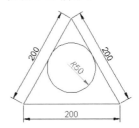

图 5-11

5.1.6 "切点、切点、切点"方式画圆

素材文件	素材文件\三点示例.dwg
视频文件	专家讲堂\第5章\"切点、切点、切点"方式画圆.swf

"切点、切点、切点"方式是指圆与三个对象都相切，该方式不用考虑圆半径与圆心，只要拾取圆与对象的3个切点即可绘制圆。

打开素材文件，如图5-12（左）所示。下面绘制与三角形三条边都相切的圆，如图5-12（右）所示。

操作步骤

Step01 ▶ 执行【绘图】/【圆】/【相切、相切、相切】命令。

Step02 ▶ 在三角形左边上拾取第1个切点。

Step03 ▶ 在三角形右边上拾取第2个切点。

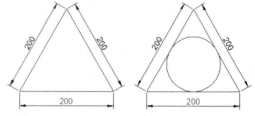

图 5-12

Step04 ▶ 在三角形下边上拾取第3个切点。绘制过程及结果如图5-13所示。

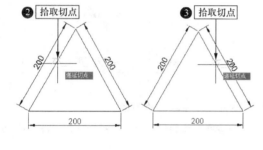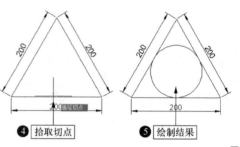

图 5-13

5.1.7 疑难解答——"三点"方式与"相切、相切、相切"方式的区别

视频文件	疑难解答\第5章\疑难解答——"三点"方式与"相切、相切、相切"方式的区别.swf

疑难："三点"方式是拾取圆上的任意3点即可画圆，而"相切、相切、相切"方式也是拾取三个点画圆，这两种方式有什么区别吗？

解答：切记，这两种方式有本质的区别。"三点"方式是拾取圆上的任意3点，这3点可以是直线与圆的交点，也可以是其他任意点；而"相切、相切、相切"方式则是拾取圆上的3个切点。点和切点是不同的，点就是任意点，而切点则是只有线与圆相切后才会有，由此可以明白，"相切、相切、相切"方式是绘制与3个对象相切的圆，而"3点"方式绘制的圆不一定与对象相切。

5.2 矩形

矩形是由4条直线组成的复合图形，这种复合图形系统将其看做一条闭合的多段线图形。矩形也是AutoCAD建筑设计中较常用的二维图形，这一节学习矩形的绘制方法和技巧。

本节内容概览

知识点	功能/用途	难易度与应用频率
默认方式（P121）	● 输入矩形角点坐标绘制矩形 ● 绘制二维图形	难易度：★ 应用频率：★★★★★

续表

知识点	功能 / 用途	难易度与应用频率
"面积"方式（P121）	● 输入矩形面积值绘制矩形 ● 绘制二维图形	难易度：★★ 应用频率：★★★★★
"尺寸"方式（P122）	● 输入长度和宽度绘制矩形 ● 绘制二维图形	难易度：★★★ 应用频率：★★★★★
"倒角"矩形（P122）	● 绘制具有倒角效果的矩形 ● 绘制二维图形	难易度：★★★★ 应用频率：★★★
"圆角"矩形（P123）	● 绘制具有圆角效果的矩形 ● 绘制二维图形	难易度：★★★★ 应用频率：★★★
实例（P123）	● 绘制矮柜立面图	

5.2.1　默认方式绘制矩形

🖥 视频文件 ｜ 专家讲堂 \ 第 5 章 \ 默认方式绘制矩形 .swf

默认方式绘制矩形的方法比较简单，首先确定矩形的一个角点，然后输入另一个角点的坐标即可。

⚙ **实例引导** —— 绘 制 300mm×200mm 的矩形

Step01 ▸ 单击【绘图】工具栏上的"矩形"按钮▢。

Step02 ▸ 在绘图区单击拾取矩形的一个角点。

Step03 ▸ 输入矩形另一个角点的坐标"@300,200"。

Step04 ▸ 按【Enter】键确认，绘制过程及结果如图 5-14 所示。

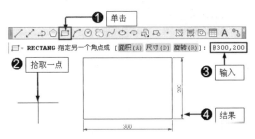

图 5-14

┃**技术看板**┃ 您还可以采用以下方式激活【矩形】命令。

◆ 单击菜单中的【绘图】/【矩形】命令。

◆ 在命令行输入"RECTANG"后按【Enter】键。

◆ 使用快捷键"REC"。

5.2.2　"面积"方式绘制矩形

🖥 视频文件 ｜ 专家讲堂 \ 第 5 章 \ "面积"方式绘制矩形 .swf

当知道矩形的面积和长度时，可以采用"面积"方式绘制矩形。采用这种方式时，您只要输入矩形的面积和长度，即可轻松绘制出矩形。

⚙ **实例引导** ——绘制面积为 50000mm² 、长度为 250mm 的矩形

Step01 ▸ 单击【绘图】工具栏上的"矩形"按钮▢。

Step02 ▸ 单击拾取矩形的一个角点。

Step03 ▸ 输入"A"，按【Enter】键，激活"面积"选项。

Step04 ▸ 输入"50000"，按【Enter】键，确定面积。

Step05 ▸ 输入"L"，按【Enter】键，激活"长度"选项。

Step06 ▸ 输入"250"，按【Enter】键。绘制过程及结果如图 5-15 所示。

┃**练一练**┃ 应用"面积"方式绘制矩形时，只要知道面积、长度或者宽度就可以绘制出所需矩形。下面自己尝试绘制面积为 50000mm²、宽度为 250mm 的矩形。其结果如图 5-16 所示。

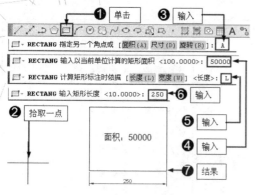

图 5-15

图 5-16

5.2.3 "尺寸"方式绘制矩形

💻 视频文件	专家讲堂 \ 第 5 章 \ "尺寸"方式绘制矩形 .swf

"尺寸"方式与手工绘制矩形相似,分别输入矩形的长度和宽度尺寸,即可绘制出矩形。

⚙️ **实例引导** ——绘制长度为 300mm、宽度为 250mm 的矩形

Step01 ▶ 单击【绘图】工具栏上的"矩形"按钮 ▭。

Step02 ▶ 单击拾取矩形的一个角点。

Step03 ▶ 输入"D",按【Enter】键,激活"尺寸"选项。

Step04 ▶ 输入矩形长度"300",按【Enter】键。

Step05 ▶ 输入矩形宽度"250",按【Enter】键。

Step06 ▶ 单击确定矩形的位置。绘制过程及结果如图 5-17 所示。

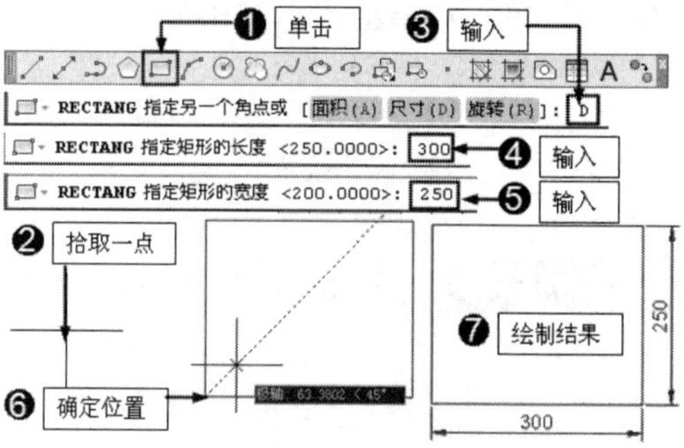

图 5-17

| **技术看板** | "尺寸"方式绘制矩形与默认方式绘制矩形的原理是一样的。在使用默认方式绘制矩形时,输入的矩形另一个角点的坐标其实就是矩形的长度和宽度。

5.2.4 绘制倒角矩形

💻 视频文件	专家讲堂 \ 第 5 章 \ 绘制倒角矩形 .swf

所谓"倒角矩形",其实就是被切去了 4 个角的矩形。

⚙️ **实例引导** ——绘制倒角距离为 20mm、尺寸为 100mm×100mm 的倒角矩形

Step01 ▶ 单击【绘图】工具栏上的"矩形"按钮 ▭。

Step02 ▶ 输入"C",按【Enter】键,激活"倒角"选项。

Step03 ▶ 输入第 1 个倒角距离"20",按【Enter】键。

Step04 ▶ 输入第 2 个倒角距离"20",按【Enter】键。

Step05 ▶ 单击指定第 1 个角点。

Step06 ▶ 输入第 2 个角点坐标"@100,100"。

Step07 ▶ 按【Enter】键,绘制过程及结果如图 5-18 所示。

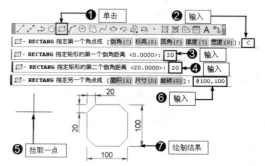

图 5-18

| 练一练 | 绘制倒角矩形时，倒角 1 和倒角 2 的参数可以相同也可以不同。下面根据图示尺寸，自己尝试绘制如图 5-19 所示的倒角矩形。

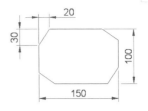

图 5-19

5.2.5　绘制圆角矩形

💻 视频文件	专家讲堂 \ 第 5 章 \ 绘制圆角矩形 .swf

与倒角矩形不同，圆角矩形是指矩形的 4 个角呈圆弧状。

⚙️ 实例引导——绘制圆角半径为 30mm、尺寸为 200mm×200mm 的矩形

Step01 ▶ 单击【绘图】工具栏上的"矩形"按钮 □。

Step02 ▶ 输入"F"，按【Enter】键激活"圆角"选项。

Step03 ▶ 输入圆角半径"30"，按【Enter】键。

Step04 ▶ 单击指定第 1 个角点。

Step05 ▶ 输入第 2 个角点坐标"@200,200"。

Step06 ▶ 按【Enter】键，绘制过程及结果如图 5-20 所示。

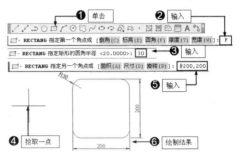

图 5-20

| 技术看板 | 除了以上所学习的绘制矩形的方法之外，我们还可以绘制倾斜放置的矩形、厚度矩形、宽度矩形等，这类矩形在 AutoCAD 建筑设计中不太常用，在此不再讲解，感兴趣的读者可以参阅其他书籍。

5.2.6　实例——绘制矮柜立面图

📄 样板文件	建筑样板 .dwt
💾 效果文件	效果文件 \ 第 5 章 \ 实例——绘制矮柜立面图 .dwg
💻 视频文件	专家讲堂 \ 第 5 章 \ 实例——绘制矮柜立面图 .swf

利用【矩形】命令绘制图 5-21 所示的矮柜立面图，详细操作步骤请观看随书光盘中本节的视频文件"实例——绘制矮柜立面图 .swf"。

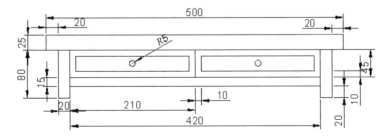

图 5-21

5.3　多边形

多边形是由长短、大小相等的边、角组成的闭合图形。可以根据需要设置不同的边数以绘制不

同的多边形，如四边形、五边形、六边形、八边形等，如图 5-22 所示。

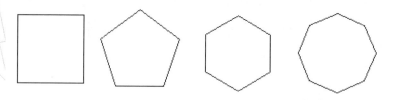

图 5-22

多边形与矩形有很多共同点。例如，不管多边形内部包含多少直线元素，与矩形一样，系统都将其看作一个单一的对象。另外，如果是四边形，其实它就是一个矩形。尽管如此，多边形的绘制方法却与矩形的绘制方法有天壤之别，主要有 3 种绘制方式，分别是："内接于圆"方式、"外切于圆"方式以及"边"方式。这一节就来学习绘制多边形的方法。

本节内容概览

知识点	功能 / 用途	难易度与应用频率
"内接于圆"方式（P224）	● 绘制与圆内接的多边形 ● 绘制二维图形	难易度：★ 应用频率：★★★★★
"外切于圆"方式（P125）	● 绘制与圆相切的多边形 ● 绘制二维图形	难易度：★ 应用频率：★★★★★
疑难解答（P125）	● "内接于圆"与"外切于圆"有什么不同	
"边"方式（P126）	● 输入边长绘制多边形 ● 绘制二维图形	难易度：★ 应用频率：★★★

5.3.1 "内接于圆"方式绘制多边形

💻 视频文件 | 专家讲堂 \ 第 5 章 \ "内接于圆"方式绘制多边形 .swf

所谓"内接于圆"，是指如果在一个圆内绘制一个多边形，且该多边形中心点到多边形角点的距离是该圆的半径，那么该多边形就是内接于圆的多边形，如图 5-23 所示。

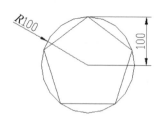

图 5-23

⚙️ **实例引导**——绘制内接于圆的、半径为 100mm 的五边形

Step01 ▸ 单击【绘图】工具栏上的"多边形"按钮⬠。

Step02 ▸ 输入"5"，按【Enter】键，设置边数。

Step03 ▸ 单击确定中心。

Step04 ▸ 输入"I"，按【Enter】键，激活"内接于圆"选项。

Step05 ▸ 输入"100"，按【Enter】键，确定圆的半径。

Step06 ▸ 绘制过程及结果如图 5-24 所示。

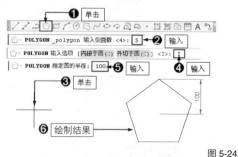

图 5-24

| 技术看板 | 您还可以采用以下方式激活"多边形"命令。

♦ 单击菜单栏中的【绘图】/【正多边形】命令。

♦ 在命令行输入"POLYGON"后按【Enter】键。

♦ 使用快捷键"POL"。

| 练一练 | 尝试绘制内接于圆的，半径为 150mm、边数为八的多边形，如图 5-25 所示。

图 5-25

5.3.2 "外切于圆"方式绘制多边形

💻 视频文件	专家讲堂 \ 第 5 章 \ "外切于圆"方式绘制多边形 .swf

与"内接于圆"多边形不同，"外切于圆"多边形是指该多边形各边与其内部的圆成相切关系，由多边形中心到多边形各边的垂直距离是其内部圆的半径，如图 5-26 所示。

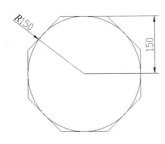

图 5-26

⚙️ 实例引导——绘制外切于圆的、半径为 150mm 的八边形

Step01 ▶ 单击【绘图】工具栏上的"多边形"按钮◻。

Step02 ▶ 输入"8"，按【Enter】键，确定边数。

Step03 ▶ 单击确定中心。

Step04 ▶ 输入"C"，按【Enter】键，激活"外切于圆"选项。

Step05 ▶ 输入"150"，按【Enter】键，确定圆的半径。

Step06 ▶ 绘制过程及结果如图 5-27 所示。

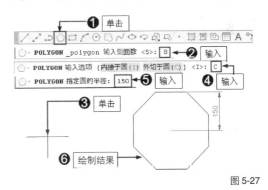

图 5-27

| 练一练 | 尝试绘制外切于圆的、半径为 200mm、边数为 6 的多边形，如图 5-28 所示。

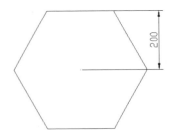

图 5-28

5.3.3 疑难解答——"内接于圆"与"外切于圆"有什么不同

💻 视频文件	疑难解答 \ 第 5 章 \ 疑难解答——"内接于圆"与"外切于圆"有什么不同 .swf

疑难："内接于圆"与"外切于圆"绘制的多边形有什么不同？这两种方式各在什么情况下使用更合适？

解答： 在输入相同半径和相同边数的情况下，"内接于圆"与"外切于圆"绘制的多边形最大的区别就是多边形大小不同,"内接于圆"方式绘制的多边形要比"外切于圆"方式绘制的多边形小。例如,"内接于圆"与"外切于圆"方式下输入的半径均为 100mm,采用这两种方式绘制的多边形大小不同,如图 5-29 所示

在实际工作中,选择哪种方式绘制多边形,需要根据绘图要求和绘图条件来确定。

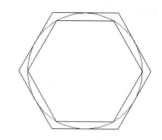

图 5-29

5.3.4 "边方式"绘制多边形

💻 视频文件	专家讲堂 \ 第 5 章 \ "边方式"绘制多边形 .swf

"边方式"是指根据多边形的边长来绘制多边形,这与手工绘制比较相似。

⚙️ **实例引导**——绘制边数为 5、边长为 50mm 的多边形

Step01 ▶ 单击【绘图】工具栏上的"多边形"按钮⬠。

Step02 ▶ 输入"8",按【Enter】键,确定边数。

Step03 ▶ 输入"E",按【Enter】键,激活"边"选项。

Step04 ▶ 在绘图区拾取一点,指定边的端点。

Step05 ▶ 输入"50",按【Enter】键,确定边

的长度。

Step06 ▶ 绘制过程及结果如图 5-30 所示。

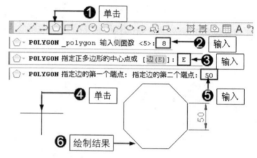

图 5-30

5.4 椭圆

椭圆是由两条不等的椭圆轴所控制的闭合曲线,包含中心点、长轴和短轴等几何元素,如图 5-31 所示。其中,水平线为椭圆的长轴,垂直线为椭圆的短轴。

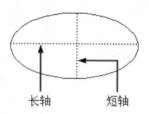

长轴　　　短轴

图 5-31

椭圆的绘制方法有两种,一种是"轴端点"方式,另一种是"中心点"方式。这一节就来学习绘制椭圆的方法。

本节内容概览

知识点	功能 / 用途	难易度与应用频率
"轴端点"方式(P127)	● 输入轴的端点绘制椭圆 ● 绘制二维图形	难易度:★ 应用频率:★★★★★
疑难解答(P127)	● 关于半轴与短轴的区别	

知识点	功能 / 用途	难易度与应用频率
"中心点"方式（P128）	● 通过中心点方式绘制椭圆 ● 绘制二维图形	难易度：★ 应用频率：★★★★★
疑难解答（P128）	● 长轴与短轴的参数如何设置	
椭圆弧（P128）	● 绘制椭圆弧 ● 绘制二维图形	难易度：★ 应用频率：★★★

5.4.1 "轴端点"方式绘制椭圆

💻 视频文件　专家讲堂 \ 第 5 章 \ "轴端点"方式绘制椭圆 .swf

　　"轴端点"方式，是指分别指定一条轴的两个端点和另一条轴的半长来绘制椭圆。下面使用该方式绘制长轴长度为 150mm、短轴长度为 60mm 的椭圆。

⚙ 操作步骤

Step01 ▶ 单击【绘图】工具栏上的"椭圆"按钮 ◎。

Step02 ▶ 在绘图区单击，拾取一点。

Step03 ▶ 输入 "@150,0"，按【Enter】键，设置另一端点坐标。

Step04 ▶ 输入 "30"，按【Enter】键，确定半轴值。

Step05 ▶ 绘制过程及结果如图 5-32 所示。

| 技术看板 |

您还可以通过以下方式激活"椭圆"命令。

♦ 单击菜单栏中的【绘图】/【椭圆】子菜单命令。

♦ 在命令行输入"ELLIPSE"后，按【Enter】键。

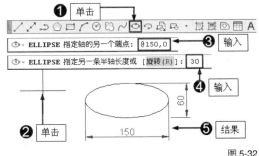

图 5-32

♦ 使用快捷键 "EL"。

| 练一练 | 绘制长轴长度为 200mm、短轴长度为 100mm 的椭圆，如图 5-33 所示。

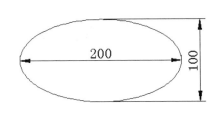

图 5-33

5.4.2 疑难解答——半轴与短轴尺寸的区别

💻 视频文件　疑难解答 \ 第 5 章 \ 疑难解答——半轴与短轴尺寸的区别 .swf

　　疑难：什么是半轴？为什么绘制椭圆时输入的短轴值是实际尺寸的一半？

　　解答：所谓"半轴"，其实就是轴长的一半。在绘制椭圆时，当确定长轴尺寸后，系统将由椭圆圆心处来计算椭圆的短轴长度，它相当于圆的半径，因此要输入短轴实际尺寸的一半，这样才能绘制出符合实际要求的椭圆。

　　另外，在绘制椭圆时，长轴和短轴的尺寸可以相同，也可以不同。当长轴和短轴尺寸相

同时，绘制的其实就是一个圆，如图 5-34 所示。

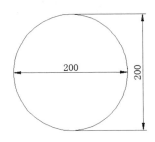

图 5-34

5.4.3 "中心点"方式绘制椭圆

💻 视频文件	专家讲堂\第5章\"中心点"方式绘制椭圆.swf

除了采用"轴端点"方式绘制椭圆之外，我们也可以首先确定椭圆的中心点，然后分别输入长轴和短轴的半长来绘制椭圆。这就是"中心点"方式。下面以5.4.1节绘制的椭圆的圆心作为圆心，绘制长轴为100个绘图单位、短轴为60个绘图单位的另一个椭圆。

操作步骤

Step01▶ 单击【绘图】工具栏上的"椭圆"按钮◎。

Step02▶ 输入"C"，按【Enter】键，激活"中心点"选项。

Step03▶ 捕捉5.4.1节绘制的椭圆的圆心。

Step04▶ 向上引导光标。

Step05▶ 输入"50"，按【Enter】键，指定长轴的半长。

Step06▶ 输入"30"，按【Enter】键，指定短轴的半长。

Step07▶ 绘制过程及结果如图5-35所示。

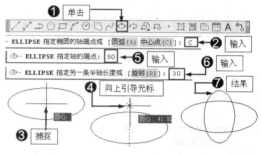

图5-35

5.4.4 疑难解答——长轴与短轴的参数如何设置

💻 视频文件	疑难解答\第5章\疑难解答——长轴与短轴的参数如何设置.swf

疑难：在使用"中心点"方式绘制椭圆时，为什么输入的长轴和短轴参数都是实际尺寸的一半？

解答：还记得前面学习过的半径方式绘制圆吧？应用半径方式绘制时，首先确定圆心，然后输入半径即可。其实，应用"中心点"方式绘制椭圆时，与半径方式绘制圆是相同的道理。椭圆的长轴与短轴其实就是它的水平直径与垂直直径，因此只需要输入长轴和短轴实际尺寸的一半即可。

5.4.5 绘制椭圆弧

💻 视频文件	专家讲堂\第5章\绘制椭圆弧.swf

使用【椭圆】命令除了可绘制椭圆之外，还可以绘制椭圆弧。其操作很简单，下面绘制长轴为100mm、短轴为50mm、起点角度为90°、端点角度为-90°的椭圆弧。

操作步骤

Step01▶ 单击【绘图】工具栏上的"椭圆"按钮◎。

Step02▶ 输入"A"，按【Enter】键，激活"圆弧"选项。

Step03▶ 在绘图区单击，拾取一点。

Step04▶ 水平引导光标，输入"100"，按【Enter】键，指定长轴尺寸。

Step05▶ 输入"25"，按【Enter】键，指定短轴的半长。

Step06▶ 输入"90"，按【Enter】键，指定起点角度。

Step07▶ 输入"-90"，按【Enter】键，指定端点角度。

Step08▶ 绘制过程及结果如图5-36所示。

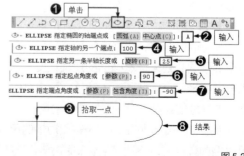

图5-36

5.5　圆弧

　　圆弧其实是一种非封闭的椭圆或圆。AutoCAD 提供了 5 类共 11 种绘制圆弧的方式。应用这 11 种方式，可以轻松绘制出各种圆弧。这一节就来学习绘制圆弧的方法。

本节内容概览

知识点	功能 / 用途	难易度与应用频率
"三点"方式画弧（P129）	● 拾取三点画弧 ● 绘制二维图形	难易度：★ 应用频率：★★★★★
"起点、圆心"方式画弧（P129）	● 确定起点和圆心绘制圆弧 ● 绘制二维图形	难易度：★ 应用频率：★★★★★
"起点、端点"方式画弧（P130）	● 确定起点和端点绘制圆弧 ● 绘制二维图形	难易度：★ 应用频率：★★★
"圆心、起点"方式画弧（P131）	● 确定圆心和起点绘制圆弧 ● 绘制二维图形	难易度：★ 应用频率：★★★

5.5.1　"三点"方式画弧

🖥 视频文件　专家讲堂 \ 第 5 章 \ "三点"方式画弧 .swf

　　"三点"方式画弧与前面学习讨的"三点"方式画圆有些相似，其实就是通过捕捉圆弧上的三点来绘制圆弧。这三点分别是圆弧的起点、圆弧上的一点和圆弧的端点。下面采用"三点"方式绘制圆弧。

⚙ **操作步骤**

Step01 ▶ 单击【绘图】/【圆弧】/【三点】命令。

Step02 ▶ 单击指定圆弧的起点。

Step03 ▶ 单击拾取圆弧上的一点。

Step04 ▶ 单击指定圆弧的端点。

Step05 ▶ 绘制过程及结果如图 5-37 所示。

| 练一练 | 应用"三点"方式画弧时，既可以捕捉点，又可以输入圆弧上三点的坐标来绘制圆弧。下面尝试根据图 5-38 所示尺寸，在 200mm×150mm 的矩形内部使用"二点"画弧方式绘制所示圆弧。

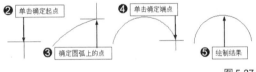

图 5-37

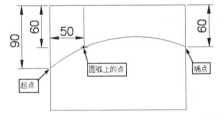

图 5-38

5.5.2　"起点、圆心"方式画弧

🖥 视频文件　专家讲堂 \ 第 5 章 \ "起点、圆心"方式画弧 .swf

　　"起点、圆心"方式是指首先确定圆弧的起点和圆心，然后指定圆弧的端点、角度或弧长来绘制圆弧，具体包括"起点、圆心、端点"、"起点、圆心、角度"和"起点、圆心、长度"3 种命令。这一小节学习"起点、圆心"方式绘制圆弧的方法。

⚙ **操作步骤**

　　1．"起点、圆心、端点"方式绘制圆弧

　　这种方式与"三点"方式相似，区别在于"三点"方式拾取的是圆弧上的三点，而"起点、圆心、端点"方式则是首先确定圆弧的起点和圆心，最后确定圆弧的端点。

　　绘制过程及结果如图 5-39 所示。

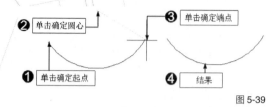

图 5-39

　　2."起点、圆心、角度"方式绘制圆弧

　　应用这种方式时，首先确定圆弧的起点和圆心，之后确定圆弧的角度。下面我们来绘制一个圆心角为 180°的圆弧。

　　绘制过程及结果如图 5-40 所示。

| 练一练 | 应用"起点、圆心"方式画弧时，既可以捕捉点以定位圆弧的起点和圆心，也可以输入圆弧的起点和圆心坐标，然后输入弧长

来绘制圆弧。下面尝试使用"起点、圆心"方式中的"起点、圆心、长度"方式绘制弧长为 1000mm 的两圆弧，如图 5-41 所示。

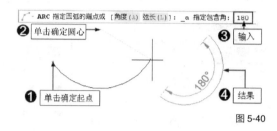

图 5-40

图 5-41

5.5.3 "起点、端点"方式画弧

📺 视频文件	专家讲堂\第 5 章\"起点、端点"方式画弧 .swf

　　"起点、端点"方式可分为"起点、端点、角度"、"起点、端点、方向"和"起点、端点、半径"3 种方式。当定位出圆弧的起点和端点后，只需再确定圆弧的角度、半径或方向，即可精确画弧。这一节学习"起点、端点"方式画弧的方法。

⚙ 操作步骤

　　1."起点、端点、角度"方式绘制圆弧

　　这种方式是先确定圆弧的起点和端点，然后设置圆弧的角度来绘制圆弧。下面来绘制角度为 90°的圆弧。

　　绘制过程及结果如图 5-42 所示。

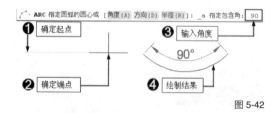

图 5-42

　　2."起点、端点、方向"方式绘制圆弧

　　这种方式是先确定圆弧的起点和端点，然

后确定圆弧的方向来绘制圆弧。

　　绘制过程及结果如图 5-43 所示。

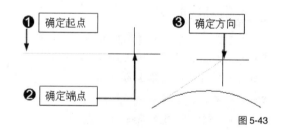

图 5-43

　　3."起点、端点、半径"方式绘制圆弧

　　这种方式是先确定圆弧的起点和端点，然后输入圆弧的半径来绘制圆弧。下面绘制半径为 1200mm 的圆弧。

　　绘制过程及结果如图 5-44 所示。

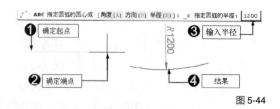

图 5-44

| 练一练 | 应用"起点、端点"方式画弧时，既可以捕捉点以定位圆弧的起点和端点，也可以输入圆弧的起点和端点坐标，然后输入圆弧的角度、半径或确定方向来绘制圆弧。下面尝试绘制角度为 100°和半径为 100mm 的两条圆弧，如图 5-45 所示。

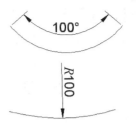

图 5-45

5.5.4 "圆心、起点"方式画弧

💻 视频文件 专家讲堂\第 5 章\"圆心、起点"方式画弧 .swf

"圆心、起点"方式分为"圆心、起点、端点"、"圆心、起点、角度"和"圆心、起点、长度"3 种。当确定了圆弧的圆心和起点后，只需再给出圆弧的端点、角度或弧长等参数，即可精确绘制出圆弧。下面介绍"圆心、起点"方式画弧的方法。

⚙ **操作步骤**

1. "圆心、起点、端点"方式绘制圆弧

应用这种方式时，先确定圆弧的圆心，然后确定圆弧的起点和端点。绘制过程及结果如图 5-46 所示。

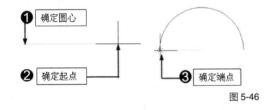

图 5-46

2. "圆心、起点、角度"方式绘制圆弧

这种方式是先确定圆弧的圆心，然后确定圆弧的起点，最后输入圆弧的角度来绘制圆弧。角度为 90°的圆弧的绘制过程及结果如图 5-47 所示。

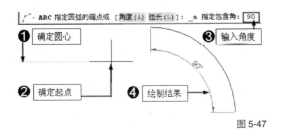

图 5-47

3. "圆心、起点、长度"方式绘制圆弧

这种方式是先确定圆弧的圆心，然后确定圆弧的起点，最后输入圆弧的长度来绘制圆弧。长度为 150mm 的圆弧的绘制过程及结果如图 5-48 所示。

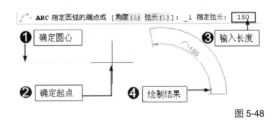

图 5-48

| 练一练 | 应用"圆心、起点"方式绘制圆弧时，既可以捕捉点以定位圆弧的圆心和起点，也可以输入圆弧的圆心和起点坐标，然后输入圆弧的角度、长度或端点坐标来绘制圆弧。下面尝试以矩形的中心点为圆心，以矩形的右上端点为圆弧的起点，使用"圆心、起点、长度"方式绘制长度为 150mm 的圆弧，如图 5-49 所示。

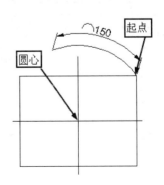

图 5-49

5.6 综合实例——绘制建筑构件

在 AutoCAD 建筑设计中，建筑构件是不可缺少的设计素材。这一节综合运用本章所学的知识绘制建筑设计中常用的建筑构件。

5.6.1 绘制平面椅子

▋ 效果文件	效果文件\第 5 章\绘制平面椅子 .dwg
🖵 视频文件	专家讲堂\第 5 章\绘制平面椅子 .swf

平面椅子是建筑室内装饰装潢设计图中常见的图形。这一节学习绘制图 5-50 所示的平面椅子图形。

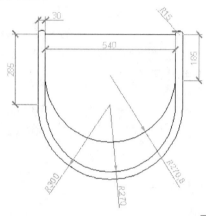

图 5-50

⚙ 操作步骤

1. 新建文件并设置捕捉模式

Step01 ▶ 创建公制单位的空白文件。

Step02 ▶ 使用快捷键"SE"打开【草图设置】对话框。

Step03 ▶ 进入【对象捕捉】选项卡，进行相关设置，如图 5-51 所示。

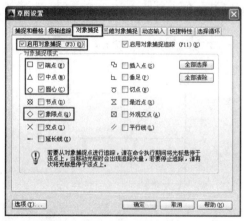

图 5-51

2. 绘制平面椅子轮廓

Step01 ▶ 单击【绘图】工具栏上的"多段线"按钮 ⊃ 。

Step02 ▶ 在绘图区单击拾取一点作为起点。

Step03 ▶ 向下引出 270° 方向矢量，输入"285"，按【Enter】键确认。

Step04 ▶ 输入"A"，按【Enter】键，转入画弧模式。

Step05 ▶ 水平向右引出 0° 方向矢量，输入"600"，按【Enter】键确认。

Step06 ▶ 输入"L"，按【Enter】键转入画线模式。

Step07 ▶ 向上引出 90° 方向矢量，输入"285"，按【Enter】键确认。

Step08 ▶ 输入"A"，按【Enter】键确认，转入画弧模式。

Step09 ▶ 向左引出 180° 方向矢量，输入"30"，按【Enter】键确认。

Step10 ▶ 输入"L"，按【Enter】键，转入画线模式。

Step11 ▶ 向下引出 270° 方向矢量，输入"285"，按【Enter】键确认。

Step12 ▶ 输入"A"，按【Enter】键，转入画弧模式。

Step13 ▶ 向左引出 180° 方向矢量，输入"540"，按【Enter】键确认。

Step14 ▶ 输入"L"，按【Enter】键，转入画线模式。

Step15 ▶ 向上引出 90° 方向矢量，输入"285"，按【Enter】键确认。

Step16 ▶ 输入"A"，按【Enter】键，转入画弧模式。

Step17 ▶ 输入"CL"，按【Enter】键闭合图形，绘制结果如图 5-52 所示。

3. 补画其他图线

Step01 ▶ 输入"L"激活【直线】命令。

Step02 ▶ 捕捉内轮廓线左上侧的端点和右上侧

的端点绘制直线，如图 5-53 所示。

图 5-52

图 5-53

4. 定义用户坐标系

Step01 ▸ 执行【工具】/【新建 UCS】/【原点】命令。

Step02 ▸ 捕捉图 5-54 中水平线的中点定义新坐标系，结果如图 5-55 所示。

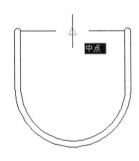

图 5-54

5. 绘制圆弧形椅子轮廓线

Step01 ▸ 执行【绘图】/【圆弧】/【三点】命令。

Step02 ▸ 输入"270,-185"，按【Enter】键，确定圆弧的起点。

Step03 ▸ 继续输入"@270,-250"，按【Enter】键，确定圆弧上的一点。

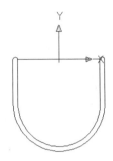

图 5-55

Step04 ▸ 继续输入"@270,250"，按【Enter】键，确定圆弧端点，绘制结果如图 5-56 所示。

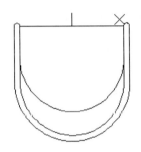

图 5-56

Step05 ▸ 执行【工具】/【新建 UCS】/【世界】命令，将当前坐标系恢复为世界坐标系，效果如图 5-57 所示。

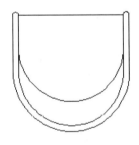

图 5-57

6. 保存

至此，椅子绘制完毕，将该图形命名保存。

5.6.2　绘制木门立面图

效果文件	效果文件 \ 第 5 章 \ 绘制木门立面图 .dwg
视频文件	专家讲堂 \ 第 5 章 \ 绘制木门立面图 .swf

这一节学习绘制图 5-58 所示的木门立面图。

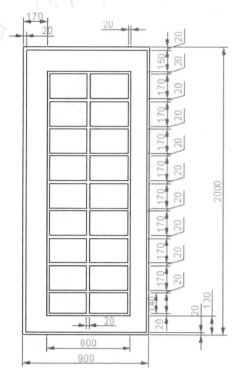

图 5-58

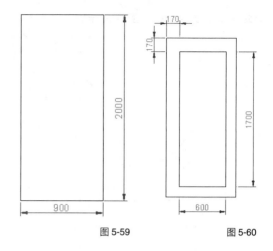

图 5-59   图 5-60

⚙️ 操作步骤

1. 绘制木门外轮廓

Step01 ▶ 新建公制单位的空白文件。

Step02 ▶ 单击【绘图】工具栏上的"矩形"按钮 □。

Step03 ▶ 在绘图区单击拾取矩形的一个角点。

Step04 ▶ 输入"@900,2000",确定矩形另一个角点坐标。

Step05 ▶ 按【Enter】键确认,绘制结果如图 5-59 所示。

2. 绘制木门内轮廓

Step01 ▶ 按【Enter】键重复执行"矩形"命令。

Step02 ▶ 按住【Shift】键,同时单击鼠标右键,选择"自"选项。

Step03 ▶ 捕捉外门框左上侧的角点。

Step04 ▶ 输入"@170,-170",按【Enter】键确认。

Step05 ▶ 输入"@600,-1700",按【Enter】键确认,绘制结果如图 5-60 所示。

3. 偏移内、外门框

Step01 ▶ 单击【绘图】工具栏上的"偏移"按钮 ⬿。

Step02 ▶ 输入"20",按【Enter】键,设置偏移距离。

Step03 ▶ 将内、外门框各向内偏移 20 个绘图单位,绘制结果如图 5-61 所示。

4. 绘制木门内部结构线

Step01 ▶ 执行【绘图】/【多线】命令。

Step02 ▶ 输入"S",按【Enter】键,激活"比例"选项。

Step03 ▶ 输入"20",按【Enter】键,设置"比例"。

Step04 ▶ 按住【Shift】键,同时单击鼠标右键,选择"自"选项。

Step05 ▶ 捕捉内门框左上侧的内角点。

Step06 ▶ 输入"@0,-170",按【Enter】键确认。

Step07 ▶ 继续输入"@560,0",按【Enter】键确认。

Step08 ▶ 按【Enter】键结束操作,绘制结果如图 5-62 所示

Step09 ▶ 重复上一步骤,使用【多线】命令并配合【自】功能,绘制下侧的轮廓线,多线之间的间隔为 170 个绘图单位,如图 5-63 所示。

Step10 ▶ 重复执行【多线】命令,按照当前的多线参数设置,配合"中点"捕捉功能绘制竖向支撑,结果如图 5-64 所示。

5. 编辑内部结构线

Step01 ▶ 执行【修改】/【对象】/【多线】命令,打开【多线编辑工具】对话框。

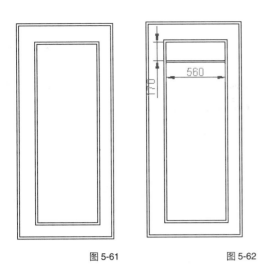

图 5-61　　　　　　图 5-62

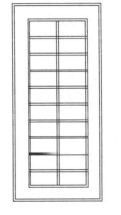

Step02▶ 单击"十字合并"按钮，返回绘图区。

Step03▶ 单击中间的垂直多线，再单击水平多线进行合并，绘制结果如图 5-65 所示。

Step04▶ 单击【修改】工具栏上的"修剪"按钮。

Step05▶ 选择所有多线作为修剪边界。

Step06▶ 按【Enter】键，然后依次在内框的多线之间单击进行修剪，修剪结果如图 5-66 所示。

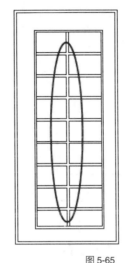
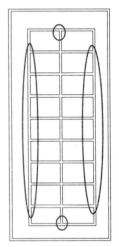

图 5-65　　　　　　图 5-66

6. 保存

至此，木门立面图绘制完毕，将该文件命名保存。

图 5-63　　　　　　图 5-64

5.6.3　绘制马桶平面图

✏ 效果文件	效果文件 \ 第 5 章 \ 绘制马桶平面图 .dwg
🖥 视频文件	专家讲堂 \ 第 5 章 \ 绘制马桶平面图 .swf

这一节绘制图 5-67 所示的马桶平面图。

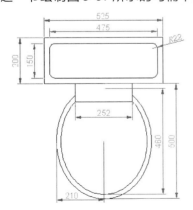

图 5-67

⚙ **操作步骤**

1. 创建空白文件并设置捕捉模式

Step01▶ 执行【新建】命令，创建一个空白文件。

Step02▶ 使用"SE"快捷方式打开【草图设置】对话框，启用并设置捕捉模式，如图 5-68 所示。

2. 绘制马桶水箱轮廓

Step01▶ 单击【绘图】工具栏上的"矩形"按钮。

Step02▶ 在绘图区单击拾取一点。

Step03▶ 输入 "@525,200"，按【Enter】键，结束命令，绘制结果如图 5-69 所示。

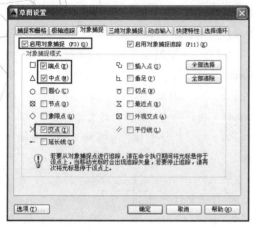

图 5-68

图 5-69

Step04 ▶ 按【Enter】键重复执行【矩形】命令。

Step05 ▶ 输入 "F"，按【Enter】键，激活"圆角"选项。

Step06 ▶ 输入 "22"，按【Enter】键设置"圆角"半径。

Step07 ▶ 按住【Shift】键，同时单击鼠标右键，选择"自"选项。

Step08 ▶ 捕捉刚绘制的矩形左下角点，然后输入 "@25,25"，按【Enter】键确认。

Step09 ▶ 继续输入 "@475,150"，按【Enter】键确认，绘制结果如图 5-70 所示。

图 5-70

3. 绘制椭圆马桶盖

Step01 ▶ 单击【绘图】工具栏上的"椭圆"按钮 ◯ 。

Step02 ▶ 捕捉水箱下水平边的中点。

Step03 ▶ 输入 "@0,-500"，按【Enter】键确认下一点。

Step04 ▶ 继续输入 "210"，按【Enter】键确认半轴长度。绘制结果如图 5-71 所示。

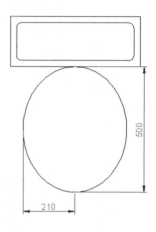

图 5-71

4. 偏移椭圆

Step01 ▶ 单击【修改】工具栏上的"偏移"按钮 ⊿ 。

Step02 ▶ 输入 "20"，按【Enter】键设置偏移距离。

Step03 ▶ 选择绘制的椭圆图形。

Step04 ▶ 在椭圆内部单击进行偏移，绘制结果如图 5-72 所示。

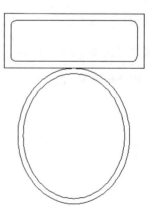

图 5-72

5. 创建绘制辅助线

Step01 ▶ 单击【绘图】工具栏上的"直线"按钮 ╱ 。

Step02 ▶ 捕捉水箱下水平边的中点。

Step03 ▶ 输入"@0,-500",按【Enter】键确认,如图 5-73 所示。

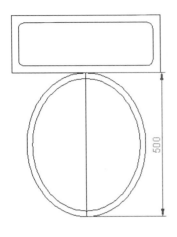

图 5-73

Step04 ▶ 单击【修改】工具栏上的"偏移"按钮 🔁。

Step05 ▶ 输入"126",按【Enter】键,设置偏移距离。

Step06 ▶ 将绘制的垂直辅助线对称偏移,绘制结果如图 5-74 所示。

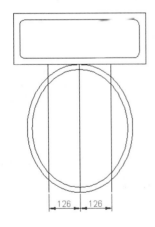

图 5-74

6. 完善马桶图形

Step01 ▶ 单击【绘图】工具栏上的"直线"按钮 ✎。

Step02 ▶ 配合"交点"捕捉功能,分别连接辅助线与内侧椭圆的交点,绘制水平线,如图 5-75 所示。

Step03 ▶ 单击【绘图】工具栏上的"修剪"按钮 ⊬。

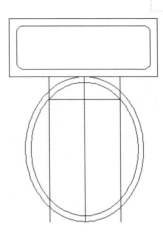

图 5-75

Step04 ▶ 以绘制的水平线为修剪边,对两条垂直辅助线进行修剪,绘制结果如图 5-76 所示。

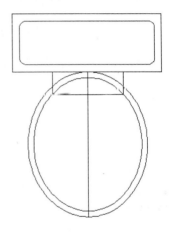

图 5-76

Step05 ▶ 按【Enter】键重复执行【修剪】命令。

Step06 ▶ 以修剪后的两条辅助线作为剪切边界,对椭圆进行修剪,修剪结果如图 5-77 所示。

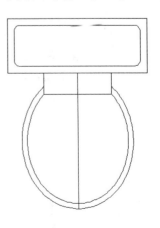

图 5-77

Step07 ▶ 在无任何命令发出的情况下，单击垂直辅助线使其夹点显示，然后按【Delete】键将其删除，结果如图 5-78 所示。

7. 保存

至此，马桶平面图绘制完毕，将该图形命名保存。

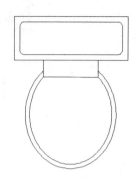

图 5-78

5.6.4 绘制洗手盆平面图

效果文件	效果文件\第5章\绘制洗手盆平面图.dwg
视频文件	专家讲堂\第5章\绘制洗手盆平面图.swf

这一节绘制图 5-79 所示的洗手盆平面图。

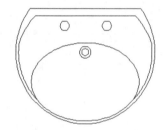

图 5-79

⚙ 操作步骤

1. 绘制外轮廓

Step01 ▶ 执行【新建】命令，新建空白文件。

Step02 ▶ 使用快捷键"L"激活【直线】命令，绘制长度为 480 个绘图单位的水平直线段。

Step03 ▶ 单击菜单【绘图】/【圆弧】/【起点、端点、角度】命令。

Step04 ▶ 捕捉水平线的左端点。

Step05 ▶ 捕捉水平线的右端点。

Step06 ▶ 输入"255"，按【Enter】键设置角度，结果如图 5-80 所示。

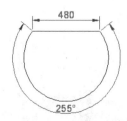

图 5-80

Step07 ▶ 单击【绘图】工具栏上的"圆"按钮⊘。

Step08 ▶ 按住【Shift】键，同时单击鼠标右键，选择"自"选项。

Step09 ▶ 捕捉圆弧的圆心，然后输入"@0，-60"，按【Enter】键确认圆心。

Step10 ▶ 输入"305"，按【Enter】键，设置半径，绘制结果如图 5-81 所示。

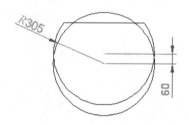

图 5-81

2. 偏移外轮廓

Step01 ▶ 单击【修改】工具栏上的"偏移"按钮🔲。

Step02 ▶ 输入"30"，按【Enter】键，设置偏移距离。

Step03 ▶ 将水平轮廓线向下偏移 30 个绘图单位，如图 5-82 所示。

Step04 ▶ 按【Enter】键，重复执行【偏移】命令。

Step05 ▶ 输入"12"，按【Enter】键，设置偏移距离。

Step06 ▶ 选择弧形轮廓线。

Step07 ▶ 在圆弧的内侧拾取一点进行偏移。

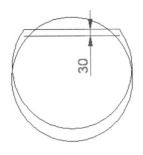

图 5-82

Step08 ▶ 按【Enter】键退出，偏移结果如图 5-83 所示。

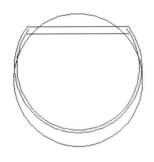

图 5-83

3. 修剪完善洗手盆

Step01 ▶ 单击【绘图】工具栏上的"修剪"按钮 ⊬。

Step02 ▶ 以偏移的水平线和偏移的圆弧作为修剪边界，对圆进行修剪，结果如图 5-84 所示。

图 5-84

Step03 ▶ 以修剪后的圆作为修剪边界，对偏移的水平线和偏移的圆弧进行修剪，结果如图 5-85 所示。

4. 绘制内部椭圆水槽

Step01 ▶ 单击菜单【绘图】/【椭圆】/【圆心】命令。

Step02 ▶ 由内部圆心向下引出矢量线，然后输入"125"，按【Enter】键，定位中心点，如图 5-86 所示。

图 5-85

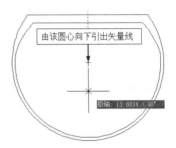

图 5-86

Step03 ▶ 输入"@235,0"，按【Enter】键，定位长轴的右端点。

Step04 ▶ 输入"165"，按【Enter】键确定短轴的半轴尺寸，结果结果如图 5-87 所示。

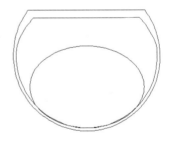

图 5-87

5. 完善洗手盆

Step01 ▶ 单击【绘图】工具栏上的"圆"按钮 ⊘。

Step02 ▶ 以同心圆弧的圆心作为圆心，绘制半径分别为 15mm 和 25mm 的两个圆作为漏水孔，如图 5-88 所示。

图 5-88

Step03 ▶ 在洗手盆上方位置绘制两个直径为40mm的圆作为圆形阀门，绘制结果如图 5-89所示。

图 5-89

Step04 ▶ 使用快捷键"TR"激活【修剪】命令，以椭圆作为修剪边界，对内侧大圆弧进行修剪，删除多余轮廓线，最终结果如图 5-90 所示。

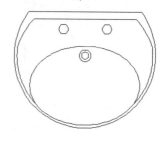

图 5-90

6. 保存

至此，洗手盆平面图绘制完毕，最后将该图形命名保存。

5.7 综合自测

5.7.1 软件知识检验——选择题

（1）关于"三点方式绘制圆，说法正确的是（　　）。

A．"三点"方式是拾取圆上的任意三点

B．"三点"方式是拾取圆直径的两个端点和圆象限点

C．"三点"方式是拾取圆上的 3 个象限点

D．"三点"方式是拾取圆直径的 1 个端点和 2 个象限点

（2）面积方式绘制矩形时，需要知道（　　）。

A．面积　　　　　B．长度　　　　　C．宽度　　　　　D．面积和长度

（3）尺寸方式绘制矩形时，需要知道（　　）。

A．矩形面积和长度　　　　　B．矩形长度和宽度

C．矩形长度　　　　　D．矩形宽度

（4）"三点"方式画弧是指（　　）。

A．拾取圆弧的起点、圆弧上一点和圆弧端点

B．拾取圆弧的起点、圆心和圆弧端点

C．拾取圆弧的起点、圆心并输入半径

D．拾取圆弧的起点、圆心并输入圆弧长度

5.7.2 操作技能入门——绘制立面窗

✎ 效果文件	效果文件\第 5 章\操作技能入门——绘制立面窗 .dwg
🖥 视频文件	专家讲堂\第 5 章\操作技能入门——绘制立面窗 .swf

根据图示尺寸，绘制图 5-91 所示的立面窗。

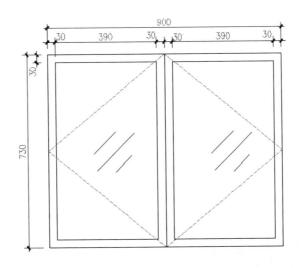

图 5-91

5.7.3　操作技能提升——绘制橱柜门立面图

✏️效果文件	效果文件 \ 第 5 章 \ 操作技能提升——绘制橱柜门立面图 .dwg
🖥️视频文件	专家讲堂 \ 第 5 章 \ 操作技能提升——绘制橱柜门立面图 .swf

根据图 5-92 所示尺寸，结合所学知识，绘制橱柜门立面图。

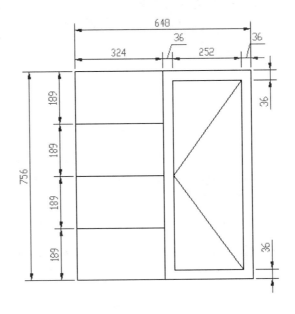

图 5-92

第6章
建筑设计进阶
——编辑二维
图形

在 AutoCAD 建筑设计中，编辑二维图形也是必须要掌握的绘图技能之一。这一章就来学习编辑二维图形的方法。

|第 6 章|

建筑设计进阶——编辑二维图形

本章内容概览

知识点	功能 / 用途	难易度与应用频率
复制（P145）	● 创建多个图形对象 ● 编辑二维图形	难易度：★★ 应用频率：★★★★★
移动与删除（P146）	● 调整图形位置 ● 删除不需要的图形	难易度：★★ 应用频率：★★★★★
旋转（P147）	● 调整图形角度 ● 编辑图形	难易度：★★★★ 应用频率：★★★★
镜像（P152）	● 创建对称结构的图形 ● 编辑完善图形	难易度：★★ 应用频率：★★★★
阵列（P154）	● 创建多个结构相同的阵列对象 ● 编辑完善图形	难易度：★★★★★ 应用频率：★★★★★
缩放（P161）	● 调整图形大小 ● 编辑完善图形	难易度：★★★ 应用频率：★★★★
拉伸（P164）	● 调整图形大小与形状 ● 编辑完善图形	难易度：★★★ 应用频率：★★★★
倒角与圆角（P166）	● 创建图形倒角与圆角效果 ● 编辑完善图形	难易度：★★★ 应用频率：★★★★★
综合实例（P170）	● 绘制多功能厅室内布置图	
综合自测（P177）	● 软件知识检验——选择题 ● 操作技能入门——绘制电视柜立面图	

6.1　复制

使用【复制】命令，可以得到多个与源图形对象尺寸和结构完全相同的图形对象，这是获得更多相同图形最有效的方法。这一节就来学习复制图形对象的方法。

本节内容概览

知识点	功能 / 用途	难易度与应用频率
复制图形（P143）	● 创建多个相同的图形 ● 编辑完善图形	难易度：★ 应用频率：★★★★★
复制等距排列的图形对象（P144）	● 创建多个等距排列的图形 ● 编辑完善图形	难易度：★ 应用频率：★★★★★
疑难解答（P145）	● 为何输入参数与实际复制距离不符 ● 基点的位置对复制结果的影响	
阵列复制（P145）	● 快速创建阵列对象 ● 编辑完善图形	难易度：★★★ 应用频率：★★★★★

6.1.1　复制图形

🖵 视频文件　专家讲堂 \ 第 6 章 \ 复制图形 .swf

首先绘制一个八边形图形，如图 6-1（左）所示。下面通过【复制】命令来创建另一个与源图形对象结构和尺寸完全相同的对象，如图 6-1（右）所示。

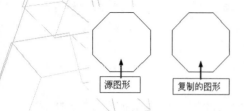

源图形　复制的图形

图 6-1

♦ 单击【修改】菜单中的【复制】命令。

♦ 在命令行输入"COPY"，后按【Enter】键。

♦ 使用快捷键"CO"。

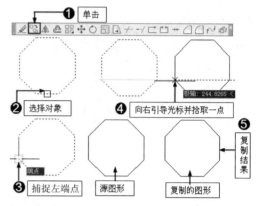

图 6-2

操作步骤

Step01▶ 单击【修改】工具栏上的"复制"按钮 ％。

Step02▶ 单击绘制的八边形对象，然后按【Enter】键确认。

Step03▶ 捕捉八边形左端点。

Step04▶ 向右移动光标到合适位置，之后单击。

Step05▶ 按【Enter】键结束操作，复制结果如图 6-2 所示。

┃技术看板┃ 如果需要复制多个图形对象，则移动光标到合适位置后连续单击，即可复制多个对象，如图 6-3 所示，按【Enter】键即可结束复制操作。

┃技术看板┃ 另外，您还可以通过以下方式激活【复制】命令。

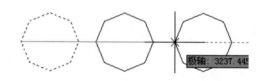

图 6-3

6.1.2 通过复制创建等距排列的多个对象

💻 视频文件 | 专家讲堂 \ 第 6 章 \ 通过复制创建等距排列的多个对象 .swf

您还可以通过复制创建多个等距排列的对象，首先创建外切圆半径为 100mm 的八边形，如图 6-4（左）所示。下面通过复制，创建间距为 100mm 的另外 3 个多边形对象，如图 6-4所示。

Step04▶ 水平向右引导光标。

Step05▶ 输入"300"，按【Enter】键，确定下一点。

Step06▶ 输入"600"，按【Enter】键，确定下一点。

Step07▶ 输入"900"，按【Enter】键，确定下一点。

Step08▶ 按【Enter】键结束操作，复制过程及结果如图 6-5 所示。

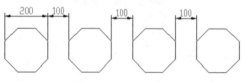

图 6-4

操作步骤

Step01▶ 单击"复制"按钮 ％。

Step02▶ 单击多边形对象，然后按【Enter】键确认。

Step03▶ 捕捉多边形左下端点作为基点。

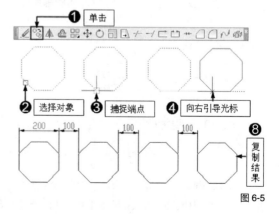

图 6-5

6.1.3　疑难解答——为何输入参数与实际复制距离不符

💻 视频文件	疑难解答 \ 第 6 章 \ 疑难解答——为何输入参数与实际复制距离不符 .swf

疑难：对象之间的距离为 100mm，为什么实际输入的距离却是 300mm、600mm、900mm 呢？

解答：这是因为输入的距离值中包含了对象本身的尺寸。计算机计算位移时会将对象本身的尺寸计算在内，当我们复制第 1 个对象时，源对象尺寸为 200mm，加上源对象与第 1 个复制对象之间的距离 100mm，其实际位

移距离就是 300mm。同理，当复制第 2 个对象时，要加上源对象尺寸、第 1 个复制对象尺寸、源对象与第 1 个复制对象之间的间距以及第 1 个复制对象与第 2 个复制对象之间的间距，以此类推。因此，每复制一个对象，其位移距离都不一样。如果我们要复制间距为 10mm 的 5 个对象时，其输入的位移距离分别是多少呢？请试着计算一下。

6.1.4　疑难解答——基点的位置对复制结果的影响

💻 视频文件	疑难解答 \ 第 6 章 \ 疑难解答——基点的位置对复制结果的影响 .swf

疑难：在复制对象时，捕捉多边形上的一点时有什么特殊要求？随便捕捉哪一点都可以吗？

解答：一般情况下捕捉对象上的任意一点

都可以，但如果是进行精确复制，最好捕捉图形的特征点，这样可以使复制的对象精确置于合适位置。

6.1.5　阵列复制

💻 视频文件	专家讲堂 \ 第 6 章 \ 阵列复制 .swf

AutoCAD 为【复制】命令新增了一个"阵列"选项。激活该选项后，可以对图形进行阵列复制，以创建间距相等的多个对象。下面通过【复制】命令中的"阵列"选项，创建图 6-6 所示的多个图形对象。

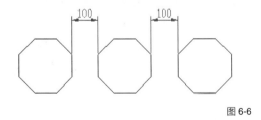

图 6-6

⚙️ **操作步骤**

Step01 ▶ 单击"复制"按钮 ⁰⁰。

Step02 ▶ 单击选择多边形对象，然后按【Enter】键确认。

Step03 ▶ 捕捉多边形任意一点。

Step04 ▶ 水平向右引导光标。

Step05 ▶ 输入"A"，按【Enter】键，激活"阵列"选项。

Step06 ▶ 输入"3"，按【Enter】键，设置阵列数目（注意：数目包含源对象）。

Step07 ▶ 输入"300"，按【Enter】键，确定阵列的距离（注意：该距离是源对象尺寸加上源对象与第 1 个复制对象之间的距离后得到的）。

Step08 ▶ 按【Enter】键结束操作，复制过程及结果如图 6-7 所示。

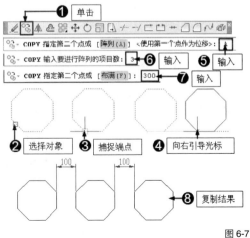

图 6-7

6.2 移动与删除

使用【移动】命令可以改变图形对象的位置,如将目标对象从一个位置移动到另一个位置,而对象的尺寸及形状均不发生变化。而应用【删除】命令则可将图形对象从视图中删除,它们是两个非常重要的操作命令。下面就来学习删除与移动图形对象的方法。

本节内容概览

知识点	功能 / 用途	难易度与应用频率
移动图形对象（P146）	● 调整图形对象的位置 ● 编辑图形	难易度：★ 应用频率：★★★★★
删除图形对象（P147）	● 删除图形对象 ● 调整图形	难易度：★ 应用频率：★★★★★

6.2.1 移动图形对象

📄 素材文件	素材文件 \ 移动示例 .dwg
🖥 视频文件	专家讲堂 \ 第 6 章 \ 移动图形对象 .swf

打开素材文件,如图 6-8（左）所示。下面将直线左端的矩形移动到直线右端,结果如图 6-8（右）所示。

图 6-8

操作步骤——移动对象

Step01 ▶ 单击"移动"按钮 ⊕。

Step02 ▶ 单击选择矩形,然后按【Enter】键确认。

Step03 ▶ 捕捉矩形左下端点。

Step04 ▶ 捕捉直线右端点。移动过程及结果如图 6-9 所示。

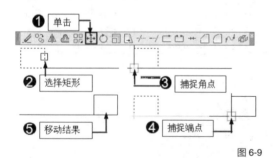

图 6-9

| **技术看板** | 除了单击【修改】工具栏上的"移动"按钮 ⊕,激活该命令外,您还可以采用以下方式激活【移动】命令。

♦ 单击菜单【修改】/【移动】命令。

♦ 在命令行输入"MOVE"后按【Enter】键。

♦ 使用快捷键"M"。

另外,移动对象时,既可以捕捉目标点进行移动,也可以输入目标点的坐标进行精确移动。例如,将素材文件中的矩形沿 Y 轴正方向移动 50 个绘图单位,这时可以输入目标点的坐标值来移动,具体操作如下。

操作步骤

Step01 ▶ 单击"移动"按钮 ⊕。

Step02 ▶ 单击矩形,按【Enter】键确认。

Step03 ▶ 捕捉矩形左下端点。

Step04 ▶ 输入"@0,50",确定目标点坐标。

Step05 ▶ 按【Enter】键,绘制过程及结果如图 6-10 所示。

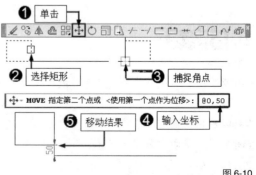

图 6-10

| **练一练** | 尝试将素材文件中的矩形沿 X 轴和 Y 轴各移动 50 个绘图单位,如图 6-11 所示。

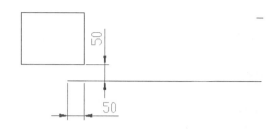

图 6-11

6.2.2 删除图形对象

📄 素材文件	素材文件 \ 删除示例 .dwg
🖥 视频文件	专家讲堂 \ 第 6 章 \ 删除图形对象 .swf

删除对象的操作比较简单,有两种方法可以删除对象。打开素材文件,如图 6-12(左)所示。下面将多边形内部的圆删除,结果如图 6-12(右)所示。

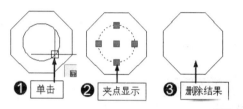

图 6-13

2. 应用【删除】命令删除对象

删除过程及结果如图 6-14 所示。

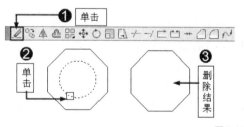

图 6-14

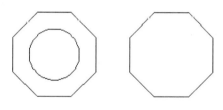

图 6-12

1. 直接删除

直接删除就是指不执行任何命令来删除图形对象。

删除过程及结果如图 6-13 所示。

6.3 旋转

使用【旋转】命令可以调整图形对象的角度。另外,可以通过【旋转】命令创建与源对象角度不同的另一个对象,如图 6-15 所示。

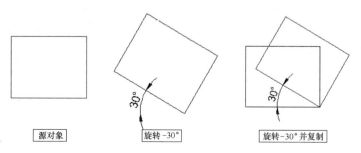

图 6-15

这一节学习旋转图形对象的方法。

本节内容概览

知识点	功能 / 用途	难易度与应用频率
旋转图形（P148）	● 调整图形的角度 ● 编辑图形	难易度：★ 应用频率：★★★★★
旋转复制（P148）	● 旋转并复制图形 ● 编辑图形	难易度：★★★★ 应用频率：★★★★★
参照旋转（P149）	● 参照其他角度旋转图形 ● 调整图形角度	难易度：★★★★ 应用频率：★★★★★
实例（P149）	● 布置室内平面椅	

6.3.1 旋转图形

💻 视频文件 | 专家讲堂 \ 第 6 章 \ 旋转图形 .swf

首先创建一个矩形，如图 6-15（左）所示。下面将该矩形旋转 -30°，结果如图 6-15（中）所示。

⚙️ **实例引导** ——旋转对象

Step01 ▸ 单击"旋转"按钮 ↻。

Step02 ▸ 单击矩形，按【Enter】键确认。

Step03 ▸ 捕捉矩形右下角点作为基点。

Step04 ▸ 输入"-30"，按【Enter】键，设置旋转角度。

Step05 ▸ 旋转过程及结果如图 6-16 所示。

┃技术看板┃ 另外，您也可以通过以下方法激活【旋转】命令。

◆ 单击菜单栏中的【修改】/【旋转】命令。

◆ 在命令行输入"ROTATE"后按【Enter】键。

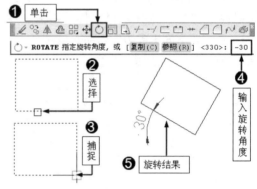

图 6-16

◆ 使用快捷键"RO"。

┃练一练┃ 尝试将图 6-15（左）所示矩形旋转 60°，看看有什么效果。

6.3.2 旋转复制

💻 视频文件 | 专家讲堂 \ 第 6 章 \ 旋转复制 .swf

下面继续通过旋转，创建另一个 30° 角的矩形，如图 6-17 所示。

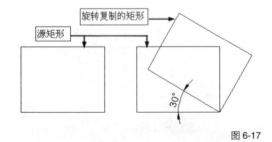

图 6-17

⚙️ **实例引导** ——旋转复制对象

Step01 ▸ 单击"旋转"按钮 ↻。

Step02 ▸ 单击矩形，按【Enter】键确认。

Step03 ▸ 捕捉矩形右下角点作为基点。

Step04 ▸ 输入"C"，按【Enter】键，激活"复制"选项。

Step05 ▸ 输入"-30"，按【Enter】键，确定旋转角度。

Step06 ▸ 旋转复制过程及结果如图 6-18 所示。

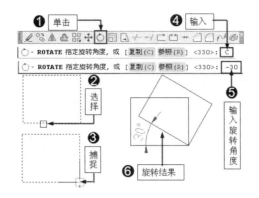

图 6-18

6.3.3　参照旋转

素材文件	素材文件 \ 参照旋转示例 .dwg
视频文件	专家讲堂 \ 第 6 章 \ 参照旋转 .swf

　　在旋转对象时，除了设置旋转角度之外，也可以参照另一个对象进行旋转，这种旋转方式与旋转角度无关。

　　首先打开素材文件，这是一个三角形和一个矩形，如图 6-19（左）所示。下面参照三角形

的右下角度对矩形进行旋转，使该矩形下水平边与三角形右侧边齐平，如图6-19（右）所示。

操作步骤

Step01▶ 单击"旋转"按钮。

Step02▶ 单击矩形，按【Enter】键确认。

Step03▶ 捕捉矩形右下角点。

Step04▶ 输入"R"，按【Enter】键，激活"参照"选项。

Step05▶ 捕捉三角形的右下角点。

Step06▶ 捕捉三角形的左下角点。

Step07▶ 捕捉三角形的左上角点。

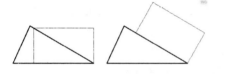

图 6-19

6.3.4　实例——布置室内平面椅

素材文件	素材文件 \ 平面椅 .dwg
效果文件	效果文件 \ 第 6 章 \ 实例——布置室内平面椅 .dwg
视频文件	专家讲堂 \ 第 6 章 \ 实例——布置室内平面椅 .swf

　　首先打开素材文件，这是一个室内平面椅图形，如图 6-20（左）所示。下面对该平面椅进行平面布置，使其效果如图 6-20（右）所示。

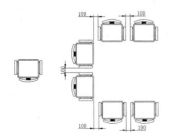

图 6-20

操作步骤

　　1.　旋转并复制平面椅

Step01▶ 单击"旋转"按钮 。

Step02▶ 窗口方式选择平面椅，然后按【Enter】键确认。

Step03▶ 捕捉平面椅上水平边的中点作为基点，如图 6-21 所示。

| 技术看板 | 所谓窗口方式选择，是指按住鼠标左键由左向右拖出浅蓝色选择框，将要选择的对象包围在选择框内。这种选择方式一次

可以选择多个对象，是选择图形的一种常用选择方法。在本次操作中，该平面椅由多个图形元素组成，如果使用其他选择方式会很麻烦，因此只能使用窗口方式，这样可以将平面椅所有图形元素全部选中。

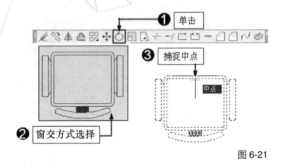

图 6-21

Step04▶ 输入 "C"，按【Enter】键，激活 "复制" 选项。

Step05▶ 输入 "-90"，按【Enter】键，确定旋转角度。绘制过程及结果如图 6-22 所示。

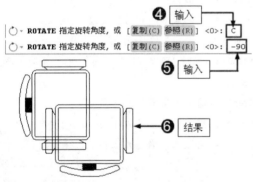

图 6-22

2. 移动平面椅位置

下面需要对旋转复制的平面椅的位置进行调整。

Step01▶ 单击 "移动" 按钮。

Step02▶ 以点选方式选择旋转复制平面椅的所有图元。

Step03▶ 按【Enter】键确认，然后捕捉平面椅下扶手圆弧的圆心作为基点，如图 6-23 所示。

Step04▶ 按住【Shift】键，同时单击鼠标右键，选择 "自" 选项。

Step05▶ 捕捉源平面椅子左扶手的中点。

Step06▶ 输入 "@0,100"，按【Enter】确认。移动过程及结果如图 6-24 所示。

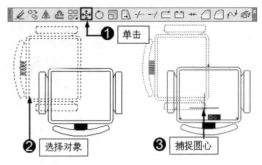

图 6-23

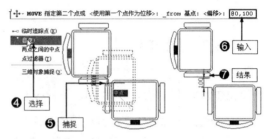

图 6-24

┃技术看板┃ 所谓点选，是指单击要选择的对象即可将对象选中。由于该平面椅由多个独立的图形对象所组成，另外，复制的平面椅与源平面椅相重叠，使用其他选择方式来选择并不合适，因此只能使用点选的方式，分别将平面椅各元素全部选中，这样才能对旋转复制的平面椅进行整体移动。

3. 复制平面椅

下面继续对移动后的平面椅再次进行复制。

Step01▶ 单击 "复制" 按钮。

Step02▶ 窗口方式选择平面椅，然后按【Enter】键确认。

Step03▶ 捕捉平面椅下扶手的右端点作为基点，如图 6-25 所示。

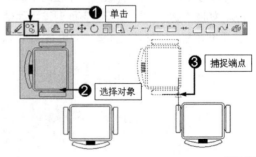

图 6-25

Step04▶ 输入 "@0,700"，按【Enter】键确认，

指定下一点坐标。

Step05 ▶ 按【Enter】键结束操作，绘制结果如
图 6-26 所示。

| 技术看板 | 大家可能不明白为什么输入的复
制距离为"@0,700"，这是因为 700 包括了平面
椅本身的宽度 600mm 以及复制的距离 100mm。
如果复制距离小于平面椅子的宽度 600mm，则
复制的平面椅子会与源平面椅图形重叠。

4. 旋转复制平面椅

Step01 ▶ 单击"旋转"按钮。

Step02 ▶ 窗口方式选择平面椅，如图 6-27 所示。

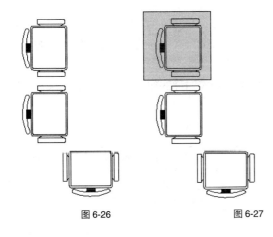

图 6-26　　　　　　　图 6-27

Step03 ▶ 按【Enter】键确认。

Step04 ▶ 捕捉平面椅右垂直边的中点作为基点。

Step05 ▶ 输入"C"，按【Enter】键，激活"复
制"选项。

Step06 ▶ 输入"-90"，按【Enter】键，确定旋
转角度。

Step07 ▶ 旋转复制结果如图 6-28 所示。

5. 调整平面椅的位置

Step01 ▶ 单击"移动"按钮。

Step02 ▶ 使用点选方式选择旋转复制的平面椅，
如图 6-29 所示。

Step03 ▶ 按【Enter】键确认。

Step04 ▶ 捕捉平面椅左扶手的端点作为基点，
如图 6-30 所示。

Step05 ▶ 按住【Shift】键，同时单击鼠标右键，
选择"自"选项。

Step06 ▶ 捕捉另一平面椅子上扶手的中点作为
参照点，如图 6-31 所示。

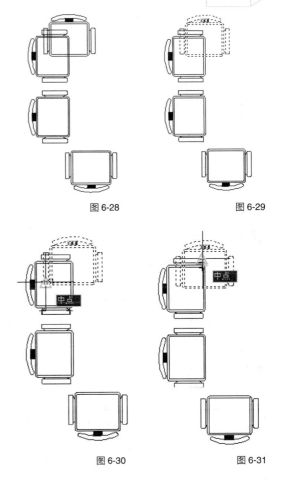

图 6-28　　　　　　　图 6-29

图 6-30　　　　　　　图 6-31

Step07 ▶ 输入"@0,100"，按【Enter】键确认，
移动结果如图 6-32 所示。

6. 复制平面椅

Step01 ▶ 单击"复制"按钮。

Step02 ▶ 窗口方式选择两个平面椅，如图 6-33
所示。

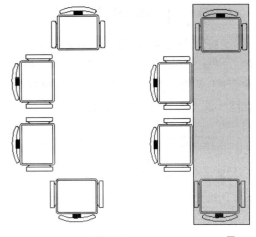

图 6-32　　　　　　　图 6-33

Step03 ▶ 按【Enter】键确认，然后捕捉下方平面椅水平线的中点，如图 6-34 所示。

Step04 ▶ 输入"@700,0"，按【Enter】键确认，确定下一点坐标。

Step05 ▶ 按【Enter】键结束操作，如图 6-35 所示。

7. 保存

至此，平面椅布置完毕，将该图形文件命名保存。

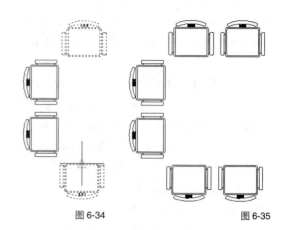

图 6-34　　　　　　　　图 6-35

6.4　镜像

　　【镜像】命令就像我们日常生活中使用的镜子，可以创建与源对象相对的另一个图形对象。对文字进行镜像时，镜像后文字的可读性取决于系统变量"MIRRTEX"的值。当变量值为 1 时，镜像文字不具有可读性；当变量值为 0 时，镜像后的文字具有可读性。

　　在 AutoCAD 建筑设计中，使用【镜像】命令可以创建结构对称的建筑图。这一节就来学习镜像图形对象的方法。

本节内容概览

知识点	功能 / 用途	难易度与应用频率
镜像图形（P152）	● 创建相对结构的图形 ● 编辑图形	难易度：★★★ 应用频率：★★★★★
疑难解答（P153）	● 镜像轴对镜像结果有何影响	
"删除"镜像（P153）	● 镜像时删除源对象 ● 编辑图形	难易度：★★ 应用频率：★★★★★
实例（P154）	● 创建结构对称的建筑平面图	

6.4.1　镜像图形

📄 素材文件	素材文件 \ 平面椅 01.dwg
🖥 视频文件	专家讲堂 \ 第 6 章 \ 镜像图形 .swf

　　打开素材文件，这是一个平面椅的图形对象，如图 6-36（左）所示。下面使用【镜像】命令对该平面椅图形进行镜像复制，使其呈现如图 6-36（右）所示的对称效果。

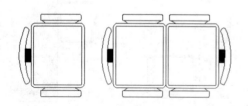

图 6-36

⚙ 实例引导——镜像对象

Step01 ▶ 单击"镜像"按钮⚎。

Step02 ▶ 窗口方式选择平面椅，然后按【Enter】键确认。

Step03 ▶ 捕捉平面椅子右垂直边的中点作为镜像轴的第 1 点。

Step04 ▶ 输入"@0,1"，按【Enter】键，确定镜像轴另一点坐标。

Step05 ▶ 按【Enter】键确认，绘制过程及结果如图 6-37 所示。

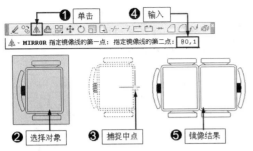

图 6-37

|技术看板| 您也可以通过以下方式激活【镜像】命令。

◆ 单击菜单栏中的【修改】/【镜像】命令。

◆ 在命令行输入"MIRROR"后按【Enter】键。

◆ 使用快捷键"MI"。

6.4.2　疑难解答——镜像轴对镜像结果有何影响

🖥 视频文件　　疑难解答\第 6 章\疑难解答——镜像轴对镜像结果有何影响 .swf

　　疑难：什么是镜像轴？镜像轴对镜像结果有何影响？

　　解答：在镜像图形对象时，镜像轴其实就是两个对象之间的中轴线。镜像轴上有两个点，即"第 1 点"和"第 2 点"，这两个点连成一条线就是镜像轴。镜像轴决定了镜像后两个对象之间的位置关系。图 6-38 所示的操作中，我们以平面椅垂直线的中点作为镜像轴的第 1 点，以"@0,1"作为镜像轴的第 2 点，这两点连成一条线就是该图形的镜像轴。其中，"@0,1"表示相对于镜像轴的第 1 点（即平面椅右垂直线的中点），在 Y 轴正方向上 1 个绘图单位就是镜像轴的第 2 点，这表示该镜像轴为一条垂直线。因此其镜像结果是，两个平面椅呈相对紧密排列效果。

　　如果要使镜像后的两个图形对象之间保持一定的距离，则需要重新定位镜像轴的两个点。例如，使镜像后的两个对象之间保持 300 个绘图单位的距离，则镜像轴就位于对象 X 方向 150 个绘图单位，具体操作如下。

6.4.3　"删除"镜像

🖥 视频文件　　专家讲堂\第 6 章\"删除"镜像 .swf

|练一练| 尝试将平面椅进行垂直镜像，使其呈现如图 6-38 所示的效果。

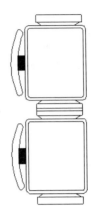

图 6-38

⚙ **实例引导** ——使镜像后的平面椅间距为 300 个绘图单位

Step01 ▶ 单击"镜像"按钮⚐。

Step02 ▶ 窗口方式选择平面椅，然后按【Enter】键确认。

Step03 ▶ 由平面椅右垂直边的中点向右引出水平矢量线。

Step04 ▶ 输入"100"，按【Enter】键，确定镜像轴的第 1 点。

Step05 ▶ 输入"@0,1"，按【Enter】键，确定另一点坐标。

Step06 ▶ 按【Enter】键确认，绘制过程及结果如图 6-39 所示。

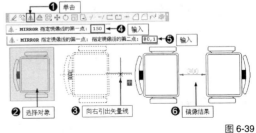

图 6-39

在镜像图形对象时，系统默认源对象不会被删除，但系统允许在镜像时删除源对象。下面学习删除源对象进行镜像的方法。

⚙️ **实例引导**——删除源对象

Step01▶ 单击"镜像"按钮⚮。

Step02▶ 窗口方式选择平面椅，然后按【Enter】键确认。

Step03▶ 捕捉平面椅右垂直边的中点作为镜像轴的第 1 点。

Step04▶ 输入"@0,1"，按【Enter】键，确认镜像轴的第 2 点。

Step05▶ 输入"Y"，激活"是"选项，表示要

删除源对象。

Step06▶ 按【Enter】键确认，结果镜像后源对象被删除，如图 6-40 所示。

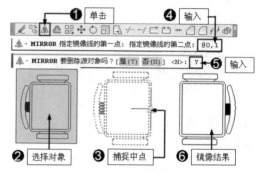

图 6-40

6.4.4 实例——创建对称结构的建筑平面图

📄 素材文件	素材文件 \ 建筑平面图 A.dwg
✒️ 效果文件	效果文件 \ 第 6 章 \ 实例——创建对称结构的建筑平面图 .dwg
💻 视频文件	专家讲堂 \ 第 6 章 \ 实例——创建对称结构的建筑平面图 .swf

打开素材文件，这是一个建筑平面图，如图 6-41 所示。可以通过对该平面图进行镜像，创建图 6-42 所示的建筑平面图。

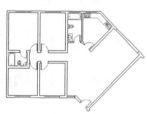

图 6-41

⚙️ **操作步骤**

Step01▶ 镜像第一组图形。

Step02▶ 镜像第二组图形。

Step03▶ 镜像第三组图形。

Step04▶ 将镜像结果命名保存。

详细的操作步骤请观看随书光盘中本节的视频文件"实例——创建对称结构的建筑平面图 .swf"。

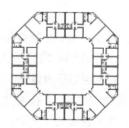

图 6-42

6.5 阵列

"阵列"是指将图形呈矩形或环形方式整齐排列复制，包括"矩形阵列""极轴阵列"以及"路径阵列" 3 种。在 AutoCAD 中，阵列是快速创建多个图形对象最有效的手段。这一节就来学习阵列图形的方法。

本节内容概览

知识点	功能 / 用途	难易度与应用频率
矩形阵列（P155）	● 创建矩形阵列对象 ● 编辑图形	难易度：★★★★★ 应用频率：★★★★★
疑难解答（P156）	● 如何设置"矩形阵列"中的参数	

续表

知识点	功能 / 用途	难易度与应用频率
极轴阵列（P156）	● 创建环形阵列对象 ● 编辑图形	难易度：★★★★★ 应用频率：★★★★★
疑难解答（P157）	● "填充角度"对阵列效果有何影响 ● 为什么阵列对象会重叠？如何避免这种情况的发生	
沿路径定数等分创建阵列对象（P158）	● 创建沿路径排列的阵列对象 ● 编辑图形	难易度：★★★ 应用频率：★★★
疑难解答（P159）	● 如何避免路径阵列中出现的随意效果	
沿路径定距等分创建阵列对象（P159）	● 创建沿路径等距排列的阵列对象 ● 编辑图形	难易度：★★★ 应用频率：★★★
实例（P160）	● 快速布置拱形桥栏杆	

6.5.1　矩形阵列

💻 视频文件	专家讲堂 \ 第 6 章 \ 矩形阵列 .swf

应用【矩形阵列】可以将图形按照指定的行数和列数，成矩形的排列方式进行大规模复制，以创建均布结构的图形。系统默认【矩形阵列】创建的图形都具有关联性，您可以使用【分解】命令对其进行分解，以取消这种关联特性。这一节学习矩形阵列图形对象的方法。

首先，使用【矩形】命令绘制一个矩形，如图 6-43（左）所示。下面使用【矩形阵列】命令对其进行阵列复制，以创建间距为 100mm、行数和列数均为 5 的图形效果，如图 6-43（右）所示。

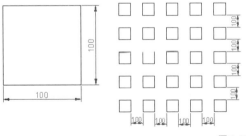

图 6-43

⚙ **操作步骤**

Step01 ▶ 单击"矩形阵列"按钮 🔳。

Step02 ▶ 单击选择创建的矩形，然后按【Enter】键确认。

Step03 ▶ 输入"COU"，按【Enter】键，激活"计数"选项。

Step04 ▶ 输入"5"，按【Enter】键，设置列数。

Step05 ▶ 输入"5"，按【Enter】键，设置行数，如图 6-44 所示。

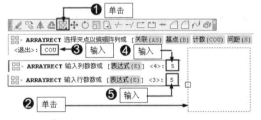

图 6-44

Step06 ▶ 继续输入"S"，按【Enter】键，激活"间距"选项。

Step07 ▶ 输入"200"，按【Enter】键，设置列距。

Step08 ▶ 输入"200"，按【Enter】键，设置行距，如图 6-45 所示。

图 6-45

Step09 ▶ 按【Enter】键结束操作，阵列结果如图 6-46 所示。

图 6-46

6.5.2　疑难解答——如何设置"矩形阵列"中的参数

🖥 视频文件	疑难解答\第6章\疑难解答——如何设置"矩形阵列"中的参数 .swf

疑难：图形之间的间距值为100mm，为什么在创建的过程中输入的间距值为200mm呢？

解答：这与复制图形时相同，系统在计算间距值时会将图形的尺寸计算在内。图形尺寸为100mm，图形之间的间距值为100mm，因此，在创建时输入的间距值就是图形尺寸（100mm）与间距值（100mm）的和，也就是200mm。

6.5.3　极轴阵列

📄 素材文件	素材文件\极轴阵列示例 .dwg
🖥 视频文件	专家讲堂\第6章\极轴阵列 .swf

所谓"极轴阵列"，是指沿中心点对图形进行环形复制，以快速创建聚心结构图形。因此，"极轴阵列"也叫"环形阵列"。这一节继续学习极轴阵列图形的方法。

首先打开素材文件，这是一个圆桌和一把椅子的平面图，如图6-47（左）所示。下面将椅子沿圆桌环形排列10个，结果如图6-47（右）所示。

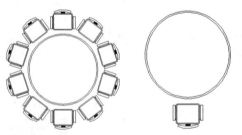

图 6-47

⚙ **操作步骤**

Step01 ▶ 将光标移动到"矩形阵列"按钮🔳上不松手。

Step02 ▶ 在弹出的下拉列表中选择"环形阵列"按钮🔳。

Step03 ▶ 窗口方式选择平面椅图形，按【Enter】键确认。

Step04 ▶ 捕捉圆桌圆心作为基点，如图6-48所示。

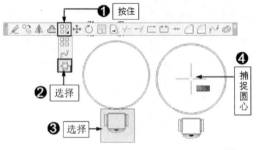

图 6-48

| **技术看板** | 由于平面椅并非图块文件，而是由多个图元组合而成的，因此，在选择平面椅时一定要使用窗口方式，这样才能保证将平面椅的所有图元全部选中。

Step05 ▶ 输入"I"，按【Enter】键，激活"项目"选项。

Step06 ▶ 输入"10",按【Enter】键,确定项目数。

Step07 ▶ 按【Enter】键结束操作,绘制过程及结果如图 6-49 所示。

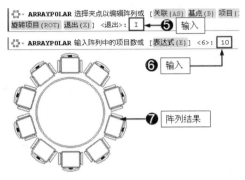

图 6-49

| 技术看板 | 您也可以通过以下方式激活【极轴阵列】命令。

♦ 单击菜单【修改】/【阵列】/【环形阵列】

命令。

♦ 在命令行输入"ARRAYPOLA"后按【Enter】键。

♦ 使用快捷键"AR"。

| 技术看板 | 极轴阵列时,可以根据需要来设置极轴阵列的数目,项目数决定了阵列的对象数目。如图 6-50 所示,分别是项目数为 3、4、5 和 6 时的阵列效果。

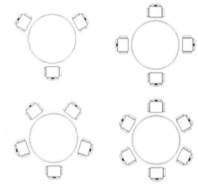

图 6-50

6.5.4 疑难解答——"填充角度"对阵列效果有何影响

💻 视频文件 | 疑难解答\第 6 章\疑难解答——"填充角度"对阵列效果有何影响 .swf

疑难: 在极轴阵列中,什么是"填充角度"?"填充角度"对极轴阵列有什么影响?

解答: 极轴阵列中,"填充角度"是指阵列对象的阵列范围。"填充角度"对阵列效果影响很大,在项目数相同的情况下,设置不同的"填充角度",其阵列效果不同。例如,阵列数目为 10,在系统默认下"填充角度"为 360°。这表示 10 个阵列对象将在 360° 范围内进行阵列。其阵列效果如图 6-51 所示。如果设置"填充角度"为 180°,则表示 10 个阵列对象要在 180° 范围内进行阵列,其阵列效

果如图 6-51 所示。

图 6-51

6.5.5 疑难解答——为什么阵列对象会重叠? 如何避免这种情况的发生

💻 视频文件 | 疑难解答\第 6 章\疑难解答——为什么阵列对象会重叠? 如何避免这种情况的发生 .swf

疑难: 在极轴阵列时,为什么有时阵列对象会重叠? 如何才能避免这种情况的发生?

解答: 极轴阵列中,阵列对象是否重叠取决于两个因素:一个因素是"填充角度",另一个因素是"项目数"。在保持"填充角度"不变的情况下,项目数决定了阵列效果。例

如,"填充角度"为 360°,"项目数"分别为 6、12 和 15 时,其阵列效果如图 6-52 所示。

这就好比分别让 6 个、12 个和 15 个身体宽度均为 30cm 的人站在长度为 100cm 的线上,人数越多就会越拥挤,反之就会越宽松。

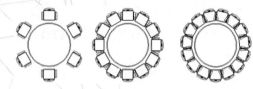

图 6-52

相反，在"项目数"保持不变的情况下，"填充角度"决定了阵列效果。例如，"项目数"为 6，而填充角度为 360°、180° 和 90° 时，其阵列效果如图 6-53 所示。

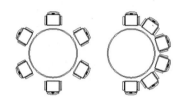

图 6-53

6.5.6 沿路径定数等分创建阵列对象

| 📺 视频文件 | 专家讲堂 \ 第 6 章 \ 沿路径定数等分创建阵列对象 .swf |

"定数等分"是指按照一定的对象数对路径进行等分。这与前面我们所学过的使用点定数等分是一样的。

首先绘制一条样条曲线和一个矩形，如图 6-54（上）所示。下面将该矩形沿样条曲线均匀排列 15 个，结果如图 6-54（下）所示。

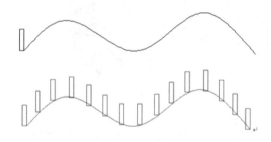

图 6-54

⚙️ 操作步骤

Step01 ▶ 单击【修改】工具栏上的"路径阵列"按钮 。

Step02 ▶ 单击绘制的矩形，按【Enter】键确认。

Step03 ▶ 单击样条曲线路径。

Step04 ▶ 输入 "M"，按【Enter】键，激活"方

这就好比让 6 个身体宽度为 30cm 的人分别站在长度为 300cm、100cm 和 30cm 长的线上，线越长越宽松，反之越拥挤。

要避免图形阵列后重叠情况的发生，需要事先计算好图形的阵列数目以及图形本身的宽度与极轴阵列周长，这样就会避免极轴阵列后图形重叠现象的发生。

| 技术看板 | 有时阵列后的对象呈关联状态。所谓"关联"，是指多个图形对象为一个整体。在创建极轴阵列时，控制阵列后的图形是否呈关联状态，可以输入 "AS" 激活"关联"选项，然后根据需要进行设置。关联后的对象可以使用【分解】命令将其分解为单个对象进行编辑。该操作比较简单，自己可尝试操作，在此不再详细讲解。

法"选项。

Step05 ▶ 输入 "D"，按【Enter】键，激活"定数等分"选项。

Step06 ▶ 输入 "I"，按【Enter】键，激活"项目"选项。

Step07 ▶ 输入 "15"，按【Enter】键，确定项目数。

Step08 ▶ 按【Enter】键，阵列过程及结果如图 6-55 所示。

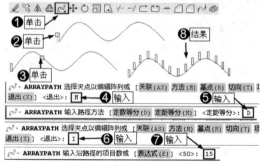

图 6-55

| 技术看板 | 您也可以通过以下方式激活【路径阵列】命令。

◆ 单击菜单栏中的【修改】/【阵列】/【路径

阵列】命令。

◆ 在命令行输入"ARRAYPATH"后按【Enter】键。

◆ 使用快捷键"AR"。

另外，系统默认"路径阵列"按钮 隐藏在

"矩形阵列"按钮 下，可以按住"矩形阵列"按钮 ，在弹出的下拉按钮中找到"路径阵列"按钮 。

6.5.7　疑难解答——如何避免路径阵列中出现的随意效果

💻 视频文件　疑难解答\第 6 章\疑难解答——如何避免路径阵列中出现的随意效果 .swf

疑难："路径阵列"时，有时会出现如图 6-56 所示的阵列对象随意排列的效果，如何才能避免出现这种效果？

图 6-56

解答：在"路径阵列"时，可以根据需要设置是否对齐项目，这样可以避免图 6-56 所示的阵列效果。具体操作如下。

Step01▶ 输入"A"，按【Enter】键，激活"对齐项目"选项。

Step02▶ 输入"Y"，按【Enter】键，激活"是"选项。

Step03▶ 此时，阵列的图形自动对齐到路径，看似阵列对象随意排列。

Step04▶ 输入"N"，按【Enter】键，激活"不"选项。

Step05▶ 此时，阵列的图形不对齐到路径，如图 6-57 所示。

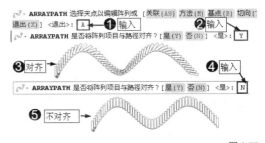

图 6-57

6.5.8　沿路径定距等分创建阵列对象

💻 视频文件　专家讲堂\第 6 章\沿路径定距等分创建阵列对象 .swf

所谓"定距等分"，是指按照一定的距离对路径进行等分，以创建阵列对象。这与我们前面所学过的点的定距等分是一样的。

首先绘制图 6-58（上）所示的长度为 300 个绘图单位的直线和 10×20 的矩形，然后将该矩形沿直线以 10 个绘图单位的距离进行排列 15 个，结果如图 6-58（下）所示。具体操作如下。

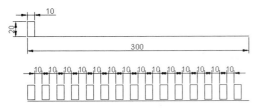

图 6-58

⚙️ **操作步骤**

Step01▶ 单击【修改】工具栏上的 （路径阵列）按钮。

Step02▶ 单击矩形，按【Enter】键确认。

Step03▶ 单击直线路径。

Step04▶ 输入"M"，按【Enter】键，激活"方法"选项。

Step05▶ 输入"M"，按【Enter】键，激活"定距等分"选项，

Step06▶ 输入"I"，按【Enter】键，激活"项目"选项。

Step07▶ 输入"20"，按【Enter】键，确定项目间的距离。

Step08▶ 输入"15"，按【Enter】键，确定项目数。

Step09▶ 按【Enter】键，阵列过程及结果如

图 6-59 所示。

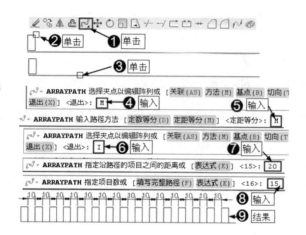

图 6-59

6.5.9 实例——快速布置拱形桥栏杆

素材文件	素材文件 \ 拱形桥 .dwg
效果文件	效果文件 \ 第 6 章 \ 实例——快速布置拱形桥栏杆 .dwg
视频文件	专家讲堂 \ 第 6 章 \ 实例——快速布置拱形桥栏杆 .swf

打开素材文件，这是一个未完成的拱形桥立面图，如图 6-60（上）所示。下面使用【路径阵列】命令快速创建拱形桥栏杆，结果如图 6-60（下）所示。

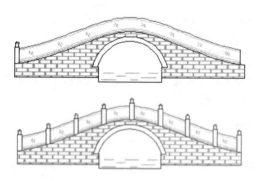

图 6-60

操作步骤

1. 阵列复制栏杆

Step01 ▶ 单击【修改】工具栏上的"路径阵列"按钮 .

Step02 ▶ 窗口方式选择栏杆，按【Enter】键确认。

Step03 ▶ 单击选择曲线。

Step04 ▶ 输入"M"，按【Enter】键，激活"方法"选项。

Step05 ▶ 输入"D"，按【Enter】键，激活"定数等分"选项。

Step06 ▶ 输入"I"，按【Enter】键，激活"项目"选项。

Step07 ▶ 输入"9"，按【Enter】键，输入项目数。

Step08 ▶ 输入"A"，按【Enter】键，激活"对齐项目"选项。

Step09 ▶ 输入"N"，按【Enter】键，激活"不"选项。

Step10 ▶ 按【Enter】键，阵列过程及结果如图 6-61所示。

2. 延伸栏杆图线

Step01 ▶ 单击【修改】工具栏上的"延伸"按钮 .

Step02 ▶ 单击栏杆下方的曲线作为延伸边，按【Enter】键确认。

Step03 ▶ 单击栏杆线进行延伸。

Step04 ▶ 按【Enter】键，延伸过程及结果如图 6-62所示。

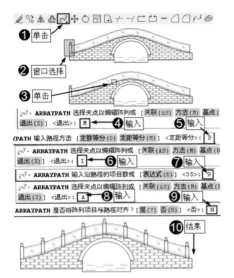

图 6-61

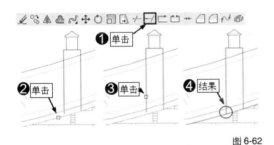

图 6-62

使用相同的方法继续对其他栏杆线进行延伸。

3. 修剪栏杆线

Step01 ▸ 单击【修改】工具栏上的"修剪"按钮 ✂。

Step02 ▸ 单击栏杆下方的曲线作为修剪边界，按【Enter】键确认。

Step03 ▸ 单击栏杆线进行修剪。

Step04 ▸ 按【Enter】键，如图 6-63 所示。

Step05 ▸ 使用相同的方法继续对栏杆下方图线进行修剪。

4. 修剪栏杆上方图线

Step01 ▸ 单击【修改】工具栏上的"修剪"按钮 ✂。

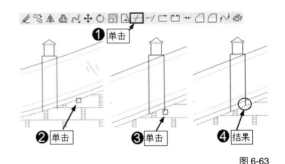

图 6-63

Step02 ▸ 单击栏杆图线作为修剪边界，按【Enter】键确认。

Step03 ▸ 窗交方式选择栏杆图线之间的扶手线进行修剪。

Step04 ▸ 按【Enter】键，如图 6-64 所示。

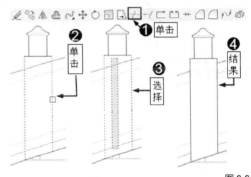

图 6-64

Step05 ▸ 继续使用相同的方法，以栏杆线为修剪边界，对扶手线进行修剪，如图 6-65 所示。

图 6-65

5. 保存

将创建结果进行保存。

6.6　缩放

在 AutoCAD 中，缩放图形有两种方式：一种是等比例缩放；一种是参照缩放。另外，还可以缩放复制对象。这一节就来学习缩放图形的方法。

本节内容概览

知识点	功能 / 用途	难易度与应用频率
比例缩放（P162）	● 按照比例缩放图形 ● 编辑图形	难易度：★★★ 应用频率：★★★★★
参照缩放（P162）	● 参照其他图形缩放对象 ● 编辑图形	难易度：★★★★★ 应用频率：★★★
缩放复制（P163）	● 通过缩放来复制图形 ● 编辑图形	难易度：★★★★★ 应用频率：★★★★★
疑难解答（P163）	● 能否通过参照缩放来复制图形	

6.6.1　比例缩放

🖥 视频文件	专家讲堂 \ 第 6 章 \ 比例缩放 .swf

所谓"比例缩放"，是指将图形对象按照比例放大或缩小。首先绘制一个 50mm×50mm 的矩形，如图 6-66（左）所示。下面使用"比例缩放"方式将该矩形放大两倍，结果如图 6-66（右）所示。具体操作如下。

⚙ **操作步骤**

Step01 ▶ 单击【修改】工具栏上的"缩放"按钮。

Step02 ▶ 单击选择绘制的矩形，按【Enter】键确认。

Step03 ▶ 捕捉矩形右下端点作为基点。

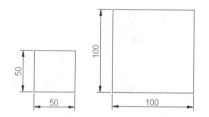

图 6-66

Step04 ▶ 输入比例因子"2"，按 2 次【Enter】键确认，结束操作。

6.6.2　参照缩放

📄 素材文件	素材文件 \ 参照缩放示例 .dwg
🖥 视频文件	专家讲堂 \ 第 6 章 \ 参照缩放 .swf

所谓"参照缩放"，是指参照其他对象对源图形进行缩放，参照缩放与比例因子无关。打开素材文件，这是一个边长为 60mm 的等边三角形和边长为 50mm 的正方形图形，如图 6-67 所示。下面参照三角形的边长，对正方形进行缩放，使正方形边长与三角形边长相等。

⚙ **操作步骤**

1. 激活"参照"选项

Step01 ▶ 单击【修改】工具栏上的"缩放"按钮🔲。

Step02 ▶ 单击矩形，按【Enter】键确认。

Step03 ▶ 捕捉矩形右下端点作为基点。

Step04 ▶ 输入"R"，按【Enter】键，激活"参照"选项。

Step05 ▶ 再次捕捉矩形的右下端点作为基点。

Step06 ▶ 捕捉矩形的另一个端点，如图 6-68 所示。

2. 设置参照对象

Step01 ▶ 输入"P"，按【Enter】键，激活"点"选项。

图 6-67

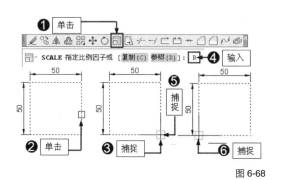

图 6-68

Step02 ▶ 捕捉三角形右端点。

Step03 ▶ 捕捉三角形左端点。

Step04 ▶ 绘制过程及结果如图 6-69 所示。

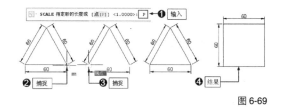

图 6-69

6.6.3 缩放复制

🖵 视频文件	专家讲堂\第 6 章\缩放复制 .swf

【缩放】命令不仅仅可以缩放对象，还可以复制出一个与源对象尺寸不同，但结构完全相同的图形。首先创建一个 100mm×100mm 的矩形，然后通过缩放复制创建 150mm×150mm 的矩形，如图 6-70 所示。具体操作如下。

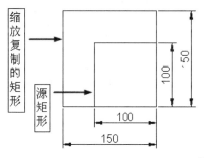

图 6-70

Step06 ▶ 按【Enter】键，缩放复制过程及结果如图 6-71 所示。

| **练一练** | 相信您已经掌握了缩放复制图形的相关技能。下面自己尝试将 100mm×100mm 的矩形通过缩放复制创建出一个 50mm×50mm 的矩形，如图 6-72 所示。

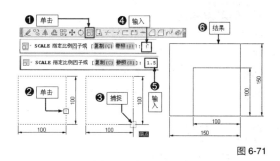

图 6-71

操作步骤

Step01 ▶ 单击【修改】工具栏上的"缩放"按钮 🔲 。

Step02 ▶ 单击矩形，按【Enter】键确认。

Step03 ▶ 捕捉矩形右下端点作为基点。

Step04 ▶ 输入"C"，按【Enter】键，激活"复制"选项。

Step05 ▶ 输入"1.5"，按【Enter】键，设置缩放比例。

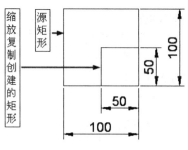

图 6-72

6.6.4 疑难解答——能否通过参照缩放来复制图形

🖵 视频文件	疑难解答\第 6 章\疑难解答——能否通过参照缩放来复制图形 .swf

疑难：能否通过参照缩放来复制一个图形？

解答：参照缩放时也可以复制一个图形，这就相当于参照缩放和缩放复制的集合，我们只要将这两种缩放方式结合起来执行就可以了。例如，我们要以图 6-73（左）所示的三角形为参照对象，对图 6-73（右）所示的矩形进行参照缩放并复制，使复制的矩形长宽尺寸与三角形边长相等，结果如图 6-74（右）所示。其操作方法如下。

 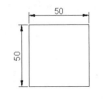

图 6-73

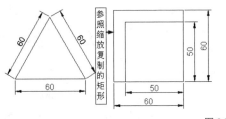

图 6-74

⚙ 操作步骤

Step01 ▶ 单击【修改】工具栏上的"缩放"按钮 🔲。

Step02 ▶ 单击矩形，按【Enter】键确认。

Step03 ▶ 捕捉矩形右下端点作为基点。

Step04 ▶ 输入"C"，按【Enter】键，激活"复制"选项。

Step05 ▶ 输入"R"，按【Enter】键，激活"参照"选项。

Step06 ▶ 捕捉矩形的右下端点。

Step07 ▶ 捕捉矩形的左下端点。

Step08 ▶ 输入"P"，按【Enter】键，激活"点"选项。

Step09 ▶ 捕捉三角形右端点。

Step10 ▶ 捕捉三角形左端点。

Step11 ▶ 操作过程及结果如图 6-75 所示。

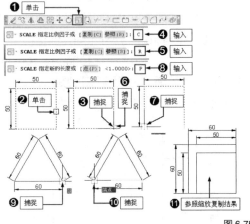

图 6-75

6.7 拉伸

【拉伸】命令用于对图形进行不等比拉伸，以改变图形的尺寸或形状。例如，将 50mm×50mm 的正方形拉伸为 100mm×50mm 的长方形。这一节就来学习拉伸图形的方法。

本节内容概览

知识点	功能 / 用途	难易度与应用频率
拉伸图形（P164）	● 将图形拉伸以改变尺寸与形状 ● 编辑图形	难易度：★★★ 应用频率：★★★★★
疑难解答（P165）	●拉伸对象时能否使用"点选"方式选择图形	
实例（P165）	● 创建双人沙发	

6.7.1 拉伸图形

🖥 视频文件　专家讲堂\第6章\拉伸图形.swf

通常用于拉伸的图形主要有直线、矩形、多边形、圆弧、椭圆弧、多段线、样条曲线等。首先绘制 50mm×50mm 的正方形，然后将其拉伸为 100mm×50mm 的长方形，具体操作如下。

操作步骤

Step01 ▸ 单击【修改】工具栏上的"拉伸"按钮 □。

Step02 ▸ 采用窗交方式选择矩形。

Step03 ▸ 捕捉矩形的右下端点作为基点。

Step04 ▸ 输入"@50,0",按【Enter】键,确定另一端点坐标,拉伸结果如图 6-76 所示。

伸】命令。

♦ 单击菜单栏中的【修改】/【拉伸】命令。

♦ 在命令行输入"STRETCH"后按【Enter】键。

♦ 使用快捷键"S"。

| **练一练** | 下面自己尝试将图 6-77（左）所示的 50mm×50mm 的正方形通过拉伸,创建为图 6-77（右）所示的 50mm×100mm 的长方形。

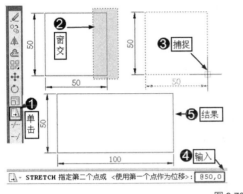

图 6-76

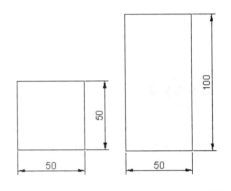

图 6-77

| **技术看板** | 您还可以通过以下方法激活【拉

6.7.2 疑难解答——拉伸对象时能否使用"点选"方式选择对象

| 🖵 视频文件 | 疑难解答 \ 第 6 章 \ 疑难解答——拉伸对象时能否使用"点选"方式选择对象 .swf |

疑难: 拉伸对象时,能否使用"点选"方式选择对象? 如果使用"点选"方式选择,其结果会怎样?

解答: 拉伸对象时,系统只允许使用窗交方式选择对象。如果使用"点选"方式选择对象,则相当于移动对象。例如,在 6.7.1 小节的操作中,如果以"点选"方式选择正方形,然后输入另一端点坐标为"@50, 0",则相当于将矩形沿 X 轴移动了 50 个绘图单位,而并没有将其拉伸,结果如图 6-78 所示。

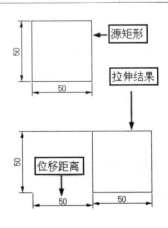

图 6-78

6.7.3 实例——创建双人沙发

📄 素材文件	素材文件 \ 单人沙发 .dwg
🖊 效果文件	效果文件 \ 第 6 章 \ 实例——创建双人沙发 .dwg
🖵 视频文件	专家讲堂 \ 第 6 章 \ 实例——创建双人沙发 .swf

打开素材文件,这是一个单人沙发平面图,如图 6-79（上）所示。下面通过拉伸,将其创建为一个双人沙发,结果如图 6-79（下）所示。

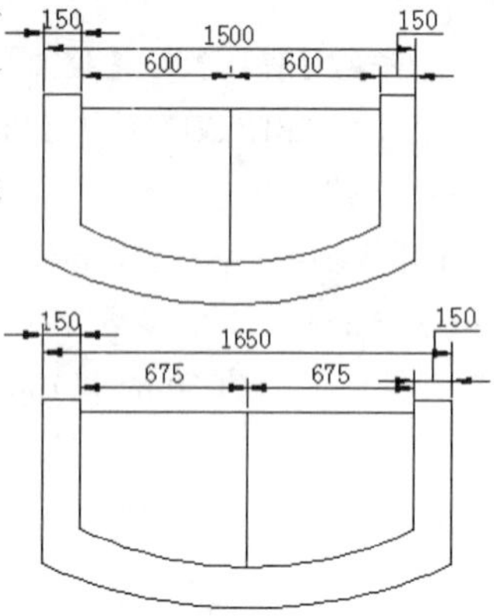

图 6-79

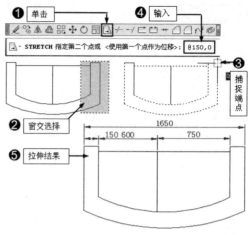

图 6-80

操作步骤

1. 拉伸沙发

首先对沙发进行拉伸，使其宽度符合双人沙发的尺寸要求。

Step01 ▶ 单击【修改】工具栏上的"拉伸"按钮。

Step02 ▶ 采用窗交方式选择沙发。

Step03 ▶ 捕捉单人沙发平面图右上端点。

Step04 ▶ 输入"@150,0"，按【Enter】键，确定另一端点坐标。

Step05 ▶ 拉伸过程及结果如图 6-80 所示。

2. 调整图线

拉伸完成后，我们发现双人沙发的中心线位置不对，下面对中心线位置进行调整。

Step01 ▶ 单击【修改】工具栏上的"移动"按钮。

Step02 ▶ 单击中心线。

Step03 ▶ 捕捉端点。

Step04 ▶ 捕捉中点。

Step05 ▶ 调整过程及结果如图 6-81 所示。

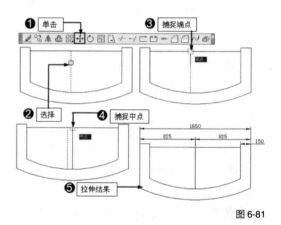

图 6-81

3. 保存

将文件进行保存。

6.8 倒角与圆角

所谓"倒角"，就是使用一条线段连接两条非平行的图线，如图 6-82(左)所示；所谓"圆角"，则是使用圆弧光滑连接两条非平行图线，如图 6-82（右）所示。

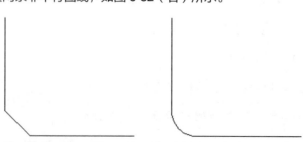

图 6-82

这一节就来学习创建图形倒角和圆角的方法。

本节内容概览

知识点	功能 / 用途	难易度与应用频率
倒角（P167）	● 创建图形倒角效果 ● 编辑图形	难易度：★★★ 应用频率：★★★★★
圆角（P169）	● 创建图形圆角效果 ● 编辑图形	难易度：★★ 应用频率：★★★

6.8.1　倒角

💻 视频文件 ┃ 专家讲堂 \ 第 6 章 \ 倒角 .swf

在创建倒角时，有两种方法：一种方法是"距离"倒角，另一种方法是"角度"倒角。另外，可以根据需要设置倒角距离。

1. "距离"倒角

"距离"倒角就是通过输入倒角距离进行倒角。首先绘制两条非平行图线，如图 6-83（左）所示。下面对其进行 150 个绘图单位的距离倒角，如图 6-83（右）所示。

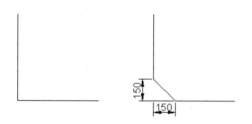

图 6-83

⚙ **操作步骤**

Step01 ▶ 单击【修改】工具栏上的"倒角"按钮 ⌐。

Step02 ▶ 输入"D"，按【Enter】键，激活"距离"选项。

Step03 ▶ 输入"150"，按【Enter】键，指定第 1 个倒角距离。

Step04 ▶ 输入"150"，按【Enter】键，指定第 2 个倒角距离。

Step05 ▶ 单击水平图线。

Step06 ▶ 单击垂直图线。

Step07 ▶ 按【Enter】键，绘制过程及结果如图 6-84 所示。

┃ **技术看板** ┃您还可以通过以下方法激活【倒

角】命令。

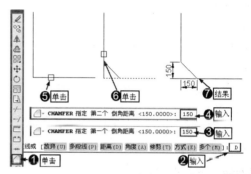

图 6-84

◆ 单击菜单栏中的【修改】/【倒角】命令。
◆ 在命令行输入"CHAMFER"后按【Enter】键。
◆ 使用快捷键"CHA"。

┃ **技术看板** ┃"距离"倒角是根据图形的倒角距离对图形进行倒角的，因此，第 1 个倒角距离与第 2 个倒角距离可以相同也可以不同，要根据图形设计要求来设置倒角距离。如图 6-85 所示，第 1 个倒角距离与第 2 个倒角距离就不相同。另外，对于两条非平行但没有实际相交的图线也可以进行距离倒角，如图 6-85 所示。

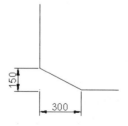

图 6-85

2. "角度"倒角

与"距离"倒角不同，"角度"倒角是根

据倒角角度和长度对图线进行倒角。下面对图 6-86（左）的图线进行长度为 150mm、角度为 60° 的倒角。

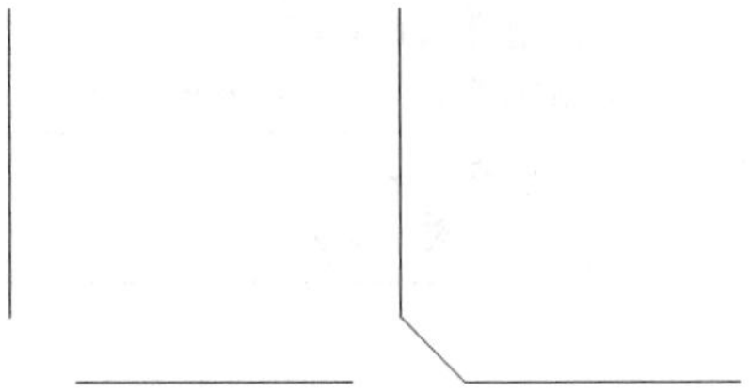

图 6-86

操作步骤

Step01 ▶ 单击【修改】工具栏中的"倒角"按钮 。

Step02 ▶ 输入"A"，按【Enter】键，激活"角度"选项。

Step03 ▶ 输入"150"，按【Enter】键，指定倒角长度。

Step04 ▶ 输入"60"，按【Enter】键，指定倒角角度。

Step05 ▶ 单击水平图线。

Step06 ▶ 单击垂直图线。

Step07 ▶ 按【Enter】键，绘制过程及结果如图 6-87 所示。

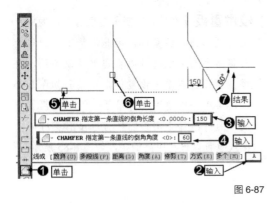

图 6-87

3. "多段线"倒角

多段线您应该不陌生了吧？"多段线"倒角是指对多段线的所有相邻元素边同时进行倒角，这样可以避免多次重复执行【倒角】命令。需要注意的是，如果多段线各相邻元素边采用不同的倒角角度、长度等参数，则不能使用"多段线"倒角方式来对其进行倒角处理。

在对多段线进行倒角处理时，同样可以选择"距离"倒角方式或者"角度"倒角方式。使用"距离"倒角方式时，倒角距离值可以相同也可以不同。

首先创建一个多段线图形，例如 500mm × 300mm 的矩形，下面对该矩形用"角度"倒角方式进行长度为 50mm、角度为 30° 的倒角处理，如图 6-88 所示。

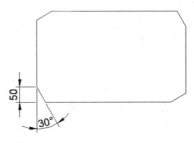

图 6-88

操作步骤

Step01 ▶ 单击【修改】工具栏中的"倒角"按钮 。

Step02 ▶ 输入"P"，按【Enter】键，激活"多段线"选项。

Step03 ▶ 输入"A"，按【Enter】键，激活"角度"选项。

Step04 ▶ 输入"50"，按【Enter】键，指定倒角长度。

Step05 ▶ 输入"30"，按【Enter】键，指定倒角角度。

Step06 ▶ 单击水平图线。

Step07 ▶ 单击垂直图线，按【Enter】键，绘制过程及结果如图 6-89 所示。

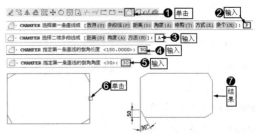

图 6-89

| 技术看板 | 倒角时有两种倒角模式：一种是修剪模式下的倒角，另一种是不修剪模式下

的倒角。系统默认采用修剪模式，如果要以不修剪模式进行倒角，则在激活【倒角】命令后输入"T"激活"修剪"选项，然后输入"Y"选择修剪模式，倒角结果如图 6-90（左）所示；输入"N"选择不修剪模式，倒角结果如图 6-90（右）所示。

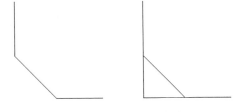

图 6-90

6.8.2　圆角

💻 视频文件　专家讲堂\第 6 章\圆角 .swf

与【倒角】命令不同，【圆角】命令是使用圆弧光滑连接两条图线，可以根据设计需要设置圆角半径。另外，圆角时可以选择"修剪"模式，如图 6-91（左）所示，也可以选择"不修剪"模式，如图 6-91（右）所示。

图 6-91

1. 非平行线圆角

您可以对非平行的两条图线进行圆角处理。下面我们先来绘制两条成 90° 角的图线，然后对其进行半径为 100 个绘图单位的圆角处理。

⚙️ **实例引导**——非平行线圆角

Step01▶ 单击【修改】工具栏上的"圆角"按钮◢。

Step02▶ 输入"R"，按【Enter】键，激活"半径"选项。

Step03▶ 输入"100"，按【Enter】键，指定圆角半径。

Step04▶ 单击水平图线。

Step05▶ 单击垂直图线。绘制过程及结果如图 6-92 所示。

2. 平行线圆角

您也可以对两条平行线进行圆角处理。在对平行线进行圆角处理时，与当前的圆角半径和模式无关，圆角的结果就是使用一条半圆弧

光滑连接两平行线，半圆弧的直径是平行线之间的间距。

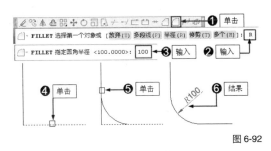

图 6-92

首先绘制两条平行线，如图 6-93（左）所示，然后对其进行圆角处理，结果如图 6-93（右）所示。

图 6-93

⚙️ **实例引导**——平行线圆角

Step01▶ 单击【修改】工具栏上的"圆角"按钮◢。

Step02▶ 在上水平线左端单击。

Step03▶ 在下水平线左端单击。绘制过程及结果如图 6-94 所示。

图 6-94

| 技术看板 | 在进行圆角处理时有两种倒角模式：一种是"修剪"模式下的圆角，另一种是"不修剪"模式下的圆角。系统默认采用的

是"修剪"模式，如果要以"不修剪"模式进行圆角处理，则在激活"倒角"命令后输入"T"激活"修剪"选项，然后输入"N"选择不修剪模式，结果如图 6-95（右）所示。

另外，与"多段线"倒角相同，"多段线"圆角是指对多段线的所有相邻元素边同时进行相同半径的圆角操作，这样可以避免多次重复执行"圆角"命令。需要注意的是，如果多段线各相邻元素边采用不同的圆角半径参数，则不能使用"多段线"选项来对其进行圆角处理。

6.9 综合实例——绘制多功能厅室内布置图

综合运用本章所学的知识，绘制图 6-95 所示的某多功能厅室内布置图。在绘制该图时，首先绘制墙线，然后绘制布置图。

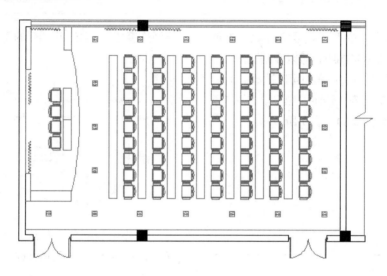

图 6-95

6.9.1 绘制多功能厅墙体图

📄 样板文件	样板文件 \ 建筑样板 .dwt
✒ 效果文件	效果文件 \ 第 6 章 \ 绘制多功能厅墙体图 .dwg
🖥 视频文件	专家讲堂 \ 第 6 章 \ 绘制多功能厅墙体图 .swf

这一节绘制多功能厅墙体图。在绘制墙体图时，要首先绘制出墙体轴线网，然后在轴线网的基础上绘制墙线、窗线并插入门图例，最后完成墙体图的绘制。

⚙ **操作步骤**

1. 绘制定位轴线

Step01▶ 执行【新建】命令，以随书光盘中"样板文件"目录下的"建筑样板 .dwt"作为基础样板，新建空白文件。

Step02▶ 展开【图层】工具栏上的"图层控制"下拉列表，将"轴线层"设置为当前图层。

Step03▶ 使用快捷键"REC"激活【矩形】命令，

绘制长度为 13530 个绘图单位、宽度为 8260 个绘图单位的矩形作为基准轴线，如图 6-96 所示。

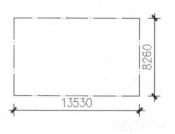

图 6-96

Step04▶ 使用快捷键"X"激活【分解】命令，将矩形分解。

Step05 ▶ 使用快捷键 "M" 激活【移动】命令，将分解后的矩形右侧垂直边向左移动 880 个绘图单位，结果如图 6-97 所示。

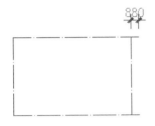

图 6-97

Step06 ▶ 使用快捷键 "O" 激活【偏移】命令，将左侧的垂直轴线分别向右偏移 330、440 和 1950 个绘图单位，将右侧的垂直轴线分别向左偏移 620 和 2120 个绘图单位，结果如图 6-98 所示。

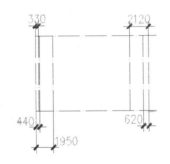

图 6-98

Step07 ▶ 使用快捷键 "TR" 激活【修剪】命令，以偏移出的垂直轴线作为边界，对水平轴线进行修剪，以修剪出门洞和窗洞，最后删除偏移出的垂直轴线，结果如图 6-99 所示。

图 6-99

┃技术看板┃ 创建矩形、分解、移动、偏移、修剪等步骤的详细操作，请参阅本书前面章节的相关内容，或参阅本书配套光盘视频文件的讲解操作。由于篇幅所限，在此不再详细赘述。

2. 创建墙线

Step01 ▶ 在图层控制列表中将"墙线层"设置为当前图层。

Step02 ▶ 执行菜单栏中的【绘图】/【多线】命令。

Step03 ▶ 输入 "S"，按【Enter】键激活"比例"选项。

Step04 ▶ 输入 "240"，按【Enter】键，设置比例。

Step05 ▶ 输入 "J"，按【Enter】键激活"对正"选项。

Step06 ▶ 输入 "Z"，按【Enter】键设置"无对正"方式。

Step07 ▶ 分别捕捉左侧轴线的各端点绘制墙线，然后按【Enter】键结束操作，绘制结果如图 6-100 所示。

图 6-100

Step08 ▶ 重复执行【多线】命令，多线比例和对正方式保持不变，配合"端点"捕捉功能绘制其他墙线，结果如图 6-101 所示。

图 6-101

3. 创建窗线

Step01 ▶ 在"图层控制"下拉列表中将"门窗层"设置为当前图层。

Step02 ▶ 执行【格式】菜单中的【多线样式】命令，在打开的【多线样式】对话框中将【窗线样】式设置为当前样式，如图 6-102 所示。

Step03 ▶ 执行菜单栏中的【绘图】/【多线】命令。

Step04 ▶ 输入 "S"，按【Enter】键，激活"比例"选项。

Step05 ▶ 输入 "240"，按【Enter】键，设置比例。

图 6-102

Step06 ▶ 输入"J",按【Enter】键,激活"对正"选项。

Step07 ▶ 输入"Z",按【Enter】键设置"无对正"方式。

Step08 ▶ 捕捉左侧墙线的端点和右侧轴线的右端点,然后按【Enter】键结束操作,绘制结果如图 6-103 所示。

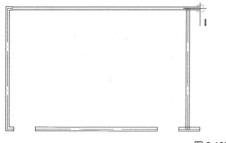

图 6-103

4. 插入门图块

Step01 ▶ 使用快捷键"I"打开【插入】对话框,单击 浏览(B)... 按钮,选择随书光盘中"图块文件"目录下的"双开门 -01.dwg"图块文件,并设置参数,如图 6-104 所示。

图 6-104

Step02 ▶ 单击 确定 按钮返回绘图区,捕捉下方水平墙线的右端点,将该图块文件插入到墙线的门洞位置,结果如图 6-105 所示。

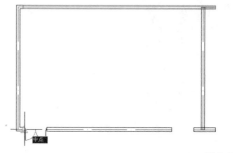

图 6-105

Step03 ▶ 使用相同的方法继续将双开门插入到右下侧门洞位置,如图 6-106 所示。

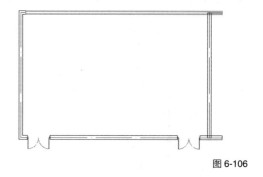

图 6-106

5. 创建柱子轮廓

Step01 ▶ 在"图层控制"下拉列表中关闭"轴线层",然后将"其他层"设置为当前图层。

Step02 ▶ 使用快捷键"REC"激活【矩形】命令,配合"交点"捕捉和"延伸"捕捉功能,在右边墙线和窗线位置处绘制长为 400 个绘图单位、宽为 400 个绘图单位的矩形,作为柱子轮廓线,如图 6-107 所示。

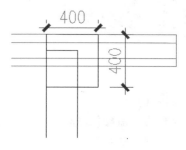

图 6-107

Step03 ▶ 使用快捷键"H"打开【图案填充和渐

变色】对话框。

Step04 ▶ 单击【图案】右侧的 按钮打开【填充图案选项板】对话框。

Step05 ▶ 进入【其他预定义】选项卡，选择【SOLID】的图案，如图 6-108 所示。

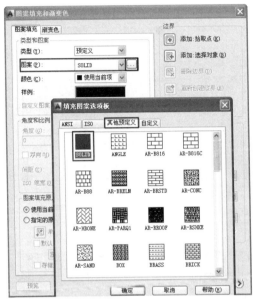

图 6-108

Step06 ▶ 单击 确定 按钮返回【图案填充和渐变色】对话框，单击"添加：拾取点"按钮 返回绘图区，在绘制的矩形内单击拾取填充区域，如图 6-109 所示。

图 6-109

Step07 ▶ 按【Enter】键返回【图案填充和渐变色】对话框，再次单击 确定 按钮，为矩形填充一种纯色的实体图案，结果如图 6-110 所示。

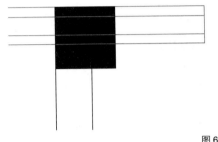

图 6-110

6. 复制柱子轮廓

Step01 ▶ 使用快捷键"CO"激活【复制】命令。

Step02 ▶ 采用窗口方式选择住宅轮廓，按【Enter】键结束选择。

Step03 ▶ 捕捉柱子任意端点作为基点。

Step04 ▶ 输入"@-7950,0"，按【Enter】键确认。

Step05 ▶ 继续输入"@-7950,-8100"，按【Enter】键确认。

Step06 ▶ 继续输入"@0,-8100"，按【Enter】键确认。

Step07 ▶ 按【Enter】键结束命令，复制结果如图 6-111 所示。

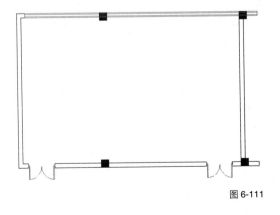

图 6-111

7. 保存

至此，多功能厅墙体结构图绘制完毕，将该文件命名保存。

6.9.2 绘制多功能厅布置图

📄 素材文件	效果文件\第 6 章\绘制多功能厅墙体图板 .dwg
🖊 效果文件	效果文件\第 6 章\绘制多功能厅布置图 .dwg
🖥 视频文件	专家讲堂\第 6 章\绘制多功能厅布置图 .swf

这一节绘制多功能厅的室内布置图。

⚙ **操作步骤**

1. 绘制主席台轮廓线

Step01 ▶ 在"图层控制"下拉列表中将"家具层"设置为当前图层。

Step02 ▶ 使用快捷键"PL"激活【多段线】命令。

Step03 ▶ 按住【Shift】键，同时单击鼠标右键，选择"自"选项。

Step04 ▶ 捕捉左墙线的内下角点作为端点。

Step05 ▶ 输入"@0,1300"，按【Enter】键。

Step06 ▶ 输入"@1840,0"，按【Enter】键。

Step07 ▶ 输入"@0,300"，按【Enter】键

Step08 ▶ 输入"A"，按【Enter】键，激活"圆弧"选项。

Step09 ▶ 输入"S"，按【Enter】键，激活"第2点"选项。

Step10 ▶ 输入"@300,2760"，按【Enter】键。

Step11 ▶ 输入"@-300,2760"，按【Enter】键。

Step12 ▶ 输入"I"，按【Enter】键。

Step13 ▶ 输入"@-300,0"，按【Enter】键。

Step14 ▶ 输入"@0,900"，按【Enter】键。

Step15 ▶ 输入"@-1340,0"，按【Enter】键。

Step16 ▶ 输入"@0,-1660"，按【Enter】键。

Step17 ▶ 输入"@-180,0"，按【Enter】键。

Step18 ▶ 输入"@0,-4000"，按【Enter】键。

Step19 ▶ 输入"@180,0"，按【Enter】键。

Step20 ▶ 输入"@0,-1060"，按【Enter】键。

Step21 ▶ 按【Enter】键，结束命令，绘制结果如图 6-112 所示。

Step22 ▶ 使用快捷键"EX"激活【分解】命令，将绘制的闭合多段线分解。

Step23 ▶ 使用快捷键"O"激活【偏移】命令，根据图示尺寸对分解后的轮廓线进行偏移，结果如图 6-113 所示。

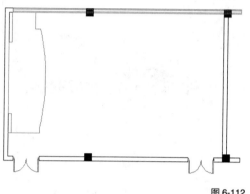

图 6-112

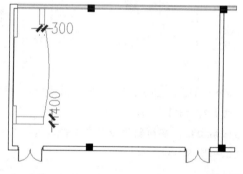

图 6-113

Step24 ▶ 使用快捷键"L"激活【直线】命令，配合捕捉和追踪功能，在墙体右侧绘制折断线，在墙体下侧墙面内部绘制装饰线，装饰线距离内墙线 180 个绘图单位，如图 6-114 所示。

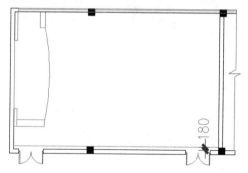

图 6-114

2. 插入窗帘

Step01 ▶ 使用快捷键"I"打开【插入】对话框，单击浏览®…按钮，选择随书光盘中"图块文件"目录下的"窗帘 1.dwg"图块文件。

Step02 ▶ 采用默认参数设置，单击确定按钮返回绘图区，将其插入布置图左墙线位置，如图 6-115 所示。

Step03 ▶ 使用快捷键"CO"激活【复制】命令。

Step04 ▶ 单击选择插入的窗帘，按【Enter】键确认。

Step05 ▶ 捕捉窗帘的上端点，将插入的窗帘图块复制到上方墙线位置，绘制结果如图 6-116 所示。

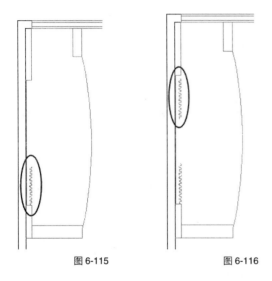

图 6-115　　　　　　　　图 6-116

Step06 ▶ 综合应用【复制】、【旋转】和【移动】等命令，继续将"窗帘 1"图块文件分别复制到其他窗线位置，结果如图 6-117 所示。

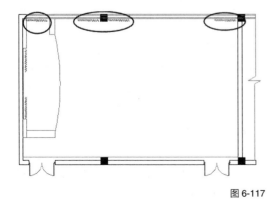

图 6-117

3. 绘制长条桌

Step01 ▶ 使用快捷键"REC"激活【矩形】命令。

Step02 ▶ 按住【Shift】键，同时单击鼠标右键，选择"自"选项。

Step03 ▶ 捕捉图 6-118 所示的端点作为参照点。

Step04 ▶ 输入"@1500,115"，按【Enter】键确认。

Step05 ▶ 输入"@315,5490"，按【Enter】键结束命令，绘制结果如图 6-119 所示。

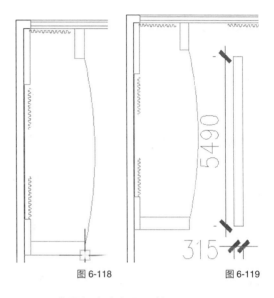

图 6-118　　　　　　　　图 6-119

4. 布置长条桌与平面椅

Step01 ▶ 使用快捷键"I"打开【插入】对话框，单击浏览®…按钮，选择随书光盘中"图块文件"目录下的"平面椅 02.dwg"图块文件。

Step02 ▶ 采用默认参数设置，单击确定按钮返回绘图区。

Step03 ▶ 按住【Shift】键，同时单击鼠标右键，选择"自"选项，捕捉长条桌右下角点作为参照点，输入"@255,259"，按【Enter】键确定插入点，插入结果如图 6-120 所示。

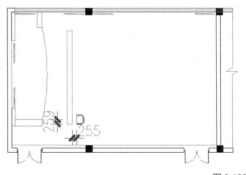

图 6-120

Step04 ▶ 单击【修改】工具栏上的"矩形阵列"

按钮品。

Step05 ▶ 选择平面椅，按【Enter】键确认。

Step06 ▶ 输入"COU"，按【Enter】键。

Step07 ▶ 输入"1"，按【Enter】键，设置列数。

Step08 ▶ 输入"9"，按【Enter】键，设置行数。

Step09 ▶ 输入"S"，按【Enter】键，激活"间距"选项。

Step10 ▶ 输入"1"，按【Enter】键，设置列间距。

Step11 ▶ 输入"622"，按【Enter】键，设置行间距。

Step12 ▶ 按【Enter】键结束操作，结果如图 6-121 所示。

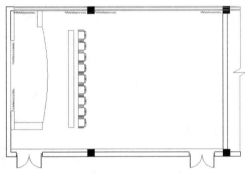

图 6-121

Step13 ▶ 重复执行【矩形阵列】命令。

Step14 ▶ 选择平面椅子和条形桌，按【Enter】键确认。

Step15 ▶ 输入"COU"，按【Enter】键。

Step16 ▶ 输入"7"，按【Enter】键，设置列数。

Step17 ▶ 输入"1"，按【Enter】键，设置行数。

Step18 ▶ 输入"S"，按【Enter】键，激活"间距"选项。

Step19 ▶ 输入"1150"，按【Enter】键，设置列间距。

Step20 ▶ 输入"1"，按【Enter】键，设置行间距。

Step21 ▶ 按【Enter】键结束操作，结果如图 6-122 所示。

Step22 ▶ 激活【矩形】命令，根据图示尺寸，在主席台位置绘制两个矩形作为平面桌图形，如图 6-123 所示。

Step23 ▶ 综合运用【复制】、【镜像】和【移动】命令，将插入的平面椅图块复制到平面桌图形左边，结果如图 6-124 所示。

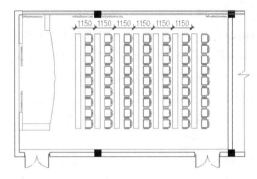

图 6-122

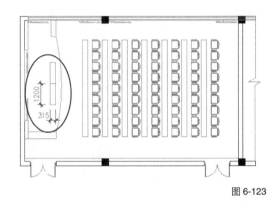

图 6-123

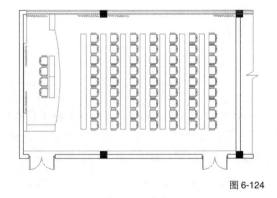

图 6-124

5. 插入嵌块

Step01 ▶ 使用快捷键"I"打开【插入】对话框，单击 浏览(B)... 按钮，选择随书光盘中"图块文件"目录下的"嵌块.dwg"图块文件。

Step02 ▶ 采用默认参数设置，单击 确定 按钮返回绘图区。

Step03 ▶ 按住【Shift】键，同时单击鼠标右键，选择"自"选项，捕捉多功能厅右下墙内角点作为参照点，输入"@-518,518"，按【Enter】键确定插入点，结果如图 6-125 所示。

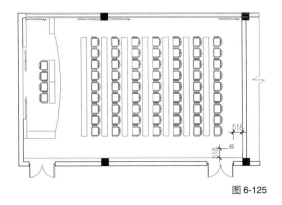

图 6-125

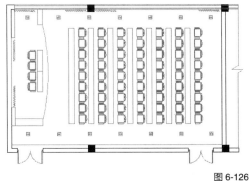

图 6-126

Step04 ▶ 重复执行【矩形阵列】命令。

Step05 ▶ 选择插入的嵌块，按【Enter】键确认。

Step06 ▶ 输入"COU"，按【Enter】键。

Step07 ▶ 输入"7"，按【Enter】键，设置列数。

Step08 ▶ 输入"2"，按【Enter】键，设置行数。

Step09 ▶ 输入"S"，按【Enter】键，激活"间距"选项。

Step10 ▶ 输入"-1806"，按【Enter】键，设置列间距。

Step11 ▶ 输入"6724"，按【Enter】键，设置行间距。

Step12 ▶ 按【Enter】键结束操作，结果如图 6-126所示。

Step13 ▶ 选择左上侧的嵌块，按【Delete】键将其删除。

Step14 ▶ 重复执行【阵列】命令。

Step15 ▶ 选择插入的嵌块，按【Enter】键确认。

Step16 ▶ 输入"COU"，按【Enter】键。

Step17 ▶ 输入"2"，按【Enter】键，设置列数。

Step18 ▶ 输入"4"，按【Enter】键，设置行数。

Step19 ▶ 输入"S"，按【Enter】键，激活"间距"选项。

Step20 ▶ 输入"-9029"，按【Enter】键，设置列间距。

Step21 ▶ 输入"1681"，按【Enter】键，设置行间距。

Step22 ▶ 按【Enter】键结束操作，结果如图 6-127所示。

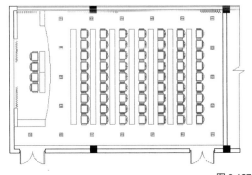

图 6-127

6. 保存

至此，多功能厅布置图绘制完毕，将该图形命名保存。

6.10　综合自测

6.10.1　软件知识检验——选择题

（1）【偏移】的快捷命令是（　　　）。

A. O　　　　　B. Q　　　　　C. B　　　　　D. G

（2）阵列图形时，输入"COU"激活（　　　）选项。

A. 计数　　　　B. 列数　　　　C. 关联　　　　D. 行数

（3）极轴阵列的快捷命令是（　　　）。

A. AR　　　　　B. PO　　　　　C. PA　　　　　D. R

（4）路径阵列的快捷命令是（　　）。

A．AR　　　　　B．PO　　　　　C．PA　　　　　D．R

（5）缩放对象时，输入（　　）可以激活"复制"选项。

A．A　　　　　B．B　　　　　C．C　　　　　D．R

（6）缩放对象时，输入（　　）可以激活"参照"选项。

A．A　　　　　B．B　　　　　C．C　　　　　D．R

6.10.2　操作技能入门——绘制电视柜立面图

✒ 效果文件	效果文件\第6章\操作技能入门——绘制电视柜立面图.dwg
🖥 视频文件	专家讲堂\第6章\操作技能入门——绘制电视柜立面图.swf

根据图示尺寸，绘制图 6-128 所示的电视柜立面图。

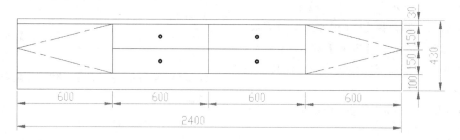

图 6-128

第 7 章
建筑设计图的规划管理与编辑——图层、特性与查询

在 AutoCAD 建筑设计中，一幅完整的建筑设计图不仅有图形，还包含文字、尺寸、图案填充以及其他特殊符号等元素。这些元素都是建筑设计图中不可或缺的内容。为了便于对建筑设计图形进行管理，在实际绘图过程中，需要将不同的元素放置在不同的图层中。另外，根据图形的不同作用，还可以设置图形的特性，以满足建筑设计图的相关要求。这一章我们就来学习应用图层以及设置图形特性的方法。

| 第 7 章 |

建筑设计图的规划管理与编辑——图层、特性与查询

本章内容概览

知识点	功能 / 用途	难易度与应用频率
新建、删除与命名图层（P180）	● 创建新图层 ● 为图层命名，删除图层	难易度：★★ 应用频率：★★★★★
操作图层（P184）	● 管理、规划图形 ● 编辑完善图形	难易度：★★★★ 应用频率：★★★★★
设置图层的特性（P188）	● 设置图层特性 ● 编辑完善图形	难易度：★★★★ 应用频率：★★★★★
图层的特性过滤功能（P192）	● 规划图层 ● 管理图形	难易度：★★★★ 应用频率：★★★★★
使用图层规划管理图形（P195）	● 规划图层 ● 管理图形	难易度：★★ 应用频率：★★★★★
图形特性与特性匹配（P196）	● 设置图形特性 ● 编辑完善图形	难易度：★★ 应用频率：★★★★★
快速选择（P198）	● 快速选择图形 ● 编辑完善图形	难易度：★★ 应用频率：★★★★★
综合自测（P200）	● 软件知识检验——选择题 ● 操作技能提升——规划管理建筑平面图	

7.1 新建、删除与命名图层

在 AutoCAD 中，图层类似于我们日常生活中所见到的玻璃，看不见但摸得着。当我们在 AutoCAD 中绘图时，其实就是在一张张透明"玻璃板"上绘制不同属性的图形元素，最后将这些"玻璃板"叠加起来，就形成了一幅完整的设计图。这一节就来学习图层的相关知识。

本节内容概览

知识点	功能 / 用途	难易度与应用频率
图层的作用（P180）	● 了解图层的作用 ● 规划图形	难易度：★★ 应用频率：★★★★★
新建图层（P182）	● 创建新图层 ● 规划管理图形	难易度：★★ 应用频率：★★★★★
命名图层（P183）	● 为图层命名 ● 规划管理图形	难易度：★★ 应用频率：★★★★★
删除图层（P183）	● 将图层删除 ● 规划管理图形	难易度：★★ 应用频率：★★★★★
实例（P184）	● 新建建筑设计中常用的图层	

7.1.1 了解图层在建筑设计中的作用

📄 素材文件	素材文件 \ 别墅立面图 .dwg
🖥 视频文件	专家讲堂 \ 第 7 章 \ 了解图层在建筑设计中的作用 .swf

在 AutoCAD 建筑设计中，图层其实是一个综合性的制图工具，用来规划和管理建筑设计图。

打开素材文件，这是一个别墅立面图，其内容包括尺寸标注、墙体轮廓线、门窗图形以及墙面和屋顶图案填充等内容。这些图形元素根据属性的不同被放置在不同的图层中，如图 7-1 所示。

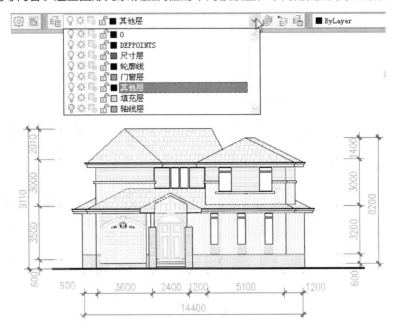

图 7-1

　　由于设计图的各元素被放置在不同的图层中，并以不同的颜色来表示，因此当您在编辑该图形的各图形元素时就会非常方便。例如，"尺寸层"的颜色为蓝色，尺寸标注也为蓝色。如果您想使用红色标注尺寸，您只要修改"尺寸层"的颜色为红色，那么图形中尺寸标注的颜色也会被修改为红色，如图 7-2 所示。

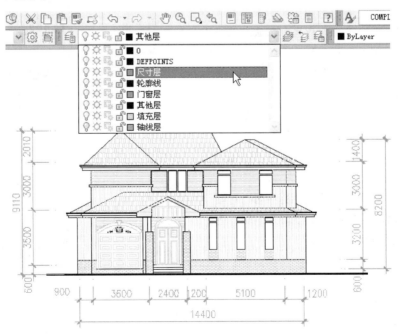

图 7-2

　　当然，图层的作用不仅如此，通过图层可以对图形进行所有编辑与操作。例如修改图形的线型、线宽、线型比例，删除图线，编辑图形等。

7.1.2 新建图层

💻 视频文件	专家讲堂\第7章\新建图层.swf

在 AutoCAD 中，当您新建一个空白文件之后，系统就已经提供了一个图层，您可以在该图层上进行与绘图有关的任何操作。如果需要更多的图层，可以单击【图层】工具栏中的"图层特性管理器"按钮 📥 打开【图层特性管理器】对话框，如图 7-3 所示。

图 7-3

┃技术看板┃ 除此之外，您也可以通过以下方式打开【图层特性管理器】对话框。

◆ 单击菜单栏中的【格式】/【图层】命令打开【图层特性管理器】对话框。

◆ 在命令行输入"LAYER"后按【Enter】键打开【图层特性管理器】对话框。

◆ 使用快捷键"LA"打开【图层特性管理器】对话框。

在【图层特性管理器】对话框中可以对图层进行任意操作，例如新建、删除、编辑、查看图层以及设置图层特性等。

┃技术看板┃ 除了在【图层特性管理器】对话框中查看图层外，也可以单击【图层】工具栏中的下拉列表按钮，即可展开图层，从而可以观察、关闭、打开、冻结、锁定图层等，如图 7-4 所示。

下面我们就来学习新建 3 个图层。

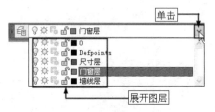

图 7-4

💠 实例引导——新建 3 个图层

Step01 ▶ 单击【图层】工具栏上的"图层特性管理器"按钮 📥。

Step02 ▶ 打开【图层特性管理器】对话框。

Step03 ▶ 单击"新建图层"按钮 📄。

Step04 ▶ 新建名为"图层 1"的新图层，如图 7-5 所示。

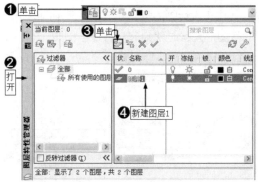

图 7-5

Step05 ▶ 连续单击"新建图层"按钮 📄，新建"图层 2"和"图层 3"，如图 7-6 所示。

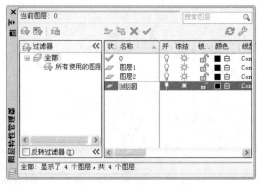

图 7-6

| 技术看板 | 使用相同的方式您可以新建多个图层。另外，您也可以通过以下 3 种方式快速新建多个图层。

◆ 在刚创建了一个图层后，连续按下键盘上的【Enter】键，可以新建多个图层。

◆ 通过按下【Alt+N】组合键，也可以创建多个图层。

◆ 在【图层特性管理器】对话框中单击鼠标右键，在弹出的快捷菜单中的【新建图层】选项，也可以新建图层。

7.1.3 命名图层

📺 视频文件	专家讲堂 \ 第 7 章 \ 命名图层 .swf

所谓"命名图层"，就是为图层重命名。当您新建多个图层后，系统自动以"图层1""图层2"等依次命名。为了便于您对图层进行管理，您可以根据具体情况对新建的图层进行重命名。例如，将"图层1"命名为"尺寸层"，用于标注图形尺寸；将"图层2"重命名为"轮廓线"，用于绘制图形轮廓等。下面就将上一节中新建的 3 个图层分别重命名为"尺寸层""墙线层"及"轴线层"。

⚙️ **操作步骤**

Step01 ▶ 在【图层特性管理器】对话框中单击"图层1"，使其反白显示。

Step02 ▶ 为图层输入"尺寸层"，如图 7-7 所示。

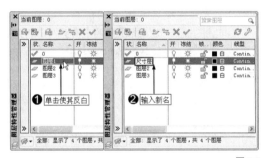

图 7-7

Step03 ▶ 使用相同的方法，继续将其他两个图层分别命名为"墙线层"和"轴线层"，结果如图 7-8 所示。

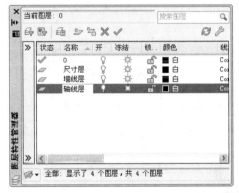

图 7-8

| 技术看板 | 在对图层进行重命名时，图层名最长可达 255 个字符，可以是数字、字母或其他字符，图层名中不允许含有大于号（>）、小于号（<）、斜杠（/）、反斜杠（\）以及标点符号等。另外，为图层命名或更名时，必须确保当前文件中图层名的唯一性。

7.1.4 删除图层

📺 视频文件	专家讲堂 \ 第 7 章 \ 删除图层 .swf

当您新建了更多的图层时，这些图层会占用您计算机的系统资源，导致您计算机运行速度变慢，从而严重影响您的绘图工作。此时，您可以删除一些无用的图层。下面我们就来删除名为"中心线"的图层。

⚙️ **操作步骤**

Step01 ▶ 在【图层特性管理器】对话框中单击

选择"中心线"图层。

Step02 ▶ 单击【图层特性管理器】对话框中的"删除图层"按钮 ✖。

Step03 ▶ "中心线"图层被删除，如图 7-9 所示。

| 技术看板 | 另外，您也可以在图层上单击鼠标右键，选择【删除图层】选项，以删除图层，如图 7-10 所示。

图 7-9

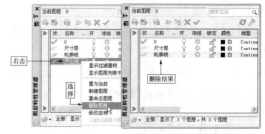

图 7-10

在删除图层时，要注意以下几点。

♦ 0 图层和 Defpoints 图层不能被删除，这是因为这两个图层是系统预设的图层。

♦ 当前图层不能被删除。所谓当前图层，就是指当前操作的图层，在【图层特性管理器】中会发现，0 图层前面有一个 ✔ 图标，这表示该层为当前操作图层。

♦ 包含对象的图层或依赖外部参照的图层都不能被删除。所谓包含对象的图层，是指该图层中已经绘制了图形对象。

7.1.5　实例——新建建筑设计中常用的图层

效果文件	效果文件 \ 第 7 章 \ 实例——新建建筑设计中常用的图层 .dwg
视频文件	专家讲堂 \ 第 7 章 \ 实例——新建建筑设计中常用的图层 .swf

在 AutoCAD 建筑设计中，需要使用多个图层，这些图层用于放置不同的建筑设计图元，例如墙线、门窗、尺寸标注、文字注释等。

实例引导——新建建筑设计中常用的图层

Step01 ▶ 新建空白文件。

Step02 ▶ 新建图层。

Step03 ▶ 重命名图层。

Step04 ▶ 将文件命名保存。

详细的操作步骤请观看随书光盘中本节的视频文件"实例——新建建筑设计中常用的图层 .swf"。

7.2　操作图层

只有掌握操作图层的技能，才能很好地利用图层进行绘图。操作图层包括切换当前图层，打开、关闭图层，冻结、解冻图层以及锁定、解锁图层等。这一节就来学习操作图层的方法。

本节内容概览

知识点	功能 / 用途	难易度与应用频率
切换图层（P185）	● 设置当前图层 ● 编辑图形	难易度：★★ 应用频率：★★★★★
关闭、打开图层（P185）	● 开、关图层 ● 编辑图形	难易度：★★ 应用频率：★★★★★
冻结与解冻图层（P186）	● 将图层冻结或解冻 ● 编辑图形	难易度：★★ 应用频率：★★★★★
锁定与解锁图层（P187）	● 锁定或解锁图层 ● 编辑图形	难易度：★★ 应用频率：★★★★★

7.2.1 切换图层

💻 视频文件	专家讲堂 \ 第 7 章 \ 切换图层 .swf

在绘图前您需要根据图形的类型设置合适的图层作为当前层。所谓"当前层",是指当前正在操作的图层。例如,您要绘制轴线,那您需要将"轴线层"设置为当前图层;如果您绘制的是墙线,就需要将"墙线层"设置为当前图层。这就是切换图层。切换图层的目的是为了在当前图层上绘制不同类型的图形元素。

⚙ 实例引导——切换图层

Step01 ▶ 在【图层特性管理器】对话框中选择"尺寸层"。

Step02 ▶ 单击【图层特性管理器】对话框中的"置为当前"按钮 ✔。

Step03 ▶ 此时"尺寸层"被切换为当前图层,在该图层前面显示 ✔ 符号,如图 7-11 所示。

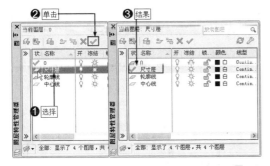

图 7-11

┃技术看板┃ 另外,您还可以通过以下 3 种方式切换图层。

◆ 选择图层后单击鼠标右键,选择右键菜单中的【置为当前】选项,如图 7-12 所示。

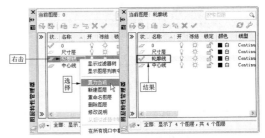

图 7-12

◆ 选择图层后按下键盘上的【Alt+C】组合键,切换图层。

◆ 展开【图层】工具栏,选择要切换为当前层的图层,将其切换为当前层,如图 7-13 所示。

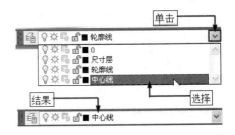

图 7-13

7.2.2 关闭、打开图层

📄 素材文件	素材文件 \ 别墅立面图 .dwg
💻 视频文件	专家讲堂 \ 第 7 章 \ 关闭、打开图层 .swf

前面我们讲过,一幅完整的建筑设计图包含许多图形元素,这些图形元素被放置在不同的图层中。在编辑图形时,为了方便操作,您可以暂时将不需要编辑的图形元素隐藏,完成后再将其显示,这就是关闭、打开图层。

打开素材文件,这是某别墅立面图。打开【图层特性管理器】对话框后会发现,在"开"选项下的每一个图层后面都有 💡 按钮,该按钮就是用于控制图层开关的按钮,如图 7-14 所示。

当该按钮显示为 💡 时,表示该图层是打开状态,位于该图层上的对象都是可见的,并且您可以在该图层上进行绘图和修改操作。当该按钮显示为 💡(按钮变暗)时,表示该图层被关闭,位于该图层上的所有图形对象都会被隐藏,这样就可以开关图层。下面关闭"尺寸层",将尺寸标注进行隐藏。

⚙ 操作步骤

Step01 ▶ 在【图层特性管理器】对话框中单击"尺寸层"后面的 💡 按钮。

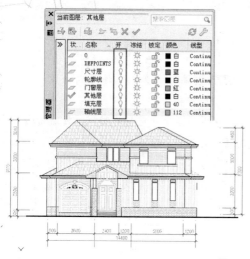

图 7-14

Step02 ▶ 该按钮显示为💡按钮（按钮变暗），如图 7-15 所示。

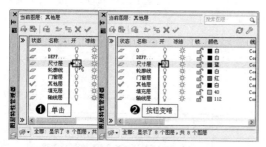

图 7-15

Step03 ▶ 此时图形中的尺寸标注被隐藏，如图 7-16 所示。

|技术看板| 再次单击💡按钮，按钮显示为💡时，即可显示图层。需要说明的是，当图层被隐藏后，该图层上的图形不能被打印或由绘图仪输出，但重新生成图形时，图层上的实体

仍将重新生成。另外，隐藏当前图层时，会弹出询问对话框，如图 7-17 所示，单击"关闭当前图层"选项，当前图层被隐藏；单击【使当前图层保持打开状态】选项，当前图层不被隐藏。另外，您还可以单击【图层】工具栏的控制列表按钮将其展开，然后单击💡图标和💡图标，以关闭和显示图层，如图 7-18 所示。

图 7-16

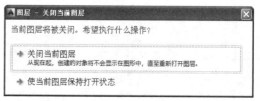

图 7-17

图 7-18

7.2.3 冻结与解冻图层

📄 素材文件	素材文件 \ 别墅立面图 .dwg
🖥 视频文件	专家讲堂 \ 第 7 章 \ 冻结与解冻图层 .swf

冻结、解冻图层与打开、关闭图层有些相似。冻结图层后，图层上的对象也会处于隐藏状态，只是被冻结后图形不仅不能在屏幕上显示，而且不能由绘图仪输出，不能进行重生成、消隐、渲染和打印等操作。

打开素材文件，同时打开【图层特性管理器】对话框，会发现，在【冻结】选项下每一个图层后面都有💡按钮，该按钮就是用于冻结图层的按钮，如图 7-19 所示。

默认设置状态下，所有图层都是解冻状

态，按钮显示为☼图标；如果该按钮显示为❄图标，表示该图层被冻结，冻结后该图层上的图形不可见。下面我们来冻结"尺寸层"，看看有什么结果。

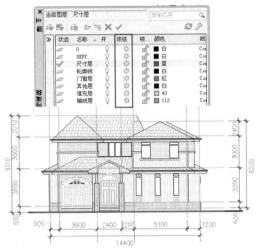

图 7-19

⚙ 操作步骤

Step01▶ 在【图层特性管理器】对话框中单击"尺寸层"后面的☼按钮。

Step02▶ 该按钮显示为❄按钮，如图 7-20 所示。

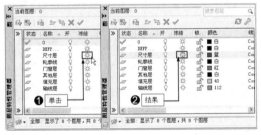

图 7-20

Step03▶ 此时图形中的尺寸标注不可见，如图 7-21 所示。

图 7-21

▌技术看板▏ 另外，还可以单击【图层】工具栏的"图层控制"下拉按钮将其展开，然后单击☼图标和❄图标，以冻结和解冻图层，如图 7-22 所示。

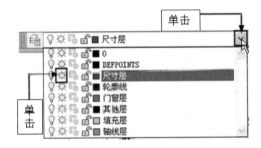

图 7-22

需要说明的是，关闭与冻结的图层都是不可见和不可以输出的，但被冻结图层不参加运算处理，可以加快视窗缩放、视窗平移和其他许多操作的处理速度，增强对象选择的性能并减少复杂图形的重生成时间，因此建议冻结长时间不用看到的图层。

7.2.4 锁定与解锁图层

📄 素材文件	素材文件 \ 别墅立面图 .dwg
🖥 视频文件	专家讲堂 \ 第 7 章 \ 锁定与解锁图层 .swf

在进行图形设计时常会出现误操作，例如删除不该删除的图形等。要想避免这样的情况发生，您可以锁定图层。图层被锁定后，您将不能对其进行任何操作。

打开素材文件，同时打开【图层特性管理器】对话框，您会发现在每一个图层后面都有🔓图标按钮。该按钮就是用于锁定图层的按钮，如图 7-23 所示。

默认设置状态下，所有图层都是解锁状态，其按钮显示为🔓图标，此时可以对该图层上的图形对象进行任何编辑操作。当🔓按钮显示为🔒时，表示图层被锁定，图层上的图形对象不能

被删除，但仍可以显示和输出。下面学习锁定
"尺寸层"，看看锁定后能否对尺寸进行删除。

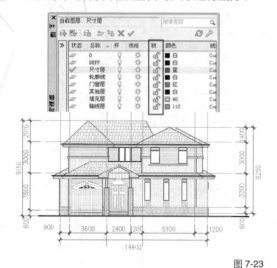

图 7-23

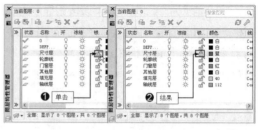

图 7-24

Step05 ▶ 按【Delete】键，结果该尺寸没有被删
除，如图 7-25 所示。

图 7-25

| 技术看板 | 当前图层不能被冻结，但可以
被关闭和锁定。图层被冻结后，图形仍然显
示，但不能对其进行任何编辑，这样可以避免
误操作的发生。

⚙ **实例引导**——锁定图层

Step01 ▶ 在【图层特性管理器】对话框中单击
"尺寸层"后面的 🔓 按钮。

Step02 ▶ 该按钮显示为 🔒 按钮，如图 7-24 所示。

Step03 ▶ 此时图形上的尺寸标注颜色变暗，但
仍然可见。

Step04 ▶ 单击左边标注为"9100"的尺寸，结
果该尺寸标注被选中。

7.3　设置图层特性

图层特性包括图层的颜色、线型、线宽等一系列特性。图层特性是绘图的关键，它直接影响图
形的特性。这一节就来学习图层特性的设置方法。

本节内容概览

知识点	功能 / 用途	难易度与应用频率
设置图层颜色特性（P188）	● 设置图层颜色 ● 规划管理图形	难易度：★★ 应用频率：★★★★★
设置图层的线型特性（P189）	● 设置图层的线型 ● 规划管理图形	难易度：★★ 应用频率：★★★★★
设置图层的线宽特性（P190）	● 设置图层线宽 ● 规划管理图形	难易度：★★ 应用频率：★★★★★
实例（P191）	● 设置建筑设计图中的图层特性	

7.3.1　设置图层颜色特性

🖥 视频文件　｜　专家讲堂 \ 第 7 章 \ 设置图层颜色特性 .swf

颜色对于图形设计影响并不大，设置颜色的主要目的是为了区分不同属性的图形元素。默认设置状态下，新建的所有图层的颜色均为黑色，但在实际的绘图过程中，您需要对各图形元素设置不同的颜色，以便进行图形区分。

首先，将新建的"墙线层"命名为"轮廓线"，然后设置该层为当前图层，并在该层绘制一个圆。绘制的圆为黑色，如图 7-26 所示。

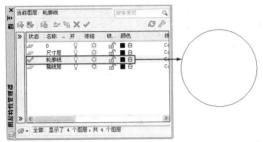

图 7-26

下面设置"轮廓线"的颜色为蓝色，来看看该层中的圆会是什么颜色。

实例引导——设置图层颜色

Step01 ▶ 在"轮廓线"的颜色块上单击。

Step02 ▶ 打开【选择颜色】对话框，如图 7-27 所示。

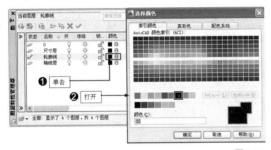

图 7-27

Step03 ▶ 在【选择颜色】对话框的【索引颜色】选项卡中单击蓝色颜色块。

Step04 ▶ 单击 确定 按钮，如图 7-28 所示。

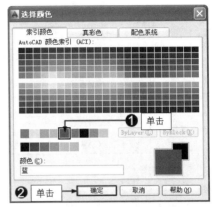

图 7-28

Step05 ▶ 此时"轮廓线"的颜色被设置为蓝色，同时发现该层中圆的颜色也变为了蓝色，如图 7-29 所示。

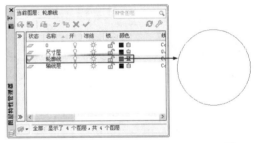

图 7-29

| 技术看板 | 除了"索引颜色"配色系统之外，还可以选择"真彩色"和"配色系统"两种配色系统设置颜色。这两种配色系统的颜色设置方法与其他应用程序的颜色设置方法相同，在此不再赘述。

7.3.2　设置图层的线型特性

💻 视频文件　专家讲堂 \ 第 7 章 \ 设置图层的线型特性 .swf

与颜色不同，设置线型是图形设计中的主要内容。不同的图形元素，所使用的线型有所不同。默认设置状态下系统为所有图层提供名为"Continuous"的线型，但在实际绘图过程中，您需要根据不同图形元素为其设置不同的线型。下面我们将"轮廓线"的线型设置为"ACAD ISO04W100"的线型。

操作步骤

在设置线型时，首先要加载线型，然后才能将加载的线型指定给图层。

Step01 ▶ 在"轮廓线"图层的"Continuous"上单击。

Step02 ▶ 打开【选择线型】对话框，如图 7-30 所示。

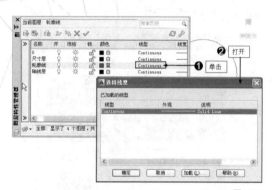

图 7-30

Step03 ▶ 单击 加载(L)... 按钮。

Step04 ▶ 打开【加载或重载线型】对话框。

Step05 ▶ 选择名为"ACAD ISO04W100"的线型，如图 7-31 所示。

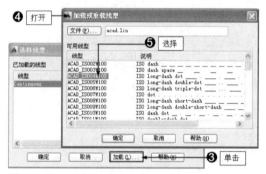

图 7-31

Step06 ▶ 单击 确定 按钮，回到【选择线型】对话框，选择加载的线型。

Step07 ▶ 单击 确定 按钮。

Step08 ▶ 将加载的线型指定给选定的图层，如图 7-32 所示。

Step09 ▶ 此时该图层中的图形将使用加载的线型，如图 7-33 所示。

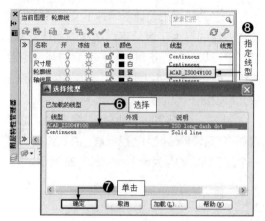

图 7-32

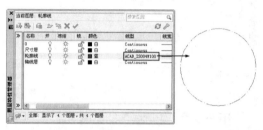

图 7-33

| 技术看板 | 单击菜单栏中的【格式】\【线型】命令，也可以打开【线型管理器】对话框。在该对话框中不仅可以加载线型，还可以设置线型的"全局比例因子"等参数，如图 7-34 所示。

图 7-34

7.3.3 设置图层的线宽特性

🖥 视频文件 | 专家讲堂 \ 第 7 章 \ 设置图层的线宽特性 .swf

　　线宽就是线的宽度。在默认设置状态下，所有图层的线宽为系统默认的线宽，但在 AutoCAD 建筑设计中，不仅各图形元素的线型不同，其线宽要求也不相同。例如，图形轮廓线的线宽有时会要求为 0.30mm，这时您就需要重新设置线宽了。下面我们将"轮廓线"

的线宽设置为 0.30mm。

操作步骤

Step01 ▸ 在"轮廓线"的"线宽"位置处单击。

Step02 ▸ 打开【线宽】对话框，如图 7-35 所示。

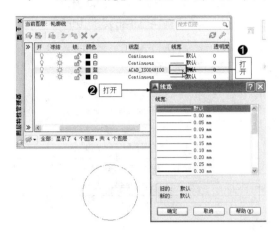

图 7-35

Step03 ▸ 选择 0.30mm 的线宽。

Step04 ▸ 单击 确定 按钮。

Step05 ▸ 结果"轮廓线"的线宽被设置为 0.30mm，如图 7-36 所示。

Step06 ▸ 设置线宽之后，图形中的线宽并没有发生任何变化。这是因为在默认设置状态下，

线宽是隐藏状态。

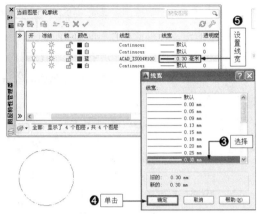

图 7-36

Step07 ▸ 在状态栏单击"显示 / 隐藏线宽"按钮 ➕ 以显示线宽。

Step08 ▸ 此时图形中将显示线宽效果，如图 7-37 所示。

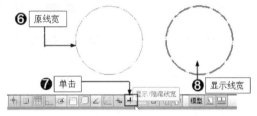

图 7-37

7.3.4　实例——设置建筑设计中图层的特性

素材文件	效果文件 \ 第 7 章 \ 实例——新建建筑设计中常用的图层 .dwg
效果文件	效果文件 \ 第 7 章 \ 实例——设置建筑设计中图层的特性 .dwg
视频文件	专家讲堂 \ 第 7 章 \ 实例——设置建筑设计中图层的特性 .swf

在 AutoCAD 建筑设计中，不同的图层放置不同的图形元素，而不同的图形元素具有不同的特性，因此需要设置图层的特性，这样才能满足绘图的需要。

打开素材文件，设置图层的特性。

操作步骤

Step01 ▸ 设置图层的颜色特性。

Step02 ▸ 设置图层的线型特性。

Step03 ▸ 设置图层的线宽特性。

Step04 ▸ 将文件命名保存。

详细的操作步骤请观看随书光盘中本节的视频文件"实例——设置建筑设计中图层的特性 .swf"。

7.4 图层的特性过滤功能

在 AutoCAD 建筑设计中，一幅完整的建筑设计图会包含很多层，您在查找某些图形时可能会有些困难。鉴于这种情况，AutoCAD 为您提供了"图层特性过滤器"和"图层组过滤器"两种图层的过滤功能，您可以根据图层的状态特征或内部特性对图层进行分组，将具有某种共同特点的图层过滤出来。这样一来，您在查找所需图层时就会方便很多。这一节就来学习图层的过滤功能。

本节内容概览

知识点	功能 / 用途	难易度与应用频率
使用"图层特性过滤器"分组图层（P192）	● 分组图层 ● 管理图层	难易度：★ 应用频率：★★
"图层特性过滤器"的其他功能（P193）	● 分组图层 ● 管理图层	难易度：★ 应用频率：★★
使用"图层组过滤器"过滤图层（P194）	● 分组图层 ● 管理、操作图层	难易度：★ 应用频率：★★

7.4.1 使用"图层特性过滤器"分组图层

📄 素材文件	素材文件 \ 别墅立面图 .dwg
🖥 视频文件	专家讲堂 \ 第 7 章 \ 使用"图层特型过滤器"分组图层 .swf

"图层特性过滤器"是根据图层的线型、颜色、线宽等特性来过滤图层，从而对图层进行分组，将具有某种共同特点的图层过滤出来。

打开素材文件，这是一幅别墅立面图，如图 7-38 所示。打开【图层特性管理器】对话框，发现该图形包含多个图层，如图 7-39 所示。

图 7-38

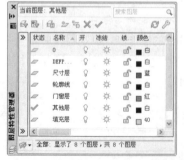

图 7-39

实例引导——通过颜色特性过滤图层

Step01 ▶ 在【图层特性管理器】对话框中单击"新建特性过滤器"按钮 📇。

Step02 ▶ 打开【图层过滤器特性】对话框，如图 7-40 所示。

图 7-40

Step03 ▶ 在【过滤器名称 (N):】文本框中输入过滤器的名称，然后在【过滤器定义：】选项组下的"颜色"空白位置单击，出现 📇 按钮，如图 7-41 所示。

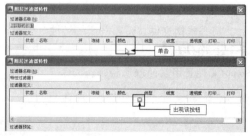

图 7-41

Step04 ▶ 单击▦按钮。

Step05 ▶ 打开【选择颜色】对话框。

Step06 ▶ 单击黑色颜色块，如图 7-42 所示。

图 7-42

Step07 ▶ 单击 确定 按钮，返回【图层过滤器特性】对话框。

Step08 ▶ 结果符合过滤条件的图层被过滤了出来，如图 7-43 所示。

Step09 ▶ 单击 确定 按钮返回【图层特性管理器】对话框。

Step10 ▶ 所创建的【特性过滤器 1】显示在对话

框左侧的树状图中，右侧则显示过滤出的图层，如图 7-44 所示。

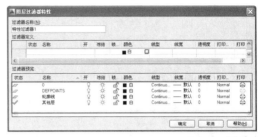

图 7-43

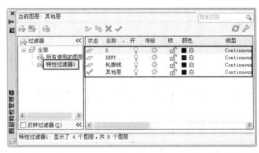

图 7-44

7.4.2　"图层特性过滤器"的其他过滤功能

📄 素材文件	素材文件 \ 别墅立面图 .dwg
🖥 视频文件	专家讲堂 \ 第 7 章 \ "图层特型过滤器" 的其他过滤功能 .swf

除了通过颜色特性过滤图层之外，您还可以通过图层状态，名称，开、关，冻结、解冻，锁定、解锁，线型，线宽以及是否隐藏等其他特性来过滤图层。

在【过滤器定义】选项组内列出了图层的状态与特性，这些状态与特性就是过滤条件。您可以使用一种或多种特性来作为过滤条件，进行定义过滤器。

⚙ **实例引导**——通过开关特性过滤图层

Step01 ▶ 在【过滤器定义：】选项组下的【开】空白位置处单击。

Step02 ▶ 在弹出的下拉列表中选择"隐藏"按钮 💡。

Step03 ▶ 此时，被隐藏的图层被过滤出来，如图 7-45 所示。

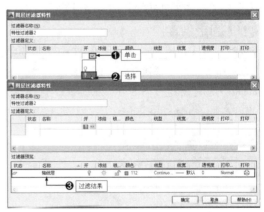

图 7-45

Step04 ▶ 单击 确定 按钮返回【图层特性管理器】对话框，所创建的【特性过滤器 2】显示在对话框左侧的树状图中，右侧则显示过滤出的图层，如图 7-46 所示。

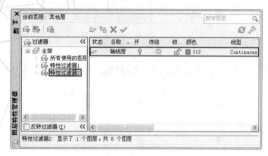

图 7-46

如图 7-47 所示。

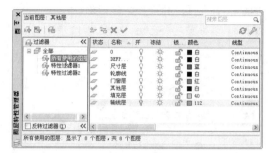

图 7-47

｜技术看板｜ 创建过滤器之后，要想在【图层特性管理器】对话框中显示所有图层，可以单击"全部"选项，这样就会显示所有图层，

｜练一练｜ 掌握了通过图层特性过滤图层的方法后，下面尝试通过"线型"特性过滤图层。

7.4.3 使用"图层组过滤器"过滤图层

素材文件	素材文件 \ 别墅立面图 .dwg
视频文件	专家讲堂 \ 第 7 章 \ 使用"图层组过滤器"过滤图层 .swf

"图层组过滤器"是指人为地把某些图层放到一个组里，没有任何的过滤条件，这样做的目的就是为了方便图层的选取和查找。例如，您可以将与图形相关的图层都放到一组内，那么在【图层特性管理器】的列表树中，单击该组，则可以立刻显示出跟图形相关的所有图层。打开素材文件，下面将该立面图中与图形相关的图层创建为"图层组过滤器"。

操作步骤

Step01▶ 在【图层特性管理器】对话框中单击"新建组过滤器"按钮。

Step02▶ 此时创建一个名为"组过滤器 1"的空的图层组，如图 7-48 所示。

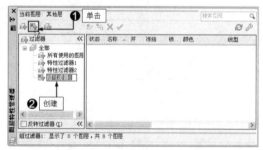

图 7-48

Step03▶ 单击【全部】选项以显示出所有的图层。

Step04▶ 按住【Ctrl】键分别选择"轮廓线""门

窗层"和"填充层"3 个图层，如图 7-49 所示。

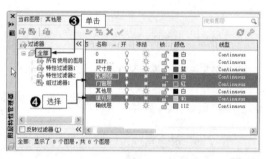

图 7-49

Step05▶ 释放【Ctrl】键，然后按住鼠标左键，将选中的图层拖曳至新建的"组过滤器 1"上，如图 7-50 所示。

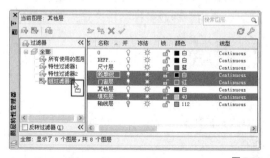

图 7-50

Step06▶ 单击左侧树状图中的"组过滤器 1"选项，右侧列表视图中会显示该过滤器所过滤的

3 个图层，如图 7-51 所示。

图 7-51

| **技术看板** | 在【图层特性管理器】中勾选

【反转过滤器】复选项，可显示过滤器所过滤图层以外的所有图层，如图 7-52 所示。

图 7-52

7.5　使用图层规划管理图形

　　前面我们讲过，在进行 AutoCAD 建筑设计时，要将不同属性的图形元素放置在不同的图层中，这样便于规划、管理图形。但有时难免会犯错，例如，将尺寸标注在轮廓线层上，将轮廓线绘制在尺寸标注层上等，这时您需要学会使用图层来规划、管理图形，对出现的失误进行补救。这一节就来学习使用图层规划管理图形的方法。

本节内容概览

知识点	功能 / 用途	难易度与应用频率
使用【图层匹配】命令管理图层（P195）	● 更改图层 ● 管理图层	难易度：★ 应用频率：★★
更改当前图层（P196）	● 更改当前图层 ● 管理图层	难易度：★ 应用频率：★★

7.5.1　使用【图层匹配】命令管理图层

📄 素材文件	素材文件 \ 图层匹配示例 .dwg
🖥 视频文件	专家讲堂 \ 第 7 章 \ 使用【图层匹配】命令管理图层 .swf

　　【图层匹配】命令可以将选定的对象更改到目标图层上，帮助您规划管理图层。打开素材文件，这是一幅建筑平面图，平面图中的窗户和样条线都被绘制在了"墙线层"上，如图 7-53 所示。

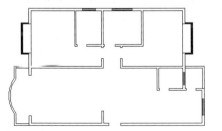

图 7-53

　　这显然不符合绘图要求，需要将所有窗户和样条线调整到"门窗层"上。

实例引导——图层匹配

Step01 ▶ 单击【图层 II】工具栏上的"图层匹配"按钮。

Step02 ▶ 单击选择所有窗户和样条线，如图 7-54 所示。

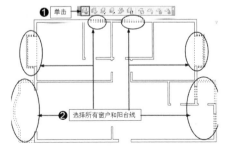

图 7-54

Step03 ▶ 按【Enter】键确认，然后输入"N"，再按【Enter】键。

Step04 ▶ 打开的【更改到图层】对话框。选择"门窗层"。

7.5.2 更改为当前图层

📄 素材文件	素材文件 \ 图层匹配示例 .dwg
🖥 视频文件	专家讲堂 \ 第 7 章 \ 更改为当前图层 .swf

　　【更改为当前图层】命令与【图层匹配】命令基本相同，都是用来调整选中对象的图层，但区别在于【图层匹配】命令可以将选择的对象更改到任何目标图层上，并继承目标图层的一切特性，而【更改为当前图层】命令则只可以将选定对象更改到当前图层上，并继承当前图层的一切特性。

　　再次打开素材文件，这是一幅建筑平面图。平面图中的窗户和阳台线都被绘制在了"墙线层"上，同时当前图层为"墙线层"，如图 7-55 所示。现在需要将该窗户和阳台线更改到"门窗层"上。

⚙ **实例引导** ——更改当前图层

Step01 ▶ 在"图层控制"下拉列表选择"门窗层"，将其设置为当前图层。

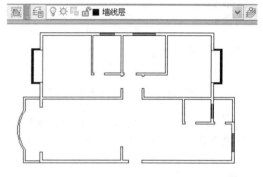

图 7-55

Step02 ▶ 单击【图层 II】工具栏上的"更改为当前图层"按钮 🖋。

Step03 ▶ 单击选择所有窗户和样条线。

Step04 ▶ 按【Enter】键，结果所有轮廓线被放置在了"轮廓线"层。

7.6 图形特性与特性匹配

　　图形特性与图层特性基本相同，都是指图形的颜色、线型、线宽等特性。在 AutoCAD 2014 建筑设计中，除了设置图层的特性之外，有时还需要设置图形的特性。另外，还可以将一个图形的特性匹配给其他图形。这一节就来学习设置图形特性与特性匹配的方法。

本节内容概览

知识点	功能 / 用途	难易度与应用频率
设置图形特性（P196）	● 设置图形的特性 ● 编辑完善图形	难易度：★★ 应用频率：★★★★★
特性匹配（P197）	● 将特性匹配给其他图形 ● 编辑完善图形	难易度：★★ 应用频率：★★★★★

7.6.1 设置图形特性

🖥 视频文件	专家讲堂 \ 第 7 章 \ 设置图形特性 .swf

　　图形特性是在【特性】对话框中进行设置的，单击【标准】工具栏上的"特性"按钮 🗐 打开【特性】窗口，该对话框包括【常规】、【三维效果】、【打印样式】、【视图】以及【其他】等卷展栏。展开各卷展栏，可分别设置图形的不同特性，如图 7-56 所示。

图 7-56

在 AutoCAD 建筑设计中，常用的特性主要是【常规】特性设置。下面我们就来学习【常规】特性设置的相关知识。由于篇幅所限，其他特性设置在此不再详细讲解。

首先绘制一个矩形，如图 7-57（左）所示。为了便于观察矩形的几何特性效果，单击菜单栏中的【视图】/【三维视图】/【西南等轴测】命令，将当前视图切换为西南视图。下面通过【特性】对话框来设置该矩形的厚度和宽度几何特性，结果如图 7-57（右）所示。

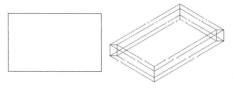

图 7-57

⚙️ **实例引导**——设置矩形的厚度和宽度特性

Step01 ▸ 在无命令执行的前提下选择矩形。

Step02 ▸ 在【特性】对话框中展开【常规】卷展栏。

Step03 ▸ 在【厚度】选项中输入厚度值"5"。

7.6.2　特性匹配

🖥️ **视频文件**　专家讲堂\第 7 章\特性匹配 .swf

【特性匹配】命令是将一个图形的特性匹配给另外一个图形，使这些图形拥有相同的特性。一般情况下，用于匹配的图形特性有线型、线宽、线型比例、颜色、图层、标高、尺寸和文本等。

继续上一节的操作，再次绘制一个多边形图形。下面我们将上一节创建的矩形的特性匹配给刚绘制的多边形。

Step04 ▸ 按【Enter】键，修改矩形的厚度特性，如图 7-58 所示。

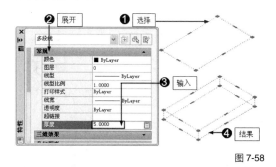

图 7-58

Step05 ▸ 继续展开【几何图形】卷展栏。

Step06 ▸ 在【全局宽度】选项框内输入"2"。

Step07 ▸ 按【Enter】键确认，修改矩形的宽度特性。

Step08 ▸ 按【Ecs】键取消夹点显示，矩形效果如图 7-59 所示。

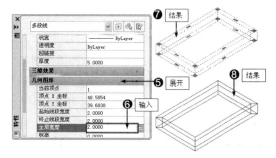

图 7-59

┃技术看板┃【特性】窗口在建筑设计中应用不多，由于篇幅限制，其他特性在此不再详细讲解，在后面的章节中我们将通过具体案例为您进行更详细的讲解。

⚙️ **实例引导**——特性匹配

Step01 ▸ 单击【标准】工具栏上的"特性匹配"按钮▦。

Step02 ▸ 单击选中矩形。

Step03 ▸ 单击选中右侧的多边形。

Step04 ▸ 按【Enter】键确认，结果矩形的宽度和厚度特性被匹配给多边形，如图 7-60 所示。

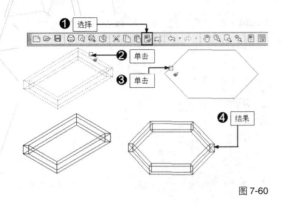

图 7-60

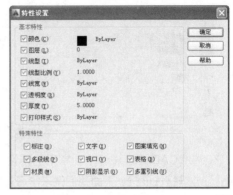

图 7-61

| **技术看板** | 系统默认状态下，使用【特性匹配】命令可以将源图形对象的所有特性匹配给目标对象，但是如果您只想将源图形对象的部分特性匹配给目标对象，则可以输入"S"并按【Enter】键，打开图 7-61 所示的【特性设置】对话框。在该对话框中，您可以根据需要选择需要匹配的基本特性和特殊特性。

其中，"颜色"和"图层"选项适用于除 OLE（对象链接嵌入）对象之外的所有对象，"线型"选项适用于除属性、图案填充、多行文字、OLE 对象、点和视口之外的所有对象，"线型比例"选项适用于除属性、图案填充、多行文字、OLE 对象、点和视口之外的所有对象。

7.7 快速选择

在 AutoCAD 建筑设计中，有时需要对多个图形元素进行编辑，例如删除设计图中所有尺寸标注、修改图形轮廓线颜色等。这时如果您还采用前面所学的选择图形的方法来选择图形的话，不仅费时费力，而且容易选错。这时您可以使用【快速选择】命令。该命令是一个快速构造选择集的高效制图工具，可以根据图形的类型、图层、颜色、线型、线宽等属性设定过滤条件，之后 AutoCAD 将自动进行筛选，最终过滤出符合设定条件的所有图形。这一节就来学习【快速选择】命令的操作方法。

本节内容概览

知识点	功能 / 用途	难易度与应用频率
认识【快速选择】对话框（P198）	● 认识【快速选择】对话框 ● 创建图形资源	难易度：★★ 应用频率：★★
实例（P200）	● 删除别墅立面图中的图案填充与尺寸标注	

7.7.1 认识【快速选择】对话框

📄 素材文件	素材文件 \ 别墅立面图 .dwg
💻 视频文件	专家讲堂 \ 第 7 章 \ 认识【快速选择】对话框 .swf

首先打开素材文件，这是一个别墅立面图，如图 7-62 所示。单击菜单栏中的【工具】/【快速选择】命令，打开【快速选择】对话框，如图 7-63 所示。

| **技术看板** | 您还可以通过以下方式打开该对话框。

♦ 在命令行输入"QSELECT"后按【Enter】键。

♦ 在绘图区单击鼠标右键，在弹出的快捷菜单中的"快速选择"选项。

♦ 单击【常用】选项卡中【实用工具】面板上

的"快速选择"按钮。

图 7-62

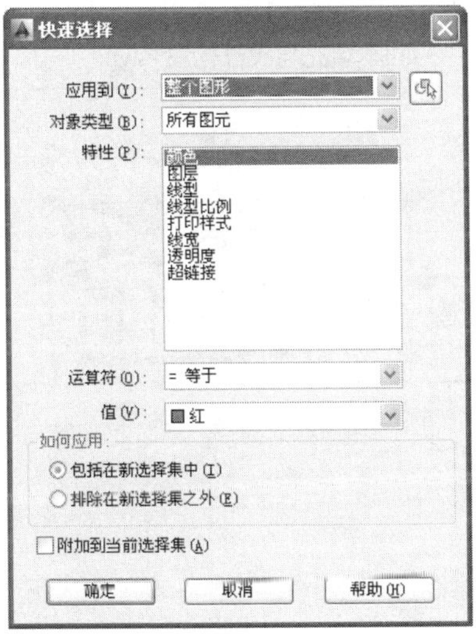

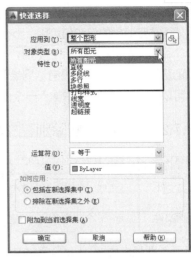

图 7-64

3. 三级过滤

三级过滤功能共包括【特性】、【运算符】和【值】3 个选项，如图 7-65 所示。

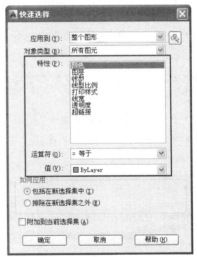

图 7-65

◆【特性】选项：用于指定过滤器的对象特性。在此文本框内包括选定对象类型的所有可搜索特性，选定的特性确定【运算符】和【值】中的可用选项。例如在【对象类型】下拉文本框中选择圆，【特性】窗口的列表框中就列出了圆的所有特性，从中选择一种用户需要的对象的共同特性。

◆【运算符】下拉列表：用于控制过滤的值的范围。根据选定的对象属性，其过滤值的范围分别是【= 等于】、【<> 不等于】、【> 大于】、【< 小于】和【全部选择】。

图 7-63

1. 一级过滤

【应用到】列表框属于快速选择的一级过滤功能，指定是否将过滤条件应用到整个图形或当前选择集，系统默认状态下为"整个图形"，表示对整个图形进行过滤；如果要创建当前选择集，则单击"选择对象"按钮 ，回到绘图区单击选择对象，然后按【Enter】键重新显示该对话框。AutoCAD 将【应用到】设置为【当前选择】，对当前已有的选择集进行过滤，只有当前选择集中符合过滤条件的对象才能被选择。

2. 二级过滤

【对象类型】列表框属于快速选择的二级过滤功能，用于指定要包含在过滤条件中的对象类型。如果过滤条件正应用于整个图形，那么【对象类型】列表包含全部的对象类型，包括自定义；否则，该列表只包含选定对象的对象类型，如图 7-64 所示。

♦【值】下拉列表：用于指定过滤器的特性值。如果选定对象的已知值可用，那么"值"成为一个列表，可以从中选择一个值；如果选定对象的已知值不存在或者没有达到绘图的要求，就可以在【值】文本框中输入一个值。

另外，在【如何应用】选项组中可以指定是否将符合过滤条件的对象包括在新选择集内或是排除在新选择集之外；勾选【附加到当前选择集】复选项，可以指定创建的选择集是替换当前选择集还是附加到当前选择集。

7.7.2　实例——删除别墅立面图中的图案填充与尺寸标注

📄 素材文件	素材文件 \ 别墅立面图 .dwg
✒️ 效果文件	效果文件 \ 第 7 章 \ 实例——删除别墅立面图中的图案填充与尺寸标注 .dwg
🖥️ 视频文件	专家讲堂 \ 第 7 章 \ 实例——删除别墅立面图中的图案填充与尺寸标注 .swf

打开"别墅立面图 .dwg"素材文件，快速删除别墅立面图中的所有图案填充与尺寸标注。

操作步骤

Step01 ▶ 单击菜单栏中的【工具】/【快速选择】命令，打开【快速选择】对话框。

Step02 ▶ 在"应用到"下拉列表中选择"整个图形"选项。

Step03 ▶ 在"对象类型"下拉列表中选择"所有图元"选项。

Step04 ▶ 在"特性"列表框中选择"图层"选项。

Step05 ▶ 在"值"下拉列表中选择"填充层"选项，如图 7-66 所示。

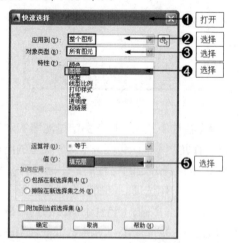

图 7-66

Step06 ▶ 单击 确定 按钮。此时所有图案填充被选择，如图 7-67 所示。

Step07 ▶ 按键盘上的【Delete】键，删除所有选择的对象，结果如图 7-68 所示。

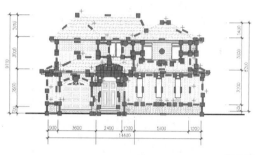

图 7-67

图 7-68

|练一练| 是不是觉得用这种方法选择和删除图形非常简单呢？下面尝试将别墅立面图中的尺寸标注选择并删除，使其效果如图 7-69 所示。

图 7-69

7.8 综合自测

7.8.1 软件知识检验——选择题

（1）当新建了一个图层后，按（   ）键可以连续新建图层。

A.【Enter】　　　　　B.【Shift】　　　　　C.【Ctrl】　　　　　D.【Alt】

（2）单击【图层特性管理器】对话框中的（   ）按钮可以新建图层。

A. 　　　　　B. 　　　　　C. 　　　　　D.

（3）特性与特性匹配的区别是（   ）。

A. 没有区别

B. 通过特性设置图形的各种特性，例如颜色、线型、线宽等，而特性匹配则可以将一个图形的特性匹配给另一个图形

C. 特性匹配可以设置图形的各种特性，例如颜色、线型、线宽等，而特性可以将一个图形的特性匹配给另一个图形

D. 特性匹配只能将图形的颜色和线型匹配给其他图形，而特性可以将图形所有特性匹配给其他图形

（4）单击主工具栏中的（   ）按钮可以打开【特性】窗口。

A. 　　　　　B. 　　　　　C. 　　　　　D.

（5）单击主工具栏中的（   ）按钮可以激活【特性匹配】命令。

A. 　　　　　B. 　　　　　C. 　　　　　D.

7.8.2 操作技能提升——规划管理建筑平面图

素材文件	素材文件 \ 建筑立面图 .dwg
视频文件	专家讲堂 \ 第 7 章 \ 操作技能提升——规划管理建筑平面图 .swf

打开"素材文件"目录下的"建筑立面图 .dwg"图形文件，如图 7-70 所示，我们发现该建筑立面图的所有图形元素都被绘制在了"0"图层上，这样不符合建筑设计图的绘图要求。下面新建合适的图层，将不同的图形元素放置在不同的图层上，以对该建筑立面图进行规划管理，结果如图 7-71 所示。

图 7-70

图 7-71

第8章
建筑设计技能提高——应用设计资源与创建特殊图形

在 AutoCAD 建筑设计中，为了加快设计速度，减小设计工作的强度，我们不可避免地会用到一些设计资源。这些设计资源并非凭空而来，需要我们事先创建并将其保存，然后将其应用到我们的建筑设计图中。另外，在建筑设计中还有一些特殊图形，这些特殊图形不能绘制，而是要通过其他方法来创建。这一章我们就来学习应用设计资源与创建特殊图形的方法。

｜第 8 章｜
建筑设计技能提高——应用设计资源与创建特殊图形

本章内容概览

知识点	功能 / 用途	难易度与应用频率
块（P203）	● 创建图形资源 ● 完善图形	难易度：★★ 应用频率：★★★★★
综合实例（P207）	● 为建筑平面图插入单开门	
属性（P212）	● 创建属性块 ● 编辑完善图形	难易度：★★★★ 应用频率：★★★★★
查看、管理与共享图形资源（P216）	● 查看图形资源 ● 共享图形资源	难易度：★★★★ 应用频率：★★★★★
图案填充（P219）	● 向图形内部填充图案 ● 编辑完善二维图形	难易度：★★★★ 应用频率：★★★★★
夹点编辑（P226）	● 通过夹点编辑二维图形 ● 编辑完善二维图形	难易度：★★ 应用频率：★★★★★
综合实例（P231）	● 绘制广场地面拼花轮廓 ● 填充广场地面拼花图	
综合自测（P235）	● 软件知识检验——选择题 ● 操作技能入门——创建标高符号属性块 ● 操作技能提升——在别墅立面图中插入标高符号	

8.1　块

所谓"块"，是指将多个图形或文字组合起来，形成单个对象的集合。"块"包括"内部块"和"外部块"两种类型。这两种类型的"块"，都可以应用在建筑设计图中。这一节就来学习图块的创建方法。

本节内容概览

知识点	功能 / 用途	难易度与应用频率
创建内部块资源（P203）	● 创建用于当前文件的图块 ● 创建图形资源	难易度：★★ 应用频率：★★★★★
疑难解答（P204）	● 如何判断一个图形是否是图块文件	
创建外部块资源（P205）	● 创建用于所有文件的图块 ● 创建图形资源	难易度：★★ 应用频率：★★★★★
疑难解答（P205）	● 能否将图形直接创建为外部块	
应用块资源（P206）	● 将创建的图块应用到文件中 ● 完善图形文件	难易度：★★ 应用频率：★★★★★

8.1.1　创建内部块资源

📄 素材文件	素材文件 \ 平面椅 .dwg
🖥 视频文件	专家讲堂 \ 第 8 章 \ 创建内部块资源 .swf

所谓"内部块"，是指在当前图形文件中创建的保存于当前文件中的图块。该图块只能供当前文件重复使用，而不能被外部图形应用。

首先打开素材文件，这是一个平面椅的平面图，如图 8-1 所示。下面我们将该平面椅平面图创建为一个内部块。

图 8-1

图 8-2 所示。

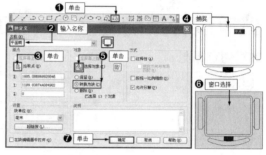

图 8-2

操作步骤

Step01▶ 单击【绘图】工具栏上的"创建块"按钮🔲，打开【块定义】对话框。

Step02▶ 在【名称】输入框输入块名"平面椅"。

┃技术看板┃ 图块名是一个不超过 255 个字符的字符串，可包含字母、数字、"$""-"及"_"等符号。

另外，您也可以通过以下方式打开【块定义】对话框。

♦ 单击菜单栏中的【绘图】/【块】/【创建】命令。
♦ 在命令行输入"BLOCK"或"BMAKE"后按【Enter】键。
♦ 使用快捷键"B"。

Step03▶ 单击"拾取点"按钮🔲，返回绘图区。

Step04▶ 捕捉平面椅上水平边的中点，以定义基点。

┃技术看板┃ 在定位图块的基点时，一般捕捉图形上的特征点，将特征点定义为基点。

Step05▶ 再次返回【块定义】对话框，勾选"转换为块"选项，然后单击"选择对象"按钮🔲。

Step06▶ 再次返回绘图区，窗口方式选择平面椅对象。

Step07▶ 按【Enter】键返回【块定义】对话框，单击 确定 按钮，结果所创建的图块保存在当前文件内。此块将会与文件一起存盘，如

┃技术看板┃ 在定义图块时，系统默认状态下，直接将源图形转换为图块文件。如果勾选"保留"单选项，定义图块后，源图形将保留，否则，源图形不保留。如果勾选"删除"选项，定义图块后，将从当前文件中删除选定的图形。另外，勾选"按统一比例缩放"复选项，那么在插入块时，仅可以对块进行等比缩放；勾选"允许分解"选项，插入的图块允许被分解。

┃技术看板┃

♦【名称】下拉列表框用于为新块赋名。
♦【基点】选项组主要用于确定图块的插入基点。在定义基点时，用户可以直接在【X:】、【Y:】、【Z:】文本框中键入基点坐标值，也可以在绘图区直接捕捉图形上的特征点。AutoCAD 默认基点为原点。
♦ 单击按钮"快速选择"按钮🔲，将弹出【快速选择】对话框，用户可以按照一定的条件定义一个选择集。
♦【转换为块】单选项用于将创建块的源图形转化为图块。
♦【删除】单选项用于将组成图块的图形对象从当前绘图区中删除。
♦【在块编辑器中打开】复选项用于定义完块后自动进入块编辑器窗口，以便对图块进行编辑管理。

8.1.2 疑难解答——如何判断一个图形是否是"块"

💻 视频文件　　疑难解答 \ 第 8 章 \ 疑难解答——如何判断一个图形是否是"块".swf

疑难： 如何判断一个图形是否是"块"？

解答：前面我们讲过，所谓"块"，是指将所有图形、文字等组合为一个对象。因此，单击一个组合图形的任何一个图元，即可将所有图形对象选择，这就表示该图形是一个"块"，而非"块"的图形，其各图元都是独立的，单击任意一个图元，其他图元并不能被选择。如图 8-3（左）所示，单击平面椅扶手，发现只有扶手被选择，这表示该图形不是"块"；如图 8-3（右）所示，单击平面椅扶手，

结果平面椅所有图元都被选择，这表示该图形是一个"块"。根据这一特征，就可以判断一个图形是否是"块"。

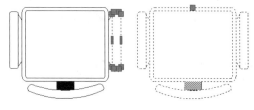

图 8-3

8.1.3　创建外部块资源

💻 视频文件　专家讲堂 \ 第 8 章 \ 创建外部块资源 .swf

内部块仅能供当前文件重复引用，为了弥补内部块的这一缺陷，AutoCAD 为用户提供了【写块】命令。使用此命令创建的图块，不但可以被当前文件重复使用，还可以供其他外部文件重复使用。下面将上一节创建的"平面椅"的内部块创建为外部块。

⚙ 操作步骤

Step01▶ 输入"W"，按【Enter】键，打开【写块】对话框。

Step02▶ 勾选"块"单选项。

Step03▶ 单击【块】下拉列表按钮，选择"平面椅"的内部块。

Step04▶ 单击【文件名或路径】文本列表框右侧的 … 按钮。

Step05▶ 打开【浏览图形文件】对话框。

Step06▶ 选择存储路径并为图块命名。

Step07▶ 单击 保存(S) 按钮将其保存。

Step08▶ 返回到【写块】对话框，单击 确定

按钮，将"平面椅"的内部块创建为外部块，以独立文件形式存盘，如图 8-4 所示。

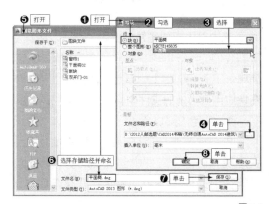

图 8-4

▌技术看板▐ 在默认状态下，系统将继续使用源内部块的名称作为外部块的名称进行存盘，您也可以重新对外部块命名，同时重新选择保存路径将外部块保存。

8.1.4　疑难解答——能否将图形直接创建为外部块

💻 视频文件　专家讲堂 \ 第 8 章 \ 能否将图形直接创建为外部块 .swf

疑难：除了将内部块创建为外部块之外，能否将一个非图块的图形创建为外部块？

解答：可以将任何图形创建为外部块，下面将"平面椅 .dwg"的素材文件直接创建为外部块。

⚙ 实例引导——将图形创建为外部块

Step01▶ 输入"W"，按【Enter】键，打开【写块】对话框。

Step02▶ 勾选"对象"单选项。

Step03▶ 定义基点。单击"拾取点"按钮 🔳 返

回绘图区。

Step04▶ 捕捉平面椅的上水平边的中点作为块的基点。

Step05▶ 按【Enter】键返回【创建块】对话框，勾选"转换为块"选项，然后单击"选择对象"按钮 🔍。

Step06▶ 返回绘图区，窗口方式选择平面椅图形。

Step07▶ 按【Enter】键返回【创建块】对话框，单击【文件名或路径】文本列表框右侧的 ... 按钮。

Step08▶ 打开【浏览图形文件】对话框，为图块选择存储路径并命名。

Step09▶ 单击 保存(S) 按钮将其保存。

Step10▶ 返回到【写块】对话框，单击 确定 按钮，将该图形创建为外部块，并以独立文件形式存盘，如图 8-5 所示。

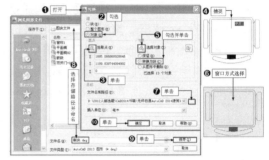

图 8-5

8.1.5 应用块资源

| 💻 视频文件 | 专家讲堂 \ 第 8 章 \ 应用块资源 .swf |

无论是内部块还是外部块，都可以将其应用到我们的设计图中。其应用方法相同，比较简单。下面我们将上一节定义的"平面椅"的图块应用到当前的文件中。

1. 应用内部块资源

内部块资源只能在当前文件中使用。也就是说，在哪个文件中创建的图块，该图块只能在该文件中使用，因此，其操作相对比较简单。

⚙ 实例引导 ——应用内部块资源

Step01▶ 单击【绘图】工具栏上的"插入块"按钮 🔲。

Step02▶ 打开【插入】对话框，在【名称】下拉列表中选择"平面椅"的图块名。

Step03▶ 单击 确定 按钮。

Step04▶ 返回绘图区，在合适位置拾取一点作为插入点。

Step05▶ 这样可将该图块文件应用到当前文件中，如图 8-6 所示。

| 技术看板 | 另外，您也可以通过以下方式打开【插入】对话框。

♦ 单击菜单栏中的【插入】/【块】命令。

♦ 在命令行输入"INSERT"后按【Enter】键。

♦ 使用快捷键"I"。

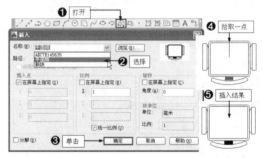

图 8-6

2. 应用外部块资源

与内部块资源不同，外部块资源可以在任何文件中使用。因此，其操作相对比较复杂。下面我们继续向当前文件中插入上一节创建的名为"新块"的外部块。

⚙ 操作步骤

Step01▶ 单击【绘图】工具栏上的"插入块"按钮 🔲，打开【插入】对话框。

Step02▶ 单击 浏览(B)... 按钮打开【选择图形文件】对话框。

Step03▶ 根据存储路径选择名为"新块"的外部块文件，如图 8-7 所示。

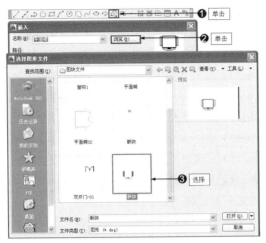

图 8-7

Step04 ▶ 单击 打开 ⓞ ▼ 按钮返回【插入】对话框。

Step05 ▶ 单击 确定 按钮，返回绘图区。

Step06 ▶ 在合适位置拾取一点作为插入点。

Step07 ▶ 这样可将该图块文件应用到当前文件中，如图 8-8 所示。

|技术看板| 在插入图块时，您可以在【比例】输入框内设置比例，调整插入的图块大小；勾选"统一比例"选项，则图块等比例缩放；取消该选项的勾选，则可以在【X:】、【Y:】、【Z:】输入框输入各自的比例进行调整。另外，取消

"在屏幕上指定"选项的勾选，则可以输入【X:】、【Y:】、【Z:】的坐标，将图块插入到指定的坐标点上。

图 8-8

除此之外，还可以设置插入的角度。例如，使图块按照 30° 的角度插入，这时可以在"旋转"选项输入旋转角度为 30。这样，插入后的图块文件会按照输入的角度进行旋转，如图 8-9 所示。

图 8-9

8.2　综合实例——为建筑平面图插入单开门

在建筑设计平面图中，单开门是不可缺少的建筑构件之一。这一节将向某建筑平面图中插入单开门，学习图块的创建与应用方法。

本节内容概览

知识点	功能 / 用途	难易度与应用频率
绘制单开门构件（P207）	● 绘制"单开门"图形 ● 创建图形资源	难易度：★★ 应用频率：★★★★★
创建"单开门"图块文件（P209）	● 将绘制的"单开门"文件创建为图块文件 ● 创建图形资源	难易度：★★ 应用频率：★★★★★
插入"单开门"图块文件（P210）	● 将"单开门"图块插入到平面图中 ● 完善图形文件	难易度：★★ 应用频率：★★★★★

8.2.1　绘制单开门构件图

📄 素材文件	效果文件 \ 第 3 章 \ 绘制阳台线 .dwg
✏️ 效果文件	效果文件 \ 第 8 章 \ 绘制单开门构件图 .dwg
💻 视频文件	专家讲堂 \ 第 8 章 \ 绘制单开门构件图 .swf

打开素材文件，这是一个建筑平面图。这一节在该文件中绘制单开门的构件图，如图 8-10 所示。

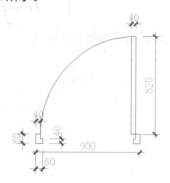

图 8-10

⚙ 操作步骤

1. 设置当前图层与捕捉模式

Step01 ▶ 单击"图层控制"下拉按钮，选择"0"图层，将其设置为当前图层，如图 8-11 所示。

图 8-11

Step02 ▶ 使用快捷键"SE"打开【草图设置】对话框。

Step03 ▶ 进入【对象捕捉】选项卡，设置捕捉模式，如图 8-12 所示。

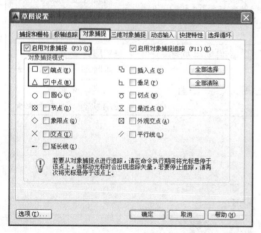

图 8-12

2. 绘制门垛

Step01 ▶ 使用快捷键"L"激活【直线】命令。

Step02 ▶ 在绘图区单击拾取一点。

Step03 ▶ 输入"@60,0"，按【Enter】键确认。

Step04 ▶ 继续输入"@0,80"，按【Enter】键确认。

Step05 ▶ 继续输入"@-40,0"，按【Enter】键确认。

Step06 ▶ 继续输入"@0,-40"，按【Enter】键确认。

Step07 ▶ 继续输入"@-20,0"，按【Enter】键确认。

Step08 ▶ 输入"C"，按【Enter】键闭合图形，结果如图 8-13 所示。

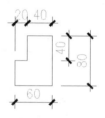

图 8-13

3. 镜像复制门垛

Step01 ▶ 使用快捷键"MI"激活【镜像】命令。

Step02 ▶ 窗口方式选择绘制的门垛，按【Enter】键确认。

Step03 ▶ 按住【Shift】键，同时单击鼠标右键，选择"自"选项。

Step04 ▶ 捕捉门垛的右下角点。

Step05 ▶ 输入"@-450,0"，按【Enter】键，指定镜像轴的第 1 点。

Step06 ▶ 输入"@0,1"，按【Enter】键，指定镜像轴的第 2 点。

Step07 ▶ 按【Enter】键，镜像结果如图 8-14 所示。

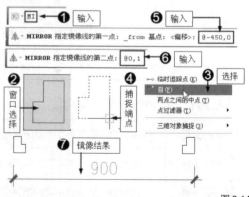

图 8-14

4. 绘制门轮廓线

Step01 ▶ 使用快捷键 "REC" 激活【矩形】命令。

Step02 ▶ 捕捉左侧门垛的右上端点。

Step03 ▶ 捕捉右侧门垛的端点。绘制过程及结果如图 8-15 所示。

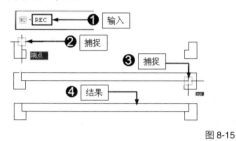

图 8-15

5. 旋转门轮廓线

Step01 ▶ 使用快捷键 "RO" 激活【旋转】命令。

Step02 ▶ 单击刚绘制的矩形，按【Enter】键确认。

Step03 ▶ 捕捉矩形的右上角点。

Step04 ▶ 输入 "-90"，按【Enter】键。旋转结果如图 8-16 所示。

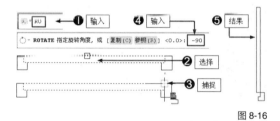

图 8-16

6. 绘制门的开启方向线

Step01 ▶ 使用快捷键 "ARC" 激活【圆弧】命令。

Step02 ▶ 输入 "C"，按【Enter】键，激活 "圆心" 选项，如图 8-17 所示。

图 8-17

Step03 ▶ 捕捉矩形右下角点，如图 8-18 所示。

Step04 ▶ 捕捉矩形右上角点，如图 8-19 所示。

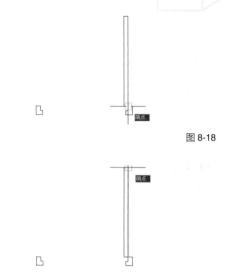

图 8-18

图 8-19

Step05 ▶ 捕捉左门垛右上端点，如图 8-20 所示。绘制结果如图 8-21 所示。

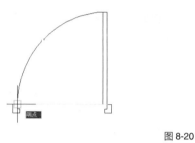

图 8-20

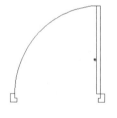

图 8-21

7. 保存

至此，单开门图形绘制完毕，将该图形命名保存。

8.2.2 创建 "单开门" 图块文件

📄 素材文件	效果文件 \ 第 8 章 \ 绘制单开门构件图 .dwg
🖊 效果文件	效果文件 \ 第 8 章 \ 创建单开门图块文件 .dwg
🖥 视频文件	专家讲堂 \ 第 8 章 \ 创建单开门图块文件 .swf

这一节将绘制好的单开门构件图创建为内部块和外部块,以方便当前文件和其他文件能重复使用该图块文件。

操作步骤

1. 创建内部块

首先将该单开门图形创建为内部块,以便在当前文件中插入该图块文件。

Step01 ▶ 使用快捷键"B"打开【块定义】对话框。

Step02 ▶ 在"名称"输入框中输入"单开门"。

Step03 ▶ 单击"拾取点"按钮 返回绘图区。

Step04 ▶ 捕捉门垛中点作为基点。

Step05 ▶ 再次返回【块定义】对话框,勾选"转换为块"单选项,并单击"选择对象"按钮 。

Step06 ▶ 再次返回绘图区,窗口方式选择单开门对象,如图 8-22 所示。

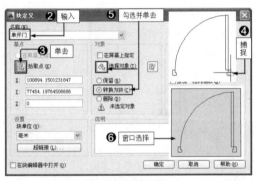

图 8-22

Step07 ▶ 按【Enter】键返回【块定义】对话框,单击 确定 按钮,完成内部块的创建。

2. 创建外部块

为了使该图块文件也能被其他文件使用,我们还需要将其创建为外部块。

Step01 ▶ 输入"W",按【Enter】键,打开【写块】对话框。

Step02 ▶ 勾选"块"单选项,并在其下拉列表中选择"单开门"的内部块。

Step03 ▶ 单击【文件名和路径】文本列表框右侧的 按钮。

Step04 ▶ 打开【浏览图形文件】对话框。

Step05 ▶ 选择存储路径并为图块命名。

Step06 ▶ 单击 保存(S) 按钮将其保存。

Step07 ▶ 返回到【写块】对话框,单击 确定 按钮,将"单开门"的内部块创建为外部块,以独立文件形式存盘,如图 8-23 所示。

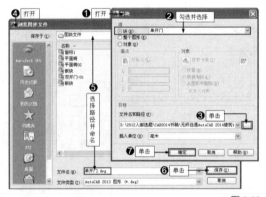

图 8-23

3. 保存

这样,内部块和外部块创建完毕,将该文件命名保存。

8.2.3　插入"单开门"图块文件

📄 素材文件	效果文件 \ 第 8 章 \ 绘制单开门图块文件 .dwg
✒ 效果文件	效果文件 \ 第 8 章 \ 插入单开门图块文件 .dwg
🖥 视频文件	专家讲堂 \ 第 8 章 \ 插入单开门图块文件 .swf

当创建好图块文件之后,就可以将创建的图块文件插入到当前文件中。这一节就向建筑平面图中插入"单开门"的图块文件。

操作步骤

Step01 ▶ 在"图层控制"下拉列表中设置"门

窗层"为当前图层。

Step02 ▶ 使用快捷键"I"打开【插入】对话框,在【名称】列表中选择"单开门"内部块。

Step03 ▶ 在"比例"选项中设置缩放比例。

Step04 ▶ 单击 确定 按钮返回绘图区,捕捉左上方门洞的右中点作为插入点将其插入，如图 8-24 所示。

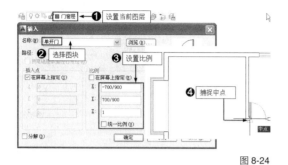

图 8-24

Step05 ▸ 按【Enter】键再次打开【插入】对话框，设置插入参数，将单开门插入到其他门洞位置，如图 8-25 ～图 8-29 所示。

图 8-25

图 8-26

图 8-27

图 8-28

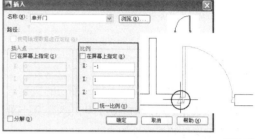

图 8-29

Step06 ▸ 使用快捷键"MI"激活【镜像】命令。

Step07 ▸ 单击插入的单开门图块文件，按【Enter】键确认。

Step08 ▸ 按住【Shift】键，同时单击鼠标右键，选择【两点之间的中点】命令，如图 8-30 所示。

图 8-30

Step09 ▸ 捕捉左下墙角点与右下墙角点，以定位镜像轴第 1 点，如图 8-31 所示。

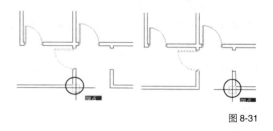

图 8-31

Step10 ▸ 输入"@0,1"，按【Enter】键确认，定位镜像轴的另一点。

Step11 ▸ 按【Enter】键确认，镜像结果如图 8-32

所示。

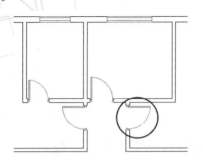

图 8-32

Step12 ▶ 至此，建筑平面图中的单开门插入完毕，调整视图查看效果，结果如图 8-33 所示。

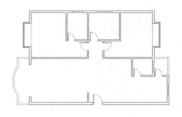

图 8-33

Step13 ▶ 最后将该文件命名保存。

8.3 属性

所谓"属性"，实际上是一种块的文字信息。它不能独立存在，而是附属于图块的一种非图形信息。在 AutoCAD 建筑设计中，建筑设计图中的轴编号、标高符号等就是一种属性块。这一节就来学习定义与编辑属性的方法。

本节内容概览

知识点	功能 / 用途	难易度与应用频率
定义属性（P212）	● 定义一个属性 ● 完善图形	难易度：★★ 应用频率：★★★★★
修改属性标记（P213）	● 修改属性的标记 ● 修改属性值	难易度：★★ 应用频率：★★★★★
定义属性块（P214）	● 将定义的属性创建为属性块 ● 标注图形	难易度：★★ 应用频率：★★★★★
编辑属性块（P215）	● 编辑属性值以及特性 ● 完善图形	难易度：★★ 应用频率：★★★★★
实例（P216）	● 为别墅立面图标注轴编号	

8.3.1 定义属性

💻 视频文件	专家讲堂 \ 第 8 章 \ 定义属性 .swf

这一节来定义标记为 X 的属性。

⚙️ **操作步骤**

1. 设置捕捉模式

Step01 ▶ 使用快捷键"SE"打开【草图设置】对话框。

Step02 ▶ 进入【对象捕捉】选项卡，勾选"启用对象捕捉"复选项。

Step03 ▶ 继续勾选"圆心"捕捉模式，单击 确定 按钮确认，如图 8-34 所示。

2. 绘制圆

Step01 ▶ 使用快捷键"C"激活【圆】命令。

Step02 ▶ 在绘图区拾取一点确定圆心。

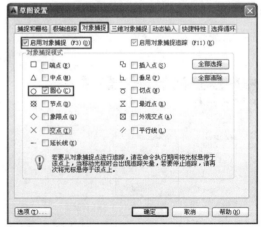

图 8-34

Step03 ▶ 输入"4"，按【Enter】键设置半径，绘制结果如图 8-35 所示。

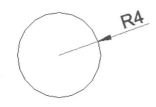

图 8-35

3. 定义属性

Step01 ▶ 使用快捷键"ATT"打开【属性定义】对话框。

Step02 ▶ 在"标记"输入框输入"X"。

Step03 ▶ 在"提示"输入框输入"输入编号："。

Step04 ▶ 在"默认"输入框输入"C"。

Step05 ▶ 在"对正"列表选择"正中"。

Step06 ▶ 在"文字样式"列表中选择"Standard"。

Step07 ▶ 设置"文字高度"为 5。

Step08 ▶ 设置"旋转"为 0，如图 8-36 所示。

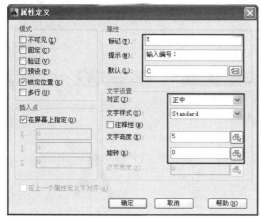

图 8-36

| **技术看板** | 【模式】选项组主要用于控制属性的显示模式，具体功能如下。

【不可见】复选项用于设置插入属性块后是否显示属性值。

【固定】复选项用于设置属性是否为固定值。

【验证】选项用于设置在插入块时提示确认属性值是否正确。

【预设】复选项用于将属性值定为默认值。

【锁定位置】复选项用于对属性位置进行固定。

【多行】复选项用于设置多行的属性文本。

另外，当您需要重复定义对象的属性时，可以勾选【在上一个属性定义下对齐（A）】选项，系统将自动沿用上次设置的各属性的文字样式、对正方式以及高度等参数的设置。

另外，您也可以通过以下方式激活【属性】命令。

♦ 单击菜单栏中的【绘图】/【块】/【定义属性】命令。

♦ 单击【常用】选项卡中【块】面板上的 🔖 按钮。

♦ 在命令行输入"ATTDEF"后按【Enter】键。

Step09 ▶ 单击 确定 按钮返回绘图区。

Step10 ▶ 捕捉圆心作为属性插入点，结果如图 8-37 所示。

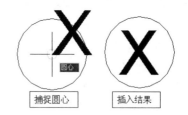

捕捉圆心　　　插入结果

图 8-37

8.3.2　修改属性标记

🖥 视频文件　｜　专家讲堂\第 8 章\修改属性标记.swf

当定义了属性后，可以根据具体需要对属性标记进行修改，其操作非常简单。下面将上一节定义的属性标记"X"修改为"A"，将默认值"C"修改为"X"。

⚙ 操作步骤

Step01 ▶ 双击定义的属性值"X"，打开【编辑属性定义】对话框。

Step02 ▶ 修改"标记"为"A"。

Step03 ▶ 修改"默认"为"X"。

Step04 ▶ 单击 确定 按钮确认。

Step05 ▶ 按【Enter】键结束操作，结果如图 8-38 所示。

| **技术看板** | 您也可以单击菜单栏中的【修改】/【对象】/【文字】/【编辑】命令，然后

单击属性值，打开【编辑属性定义】对话框，以修改属性标记。

图 8-38

| 练一练 | 下面自己尝试重新定义"标记"为 B 的属性，如图 8-39（左）所示，然后修改其"标记"为 C，如图 8-39（右）所示。

图 8-39

8.3.3　定义属性块与修改属性编号

💻 视频文件　专家讲堂 \ 第 8 章 \ 定义属性块与修改属性编号 .swf

与更改属性标记不同，定义属性块是指将创建的属性定义为属性块，以便在其他文件中重复使用。当定义属性块之后，可以对属性块进行实时编辑，例如更改属性的值、特性等。这一节将上一节定义的属性定义为属性块，再修改其属性编号。

⚙ **操作步骤**

1. 定义属性块

Step01▶ 使用快捷键"B"打开【块定义】对话框。

Step02▶ 在"名称"输入框将其命名为"编号"。

Step03▶ 单击"拾取点"按钮🔄返回绘图区。

Step04▶ 捕捉圆心作为块的基点，然后返回【块定义】对话框。

Step05▶ 单击"选择对象"按钮🔄再次返回绘图区。

Step06▶ 窗口方式选择属性。

Step07▶ 按【Enter】键返回【块定义】对话框，勾选"转换为块"单选项。

Step08▶ 此时，在对话框内出现图块的预览图标，如图 8-40 所示。

2. 修改属性编号

下面将上一节创建的属性块的编号"X"修改为"A"。

Step01▶ 单击【块定义】对话框中的 确定 按钮，打开【编辑属性】对话框。

Step02▶ 在"输入编号"输入框中重新输入"A"。

Step03▶ 单击 确定 按钮确认。

Step04▶ 结果创建了一个属性值为 A 的属性块，

如图 8-41 所示。

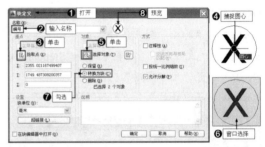

图 8-40

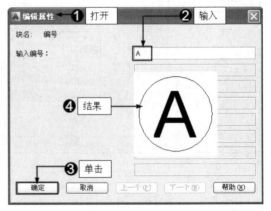

图 8-41

3. 定义外部属性块

与定义外部块相同，定义属性块之后，切记一定要将其定义为外部属性块。这样，就可以在其他文件中重复使用定义的属性块。定义外部属性块的方法与定义外部块的方法相同，在此不再赘述，自己尝试定义外部属性块。

8.3.4　编辑属性块

🖥 视频文件	专家讲堂 \ 第 8 章 \ 编辑属性块 .swf

可以对定义的属性块进行编辑，以修改其属性值、属性块特性与文字特性等。

⚙ **操作步骤**

1. 修改属性值

Step01▸ 双击创建的属性块，打开【增强属性编辑器】对话框。

Step02▸ 进入【属性】选项卡。

Step03▸ 修改属性值为 "C"，如图 8-42 所示。

图 8-42

┃技术看板┃ 您也可以单击菜单栏中的【修改】/【对象】/【属性】/【单个】命令，然后单击属性块打开【增强属性编辑器】对话框。另外，如果有多个属性需要编辑，则可以单击右上角的"选择块"按钮 🖱，返回绘图区单击要编辑的属性块，对其进行修改。

2. 修改属性的文字特性

属性的文字特性主要有文字字体、高度、对正方式、宽度引线、旋转角度及倾斜角度等。

Step01▸ 进入【文字选项】选项卡。

Step02▸ 在"文字样式"列表中选择文字样式。

Step03▸ 在"对正"列表中选择对正方式。

Step04▸ 在"高度"输入框中设置文字高度。

Step05▸ 在"旋转"输入框中设置文字的旋转角度。

Step06▸ 在"宽度因子"输入框中输入文字的宽度因子，例如设置宽度因子为 2。

Step07▸ 在"倾斜角度"输入框中设置文字的倾斜角度，例如设置倾斜角度为 45。

Step08▸ 此时属性的文字特性发生变化，如图 8-43 所示。

图 8-43

┃技术看板┃ 如果勾选"反向"选项，则会使文字反向，如图 8-44（左）所示；如果勾选"倒置"选项，则文字会倒置，如图 8-44（右）所示。

图 8-44

3. 修改属性块的特性

属性块的特性主要包括属性块所在的图层、线型、颜色、线宽等特性。进入【特性】选项卡，就可以设置属性块的这些特性，如图 8-45 所示。

图 8-45

8.3.5 实例——标注别墅立面图轴编号

📄 素材文件	素材文件 \ 别墅立面图 .dwg
✒ 效果文件	效果文件 \ 第 8 章 \ 实例——标注别墅立面图轴编号 .dwg
💻 视频文件	专家讲堂 \ 第 8 章 \ 实例——标注别墅立面图轴编号 .swf

标注轴编号是建筑设计图中不可缺少的重要内容。首先打开素材文件，这是一个别墅立面图，如图 8-46 所示。为该别墅立面图标注轴编号，效果如图 8-47 所示。

图 8-46

⚙ 操作步骤

Step01 ▸ 绘制轴编号圆。

Step02 ▸ 定义属性。

Step03 ▸ 定义属性块。

Step04 ▸ 编辑属性块。

Step05 ▸ 复制轴编号属性块。

Step06 ▸ 编辑轴编号文字属性。

Step07 ▸ 将文件命名保存。

详细的操作步骤请观看随书光盘中本节的视频文件"实例——标注别墅立面图轴编号 .swf"。

图 8-47

8.4 查看、管理与共享图形资源

当我们创建好各类图形资源后，可以通过【设计中心】来查看、管理和共享这些图形资源。这一节就来学习查看、管理、共享图形资源的方法。

本节内容概览

知识点	功能 / 用途	难易度与应用频率
认识【设计中心】窗口（P216）	● 认识【设计中心】窗口	难易度：★★ 应用频率：★★
在【设计中心】窗口查看图形资源（P217）	● 查看图形资源 ● 查看图形内部资源	难易度：★★ 应用频率：★★
共享图块资源（P218）	● 将图块应用到文件中 ● 完善图形文件	难易度：★★ 应用频率：★★★★

8.4.1 认识【设计中心】窗口

💻 视频文件	专家讲堂 \ 第 8 章 \ 认识【设计中心】窗口 .swf

【设计中心】窗口与 Windows 的资源管理器功能相似，您可以方便地在该窗口查看、共享图块资源。下面首先来认识【设计中心】窗口。

实例引导——打开【设计中心】窗口

Step01 ▶ 使用快捷键"ADC"打开【设计中心】窗口，如图 8-48 所示。

图 8-48

| 技术看板 | 打开【设计中心】窗口还有以下方式。

◆ 单击菜单栏中的【工具】/【选项板】/【设计中心】命令。

◆ 在命令行输入"ADCENTER"后按【Enter】键。

◆ 单击【标准】工具栏上的"设计中心"按钮 。

◆ 按【Ctrl+2】组合键。

　　该窗口共包括【文件夹】、【打开的图形】、【历史记录】3 个选项卡，分别用于显示计算机和网络驱动器上的文件与文件夹的层次结构、打开图形的列表、自定义内容等。

Step02 ▶ 进入【文件夹】选项卡，左侧为"树状管理视窗"，用于显示计算机或网络驱动器中文件和文件夹的层次关系；右侧为"控制面板"，用于显示在左侧树状视窗中选定文件的内容，如图 8-48 所示。

Step03 ▶ 进入【打开的图形】选项卡，该选项卡用于显示 AutoCAD 任务中当前所有打开的

图形，包括最小化的图形，如图 8-49 所示。

图 8-49

Step04 ▶ 进入【历史记录】选项卡，该选项卡可显示最近在设计中心打开的文件的列表。它可以显示【浏览 Web】对话框最近浏览过的 20 条地址的记录，如图 8-50 所示。

图 8-50

| 技术看板 | 除了以上 3 个选项卡之外，最上方位置是工具栏，主要包括"加载" 、"上一级" 、"搜索" 、"收藏夹" 、"主页" 、"树状图切换" 、"预览" 、"说明" 等按钮，单击这些按钮可以加载系统文件、预览当前文件以及进行搜索等操作。这些功能与 Windows 的资源管理器功能相似，在此不再详细讲解。

8.4.2　在【设计中心】窗口查看图块资源

💻 视频文件　专家讲堂 \ 第 8 章 \ 在【设计中心】窗口查看图块资源 .swf

　　可以在【设计中心】窗口查看本机或网络机上的 AutoCAD 文件夹资源、文件内部资源以及文件块资源，还可以直接打开图形文件。

实例引导——查看图块资源

1. 查看文件夹资源

Step01 ▶ 单击"文件夹"选项卡。

Step02 ▶ 在左侧树状窗口中单击需要查看的文件夹。

Step03 ▶ 在右侧窗口中即可查看该文件夹中的所有图形资源，如图 8-51 所示。

2. 查看文件内部资源

Step01 ▶ 在左侧树状窗口中单击需要查看的文件。

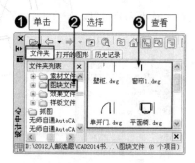

图 8-51

Step02 ▶ 在右侧窗口中即可查看该文件内部的
所有资源,如图 8-52 所示。

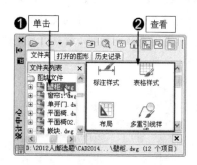

图 8-52

3. 查看文件块资源

文件块资源是指文件内部包含的图块文件。

Step01 ▶ 在左侧树状窗口中单击文件名前面的
"+"将其展开。

Step02 ▶ 在展开的下拉列表中选择"块"选项。

Step03 ▶ 在右侧窗口中查看该文件的所有图块,
如图 8-53 所示。

4. 打开 AutoCAD 文件

Step01 ▶ 在左侧树状窗口中选择需要打开的文

件路径。

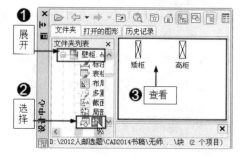

图 8-53

Step02 ▶ 在右侧窗口中右击需要打开的文件图标。

Step03 ▶ 选择"在应用程序窗口中打开"选项。

Step04 ▶ 在 AutoCAD 绘图窗口中打开文件,如
图 8-54 所示。

图 8-54

|技术看板| 按住【Ctrl】键在右侧窗口中
定位文件,然后将其直接拖动到绘图区域,
也可打开此图形文件。另外,在右侧窗口直
接将图形图标拖曳到应用程序窗口,以插入
的方式确定文件的插入点,然后设置文件的
缩放比例和旋转角度,将文件插入到当前文
件中。

8.4.3 共享图形资源

图块文件	图块文件 \ 平面椅 .dwg
视频文件	专家讲堂 \ 第 8 章 \ 共享图形资源 .swf

在【设计中心】窗口中,不但可以查看本
机上的所有设计资源,还可以将有用的图形资
源以及图形的一些内部资源应用到自己的图
纸中。下面将"图块文件"文件夹中的名为
"平面椅 .dwg"的图块文件共享到当前绘图
窗口中。

实例引导——共享图形资源

1. 共享图块资源

Step01 ▶ 进入【文件夹】选项卡。

Step02 ▶ 在左侧树状窗口中单击"图块文件"
文件夹。

Step03 ▶ 在右侧窗口中选择"平面椅 .dwg"文

件并单击鼠标右键。

Step04 ▶ 选择【插入为块】选项，如图 8-55 所示。

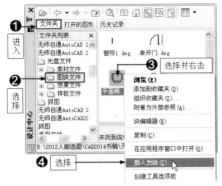

图 8-55

Step05 ▶ 打开【插入】对话框并设置参数。

Step06 ▶ 单击 确定 按钮。

Step07 ▶ 在绘图区单击确定插入点。

Step08 ▶ 将图形以块的形式共享到当前文件中，如图 8-56 所示。

图 8-56

2. 共享文件内部资源

除了共享图块资源之外，还可以共享图形的内部资源，例如文件内的文字样式、尺寸样式、图层以及线型等其他的图形资源。下面继续将"图块文件"文件夹中的"壁柜 .dwg"文件中"高柜"的块资源共享到当前文件中。

Step01 ▶ 在左侧树状窗口中选择"图块文件"文件夹，并单击名称前面的"+"将其展开。

Step02 ▶ 继续在左侧窗口中选择"壁柜 .dwg"文件，并单击前面的"+"将其展开。

Step03 ▶ 选择展开列表下的"块"选项，如图 8-57 所示。

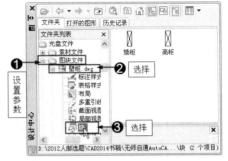

图 8-57

Step04 ▶ 在右侧窗口中选择"高柜"的内部资源文件并右击，选择【插入块】选项，如图 8-58 所示。

图 8-58

Step05 ▶ 打开【插入】对话框，设置参数。

Step06 ▶ 单击 确定 按钮。

Step07 ▶ 在绘图区单击，将该图形内部资源以块的形式共享到当前文件中，如图 8-59 所示。

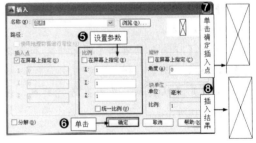

图 8-59

8.5 图案填充

在 AutoCAD 建筑设计中，有许多建筑图形不能绘制，需要通过图案填充来实现，例如建筑物地面、外墙装饰材料等。这一节就来学习图案填充的方法。

本节内容概览

知识点	功能 / 用途	难易度与应用频率
填充"预定义"图案（P220）	● 向图形中填充预定义图案 ● 编辑完善图形	难易度：★ 应用频率：★★★★★
认识预定义图案与设置（P220）	● 了解预定义图案 ● 设置预定义图案参数	难易度：★★ 应用频率：★★★★★
填充"用户定义"图案（P222）	● 填充用户定义的图案 ● 编辑完善图形	难易度：★★ 应用频率：★★★★★
实例（P223）	● 填充建筑平面图地面材质	
填充"渐变色"（P223）	● 向图形中填充渐变色 ● 编辑完善图形	难易度：★★ 应用频率：★★
孤岛检测（P224）	● 设置填充模式 ● 编辑填充区域	难易度：★★ 应用频率：★★★★★

8.5.1 填充"预定义"图案

💻 视频文件 | 专家讲堂 \ 第 8 章 \ 填充"预定义"图案 .swf

　　"预定义图案"是一种系统预设的较常用的一种图案，包含多种图案类型。您可以根据具体需要来选择不同的图案进行填充。

　　首先绘制一个矩形，然后为该矩形填充一种"预定义"图案。

⚙️ **实例引导**——填充"预定义"图案

Step01▶ 使用快捷键"H"打开【图案填充和渐变色】对话框。

Step02▶ 单击【图案填充】选项卡。

Step03▶ 单击"添加：拾取点"按钮⊞返回绘图区。

Step04▶ 在矩形内部单击拾取填充区域，填充区域以虚线显示。

Step05▶ 按【Enter】键返回【图案填充和渐变色】对话框，单击 确定 按钮。

Step06▶ 使用默认的预定义图案进行填充，效果如图 8-60 所示。

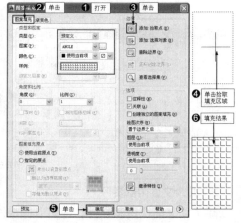

图 8-60

┃技术看板┃ 另外，您也可以通过以下方式激活【图案填充】命令。

♦ 单击菜单栏中的【绘图】/【图案填充】命令。

♦ 在命令行输入"BHATCH"后按【Enter】键。

♦ 单击【绘图】工具栏上的"图案填充"按钮▦。

8.5.2 认识"预定义"图案与设置

💻 视频文件 | 专家讲堂 \ 第 8 章 \ 认识"预定义"图案与设置 .swf

⚙️ **实例引导**——认识"预定义"图案

Step01▶ 单击【图案】列表右侧的"显示预定义图案"按钮⋯。

Step02▶ 打开【填充图案选项板】对话框。

Step03▶ 进入【其他预定义】图案选项卡，显示系统预设的"其他预定义"图案，如图 8-61 所示。

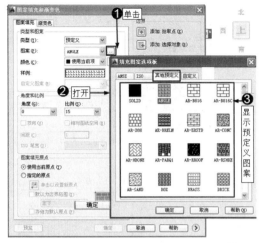

图 8-61

Step04 ▶ 单击【ANSI】选项卡，显示"ANSI"
类型的图案，如图 8-62 所示。

图 8-62

Step05 ▶ 单击【ISO】选项卡，显示"ISO"类
型的图案，如图 8-63 所示。

图 8-63

|技术看板| 单击"样例"按钮，同样可以
打开【填充图案选项板】对话框，然后进入各
选项卡，选择不同的图案，如图 8-64 所示。其
中，"ANSI"和"ISO"是两种行业标准的图案，
在填充时可以根据行业标准选择这两种图案进
行填充。

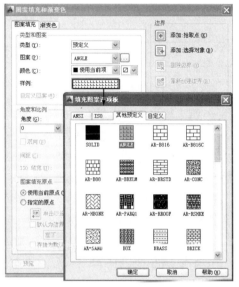

图 8-64

Step06 ▶ 单击"颜色"下拉按钮，设置一种图
案填充颜色，如图 8-65 所示。

图 8-65

Step07 ▶ 在"角度"输入框设置图案填充的角
度，在"比例"输入框设置图案填充的比例。

例如，设置填充角度为 60°，设置"比例"为 10，填充效果如图 8-66 所示。

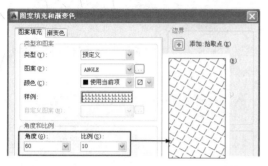

图 8-66

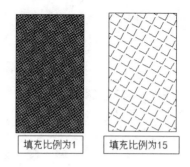

图 8-67

| **练一练** | 填充比例值越大，填充的图案越大，反之填充的图案越小。图 8-67 所示为比例为 1 和 15 时的填充效果。

| **练一练** | 相信通过以上的学习，掌握了预定义图案的填充技巧。下面向矩形内部继续填充如图 8-68 所示的其他预定义图案。

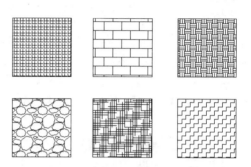

图 8-68

8.5.3 填充"用户定义"图案

🖥 视频文件 | 专家讲堂 \ 第 8 章 \ 填充"用户定义"图案 .swf

"用户定义"图案其实也是系统预设的一种图案。这种图案是由无数条平行线组成的一种图案，您可以根据自己的需要进行相关的设置。

首先绘制一个矩形，然后在该矩形内填充"用户定义"图案。

⚙ **实例引导**——填充"用户定义"图案

Step01 ▶ 使用快捷键"H"打开【图案填充和渐变色】对话框。

Step02 ▶ 在【图案填充】选项卡的【类型】下拉列表中选择"用户定义"选项。

Step03 ▶ 单击"添加：拾取点"按钮 ⊞ 返回绘图区。

Step04 ▶ 在矩形内部单击拾取填充区域，填充区域以虚线显示。

Step05 ▶ 按【Enter】键，返回【图案填充和渐变色】对话框，单击 确定 按钮。填充过程及结果如图 8-69 所示。

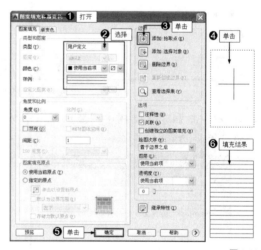

图 8-69

| **技术看板** | "用户定义"图案本身比较简单，系统默认状态下是由无数条平行线组成的一种图案，用户可以根据自己的需要进行相关的设置。例如，设置填充角度，使其平行线呈一定倾斜角；设置间距以增加平行线之间的间距等，

以获得更丰富的填充效果。勾选"双向"选项，则可以呈现双向的填充效果，如图 8-70 所示。

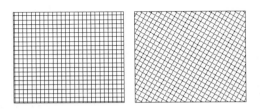

图 8-70

8.5.4　实例——填充建筑平面图地面材质

素材文件	效果文件 \ 第 8 章 \ 插入单开门图块文件 .dwg
效果文件	效果文件 \ 第 8 章 \ 实例——填充建筑平面图地面材质 .dwg
视频文件	专家讲堂 \ 第 8 章 \ 实例——填充建筑平面图地面材质 .swf

打开素材文件，这是我们前面章节插入了单开门图块文件的一个建筑平面图，如图 8-71（左）所示。下面为该建筑平面图填充地面材质，效果如图 8-70（右）所示。

图 8-71

操作步骤

Step01 ▶ 隐藏单开门图块文件。

Step02 ▶ 设置当前图层并封闭填充区域。

在进行图案填充时，最好将其填充到单独的图层中，这是绘图的基本要求。另外，图案只能填充在封闭的区域，因此，还需要将建筑平面图各房间进行封闭，使其成为一个单独空间。

Step03 ▶ 填充卧室与客厅实木地板图案。

Step04 ▶ 填充卫生间、阳台防滑地板图案。

Step05 ▶ 填充餐厅大理石图案。

Step06 ▶ 显示单开门图块文件。

Step07 ▶ 将文件命名保存。

详细的操作步骤请观看随书光盘中的视频文件"实例——填充建筑平面图地面材质 .swf"。

8.5.5　填充"渐变色"

视频文件	专家讲堂 \ 第 8 章 \ 填充"渐变色".swf

与图案不同，"渐变色"是由多种颜色组成的呈渐变效果的连续的颜色。"渐变色"填充包括单色和双色。单色就是一种颜色的填充，这种填充可以设置颜色的明暗度，生成单色明暗的渐变效果，而双色则是两种颜色的填充，如图 8-72 所示。

图 8-72

在 AutoCAD 建筑设计中，"渐变色"填充常用来表现建筑物外墙面装饰效果，首先绘制一个矩形，然后向矩形内填充单色渐变色和双色渐变色。

实例引导——填充"渐变色"

Step01 ▶ 使用快捷键"H"打开【图案填充和渐变色】对话框。

Step02 ▶ 进入【渐变色】选项卡，并勾选"单色"选项。

Step03 ▶ 单击"指定渐变颜色"按钮⋯打开【选择颜色】对话框。

Step04▶ 单击选择颜色，如图 8-73 所示。

图 8-73

｜技术看板｜ 在选择渐变颜色时，系统默认采用索引颜色。您也可以单击【真彩色】或者【配色系统】选项卡，使用这两种配色系统选择合适的渐变颜色，如图 8-74 所示。

Step05▶ 单击 确定 按钮回到【图案填充和渐变色】对话框。

Step06▶ 拖动右侧的按钮调整颜色的明暗。

Step07▶ 单击"添加：拾取点"按钮，返回绘图区。

Step08▶ 在矩形内部单击确定填充区域。

Step09▶ 按【Enter】键返回【图案填充和渐变色】对话框，单击 确定 按钮。填充效果如图 8-75 所示。

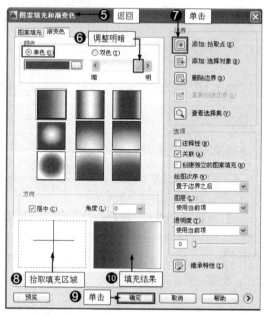

图 8-75

｜技术看板｜ 勾选"双色"选项，依照前面的操作方法选择合适的颜色，并选择填充类型、设置填充角度等，可使用双色进行填充。该操作比较简单，自己尝试操作看看。

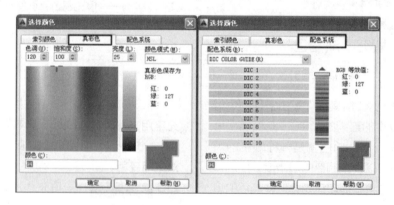

图 8-74

8.5.6 孤岛检测

💻 视频文件 ｜ 专家讲堂\第8章\孤岛检测.swf

顾名思义，"孤岛"就是指在一个边界包围的区域内又定义了另外一个边界。利用孤岛，可以实现对两个边界之间的区域进行填充，而内边界包围的内区域不填充。

单击【图案填充和渐变色】对话框右下角的 ◀ 按钮，展开更多选项设置，如图 8-76 所示。

图 8-76

在【孤岛显示样式】选项组，系统提供了"普通""外部"和"忽略"3 种方式。其中，"普通"方式是从最外层的外边界向内边界填充，第一层填充，第二层不填充，如此交替进行；"外部"方式只填充从最外边界向内第一边界之间的区域；"忽略"方式忽略最外层边界以内的其他任何边界，以最外层边界向内填充全部图形。

首先绘制图 8-77 所示的图形，依照前面的操作选择填充图案并设置相关参数。然后可以分别使用这 3 种孤岛显示样式对图形进行填充。

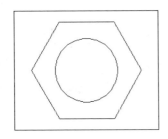

图 8-77

| 练一练 | 明白孤岛检测的作用了后，下面尝试分别使用"外部"和"忽略"两种样式继续对图形进行填充，其效果如图 8-78 所示。

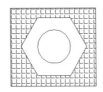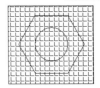

图 8-78

| 技术看板 | 孤岛检测中的其他选项设置如下。

（1）"添加：拾取点"按钮 用于在填充区域内部拾取任意一点，AutoCAD 将自动搜索到包含该内点的区域边界，并以虚线显示边界。您可以连续地拾取多个要填充的目标区域。如果选择了不需要的区域，此时可单击鼠标右键，从弹出的快捷菜单中选择"放弃上次选择/拾取"或"全部清除"命令。

（2）"添加：选择对象"按钮 用于直接选择需要填充的单个闭合图形，作为填充边界。

（3）"删除边界"按钮 用于删除位于选定填充区内但不填充的区域。

（4）"查看选择集"按钮 用于查看所确定的边界。

（5）"继承特性"按钮 用于在当前图形中选择一个已填充的图案，系统将继承该图案类型的一切属性并将其设置为当前图案。

（6）"关联"复选项与"创建独立的图案填充"复选项用于确定填充图形与边界的关系，分别用于创建关联和不关联的填充图案。

（7）"注释性"复选项用于为图案添加注释特性。

（8）"绘图次序"下拉列表用于设置填充图案和填充边界的绘图次序。

（9）"图层"下拉列表用于设置填充图案的所在层。

（10）"透明度"列表用于设置填充图案的透明度，拖曳下侧的滑块可以调整透明度值，设置透明度后的图案显示效果。

（11）"边界保留"选项用于设置是否保留填充边界。系统默认设置为不保留填充边界。

（12）"允许的间隙"选项用于设置填充边界的允许间隙值，处在间隙值范围内的非封闭区域也可填充图案。

（13）【继承选项】选项组用于设置图案填充的原点，即使用当前原点还是使用源图案填充的原点。

8.6 夹点编辑

夹点编辑操作非常简单，但功能非常强大，是编辑图形不可缺少的操作技能之一。这一节就来学习编辑夹点的方法。

本节内容概览

知识点	功能 / 用途	难易度与应用频率
关于夹点编辑（P226）	● 了解夹点 ● 了解夹点编辑的含义	难易度：★ 应用频率：★ ★
通过夹点复制图形（P227）	● 通过夹点复制图形 ● 创建多个相同的图形对象	难易度：★ 应用频率：★ ★ ★ ★ ★
通过夹点移动图形（P227）	● 通过夹点移动图形 ● 调整图形对象的位置	难易度：★ 应用频率：★ ★ ★ ★ ★
通过夹点旋转图形（P228）	● 通过夹点旋转图形 ● 编辑完善二维图形	难易度：★ 应用频率：★ ★ ★
通过夹点旋转复制图形（P228）	● 通过夹点旋转复制图形 ● 创建多个二维图形对象	难易度：★ 应用频率：★ ★ ★ ★ ★
通过夹点缩放图形（P229）	● 通过夹点缩放图形 ● 调整图形对象大小	难易度：★ 应用频率：★ ★ ★ ★ ★
通过夹点缩放复制图形（P229）	● 通过夹点缩放复制图形 ● 编辑完善二维图形	难易度：★ 应用频率：★ ★ ★ ★ ★
通过夹点镜像图形（P230）	● 通过夹点镜像图形 ● 编辑完善二维图形	难易度：★ 应用频率：★ ★ ★ ★ ★
通过夹点镜像复制图形（P230）	● 通过夹点镜像复制图形 ● 编辑完善二维图形	难易度：★ 应用频率：★ ★ ★ ★ ★

8.6.1 关于夹点编辑

🖥 **视频文件** | 专家讲堂 \ 第 8 章 \ 关于夹点编辑 .swf

在学习此功能之前，首先了解两个概念："夹点"和"夹点编辑"。所谓"夹点"，是指在没有命令执行的前提下选择图形，那么这些图形上会显示一些蓝色实心的小方框，这些蓝色小方框就是图形的夹点。不同的图形结构，其夹点个数及位置不同，如图 8-79 所示。

图 8-79

"夹点编辑"就是将多种修改工具组合在一起，通过编辑图形上的这些夹点，来达到快速编辑图形的目的。

夹点编辑图形时，单击任意一个夹点，该夹点显示红色，我们将其称为"夹基点"或者"热点"，如图 8-80 所示。

图 8-80

此时单击鼠标右键，可打开夹点编辑菜单，如图 8-81 所示。此夹点菜单中共有两类夹点命令。第一类夹点命令为一级修改菜单，包括【移动】、【旋转】、【缩放】、【镜像】、【拉伸】命令，这些命令是平级的，用户可以通过单击菜单中的各命令编辑图形。

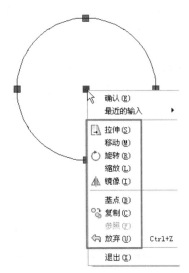

图 8-81

第二类夹点命令为二级选项菜单，如【基点】、【复制】、【参照】、【放弃】等，不过这些选项菜单在一级修改命令的前提下才能使用。

| **技术看板** | 如果用户要将多个夹点作为夹基点，并且保持各选定夹点之间的几何图形完好如初，需要在选择夹点时按住【Shift】键，再点击各夹点使其变为夹基点；如果要从显示夹点的选择集中删除特定对象也要按住【Shift】键。另外，当进入夹点编辑模式后，在命令行输入各夹点命令及各命令选项进行夹点编辑图形时，用户连续敲击【Enter】键，系统可循环执行【移动】、【旋转】、【缩放】、【镜像】、【拉伸】这 5 种命令及各命令选项，也可以通过键盘快捷键 "MI""MO""RO""ST""SC" 循环选取这些模式。

8.6.2　通过夹点复制图形

🖵 视频文件　｜　专家讲堂 \ 第 8 章 \ 通过夹点复制图形 .swf

通过夹点可以复制图形，其结果类似于使用【复制】命令复制图形。首先绘制一个圆，下面使用夹点编辑对其进行复制。

⚙ 操作步骤

Step01 ▶ 在没有任何命令发出的情况下单击圆，使其夹点显示。

Step02 ▶ 单击圆心位置的夹点进入夹点编辑模式，然后单击鼠标右键，选择右键菜单中的【复制】命令。

Step03 ▶ 移动光标到合适位置单击进行复制。

Step04 ▶ 按【Enter】键结束操作，然后按【Esc】键退出夹点模式，结果如图 8-82 所示。

| **技术看板** | 夹点复制对象时，既可以移动光标到合适位置后单击进行复制，也可以通过

输入下一点坐标进行复制，其方法与使用【复制】工具复制图形相同。

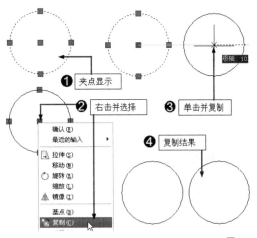

图 8-82

8.6.3　通过夹点移动图形

🖵 视频文件　｜　专家讲堂 \ 第 8 章 \ 通过夹点移动图形 .swf

可以通过夹点来移动图形，其操作与使用【移动】工具移动图形相同。首先绘制一条直线，在直线左端绘制一个矩形，如图 8-83（上）所示。下面使用夹点编辑将矩形移动到直线右端位置，如图 8-83（下）所示。

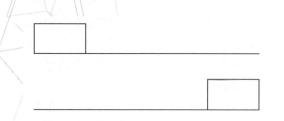

图 8-83

操作步骤

Step01 ▶ 在没有任何命令发出的情况下，单击矩形使其夹点显示。

Step02 ▶ 单击矩形右下位置的夹点，进入夹点编辑模式。然后单击鼠标右键并选择右键菜单中的【移动】命令。

Step03 ▶ 捕捉直线右端点作为目标点。

Step04 ▶ 按【Enter】键结束操作，然后按【Esc】键退出夹点模式，结果如图 8-84 所示。

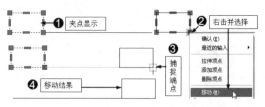

图 8-84

| 技术看板 | 夹点移动对象时，既可以移动光标到合适位置后单击进行移动，也可以通过输入下一点坐标进行移动，其方法与使用【移动】工具移动图形相同。

8.6.4 通过夹点旋转图形

💻 视频文件　专家讲堂 \ 第 8 章 \ 通过夹点旋转图形 .swf

夹点旋转是指通过夹点编辑来旋转图形，其操作与使用【旋转】工具旋转图形相同。首先绘制一个矩形，如图 8-85（左）所示。下面使用夹点编辑将矩形顺时针旋转 30°，如图 8-85（右）所示。

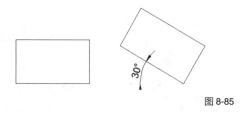

图 8-85

操作步骤

Step01 ▶ 在没有任何命令发出的情况下，单击矩形使其夹点显示。

Step02 ▶ 单击矩形右夹点进入夹点编辑模式，然后单击鼠标右键，选择右键菜单中的【旋转】命令。

Step03 ▶ 输入 "-30"，设置旋转角度。

Step04 ▶ 按【Enter】键旋转图形，然后按【Esc】键退出夹点模式，如图 8-86 所示。

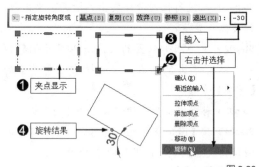

图 8-86

8.6.5 通过夹点旋转复制图形

💻 视频文件　专家讲堂 \ 第 8 章 \ 通过夹点旋转复制图形 .swf

夹点旋转复制图形是指通过夹点编辑来旋转复制图形，其操作与使用【旋转】工具旋转复制图形相同。首先绘制一个矩形，如图 8-87（左）所示。下面使用夹点编辑将矩形顺时针旋转 30° 并进行复制，如图 8-87（右）所示。

操作步骤

Step01 ▶ 在没有任何命令发出的情况下，单击矩形使其夹点显示。

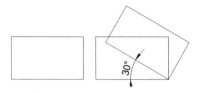

图 8-87

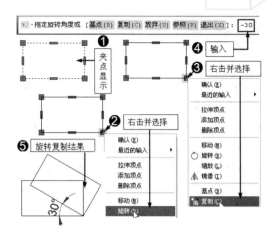

Step02 ▶ 单击矩形右夹点并单击右键，选择【旋转】命令。

Step03 ▶ 再次单击鼠标右键，选择【复制】命令。

Step04 ▶ 输入"−30"，设置旋转角度。

Step05 ▶ 按 2 次【Enter】键结束操作，然后按【Esc】键退出夹点模式，如图 8-88 所示。

图 8-88

8.6.6　通过夹点缩放图形

📺 视频文件	专家讲堂＼第 8 章＼通过夹点缩放图形 .swf

夹点缩放图形是指通过夹点编辑来缩放图形，其操作与使用【缩放】工具缩放图形相同。首先绘制一个半径为 100mm 的圆，如图 8-89（左）所示。下面使用夹点编辑将圆放大至 1.5 倍，结果如图 8-89（右）所示。

键，选择【缩放】命令。

Step03 ▶ 输入"1.5"，设置缩放比例。

Step04 ▶ 按【Enter】键缩放图形，然后按【Esc】键退出夹点模式，结果如图 8-90 所示。

图 8-89

🛠 操作步骤

Step01 ▶ 在没有任何命令发出的情况下，单击圆使其夹点显示。

Step02 ▶ 单击圆的上象限点夹点并单击鼠标右

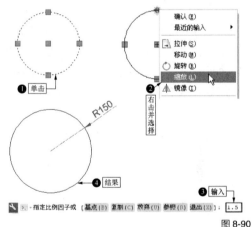

图 8-90

8.6.7　通过夹点缩放复制图形

📺 视频文件	专家讲堂＼第 8 章＼通过夹点缩放复制图形 .swf

与夹点旋转复制图形相同，在夹点缩放图形的同时也可以对图形进行缩放复制。首先绘制一个半径为 100mm 的圆，如图 8-91（左）所示。下面使用夹点编辑将圆放大至 1.5 倍进行复制，结果如图 8-91（右）所示。

图 8-91

⚙️ **操作步骤**

Step01 ▶ 在没有任何命令发出的情况下，单击圆使其夹点显示。

Step02 ▶ 单击圆心位置的夹点并单击鼠标右键，选择【缩放】命令。

Step03 ▶ 再次单击鼠标右键，选择【复制】命令。

Step04 ▶ 输入"1.5"，设置缩放比例。

Step05 ▶ 按 2 次【Enter】键，缩放复制图形，然后按【Esc】键退出夹点模式，结果如图 8-92所示。

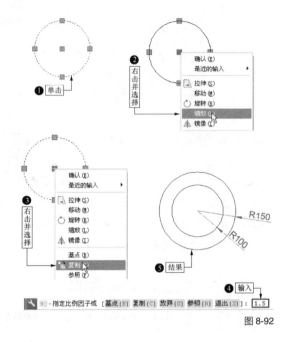

图 8-92

8.6.8 通过夹点镜像图形

📄 素材文件	素材文件 \ 平面椅 01.dwg
💻 视频文件	专家讲堂 \ 第 8 章 \ 通过夹点镜像图形 .swf

　　夹点镜像图形是指通过夹点编辑对图形进行镜像。打开素材文件，这是一把平面椅子的图形，如图 8-93（左）所示。下面使用夹点编辑对椅子进行水平镜像，结果如图 8-93(右)所示。

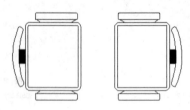

图 8-93

⚙️ **操作步骤**

Step01 ▶ 在没有任何命令发出的情况下，以窗口方式选择平面椅，使其夹点显示。

Step02 ▶ 单击平面椅右垂直边的夹点并单击鼠标右键，选择【镜像】命令。

Step03 ▶ 向下引出 270°的方向矢量，然后单击拾取一点作为镜像轴的另一点，以镜像图形。

Step04 ▶ 按【Esc】键退出夹点模式，结果如图 8-94 所示。

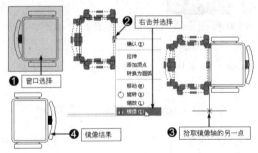

图 8-94

8.6.9 通过夹点镜像复制图形

📄 素材文件	素材文件 \ 平面椅 01.dwg
💻 视频文件	专家讲堂 \ 第 7 章 \ 通过夹点镜像复制图形 .swf

除了夹点镜像图形之外，还可以夹点镜像复制图形，其效果与使用【镜像】工具镜像图形相同。打开素材文件，这是一把平面椅子的图形，如图 8-95（左）所示。下面使用夹点编辑对椅子进行水平镜像复制，结果如图 8-95（右）所示。

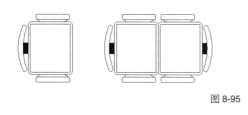

图 8-95

⚙ 操作步骤

Step01 ▶ 在没有任何命令发出的情况下，采用窗口方式选择平面椅，使其夹点显示。

Step02 ▶ 单击平面椅右垂直边的夹点并单击鼠标右键，选择【镜像】命令。

Step03 ▶ 继续单击鼠标右键并选择【复制】命令。

Step04 ▶ 向下引导光标并单击拾取镜像轴另一点，镜像图形。

Step05 ▶ 按【Enter】键结束操作，按【Esc】键退出夹点模式，如图 8-96 所示。

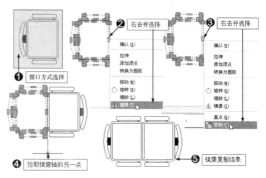

图 8-96

| 技术看板 | 不管是夹点镜像还是夹点镜像复制图形，镜像轴的选择是关键。您可以根据镜像和镜像复制的需要来选择镜像轴，其操作与使用【镜像】命令镜像图形相同，在此不再赘述。

8.7　综合实例——绘制广场地面拼花

在建筑设计中，地面拼花是建筑场景中常见的一种装饰图案，主要用于室内大堂地面或者室外广场地面等。这一节综合运用本章所学的知识，绘制图 8-97 所示的广场地面拼花图形。

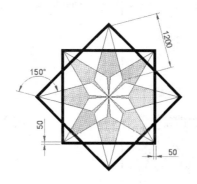

图 8-97

本节内容概览

知识点	功能 / 用途	难易度与应用频率
绘制广场地面拼花轮廓（P232）	● 绘制拼花轮廓图	难易度：★★ 应用频率：★★★★★
填充广场地面拼花图（P235）	● 填充拼花图图案 ● 完善拼花图	难易度：★★ 应用频率：★★

8.7.1 绘制广场地面拼花轮廓

效果文件	效果文件 \ 第 8 章 \ 绘制广场地面拼花轮廓 .dwg
视频文件	专家讲堂 \ 第 8 章 \ 绘制广场地面拼花轮廓 .swf

这一节绘制图 8-98 所示的地面拼花轮廓。

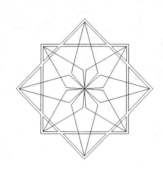

图 8-98

图 8-100

操作步骤

1. 设置捕捉模式

Step01▶ 使用快捷键"SE"打开【草图设置】对话框。

Step02▶ 勾选【端点】捕捉模式。

Step03▶ 单击 确定 按钮，如图 8-99 所示。

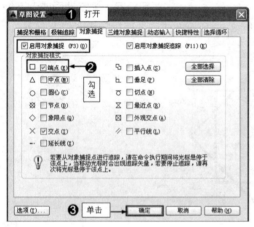

图 8-99

2. 绘制直线

Step01▶ 使用快捷键"L"激活【直线】命令。

Step02▶ 在绘图区单击拾取一点。

Step03▶ 向下引出 270°的方向矢量，输入"1200"，按【Enter】键确认，结果如图 8-100 所示。

3. 夹点旋转复制

Step01▶ 在无命令执行的前提下选择垂直线段，使其夹点显示。

Step02▶ 单击上侧夹点进入夹基点，然后单击鼠标右键并选择【旋转】命令。

Step03▶ 再次单击鼠标右键并选择【复制】命令。

Step04▶ 输入"15"，按【Enter】键确认。

Step05▶ 输入"-15"，按【Enter】键确认。

Step06▶ 按【Enter】键结束操作，再按【Esc】键退出夹点模式，如图 8-101 所示。

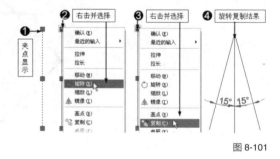

图 8-101

4. 删除多余图线

Step01▶ 在无命令执行的情况下选择垂直线段使其夹点显示。

Step02▶ 按【Delete】键将夹点显示的线段删除，如图 8-102 所示。

5. 夹点镜像复制

Step01▶ 分别单击两条线段使其夹点显示。

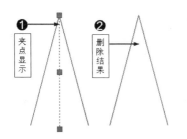

图 8-102

Step02▶ 按住【Shift】键依次单击下侧两个夹点，将其转换为夹基点，如图 8-103 所示。

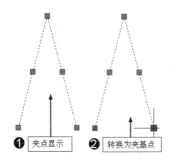

图 8-103

┃技术看板┃ 当单击夹点后，夹点显示为红色，我们将其称为"夹基点"或"热点"，此时就进入了夹点编辑模式。

Step03▶ 松开【Shift】键，然后单击选择右侧的夹基点，并单击鼠标右键并选择【镜像】命令。

Step04▶ 继续单击鼠标右键并选择【复制】命令。

Step05▶ 捕捉左侧的夹基点。

Step06▶ 按【Enter】键结束操作，结果如图 8-104 所示。

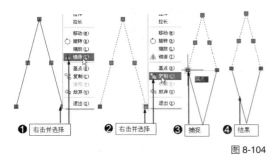

图 8-104

6. 夹点拉伸

Step01▶ 按【Esc】键取消夹点显示，然后单击下方两条线段使其夹点显示。

Step02▶ 单击最下侧的夹点作为基点，并向上引导光标。

Step03▶ 输入"800"，按【Enter】键进行拉伸。拉伸结果如图 8-105 所示。

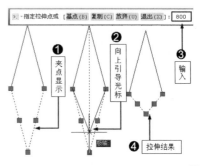

图 8-105

7. 夹点旋转复制

Step01▶ 单击所有图线使其夹点显示。

Step02▶ 单击最下侧的夹点并单击鼠标右键，然后选择【旋转】命令。

Step03▶ 继续单击鼠标右键并选择【复制】命令，如图 8-106 所示。

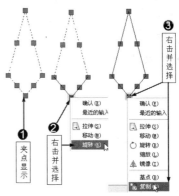

图 8-106

Step04▶ 输入"90"，按【Enter】键确认。

Step05▶ 输入"180"，按【Enter】键确认。

Step06▶ 输入"270"，按【Enter】键确认。

Step07▶ 按【Enter】键结束操作，结果如图 8-107 所示。

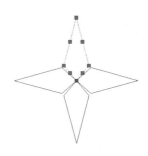

图 8-107

8. 夹点缩放复制图形

Step01▶ 按【Esc】键取消对象的夹点显示，然后单击所有图线使其夹点显示。

Step02▶ 单击中心位置的夹点并单击鼠标右键，

然后选择【缩放】命令。

Step03▶ 继续单击鼠标右键并选择【复制】命令，如图 8-108 所示。

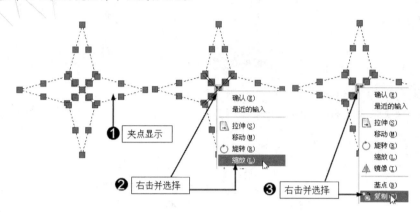

图 8-108

Step04▶ 输入 "0.9"，按【Enter】键确认。

Step05▶ 按【Enter】键结束操作，再按【Esc】键取消夹点显示，结果如图 8-109 所示。

9. 夹点旋转图形

Step01▶ 夹点显示内部所有图形，如图 8-110 所示。

Step02▶ 单击中心位置的夹点并单击鼠标右键，然后选择【旋转】命令。

Step03▶ 输入 "45"，按【Enter】键进行旋转。

Step04▶ 按【Esc】键取消夹点显示，结果如图 8-111 所示。

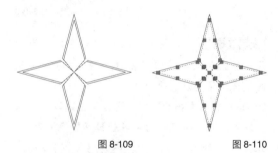

图 8-109　　　　图 8-110

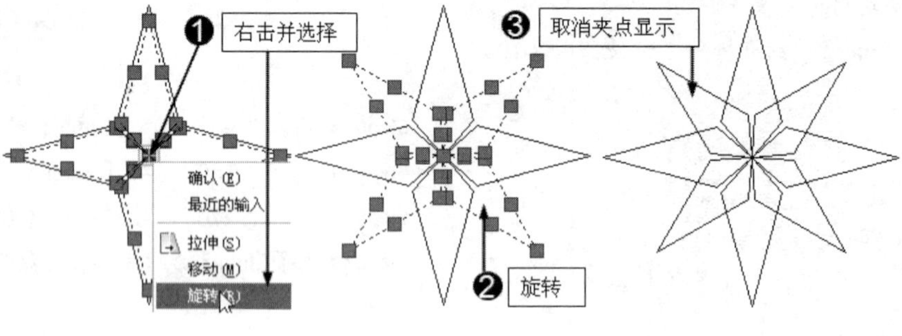

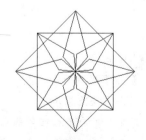

图 8-111

10. 绘制外轮廓线

Step01▶ 使用快捷键 "PL" 激活【多段线】命令。

Step02▶ 分别捕捉地面拼花图的各端点，绘制拼花外轮廓线，如图 8-112 所示。

11. 偏移外轮廓线

Step01▶ 使用快捷键 "O" 激活【偏移】命令。

图 8-112

Step02 ▶ 输入"50"，按【Enter】键，设置偏移距离。

Step03 ▶ 将绘制的两条外轮廓线向外偏移 50 个绘图单运，结果如图 8-113 所示。

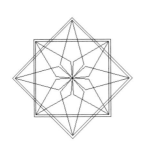

图 8-113

12. 修剪外轮廓线

Step01 ▶ 使用快捷键"TR"激活【修剪】命令。

Step02 ▶ 对偏移后的外轮廓线进行修剪，修剪结果如图 8-114 所示，详细操作过程请观看随书光盘中的视频讲解。

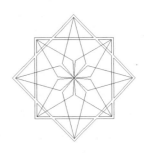

图 8-114

13. 保存

至此，广场地面拼花轮廓图绘制完毕，将该图形命名保存。

8.7.2　填充广场地面拼花图

📄 素材文件	效果文件 \ 第 8 章 \ 绘制广场地面拼花轮廓 .dwg
✒ 效果文件	效果文件 \ 第 8 章 \ 填充广场地面拼花图 .dwg
🖥 视频文件	专家讲堂 \ 第 8 章 \ 填充广场地面拼花图 .swf

这一节填充广场地面拼花图，对其进行完善，结果如图 8-115 所示。

操作步骤

Step01 ▶ 填充外轮廓颜色。

Step02 ▶ 填充拼花内部颜色。

Step03 ▶ 将文件命名保存。

详细的操作步骤请读者观看随书光盘中的视频文件"填充广场地面拼花图 .swf"。

图 8-115

8.8　综合自测

8.8.1　软件知识检验——选择题

（1）关于夹点，说法正确的是（　　）。

A．夹点是图形的特征点

B．在没有任何命令发出的情况下选择图形时，图形特征点以蓝色显示，这就是夹点

C．所有图形其夹点数是相同的

D．一条直线有 2 个夹点，即直线的起点和端点

（2）关于夹点编辑，说法正确的是（　　）。

A．将各种图形编辑命令组合在一起，通过编辑图形的夹点来编辑图形，就是夹点编辑

B．夹点移动时，其实就是移动图形

C. 夹点镜像图形与使用【镜像】命令镜像图形的效果完全相同

D. 夹点旋转时可以对图形进行旋转复制

（3）关于图块，说法正确的是（　　）。

A. 图块就是绘制的图形

B. 图块就是将多个图形或文字组合起来，形成单个对象的集合

C. 在当前文件中创建的图块可以应用到所有文件中

D. 图块文件不可以被分解

（4）关于内部块和外部块，说法正确的是（　　）。

A. 内部块只能在当前图形中应用

B. 外部块只能在当前图形中应用

C. 内部块和外部块没有区别，都可以应用到任何文件中

D. 外部块只能应用到当前文件中，而内部块可以在任何文件中应用

8.8.2　操作技能入门——创建标高符号属性块

📄 素材文件	效果文件 \ 第 8 章 \ 实例——标注别墅立面图轴编号块 .dwg
✒ 效果文件	效果文件 \ 第 8 章 \ 操作技能入门——创建标高符号属性块 .dwg
🖥 视频文件	专家讲堂 \ 第 8 章 \ 操作技能入门——创建标高符号属性块图 .swf

打开素材文件，根据图示尺寸，在"其他层"中绘制一个标高符号，定义其属性，然后将其创建为"标高符号"的属性块，如图 8-116 所示。

8.8.3　操作技能提升——在别墅立面图中插入标高符号

📄 素材文件	效果文件 \ 第 8 章 \ 操作技能入门——创建标高符号属性块 .dwg
✒ 效果文件	效果文件 \ 第 8 章 \ 操作技能提升——在别墅立面图中插入标高符号 .dwg
🖥 视频文件	专家讲堂 \ 第 8 章 \ 操作技能提升——在别墅立面图中插入标高符号 .swf

将创建的标高符号属性块复制到别墅立面图右侧的轴线尺寸上，然后修改属性值，在别墅立面图中插入标高符号，如图 8-117 所示。

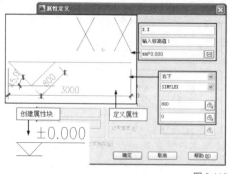

图 8-116

图 8-117

第 9 章
建筑设计图的参数化——标注尺寸

在 AutoCAD 建筑设计中，绘制的建筑设计图仅能体现建筑物的内、外部结构特征，只有对建筑设计图进行参数化，才能表达建筑设计图各图形之间的相互位置关系与详细信息。所谓参数化，其实就是为建筑设计图标注尺寸。这一章我们就来学习标注建筑设计图尺寸的方法。

建筑设计图的参数化——标注尺寸

本章内容概览

知识点	功能 / 用途	难易度与应用频率
关于尺寸标注（P238）	● 了解尺寸标注的内容 ● 标注图形尺寸	难易度：★ 应用频率：★★★★★
设置尺寸标注样式（P239）	● 设置标注样式 ● 标注图形尺寸	难易度：★★★ 应用频率：★★★★★
编辑标注样式（P246）	● 对尺寸标注进行编辑 ● 完善尺寸标注	难易度：★★★★ 应用频率：★★★★★
"线性"标注（P248）	● 标注两点之间的水平、垂直尺寸	难易度：★★★ 应用频率：★★★★★
"对齐"标注（P253）	● 标注与对象对齐的尺寸 ● 标注图形尺寸	难易度：★★★ 应用频率：★★★★★
"连续"标注（P254）	● 标注连续的尺寸 ● 标注图形尺寸	难易度：★★★ 应用频率：★★★★★
"快速"标注（P256）	● 快速标注多个点之间的尺寸 ● 标注图形尺寸	难易度：★★★ 应用频率：★★★★★
编辑标注（P259）	● 编辑尺寸标注 ● 修改尺寸标注	难易度：★★★ 应用频率：★★★★★
综合实例（P263）	● 标注建筑平面图尺寸	
综合自测（P268）	● 软件知识检验——选择题 ● 操作技能提升——标注建筑平面图尺寸	

9.1 关于尺寸标注

首先了解什么是尺寸标注。尺寸标注就是标注出图形的长度、宽度尺寸以及角度等相关参数。尺寸标注分为"尺寸"和"标注"两部分。"尺寸"就是通过测量得到的图形的实际尺寸，如矩形的长度、宽度、圆的半径、线的长度等；"标注"就是将测量得到的图形的这些尺寸精确地标注在图形上。这一节首先学习尺寸标注的相关知识，为后面学习标注图形尺寸奠定基础。

本节内容概览

知识点	功能 / 用途	难易度与应用频率
尺寸标注的具体内容（P238）	● 了解尺寸标注的内容	难易度：★ 应用频率：★★
实例（P239）	● 标注矩形长度和宽度尺寸	

9.1.1 尺寸标注的具体内容

🖳 视频文件　专家讲堂\第 9 章\尺寸标注的具体内容 .swf

一般情况下，尺寸标注是由"标注文字""尺寸线""尺寸界线"和"尺寸起止符号"4 部分组成，如图 9-1 所示。

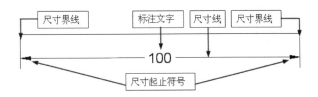

图 9-1

（1）标注文字：用于表明对象的实际测量值，一般由阿拉伯数字与相关符号表示。

（2）尺寸线：用于表明标注的方向和范围，一般用直线表示。

（3）尺寸起止符号：用于指出测量的开始位置和结束位置。

（4）尺寸界线：从被标注的对象延伸到尺寸线的短线。

9.1.2 实例——标注矩形长度与宽度尺寸

🖥 视频文件 | 专家讲堂\第 9 章\实例——标注矩形长度与宽度尺寸 .swf

根据前面所学知识，绘制一个 100mm × 50mm 的矩形，如图 9-2（左）所示。下面我们来标注该矩形长度和宽度的尺寸，结果如图 9-2（右）所示。

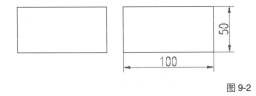

图 9-2

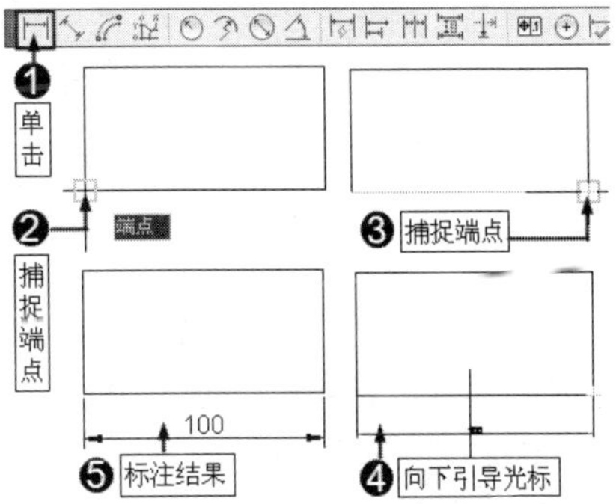

⚙ **操作步骤**

在标注矩形长度和宽度尺寸时，一定要设置捕捉模式，一般情况下可设置"端点"捕捉模式。只有设置了捕捉模式才能进行精确捕捉。有关捕捉设置请参阅本书前面章节的相关内容，在此不再赘述。

Step01 ▶ 单击【标注】工具栏上的"线性"按钮 ⊢。

Step02 ▶ 捕捉矩形的左下端点。

Step03 ▶ 捕捉矩形的右下端点。

Step04 ▶ 向下引导光标。

Step05 ▶ 在合适位置单击确定尺寸线的位置，结果如图 9-3 所示。

图 9-3

| 技术看板 | 另外，您也可以通过以下方式执行【线性】命令。

◆ 单击菜单【标注】/【线性】命令。

◆ 在命令行输入"DIMLINEAR"或"DIMLIN"后按【Enter】键。

| 练一练 | 下面尝试依照相同的方法，标注矩形宽度尺寸，结果如图 9-4 所示。

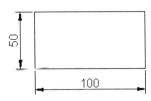

图 9-4

9.2 设置尺寸标注样式

在标注尺寸前，首先需要设置尺寸标注样式。所谓"尺寸标注样式"，就是指标注尺寸时的文字字体、尺寸线颜色、尺寸界限大小、箭头类型、标注精度等一系列内容。只有先设置尺寸标注样式，才能标注出符合图形设计要求的尺寸。这一节就来学习尺寸标注样式的设置方法。

本节内容概览

知识点	功能 / 用途	难易度与应用频率
新建标注样式（P240）	● 新建标注样式	难易度：★ 应用频率：★★★
设置"尺寸线"与"尺寸界线"（P241）	● 设置标注尺寸线和尺寸界线的特性	难易度：★ 应用频率：★★★★★
设置"符号和箭头"（P242）	● 设置标注符号和箭头样式	难易度：★ 应用频率：★★★★★
设置"文字"（P243）	● 设置标注文字样式及特性	难易度：★ 应用频率：★★★★★
设置"调整"内容（P244）	● 调整标注样式比例等参数	难易度：★ 应用频率：★★★★★
设置"主单位"（P245）	● 设置标注样式的主单位	难易度：★ 应用频率：★★★★★

9.2.1 新建标注样式

🖥 视频文件　专家讲堂\第9章\新建标注样式.swf

在 AutoCAD 中，您可以在【标注样式管理器】对话框中进行新建新的标注样式，修改已有的标注样式等操作。

⚙ **实例引导**——新建名为"建筑标注"的标注样式

Step01▶ 单击【标注】工具栏中的"标注样式"按钮。

Step02▶ 打开【标注样式管理器】对话框，如图 9-5 所示。

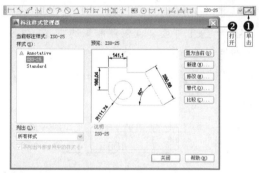

图 9-5

｜技术看板｜ 打开【标注样式管理器】对话框还有以下方式。

♦ 执行菜单栏中的【标注】或【格式】/【标注

样式】命令。

♦ 在命令行输入"DIMSTYLE"后按【Enter】键。

♦ 使用快捷键"D"。

Step03▶ 单击 新建(N)... 按钮。

Step04▶ 打开【创建新标注样式】对话框。

Step05▶ 在【新样式名】输入框中输入"建筑标注"，如图 9-6 所示。

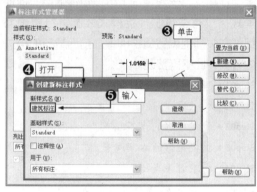

图 9-6

Step06▶ 单击【创建新标注样式】对话框中的 继续 按钮。

Step07▶ 打开【新建标注样式：建筑标注】对话框，如图 9-7 所示。

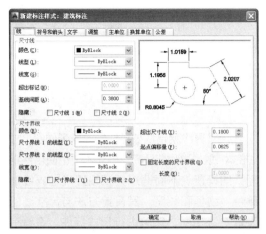

图 9-7

Step08 ▶ 单击 ▨确定▨ 按钮返回【标注样式管理

器】对话框，此时新建了一个名为"建筑标注"的标注样式，如图 9-8 所示。

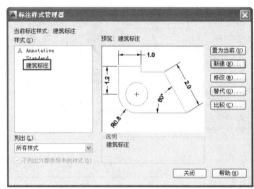

图 9-8

9.2.2　设置"尺寸线"与"尺寸界线"

尺寸线是用于表明标注的方向和范围的线，尺寸界线则是从被标注的对象延伸到尺寸线的短线。

当新建"建筑标注"样式后，单击【创建新标注样式】对话框中的 ▨继续▨ 按钮打开【新建标注样式：建筑标注】对话框，进入【线】选项卡，即可设置尺寸线和尺寸界线的线型、颜色、超出尺寸线的距离等相关参数，如图 9-9 所示。

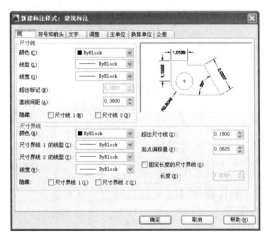

图 9-9

一般情况下，尺寸线的颜色、线型、线宽等参数可以使用系统默认的"ByBlock"或者

"ByLayer"，这表示将使用"随块"设置或者"随层"设置。所谓"随块"，就是使用当前块的属性；所谓"随层"，就是与当前图层的特性保持一致。也可以重新对这些选项进行设置。下面分别设置尺寸线的颜色、线型、线宽，然后看看标注结果有什么不同。

⚙ **实例引导**——设置"尺寸线"的特性

Step01 ▶ 在【颜色】下拉列表中设置尺寸线的颜色为红色。

Step02 ▶ 在【线型】下拉列表中选择"Continuous"线型。

Step03 ▶ 在【线宽】下拉列表中设置线宽为 0.3mm。

Step04 ▶ 此时在右侧的预览窗口即可显示标注结果，如图 9-10 所示。

｜技术看板｜ 尺寸线颜色、线型、线宽的设置方法与前面章节所讲解的图层颜色、线型、线宽的设置方法相同，在此不再赘述。

另外，可以单击"超出标记"微调按钮，设置尺寸线超出尺寸界线的长度；单击"基线间距"微调按钮，设置在基线标注时两条尺寸线之间的距离。有关基线标注，将在后面章节进行详细讲解。在"隐藏"选项，勾选"尺寸线1"或者"尺寸线2"选项，可以隐藏尺寸线1或者尺寸线2，如图 9-11 所示。

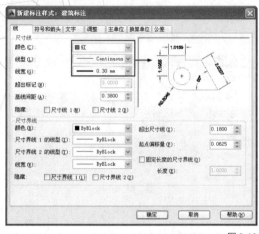

图 9-10

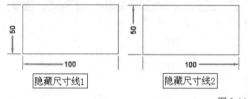

图 9-11

尺寸界线就是从被标注的对象延伸到尺寸线的短线。一般情况下，尺寸界线也使用系统默认的设置。下面请您尝试设置尺寸界线的颜色、线型和线宽，其设置方法与尺寸线的设置方法相同，然后进行尺寸标注，看看有什么变化。

9.2.3 设置"符号和箭头"

视频文件	专家讲堂\第 9 章\设置"符号和箭头".swf

进入【符号和箭头】选项卡，设置"箭头""圆心标记""弧长符号"和"半径折弯标注"等参数，如图 9-12 所示。

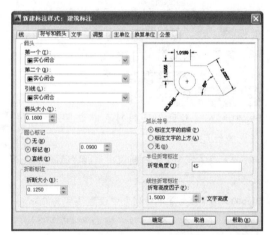

图 9-12

实例引导 ——"符号和箭头"设置

一般情况下，在建筑设计中，尺寸标注有专用的箭头。另外，您也可以重新定义用户箭头。

Step01 ▶ 单击"第一个"下拉按钮。

Step02 ▶ 选择尺寸标注的第一个箭头类型为"建筑标记"，如图 9-13 所示。

Step03 ▶ 当设置【第一个】选项后，【第二个】选项将自动设置为"建筑标记"。

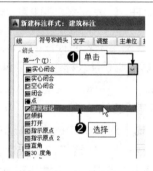

图 9-13

Step04 ▶ 在【引线】下拉列表中选择"点"作为引线的箭头，如图 9-14 所示。

图 9-14

技术看板 "引线"是指引线标注时所使用的箭头；"引线"标注是一端带有箭头，另一端标注文字的特殊标注。有关引线标注，将在后面章节进行详细讲解。

Step05 ▶ 单击"箭头大小"微调按钮，设置箭头的大小。如图 9-15 所示，左图箭头大小为

0.18，右图箭头大小为 0.5。

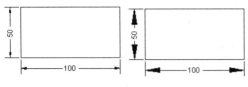

图 9-15

Step06▶ 在"圆心标记"选项中设置是否为圆添加圆心标记，勾选"标记"选项。

Step07▶ 单击后面的微调按钮设置标记大小为 2.5，然后确认并关闭该对话框。

Step08▶ 单击【标注】工具栏中的"圆心标记"按钮 ⊙。

Step09▶ 单击圆，为圆添加圆心标记。结果如图 9-16 所示。

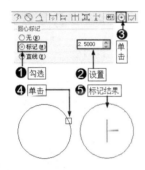

图 9-16

9.2.4　设置"文字"

💻 视频文件 ┃ 专家讲堂＼第 9 章＼设置"文字".swf

文字是尺寸标注中的重要内容，也是尺寸标注的核心。进入【文字】选项卡，设置文字的外观、位置以及对齐方式，如图 9-18 所示。

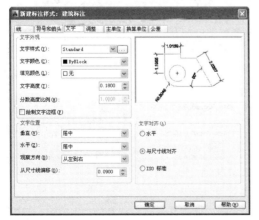

图 9-18

Step10▶ 在【折断标注】选项下的【折断大小】输入框中设置打断标注的大小，"打断标注"将在后面进行详细讲解。

Step11▶【弧长符号】选项组设置是否添加"弧长"符号。所谓"弧长"，是指标注圆弧的弧长。

❖ 勾选"标注文字的前缀"单选项，表示弧长符号添加在标注文字的前面，如图 9-17（左）所示。

❖ 勾选"标注文字的上方"单选项，表示弧长符号添加在文字的上方，如图 9-17（中）所示。

❖ 勾选"无"单选项，表示不添加弧长符号，如图 9-17（右）所示。

图 9-17

⚙️ **实例引导** ——设置"文字"

Step01▶ 在【文字样式】列表框中选择标注文字的样式。

Step02▶ 在【文字颜色】列表框中设置标注文字的颜色，一般选择默认设置。

Step03▶ 在【填充颜色】列表框中设置尺寸文本的背景色，一般选择"无"。

Step04▶ 单击"文字高度"微调按钮设置标注文字的高度。

Step05▶ 单击"分数高度比例"微调按钮设置标注分数的高度比例。只有在选择分数标注单位时，此选项才可用。

Step06▶ 勾选"绘制文字边框"复选框，为标注文字加上边框，如图 9-19 所示。

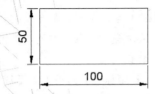

图 9-19

| 技术看板 | 在选择文字样式时，单击右端的 按钮，打开【文字样式】对话框，如图 9-20 所示，用于新建或修改文字样式。有关文字样式的设置将在下一章进行详细介绍，在此不做详细讲解。

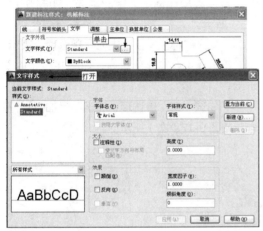

图 9-20

Step07 ▶ 在【垂直】列表框中设置标注文字相对于尺寸线垂直方向的放置位置，一般情况下选择"居中"。

Step08 ▶ 在【水平】列表框中设置标注文字相对于尺寸线水平方向的放置位置，一般情况下选择"居中"。

Step09 ▶ 在【观察方向】列表框中设置标注文字的观察方向，一般选择"从左到右"。

Step10 ▶ 单击"从尺寸线偏移"微调按钮，设置标注文字与尺寸线之间的距离。

Step11 ▶ 勾选"水平"单选项，设置标注文字以水平方向放置。

Step12 ▶ 勾选"与尺寸线对齐"单选项，设置标注文字与尺寸线平行的方向放置。

Step13 ▶ 勾选"ISO标准"单选项，当文字在尺寸界线内时，文字与尺寸线对齐；当文字在尺寸界线外时，文字水平排列，如图 9-21 所示。

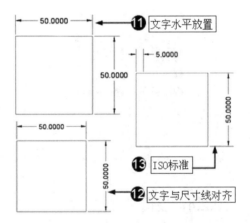

图 9-21

9.2.5 设置"调整"内容

🖥 视频文件 | 专家讲堂\第9章\设置"调整"内容.swf

进入【调整】选项卡，用于设置标注文字与尺寸线、尺寸界线等的相对位置，如图 9-22 所示。

⚙ **实例引导** ——"调整"设置

Step01 ▶ 勾选"文字或箭头（最佳效果）"选项，系统自动调整文字与箭头的位置，使二者达到最佳效果。

Step02 ▶ 勾选"箭头"单选项，将箭头移到尺寸界线外，如图 9-23 所示。

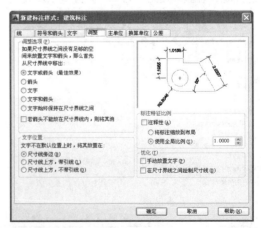

图 9-22

图 9-23

Step03 ▶ 勾选"文字"单选项，将文字移到尺寸界线外，如图 9-24 所示。

图 9-24

Step04 ▶ 勾选"文字和箭头"单选项，将文字与箭头都移到尺寸界线外，如图 9-25 所示。

图 9-25

Step05 ▶ 勾选"文字始终保持在尺寸界线之间"选项，将文字始终放置在尺寸界线之间，如图 9-26 所示。

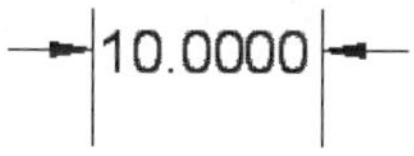

图 9-26

Step06 ▶ 勾选"若箭头不能放在尺寸界线内，则将其消"单选项，则如果尺寸界线内没有足够的空间，则不显示箭头，如图 9-27 所示。

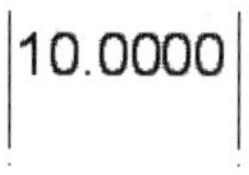

图 9-27

Step07 ▶ 勾选"尺寸线旁边"单选项，将文字放置在尺寸线旁边，如图 9-28 所示。

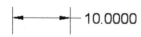

图 9-28

Step08 ▶ 勾选"尺寸线上方，带引线"选项，将文字放置在尺寸线上方，并加引线，如图 9-29 所示。

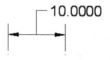

图 9-29

Step09 ▶ 勾选"尺寸线上方，不带引线"单选项，将文字放置在尺寸线上方，但不加引线引导，如图 9-30 所示。

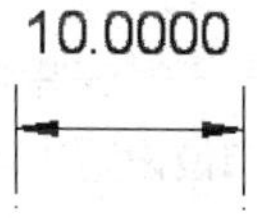

图 9-30

Step10 ▶ 勾选"注释性"复选项，设置标注为注释性标注。

Step11 ▶ 勾选"使用全局比例"单选项，设置标注的比例因子。如图 9-31（上）所示，比例因子为 5；如图 9-31（下）所示，比例因子为 10。

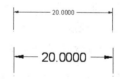

图 9-31

Step12 ▶ 勾选"将标注缩放到布局"单选项，系统会根据当前模型空间的视口与布局空间的大小来确定比例因子。

Step13 ▶ 勾选"手动放置文字"复选框，手动放置标注文字。

Step14 ▶ 勾选"在尺寸界线之间绘制尺寸线"复选框，在标注圆弧或圆时，尺寸线始终在尺寸界线之间。

9.2.6 设置"主单位"

🖥 视频文件 | 专家讲堂\第9章\设置"主单位".swf

进入【主单位】选项卡，其主要用于设置线性标注和角度标注的单位格式以及精确度等参数变量，如图 9-32 所示。

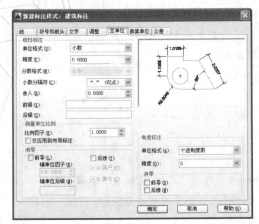

图 9-32

实例引导——"主单位"设置

尺寸标注的单位设置内容主要包括单位格式、精度、舍入等，这些设置与绘图单位的设置相同。

Step01 在"单位格式"下拉列表框中设置线性标注的单位格式，缺省值为小数。

Step02 在"精度"下拉列表框中设置尺寸的精度。

Step03 在"分数格式"下拉列表框中设置分数的格式。只有当"单位格式"为"分数"时，此下位列表框图才能激活。

Step04 在"小数分隔符"下拉列表框中设置小数的分隔符号。

Step05 单击"舍入"微调按钮，设置除了角度之外的标注测量值的四舍五入规则。

Step06 在"前缀"文本框中设置标注文字的前缀，可以为数字、文字、符号等。例如，输入控制代码%%C，显示直径符号。

Step07 "后缀"文本框用于设置标注文字的后缀，可以为数字、文字、符号。

Step08 "比例因子"微调按钮用于设置除了角度之外的标注比例因子。

Step09 "仅应用到布局标注"复选框仅对在布局里创建的标注应用线性比例值。

Step10 在【消零】选项组勾选"前导"复选框，消除小数点前面的零。当标注文字小于1时，如为"0.5"，勾选此复选框后，此"0.5"将变为".5"，消除前面的零。

Step11 勾选"后续"复选框，消除小数点后面的零，当标注文字小于1时，如为"0.5000"，勾选此复选框后，此"0.5000"将变为"0.5"，消除后面的零。

Step12 勾选"0 英尺"复选框，消除零英尺前的零。只有当"单位格式"设为"工程"或"建筑"时，此复选框才可被激活。

Step13 勾选"0 英寸"复选框，消除英寸后的零。

Step14 在"单位格式"下拉列表中设置角度标注的单位格式，一般选择默认即可。

Step15 在"精度"下拉列表中设置角度的小数位数，角度标注精度一般为0。

技术看板 所谓"消零"，是指消除小数点前、后的0。例如，0.500 消零后将成为 0.5 或者 .5000。

以上是建筑设计中必须要设置的尺寸标注样式。除此之外，其他设置内容在建筑设计中不常用，在此不做详细讲解。如果您对此感兴趣，可参阅其他书籍的详细讲解。

9.3 编辑标注样式

当设置好标注样式之后，您也可以对标注样式进行编辑，以满足不同的标注要求。这一节就来学习编辑标注样式的方法。

本节内容概览

知识点	功能 / 用途	难易度与应用频率
设置当前标注样式（P247）	● 将标注样式设置为当前使用的标注样式	难易度：★ 应用频率：★★★
修改标注样式（P247）	● 对标注样式进行修改 ● 完善标注样式	难易度：★ 应用频率：★★★

续表

知识点	功能 / 用途	难易度与应用频率
替代标注样式（P248）	● 设置标注样式的替代值 ● 标注图形尺寸	难易度：★ 应用频率：★★★★★
疑难解答（P248）	● "替代样式"对当前样式有何影响？如何删除"替代样式"	

9.3.1 设置当前标注样式

🖥 视频文件 | 专家讲堂 \ 第 9 章 \ 设置当前标注样式 .swf

当所有设置完成后，还需要将设置的标注样式设置为当前样式，这样才能在当前文件中使用设置的标注的样式。

⚙ **实例引导** ——设置当前标注样式

Step01 ▶ 单击 确定 按钮返回【标注样式管理器】对话框。

Step02 ▶ 选择新建的名为"建筑标注"的标注样式。

Step03 ▶ 单击 置为当前 按钮，将新建标注样式设置为当前标注样式。

Step04 ▶ 单击 关闭 按钮关闭该对话框，完成标注样式的设置，如图 9-33 所示。

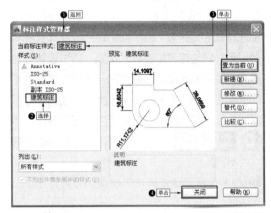

图 9-33

9.3.2 修改标注样式

🖥 视频文件 | 专家讲堂 \ 第 9 章 \ 修改标注样式 .swf

您可以对标注样式进行修改，使其满足图形的不同标注要求。下面我们来修改新建的名为"建筑标注"标注样式的标注比例为 10。

⚙ **操作步骤**

Step01 ▶ 在【标注样式管理器】对话框中选择新建的"建筑标注"的标注样式。

Step02 ▶ 单击 修改 按钮，如图 9-34 所示。

Step03 ▶ 在打开的【修改标注样式：建筑标注】对话框中进入【调整】选项卡。

Step04 ▶ 在【标注特征比例】选项组下勾选"使用全局比例"选项。

Step05 ▶ 在其右侧的输入框中输入比例为 10，如图 9-35 所示。

图 9-34

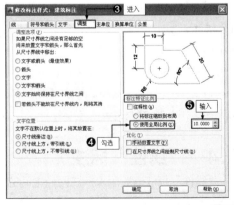

图 9-35

Step06▶ 单击 确定 按钮返回【标注样式管理器】对话框。

Step07▶ 单击 确定 按钮关闭【标注样式管理器】对话框，完成对该标注样式的修改。

| 技术看板 | 另外，也可以根据具体要求，对标注样式的其他设置进行修改，例如，修改线型、颜色、文字、单位等内容。

9.3.3 替代标注样式

| 💻 视频文件 | 专家讲堂\第9章\替代标注样式.swf |

您还可以对标注样式设置一个"临时替代值"。设置"临时替代值"就是指临时修改当前标注样式的某些值，但不会影响原标注样式的其他设置，它与修改标注样式不同。通过设置标注样式的临时替代值，可以使用一个标注样式对不同的图形文件进行标注。通过设置"建筑标注"样式的临时替代值，修改其标注比例为50。

⚙ **实例引导**——设置标注样式的临时替代值

Step01▶ 选择"建筑标注"的标注样式。

Step02▶ 单击 替代(O)... 按钮。

Step03▶ 在打开的【替代当前样式：建筑标注】对话框单击【调整】选项卡。

Step04▶ 勾选"使用全局比例"选项，然后在输入框输入"50"。

Step05▶ 单击 确定 按钮返回到【标注样式管理器】对话框。此时会出现源标注样式的替代样式。

9.3.4 疑难解答——"替代样式"对当前样式有何影响？如何删除"替代样式"

| 💻 视频文件 | 疑难解答\第9章\疑难解答——"替代样式"对当前样式有何影响？如何删除"替代样式".swf |

疑难： 创建了"替代样式"后，"替代样式"对当前样式有何影响？如何删除"替代样式"？

解答： 创建了"替代样式"后，当前标注样式将被应用到以后所有的尺寸标注中，直到删除"替代样式"为止，而不会改变"替代样式"之前的标注样式。删除标注样式的方法比较简单，除当前样式之外，其他标注样式都可以删除。如要删除"建筑标注"样式的替代样式，操作方法如下。

Step01▶ 在【标注样式管理器】对话框中选择"样式替代"标注样式并右击鼠标。

Step02▶ 选择"删除"选项。弹出【标注样式-删除标注样式】询问框。

Step03▶ 单击 是(Y) 按钮即可将该样式删除，如图9-36所示。

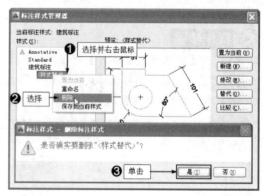

图9-36

9.4 "线性"标注

"线性"标注一般用来标注两点之间的水平或垂直距离，在建筑设计中常用于标注建筑平面图的总长度、总宽度尺寸以及细部长度、宽度尺寸等。这一节就来学习线性标注的方法。

本节内容概览

知识点	功能 / 用途	难易度与应用频率
"线性"标注的方法（P249）	● 了解线性标注的方法	难易度：★ 应用频率：★★
在尺寸标注中添加多行文字内容（P250）	● 在标注前添加特殊符号 ● 修改尺寸标注的内容	难易度：★ 应用频率：★★★★★
手动输入标注内容（P251）	● 手动输入标注内容 ● 修改标注内容	难易度：★ 应用频率：★★★★★
设置标注文字的角度（P251）	● 设置标注文字的旋转度 ● 使标注文字旋转一定角度	难易度：★ 应用频率：★★★★★
疑难解答（P252）	● "线性"标注应注意哪些问题	
实例（P252）	● 标注建筑平面图长度和宽度尺寸	

9.4.1　"线性"标注的方法

📺 视频文件	专家讲堂 \ 第 9 章 \ "线性"标注的方法 .swf

"线性"标注可以标注两点之间的水平或垂直尺寸。首先绘制边长为 100mm 的六边形，然后使用"线性"标注为该六边形下水平边两点之间标注长度尺寸。

⚙️ **操作步骤**

1. 新建标注样式并设置捕捉模式

在标注尺寸前，首先需要新建一种标注样式，并将该标注样式设置为当前标注样式。另外，还需要设置捕捉模式，这样才能进行精确标注。

Step01▶ 参照上一节所学知识，新建名为"建筑标注"的标注样式，并将其设置为当前标注样式，如图 9-37 所示。

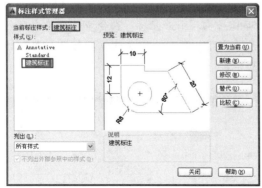

图 9-37

| 技术看板 | 除了在【标注样式管理器】对

话框中将该样式设置为当前样式之外，您也可以在【标注】工具栏的标注样式控制列表中选择该标注样式，如图 9-38 所示。

图 9-38

Step02▶ 使用快捷键"SE"打开【草图设置】对话框，设置【端点】捕捉模式，如图 9-39 所示。

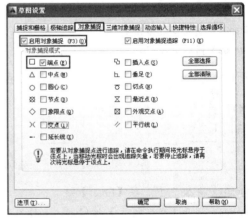

图 9-39

2. 标注多边形长度尺寸

Step01▶ 单击【标注】工具栏上的"线性"按钮 🔲。

Step02▶ 捕捉多边形左下端点。

Step03▶ 捕捉多边形右下端点。

Step04▶ 向下引导光标，在合适位置单击确定尺寸线的位置。标注过程及结果如图 9-40 所示。

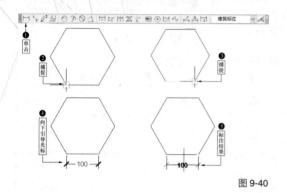

图 9-40

│技术看板│ 您也可以通过以下方式执行【线性】命令。

♦ 单击菜单【标注】/【线性】命令。

♦ 在命令行输入 "DIMLINEAR" 或 "DIMLIN" 后按【Enter】键。

│练一练│ 掌握了【线性】标注命令的操作技能后，下面使用【线性】标注命令，标注正六边形宽度尺寸，结果如图 9-41 所示。

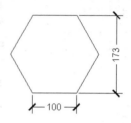

图 9-41

9.4.2 在尺寸标注中添加多行文字内容

│视频文件│ 专家讲堂\第9章\在尺寸标注中添加多行文字内容 .swf

在进行尺寸标注时，如果需要在标注中添加特殊符号或其他文字内容，可以启用"多行文字"选项，然后输入相关文字内容或添加特殊符号。删除上一节标注的多边形的长度尺寸，下面我们在长度尺寸标注中添加正负符号。

操作步骤

Step01▶ 单击【标注】工具栏上的"线性"按钮。

Step02▶ 捕捉多边形左下端点。

Step03▶ 捕捉多边形右下端点，如图 9-42 所示。

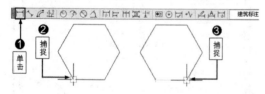

图 9-42

Step04▶ 输入 "M"，按【Enter】键。

Step05▶ 打开【文字格式】编辑器，如图 9-43 所示。

图 9-43

Step06▶ 将光标定位在尺寸文字的前面。

Step07▶ 单击"符号"按钮 @。

Step08▶ 选择弹出菜单中的"正/负"选项，如图 9-44 所示。

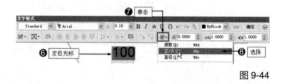

图 9-44

Step09▶ 此时在尺寸文字前面添加正/负符号。

Step10▶ 单击【文字格式】编辑器中的 确定 按钮确认。

Step11▶ 向下引导光标，在合适位置单击确定尺寸文字的位置。标注过程及结果如图 9-45 所示。

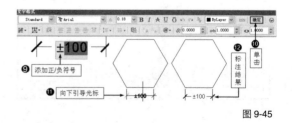

图 9-45

9.4.3 手动输入标注内容

📺 视频文件 | 专家讲堂\第9章\手动输入标注内容.swf

如果您要标注图形的文字说明，或者手动输入尺寸内容，这时就要激活"文字"选项。激活该选项后，可以直接在命令行手动输入标注文字的内容。删除上一节标注的多边形的长度尺寸，下面我们在六边形下水平边标出"长度尺寸"的文字内容。

⚙️ **操作步骤**

Step01 ▸ 单击【标注】工具栏上的"线性"按钮┠。

Step02 ▸ 捕捉多边形左下端点。

Step03 ▸ 捕捉多边形右下端点，如图 9-46 所示。

Step04 ▸ 在命令行输入"T"，按【Enter】键，激活"文字"选项。

Step05 ▸ 在命令行输入"长度尺寸"，按【Enter】键。

Step06 ▸ 向下引导光标，在合适位置单击确定

标注的位置。标注过程及结果如图 9-47 所示。

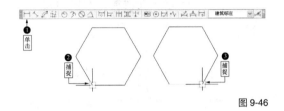

图 9-46

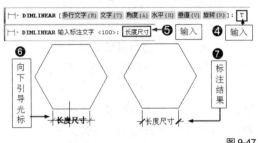

图 9-47

9.4.4 设置标注文字的角度

📺 视频文件 | 专家讲堂\第9章\设置标注文字的角度.swf

在标注尺寸时，如果需要使标注的文字呈一定角度，可以激活"角度"选项，然后设置旋转角度即可。删除上一节标注的"长度尺寸"文字内容，下面我们重新标注长度尺寸，并将标注的文字旋转 30°。

⚙️ **操作步骤**

Step01 ▸ 单击【标注】工具栏上的"线性"按钮┠。

Step02 ▸ 捕捉多边形左下端点。

Step03 ▸ 捕捉多边形右下端点，如图 9-48 所示。

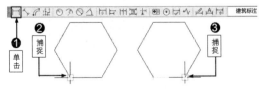

图 9-48

Step04 ▸ 在命令行输入"A"，按【Enter】键，激活"角度"选项。

Step05 ▸ 输入"30"，按【Enter】键，设置角度。

Step06 ▸ 向下引导光标，在合适位置单击确定标注文字的位置。标注过程及结果如图 9-49 所示。

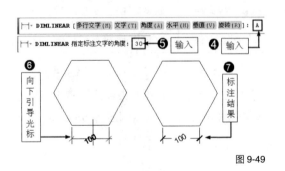

图 9-49

|技术看板| 除了以上介绍的"线性"标注中的各选项功能之外，还有以下选项。

◆"水平"：该选项用于标注两点之间或选择图线的水平尺寸。当激活该选项后，无论如何移动光标，所标注的始终是对象的水平尺寸。

◆"垂直"：该选项用于标注两点之间的垂直尺寸。当激活该选项后，无论如何移动光标，所

标注的始终是对象的垂直尺寸。

◆ "旋转"：设置旋转角度对尺寸标注进行旋转。需要注意的是，这种标注结果将不再是原两点的实际尺寸，而是旋转后两点的尺寸。图 9-50 所示为设置旋转角度为 150° 后的标注结果。

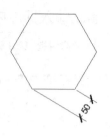

图 9-50

9.4.5 疑难解答——"线性"标注应注意哪些问题

💻 视频文件	疑难解答 \ 第 9 章 \ 疑难解答——"线性"标注应注意哪些问题 .swf

疑难："线性"标注是否可以标注所有尺寸？如图 9-51 所示，为什么"线性"标注六边形各边长度尺寸时，其长度都不一样？如何才能正确标注多边形其他边的长度尺寸？

解答："线性"标注并非可以标注所有尺寸，只能标注图线的水平或垂直尺寸。在标注六边形各边的长度尺寸时，只有上下两条边为水平状态，其他边都呈倾斜状态。因此，"线性"标注的其他边的长度尺寸并不是其实际长度尺寸，而是边的两点的垂直距离。要想正确标注多边形各边的实际长度尺寸，需要使用其

他标注命令进行标注，具体操作将在下一节进行详细讲解。

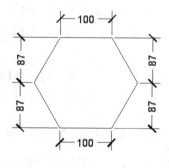

图 9-51

9.4.6 实例——标注建筑平面图长度和宽度尺寸

📄 素材文件	素材文件 \ 建筑平面图 A.dwg
🖊 效果文件	效果文件 \ 第 9 章 \ 实例——标注建筑平面图长度和宽度尺寸 .swf
💻 视频文件	专家讲堂 \ 第 9 章 \ 实例——标注建筑平面图长度和宽度尺寸 .swf

打开素材文件，这是一个建筑平面图，如图 9-52 所示。下面我们来标注该建筑平面图的长度和宽度尺寸，结果如图 9-53 所示。

在标注建筑平面图前，首先需要设置一个"尺寸层"，然后需要设置一种标注样式。另外，为了能精确标注，还需要设置捕捉模式。

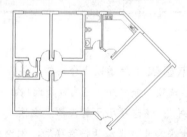

图 9-52

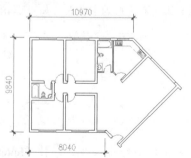

图 9-53

⚙ **操作步骤**

Step01 ▶ 设置图层、标注样式与捕捉模式。

Step02 ▶ 标注建筑平面图的长度和宽度尺寸。

详细的操作步骤请观看随书光盘中本节的视频文件"实例——标注建筑平面图长度和宽度尺寸 .swf"。

9.5 "对齐"标注

"对齐"标注其实也是标注两点之间的距离，但是它与"线性"标注不同，一般用来标注两点之间的实际距离，并且尺寸线会与标注对象呈对齐效果。这一节就来学习"对齐"标注的方法。

本节内容概览

知识点	功能 / 用途	难易度与应用频率
"对齐"标注的方法（P253）	● 标注与对象对齐的尺寸 ● 标注建筑设计图尺寸	难易度：★ 应用频率：★ ★ ★ ★ ★
实例（P253）	● 标注建筑平面图倾斜墙面的长度尺寸	

9.5.1 "对齐"标注的方法

📺 视频文件	专家讲堂 \ 第 9 章 \ "对齐"标注的方法 .swf

在上一节中，我们发现使用"线性"标注方法标注六边形倾斜边长度尺寸时，其标注结果并不是边的实际长度尺寸。这一节我们就使用"对齐"标注方法来标注六边形的各边长度尺寸，看看结果如何。

⚙ 操作步骤

Step01▶ 单击【标注】工具栏"对齐"按钮╲。

Step02▶ 捕捉六边形右斜边下端点作为尺寸线第 1 原点。

Step03▶ 捕捉六边形右斜边上端点作为尺寸线第 2 原点。

Step04▶ 向右引导光标，在适当位置处单击指定尺寸线位置。标注过程及结果如图 9-54 所示。

│技术看板│ 您还可以通过以下方式激活【对齐】标注命令。

♦ 执行菜单栏中的【标注】/【对齐】命令。

♦ 在命令行输入"DIMALIGNED"或"DIMALI"后按【Enter】键。

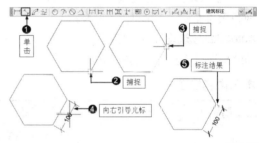

图 9-54

│练一练│ 掌握了"对齐"标注方法后，下面使用【对齐】标注命令标注六边形其他倾斜边的长度尺寸，结果如图 9-55 所示。

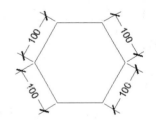

图 9-55

9.5.2 实例——标注建筑平面图倾斜墙面的长度尺寸

📄 素材文件	效果文件 \ 第 9 章 \ 实例——标注建筑平面图长度和宽度尺寸 .dwg
🖋 效果文件	效果文件 \ 第 9 章 \ 实例——标注建筑平面图倾斜墙面的长度尺寸 .dwg
📺 视频文件	专家讲堂 \ 第 9 章 \ 实例——标注建筑平面图倾斜墙面的长度尺寸 .swf

打开素材文件，这是上一节标注了长度和宽度尺寸的建筑平面图，如图 9-56 所示。下面使用

"对齐"标注命令来标注该建筑平面图倾斜墙线的长度尺寸，结果如图 9-57 所示。具体的操作步骤请观看随书光盘中本节的视频文件"实例——标注建筑平面图倾斜墙面的长度尺寸.swf"。

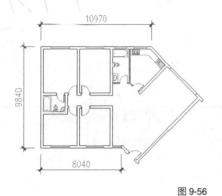

图 9-56

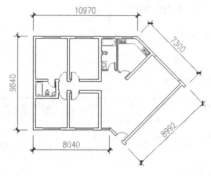

图 9-57

9.6 "连续"标注

与"线性"标注相同，"连续"标注其实也是标注两点之间的尺寸，只是"连续"标注需要在现有尺寸基础上创建连续的尺寸标注，执行一次该命令，可以快速标注多个点之间的尺寸。在 AutoCAD 建筑设计中，"连续"标注命令常用于标注建筑设计图中的轴线尺寸以及细部尺寸。这一节就来学习"连续"标注的方法。

本节内容概览

知识点	功能 / 用途	难易度与应用频率
"连续"标注的方法（P254）	● 标注连续的尺寸 ● 标注图形水平和垂直尺寸	难易度：★ 应用频率：★★★★★
疑难解答（P255）	● "连续"标注时如向确定起始位置 ● 图形没有基准尺寸时如何标注连续尺寸	
实例（P256）	● 快速标注建筑平面图细部尺寸	

9.6.1 "连续"标注的方法

📄 素材文件	素材文件\标注示例.dwg
💻 视频文件	专家讲堂\第9章\"连续"标注的方法.swf

创建"连续"标注时，必须要在"线性"标注的基础上进行。也就是说，首先需要标注一个"线性"尺寸作为基准尺寸，然后在该尺寸的基础上进行连续标注。

打开素材文件，该素材文件左边分段位置标注了一个线性尺寸，如图 9-58（上）所示。下面我们继续标注其他各分段的长度尺寸，结果如图 9-58（下）所示。

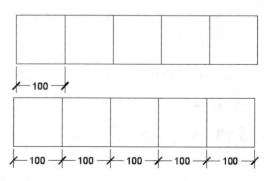

图 9-58

⚙ **操作步骤**

Step01 ▶ 单击【标注】工具栏上的"连续"按钮⑪。

Step02 ▶ 单击已有尺寸的右尺寸界线，如图9-59所示。

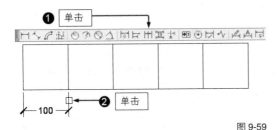

图 9-59

Step03 ▶ 捕捉图形的下一个端点。

Step04 ▶ 依次捕捉图形的其他端点。

Step05 ▶ 按 2 次【Enter】键结束操作，结果如图 9-60 所示。

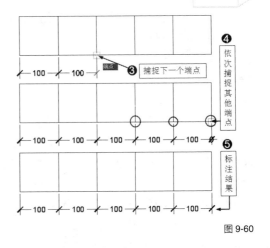

图 9-60

| 技术看板 | 您还可以通过以下方法激活【连续】标注命令。

◆ 执行菜单栏中的【标注】/【基线】命令。

◆ 在命令行输入"DIMCONTINUE"或"DIMCONT"后按【Enter】键激活该命令。

9.6.2　疑难解答——"连续"标注时，如何确定起始位置

🖥 视频文件 ┃ 疑难解答\第 9 章\疑难解答——"连续"标注时，如何确定起始位置 .swf

疑难： 以现有的"线性"尺寸作为基准尺寸标注"连续"尺寸时，如何确定"连续"标注的起始位置？

解答： 以现有的"线性"尺寸作为基准尺寸标注"连续"尺寸时，鼠标单击拾取的位置就是"连续"标注的起始位置。例如在上一节的操作中，我们强调单击现有尺寸的右尺寸界线，这表示将以现有尺寸的右尺寸界线作为"连续"标注的起始点开始标注。如果单击现有尺寸的左尺寸界线，则"连续"尺寸会以左尺寸界线作为起始位置进行标注，其结果如图 9-61 所示。

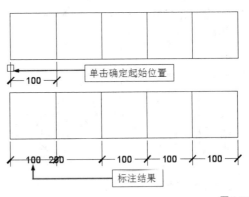

图 9-61

9.6.3　疑难解答——图形没有基准尺寸时如何标注连续尺寸

🖥 视频文件 ┃ 疑难解答\第 9 章\疑难解答——图形没有基准尺寸时如何标注连续尺寸 .swf

疑难： 如果图形上并没有任何尺寸标注作为基准尺寸，这时如何对图形标注连续尺寸？

解答： 如果图形上没有任何尺寸标注作为基准尺寸，这时可以首先标注一个线性尺寸作为基准尺寸，然后在该基准尺寸的基础上标注连续尺寸。需要说明的是，标注了一个线性尺寸作为基准尺寸，然后执行【连续】标注命令后，系统会自动以该线性尺寸的右尺寸界线作为连续标注的起始位置进行标注。

删除上一节素材文件中已有的线性尺寸标

注，下面我们重新来标注线性尺寸作为基准尺寸，然后标注连续尺寸。

操作步骤

Step01 ▸ 单击【标注】工具栏上的"线性"按钮├┤。

Step02 ▸ 分别捕捉图形左下方两个端点，标注一个线性尺寸。

Step03 ▸ 继续单击【标注】工具栏上的"连续"按钮├├┤。

Step04 ▸ 此时会发现光标与线性尺寸的右尺寸界线相连，如图 9-62 所示。

Step05 ▸ 依次捕捉图形其他各分段的下端点作为基点，标注连续尺寸，如图 9-63 所示。

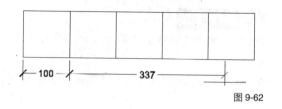

图 9-62

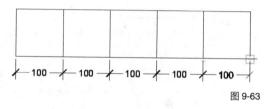

图 9-63

Step06 ▸ 按 2 次【Enter】键确认，完成连续尺寸的标注。

9.6.4 实例——快速标注建筑平面图的细部尺寸

📄 素材文件	效果文件 \ 第 9 章 \ 实例——标注建筑平面图长度和宽度尺寸 .dwg
✏ 效果文件	效果文件 \ 第 9 章 \ 实例——标注建筑平面图细部尺寸 .dwg
💻 视频文件	专家讲堂 \ 第 9 章 \ 实例——标注建筑平面图细部尺寸 .swf

打开素材文件，这是上一节标注了长度和宽度尺寸的建筑平面图，如图 9-64 所示。下面标注其细部尺寸，结果如图 9-65 所示。

详细的操作步骤请观看随书光盘中本节的视频文件"实例——标注建筑平面图细部尺寸 .swf"。

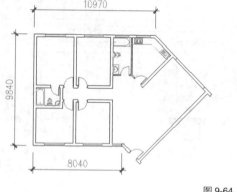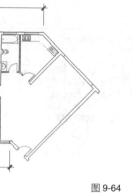

图 9-64

操作步骤

Step01 ▸ 标注基准尺寸。

Step02 ▸ 标注连续尺寸。

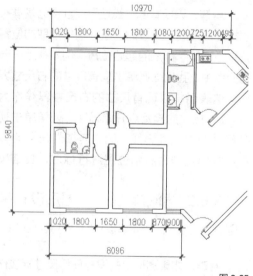

图 9-65

9.7 "快速"标注

应用"快速"标注可以快速标注水平或垂直方向上多条线之间的尺寸。在 AutoCAD 建设计中，其常用来标注建筑平面图中的基线尺寸。这一节就来学习"快速"标注的方法。

本节内容概览

知识点	功能 / 用途	难易度与应用频率
"快速"标注的方法（P257）	● 了解快速标注的方法 ● 快速标注图形尺寸	难易度：★ 应用频率：★★★★★
实例（P257）	● 快速标注建筑平面图基线尺寸	

9.7.1 "快速"标注的方法

素材文件	素材文件 \ 标注示例 01.dwg
视频文件	专家讲堂 \ 第 9 章 \ "快速"标注的方法 .swf

　　"快速"标注尺寸时，首先选取所要标注尺寸的各图线，然后按【Enter】键，系统将自动测量并标注出各图线之间的具体尺寸。

　　首先打开素材文件，该素材文件中没有任何尺寸标注，如图 9-66 所示。下面使用【快速】标注命令为其标注水平和垂直尺寸，结果如图 9-67 所示。

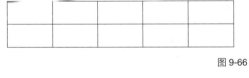

图 9-66

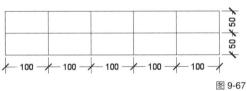

图 9-67

操作步骤

Step01 ▸ 单击【标注】工具栏上的"快速标注"按钮。

Step02 ▸ 采用窗交方式选择所有垂直线。

Step03 ▸ 按【Enter】键确认，然后向下引导光标。

Step04 ▸ 在合适位置处单击确认尺寸线的位置，标注结果如图 9-68 所示。

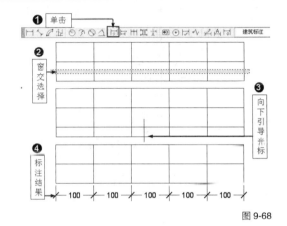

图 9-68

Step05 ▸ 下面尝试快速标注右边的垂直尺寸，结果如图 9-69 所示。

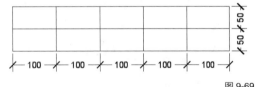

图 9-69

┃技术看板┃ 还可以通过以下方法激活【快速】标注命令。

♦ 执行菜单栏中的【标注】/【快速】标注命令。
♦ 在命令行输入"QDIM"后按【Enter】键以激活该命令。

9.7.2 实例——快速标注建筑平面图的基线尺寸

素材文件	效果文件 \ 第 9 章 \ 实例——快速标注建筑平面图细部尺寸 .dwg
效果文件	效果文件 \ 第 9 章 \ 实例——标注建筑平面图基线尺寸 .dwg
视频文件	专家讲堂 \ 第 9 章 \ 实例——标注建筑平面图基线尺寸 .swf

首先了解什么是"基线"。"基线"也叫"轴线"，简单地说，"基线"就是在绘制建筑平面图时所绘制的墙线的定位线，是建筑设计中定位墙线的重要依据。

打开素材文件，这是上一节标注了细部尺寸的建筑平面图，如图 9-70 所示。下面我们来标注该平面图的基线尺寸，结果如图 9-71 所示。

图 9-72

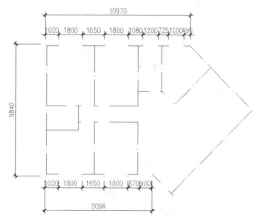
图 9-73

Step04 ▶ 分别单击平面图上方的 4 条垂直轴线将其选中，如图 9-74 所示。

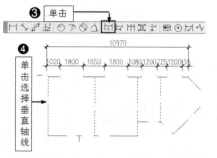
图 9-74

Step05 ▶ 按【Enter】键确认，然后向上引导光标，在合适位置处单击确认尺寸线的位置。标注结果如图 9-75 所示。

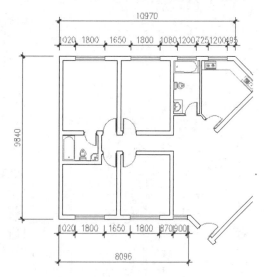
图 9-70

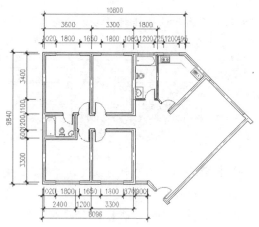
图 9-71

⚙ **操作步骤**

Step01 ▶ 在"图层控制"下拉列表中，显示被隐藏的"轴线层"，然后将"墙线层""门窗层"以及"图块层"暂时隐藏，如图 9-72 所示。

Step02 ▶ 此时平面图显示效果如图 9-73 所示。

Step03 ▶ 单击【标注】工具栏上的"快速标注"按钮。

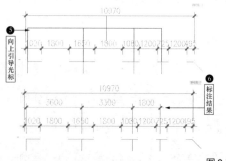
图 9-75

Step06 ▶ 下面尝试标注平面图中左方和下方的
轴线尺寸，结果如图 9-76 所示。

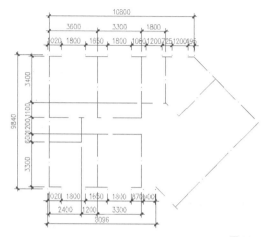

图 9-76

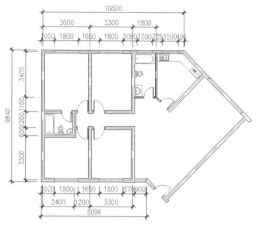

图 9-77

Step07 ▶ 在"图层控制"下拉列表中显示被隐
藏的图层，然后使用夹点编辑功能对轴线尺寸
进行编辑，效果如图 9-77 所示。

|技术看板| 有关夹点编辑的相关操作，请
参阅本书前面章节的相关内容，在此不再赘述。

Step08 ▶ 最后将结果命名保存。

|技术看板| 除了以上几种标注尺寸的方法
外，AutoCAD 还提供了"弧长""坐标""半
径""直径""角度"以及"公差"等其他标注。
这些标注在建筑设计中不太常用，由于篇幅所
限，在此不再对这些内容进行讲解。如果您对
此感兴趣，可参阅其他书籍的详细讲解。

9.8　编辑标注

在标注尺寸时，有时尺寸线会出现交叉、重叠等情况，这样会影响尺寸标注的效果。此时需要
对尺寸标注进行编辑，使其更美观，更符合图形的设计要求。这一节就来学习尺寸标注的编辑方法。

本节内容概览

知识点	功能 / 用途	难易度与应用频率
打断标注（P259）	● 将尺寸标注在图线位置处打断 ● 完善尺寸标注	难易度：★ 应用频率：★★★★★
为尺寸标注添加特殊符号并修改标注内容（P260）	● 编辑标注的尺寸 ● 为尺寸添加特殊符号 ● 完善尺寸标注	难易度：★ 应用频率：★★★★
调整尺寸标注的间距（P261）	● 调整尺寸标注的间距 ● 美化尺寸标注	难易度：★ 应用频率：★★★★★
调整重叠的尺寸文字（P262）	● 调整尺寸标注文字的位置 ● 完善尺寸标注	难易度：★ 应用频率：★★★★★

9.8.1　打断标注

📄 素材文件	素材文件 \ 标注示例 02.dwg
🖥 视频文件	专家讲堂 \ 第 9 章 \ 打断标注 .swf

所谓"打断标注"，是指将与图线相互交叉的尺寸线打断，使其不再相交。这是美化尺寸标注
的一种手段。

打开素材文件，这是一个尺寸标注效果图。我们发现其内侧图形的尺寸界线与外侧图形相交，如图 9-78 所示。这在 AutoCAD 图形设计中是不允许的。这时需要将其尺寸界线打断。下面我们就将该尺寸界线打断，结果如图 9-79 所示。

Step04 ▶ 按【Enter】键，结果如图 9-80 所示。

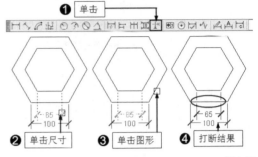

图 9-80

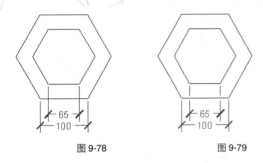

图 9-78　　　　图 9-79

操作步骤

Step01 ▶ 单击【标注】工具栏上的"打断标注"按钮。

Step02 ▶ 单击内部标注的尺寸。

Step03 ▶ 单击外侧的图形。

|技术看板| 在打断标注时，系统默认状态下采用的是自动打断方式。也就是说，系统自动设置打断位置进行打断。如果您想重新设置打断位置，则可以输入"M"激活【手动】选项，然后重新设置打断位置。另外，如果想恢复被打断的尺寸对象，则输入"R"激活【删除】选项，以恢复被打断的尺寸线。

9.8.2　为尺寸标注添加特殊符号并修改标注内容

素材文件	素材文件 \ 标注示例 02.dwg
视频文件	专家讲堂 \ 第 9 章 \ 为尺寸标注添加特殊符号并修改标注内容 .swf

在标注尺寸后，有时会需要对标注的尺寸进行调整，例如重新设置标注的尺寸文字、标注文字的旋转角度以及尺寸界线的倾斜角度等。这时可以使用【编辑标注】命令，该命令可以帮助您完成以上所有调整。

打开素材文件，如图 9-81 所示。下面在标注内容为"100"的外部尺寸前面添加"±"符号，并设置文字内容旋转30°，效果如图 9-82 所示。

操作步骤

1. 添加"±"符号

Step01 ▶ 双击标注内容为 100 的外部尺寸，打开【文字格式】编辑器。

Step02 ▶ 将光标定位在文字内容前面，然后单击@按钮，在弹出的下拉列表中选择"正/负"选项。

Step03 ▶ 此时在文字内容前面添加了"±"符号。

Step04 ▶ 单击 确定 按钮关闭【文字格式】编辑器，结果如图 9-83 所示。

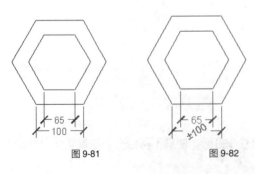

图 9-81　　　　图 9-82

图 9-83

|技术看板| 还可以通过以下方式激活【编辑标注】命令。

♦ 单击菜单【标注】/【倾斜】命令。

♦ 在命令行输入表达式 "DIMEDIT" 后按 【Enter】键。

另外，除了在标注内容前添加相关特殊符号之外，您也可以修改标注的内容、对尺寸线进行倾斜操作等。这些操作都比较简单，在此不再赘述。

2. 设置标注文字的旋转30°角度

Step01 ▸ 单击【标注】工具栏上的 "编辑标注" 按钮 。

Step02 ▸ 输入 "R"，按【Enter】键，激活 "旋转" 选项。

Step03 ▸ 输入 "30"，按【Enter】键，设置旋转

角度。

Step04 ▸ 单击尺寸标注。

Step05 ▸ 按【Enter】键确认，如图 9-84 所示。

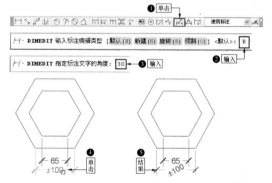

图 9-84

9.8.3　调整尺寸标注的间距

素材文件	效果文件 \ 第 9 章 \ 实例——标注建筑平面图基线尺寸 .dwg
视频文件	专家讲堂 \ 第 9 章 \ 调整尺寸标注的间距 .swf

在进行尺寸标注时，为了使标注效果更美观，可以调整尺寸标注的间距。打开素材文件，这是上一节标注了尺寸的建筑平面图，我们发现其尺寸标注之间的间距不相等，如图 9-85 所示。下面调整尺寸标注之间的距离。

如图 9-86 所示。

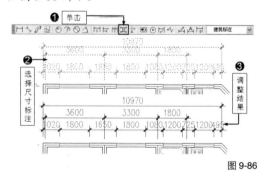

图 9-86

| **练一练** | 请读者尝试调整该平面图下方尺寸标注的间距，结果如图 9-87 所示。

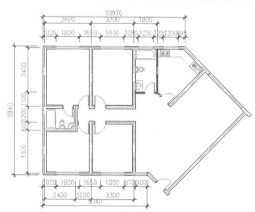

图 0 05

⚙ 操作步骤

Step01 ▸ 单击【标注】工具栏上的 "等距标注" 按钮 。

Step02 ▸ 分别单击平面图上方的细部尺寸、轴线尺寸以及总尺寸，将其选中。

Step03 ▸ 按 2 次【Enter】键，调整过程及结果

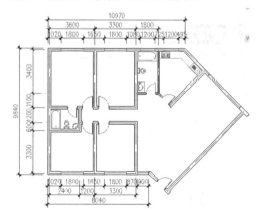

图 9-87

| 技术看板 | 您也可以执行菜单栏中的【标注】/【标注间距】命令激活该命令。

另外，默认状态下系统自动调整尺寸标注之间的间距，您也可以手动输入一个数值来调整尺寸标注之间的间距。下面我们调整尺寸标注之间的间距为800mm，具体操作如下。

（1）单击【标注】工具栏上的【等距标注】按钮。

（2）分别单击平面图上方的所有尺寸标注将其选中，按【Enter】键确认。

（3）输入"800"，按【Enter】键确认。

（4）结果各尺寸线之间的距离被调整为800mm，如图9-88所示。

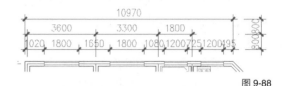

图 9-88

9.8.4 调整重叠的尺寸文字

📄 素材文件	效果文件 \ 第 9 章 \ 实例——标注建筑平面图基线尺寸 .dwg
💻 视频文件	专家讲堂 \ 第 9 章 \ 调整重叠的尺寸文字 .swf

在尺寸标注时，有时会出现尺寸文字重叠的现象，这时需要对重叠的尺寸文字进行调整。打开素材文件，我们发现平面图中的细部尺寸文字有重叠现象，如图9-89所示。下面对重叠的尺寸文字进行调整。

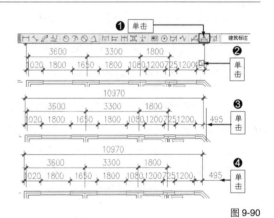

图 9-90

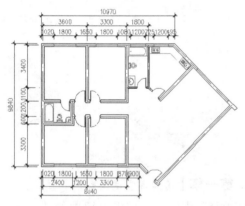

图 9-89

⚙️ 操作步骤

Step01 ▶ 单击【标注】工具栏上的"编辑标注文字"按钮。

Step02 ▶ 单击平面图上方细部尺寸标注中右侧重叠的尺寸标注。

Step03 ▶ 向右移动光标，定位到目标尺寸标注位置。

Step04 ▶ 单击鼠标确定，如图9-90所示。

| 练一练 | 请读者尝试继续对其他重叠的尺寸文字进行调整，结果如图9-91所示。

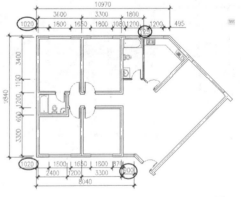

图 9-91

| 技术看板 | 除了调整文字的位置，还可以设置标注文字的旋转角度，设置标注文字的对齐方式等。进入"编辑标注文字"状态，此时在命令行会出现相关命令选项，如图9-92所示，激活相关选项即可实现相关效果。

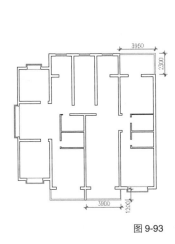

（1）激活"左对齐"选项，标注文字沿尺寸线左端对齐。

（2）激活"右对齐"选项，标注文字沿尺寸线右端放置。

（3）激活"居中"选项，标注文字放在尺寸线的中心。

（4）激活"默认"选项，标注文字移回默认位置。

（5）激活"角度"选项，设置旋转角度。

以上选项的操作都比较简单，在此不再详述，您可以自己尝试操作。

9.9　综合实例——标注建筑平面图尺寸

打开素材文件，这是我们在第 4 章中绘制的一个建筑平面图，如图 9-93 所示。这一节我们综合运用本章所学的知识，为该平面图标注细部尺寸、轴线尺寸以及总尺寸，结果如图 9-94 所示。

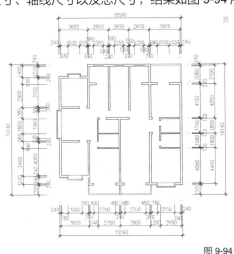

图 9-93

图 9-94

9.9.1　标注建筑平面图细部尺寸

📄 素材文件	效果文件 \ 第 4 章 \ 绘制建筑平面图窗线与阳台 .dwg
✏ 效果文件	效果文件 \ 第 9 章 \ 标注建筑平面图细部尺寸 .dwg
💻 视频文件	专家讲堂 \ 第 9 章 \ 标注建筑平面图细部尺寸 .swf

细部尺寸是指建筑平面图中墙体的厚度、门窗的宽度等相关尺寸。这一节我们来标注建筑平面图中的细部尺寸，结果如图 9-95所示。

⚙ 操作步骤

1. 设置当前层、标注样式与捕捉模式

首先打开素材文件，在标注尺寸时记得要设置标注样式。由于该文件中已经有设置好的标注样式，因此，我们只需要设置当前图层，并调用该样式即可进行标注。

Step01 ▶ 在【标注】工具栏单击下拉列表按钮。

Step02 ▶ 选择"建筑标注"标注样式。

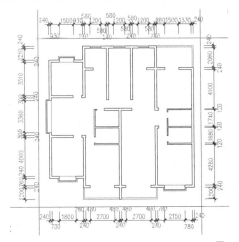

图 9-95

Step03▶ 在【图层】工具栏单击"图层控制"下拉按钮。

Step04▶ 选择"尺寸层",将其设置为当前层,如图 9-96 所示。

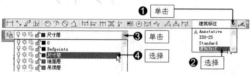

图 9-96

Step05▶ 使用快捷键"SE"打开【草图设置】对话框。

Step06▶ 设置捕捉模式,并启用对象捕捉和对象捕捉追踪功能。

Step07▶ 单击 确定 按钮关闭该对话框,如图 9-97 所示。

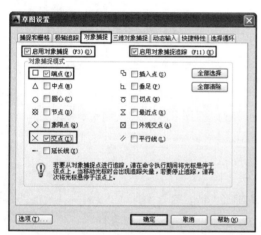

图 9-97

2. 绘制标注辅助线

在标注尺寸时,为了使标注的尺寸更美观,可以绘制一条标注辅助线作为参照。一般情况下,标注辅助线可以使用构造线来绘制。

Step01▶ 使用快捷键"XL"激活【构造线】命令。

Step02▶ 输入"H",按【Enter】键激活"水平"选项。

Step03▶ 分别捕捉下面阳台线的端点和上方墙线的端点,绘制两条水平构造线,如图 9-98 所示。

Step04▶ 按【Enter】键重复执行【构造线】命令。

Step05▶ 输入"V",按【Enter】键激活"垂直"选项。

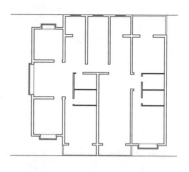

图 9-98

Step06▶ 分别捕捉左边窗线的端点和右侧墙线的端点,绘制两条垂直构造线,如图 9-99 所示。

图 9-99

Step07▶ 使用快捷键"O"激活【偏移】命令。

Step08▶ 输入"E",按【Enter】键激活"删除"选项。

Step09▶ 输入"Y",按【Enter】键激活"是"选项。

Step10▶ 输入"800",按【Enter】键确认。

Step11▶ 单击下方水平构造线,在水平构造线的下方单击进行偏移。

Step12▶ 依次分别将其他 3 条构造线向外偏移 800 个绘图单位,并删除源构造线,结果如图 9-100 所示。

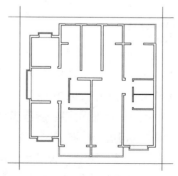

图 9-100

3. 标注建筑平面图下方线性尺寸

Step01 ▶ 单击【标注】工具栏上的"线性"按钮 ⊢。

Step02 ▶ 由平面图左垂直墙线的外端点向下引出追踪线，捕捉追踪线与下方水平辅助线的交点。

Step03 ▶ 继续由左垂直墙线的内端点向下引出追踪线，捕捉追踪线与下方水平辅助线的交点。

Step04 ▶ 向下引导光标，输入"1500"，按【Enter】键，标注墙体的宽度尺寸，结果如图 9-101 所示。

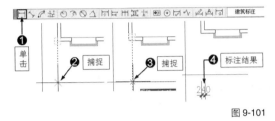

图 9-101

4. 标注连续尺寸

Step01 ▶ 单击【标注】工具栏上的"连续"按钮 ⊢⊢。

Step02 ▶ 继续由窗洞左端点向下引出追踪线，捕捉追踪线与下方水平辅助线的交点。

Step03 ▶ 依次分别由下方各门洞和窗洞的端点向下引出追踪线，捕捉追踪线与下方水平辅助线的交点，标注连续尺寸，如图 9-102 所示。

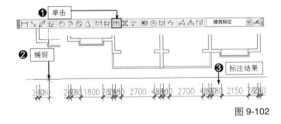

图 9-102

5. 标注左边细部尺寸

Step01 ▶ 单击【标注】工具栏上的"线性"按钮 ⊢。

Step02 ▶ 由平面图左下方阳台线左端点向左引出追踪线，捕捉追踪线与左边垂直辅助线的交点。

Step03 ▶ 继续由左边墙线的下端点向左引出追踪线，捕捉追踪线与左边垂直辅助线的交点。

Step04 ▶ 向左引导光标，输入"1500"，按【Enter】键，确定尺寸线的位置，如图 9-103 所示。

Step05 ▶ 继续单击【标注】工具栏上的"连续"按钮 ⊢⊢。

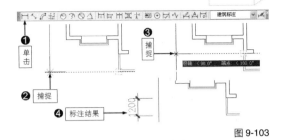

图 9-103

Step06 ▶ 分别由左边墙线上的窗洞各端点向左引出追踪线，捕捉追踪线与左边垂直辅助线的交点，标注连续尺寸，结果如图 9-104 所示。

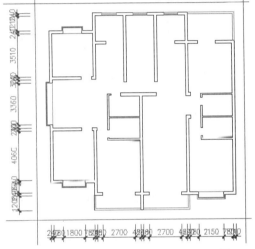

图 9-104

Step07 ▶ 参照上述操作方法，标注建筑平面图上方和右边的细部尺寸，结果如图 9-105 所示。

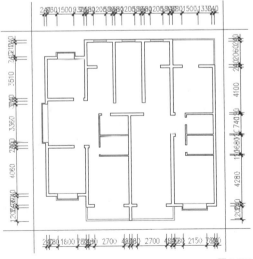

图 0 105

6. 编辑细部尺寸标注

Step01 ▶ 单击【标注】工具栏上的"编辑标注文字"按钮 ⚐ 。

Step02 ▶ 单击平面图下方右边标注内容为"240"的尺寸，将其向右调整到尺寸界线的右侧，如图 9-106 所示。

Step03 ▶ 使用相同的方法，继续对其他重叠的细部尺寸标注进行调整，结果如图 9-95 所示。

图 9-106

7. 保存

将当前文件命名保存。

9.9.2 标注建筑平面图轴线尺寸

📄 素材文件	效果文件 \ 第 9 章 \ 标注建筑平面图细部尺寸 .dwg
🖊 效果文件	效果文件 \ 第 9 章 \ 标注建筑平面图轴线尺寸 .dwg
🖥 视频文件	专家讲堂 \ 第 9 章 \ 标注建筑平面图轴线尺寸 .swf

轴线尺寸就是墙体定位线的尺寸。这一节我们来标注建筑平面图的轴线尺寸，结果如图 9-107 所示。

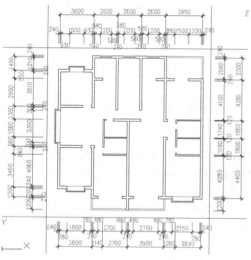

图 9-107

⚙ **操作步骤**

1. 调整图层的显示效果

在标注轴线尺寸时，我们需要将墙线层以及门窗层隐藏，这样便于选择轴线并进行尺寸标注。

Step01 ▶ 在"图层控制"下拉列表中显示被隐藏的"轴线层"，然后将"墙线层"和"门窗层"暂时隐藏，如图 9-108 所示。

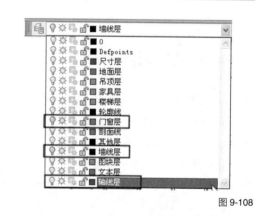

图 9-108

Step02 ▶ 此时图形显示效果如图 9-109 所示。

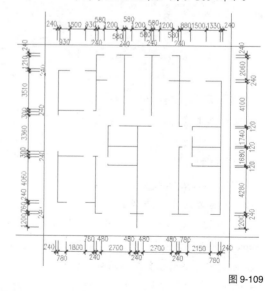

图 9-109

2. 快速标注轴线尺寸

Step01▶ 单击【标注】工具栏上的"快速标注"按钮 ．

Step02▶ 采用窗交方式选择垂直轴线。

Step03▶ 按【Enter】键确认，然后向下引导光标到合适位置。

Step04▶ 单击确认尺寸线的位置，标注过程及结果如图 9-110 所示。

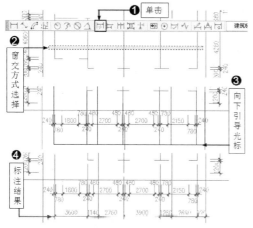

图 9-110

Step05▶ 参照上述操作，自己尝试继续标注左边、上边和右边的轴线尺寸，结果如图 9-111 所示。

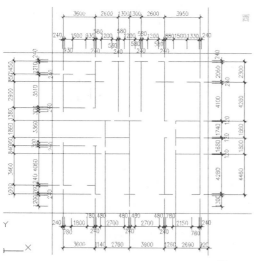

图 9-111

3. 编辑完善轴线尺寸

下面调整重叠的尺寸文字，并对尺寸线进行夹点编辑，对轴线尺寸进行编辑完善。

Step01▶ 单击【标注】工具栏上的 （编辑标注文字）按钮。

Step02▶ 对平面图中重叠的轴线尺寸进行调整，结果如图 9-112 所示。

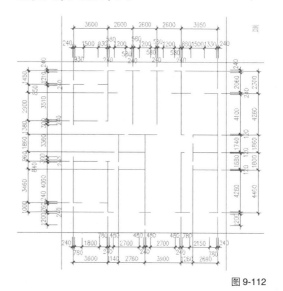

图 9-112

Step03▶ 在无任何命令发出的情况下，单击标注的轴线尺寸使其夹点显示。

Step04▶ 使用夹点拉伸功能，对轴线尺寸的尺寸线进行编辑，效果如图 9-113 所示。

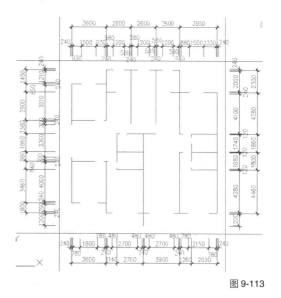

图 9-113

Step05▶ 最后在"图层控制"下拉列表中显示被隐藏的"墙线层"和"门窗层"，并将"轴线层"再次隐藏，完成轴线尺寸的标注，效果如图 9-107 所示。

4. 保存

将该图形文件命名保存。

9.9.3 标注建筑平面图总尺寸

📄 素材文件	效果文件\第9章\标注建筑平面图轴线尺寸.dwg
🖊 效果文件	效果文件\第9章\标注建筑平面图总尺寸.dwg
💻 视频文件	专家讲堂\第9章\标注建筑平面图总尺寸.swf

总尺寸一般指总长度和总宽度尺寸。总尺寸的标注比较简单，一般使用【线性】标注命令标注即可。这一节学习标注建筑平面图的总尺寸，结果如图 9-114 所示。

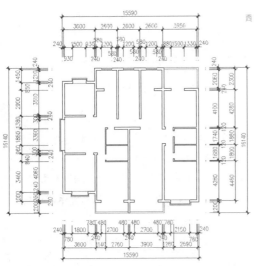

图 9-114

⚙️ 操作步骤

Step01 ▸ 单击【标注】工具栏上的"线性"按钮 ⊢⊣。

Step02 ▸ 由平面图左垂直墙线的外端点向下引出追踪线，捕捉追踪线与下方水平辅助线的交点。

Step03 ▸ 由平面图右垂直墙线的外端点向下引出追踪线，捕捉追踪线与下方水平辅助线的交点。

Step04 ▸ 向下引导光标，在合适的位置单击确定尺寸线的位置以标注总尺寸，标注过程及结果如图 9-115 所示。

Step05 ▸ 标注平面图左边、上方以及右边的总尺寸，最后删除 4 条定位辅助线，完成建筑平面图尺寸的标注，结果如图 9-116 所示。

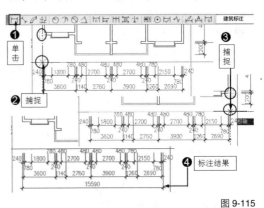

图 9-115

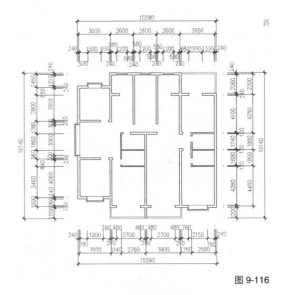

图 9-116

Step06 ▸ 最后将该图形文件命名保存。

9.10 综合自测

9.10.1 软件知识检验——选择题

（1）在进行线性标注时，如果想手动输入尺寸内容，正确的做法是（　　　）。

A. 在拾取尺寸线的两个点之后直接输入尺寸内容

B．在拾取尺寸界线的两个点之后，输入"M"打开【文字格式】编辑器，然后输入尺寸内容

C．在拾取尺寸界线的两个点之后，输入"T"激活【文字】选项，然后输入尺寸内容

D．在标注完成后双击标注的尺寸，打开【文字格式】编辑器，然后修改尺寸内容

（2）要想使标注的尺寸文字旋转 60°，正确的做法是（　　　）。

A．在拾取尺寸界线的两个点之后，输入"A"激活【角度】选项，然后输入"60"并按【Enter】键

B．在拾取尺寸界线的两个点之后，输入"T"激活【文字】选项，然后输入尺寸内容

C．在拾取尺寸界线的两个点之后，直接输入"60"

D．在拾取尺寸界线的两个点之后，输入"M"打开【文字格式】编辑器，然后修改倾斜角度为"60"

（3）要想在尺寸文字中添加特殊符号，正确的做法是（　　　）。

A．在拾取尺寸界线的两个点之后，输入"M"打开【文字格式】编辑器，然后在"符号"列表中选择相关符号

B．在拾取尺寸界线的两个点之后，输入"T"激活"文字"选项，然后直接输入相关符号的代码

C．双击标注的尺寸，打开【文字格式】编辑器，然后添加相关符号

D．使用【插入】命令直接插入相关符号

9.10.2　操作技能提升——标注建筑平面图尺寸

📄 素材文件	效果文件 \ 第 8 章 \ 实例——填充建筑平面图地面材质 .dwg
✒ 效果文件	效果文件 \ 第 9 章 \ 操作技能提升——标注建筑平面图尺寸 .dwg
💻 视频文件	专家讲堂 \ 第 9 章 \ 操作技能提升——标注建筑平面图尺寸 .swf

打开"效果文件 / 第 8 章"目录下的"实例——填充建筑平面图地面材质 .dwg"图形文件，如图 9-117 所示。自己尝试设置一种标注样式，然后为该建筑平面图标注细部尺寸、轴线尺寸以及总尺寸，效果如图 9-118 所示。

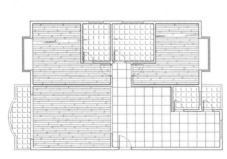

图 9-117

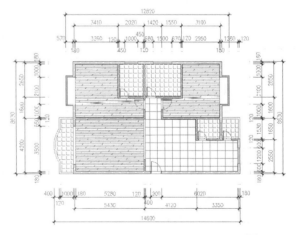

图 9-118

第 10 章
建筑设计图的完善——标注文字注释

在 AutoCAD 建筑设计图中，除了标注尺寸之外，文字注释也是不可或缺的重要内容。文字注释能更好地诠释和表达设计图中图形无法表达和传递的内在信息。这一章我们继续学习建筑设计中文字注释的标注方法。

|第10章|

建筑设计图的完善——标注文字注释

本章内容概览

知识点	功能 / 用途	难易度与应用频率
文字注释的内容与类型（P271）	● 了解文字标注的内容 ● 了解文字类型	难易度：★ 应用频率：★★★★★
文字样式（P273）	● 设置文字样式 ● 标注文字注释	难易度：★ 应用频率：★★★★★
"单行文字"注释（P275）	● 创建单行文字 ● 标注建筑平面图	难易度：★★★ 应用频率：★★★★★
"多行文字"注释（P279）	● 创建多行文字 ● 标注零件图技术要求	难易度：★★★★ 应用频率：★★★★★
信息查询（P283）	● 查询图形信息 ● 标注图形信息	难易度：★★ 应用频率：★★★★★
"快速引线"注释（P289）	● 创建引线标注 ● 标注引线注释	难易度：★★★ 应用频率：★★★★★
综合实例（P292）	● 完善建筑平面图	
综合自测（P297）	● 软件知识检验——选择题 ● 操作技能提升——标注别墅立面图材质与轴线编号	

10.1　文字注释的内容与类型

这一节学习建筑设计中文字注释的内容以及类型。

本节内容概览

知识点	功能 / 用途	难易度与应用频率
文字注释的内容（P271）	● 标注房间功能、面积 ● 标注材质	难易度：★★ 应用频率：★★
文字注释的类型（P272）	● 了解文字注释的类型	难易度：★★ 应用频率：★★★

10.1.1　文字注释的内容

💻 视频文件　｜　专家讲堂 \ 第 10 章 \ 文字注释的内容 .swf

在 AutoCAD 建筑设计中，文字注释的内容主要有房间功能、面积、建筑装饰材质名称、规格等，具体内容如下。

1. 房间功能

AutoCAD 建筑设计中，为建筑物房间标注房间功能是必不可少的。标注房间功能，可以明确各房间的用途和功能。图 10-1 所示为标注了房间功能的建筑平面图。

2. 房间面积

房间面积表明了建筑物房间空间的大小，因此标注房间面积在 AutoCAD 建筑设计中非常重要。图 10-2 所示为标注了房间面积的建筑平面图。

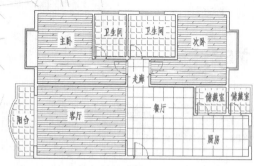

图 10-1

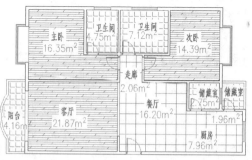

图 10-2

3. 装饰材料规格与名称

在建筑立面图中，一般要标注外墙面材质名称以及规格等。这种标注一般使用引线文字注释进行标注。所谓"引线"注释，就是指一端带有引线和箭头的文字注释。图 10-3 所示为标注了外墙面材质注释的某建筑立面图。

图 10-3

10.1.2 文字注释的类型

📺 视频文件	专家讲堂 \ 第 10 章 \ 文字注释的类型 .swf

在 AutoCAD 中有两种类型的文字注释，一种是一般文字注释，包括"单行文字"注释与"多行文字"注释；另一种是引线注释，包括"快速引线"注释与"多重引线"注释。下面分别对其进行介绍。

1. "单行文字"注释

所谓"单行文字"注释，是指使用【单行文字】命令创建文字。"单行文字"注释适合标注文字比较简短的内容，例如在建筑设计图中标注房间功能，如图 10-1 所示。

2. "多行文字"注释

所谓"多行文字"注释，是指使用【多行文字】命令创建的文字。"多行文字"注释适合标注表达内容比较丰富的文字，例如标注建筑设计图中的房间面积，如图 10-2 所示。

3. "引线"注释

所谓"引线"注释，是指带引线和箭头的文字注释。简单地说，在文字注释前面添加一条引线就是"引线"注释。"引线"注释一般用于标注指向性比较明确的注释，例如标注建筑立面图中外墙面的材质名称以及规格等，如图 10-3 所示。

10.2　文字样式

　　所谓文字样式，简单地说就是标注文字的字体、大小、旋转角度、外观效果等一系列内容，这是标注文字注释的关键。这一节就来学习文字样式的设置方法。

本节内容概览

知识点	功能 / 用途	难易度与应用频率
新建并设置文字样式（P273）	● 新建文字样式 ● 设置文字样式	难易度：★★ 应用频率：★★★★★
设置当前文字样式（P274）	● 将文字样式设置为当前文字样式	难易度：★★ 应用频率：★★★★★

10.2.1　新建并设置文字样式

🖥 视频文件	专家讲堂 \ 第 10 章 \ 新建并设置文字样式 .swf

　　在标注文字注释之前，首先需要新建一种文字样式，并对这种文字样式进行设置。可以在【文字样式】对话框中新建一种文字样式，并对其进行相关设置。这一节来设置名为"汉字"、字体为"仿宋_GB2312"的文字样式。

⚙ 操作步骤

1. 新建文字样式

Step01▶ 单击【文字】工具栏上的"文字样式"按钮🅰。

Step02▶ 打开【文字样式】对话框。

Step03▶ 单击 新建(N)... 按钮。

Step04▶ 打开【新建文字样式】对话框。

Step05▶ 在【样式名】输入框中输入新样式名为"汉字"。

Step06▶ 单击 确定 按钮返回【文字样式】对话框。新建的文字样式如图 10-4 所示。

字样式】对话框。

♦ 单击菜单栏中的【格式】/【文字样式】命令。

♦ 在命令行输入"STYLE"后按【Enter】键。

♦ 使用快捷键"ST"。

2. 设置文字样式

　　新建文字样式之后，就可以设置该文字的样式了。其内容包括字体、宽度因子以及倾斜角度等。

Step01▶ 选择新建的【汉字】的文字样式。

Step02▶ 在【字体名】下拉列表框中选择【仿宋_GB2312】的字体。

Step03▶ 单击 应用(A) 按钮应用设置。

Step04▶ 单击 置为当前(C) 按钮将新样式设置为当前样式。

Step05▶ 单击【关闭】按钮关闭该对话框，如图 10-5 所示。

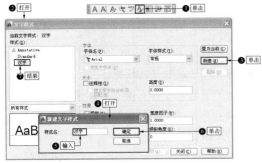

图 10-4

图 10-5

| **技术看板** | 您还可以通过以下方式打开【文

| **技术看板** | 在选择字体时，如果取消"使

用大字体"复选项的勾选，结果所有".shx"和 TrueType 字体都显示在列表框内以供选择，如图 10-6 所示；若选择 TrueType 字体，那么在右侧【字体样式】列表框中可以设置当前字体样式，如图 10-7 所示；如果勾选"使用大字体"复选项，则只有".shx"字体显示在列表框中，如图 10-8 所示；若选择了编译型".shx"字体后，且勾选了"使用大字体"复选项后，则右端的列表框变为图 10-9 所示的状态，此时用于选择所需的大字体。

图 10-6

图 10-7

另外，在【高度】输入框设置文字字体的高度。一般情况下，建议不在此设置字体的高度，在输入文字时，直接输入文字的高度即可；勾选"注释性"复选项，为文字添加注释特性；勾选"颠倒"复选项，设置文字为倒置状态；勾选

"反向"复选项，设置文字为反向状态；勾选"垂直"复选项，控制文字呈垂直排列状态；在"宽度因子"输入框中设置文字的宽度因子，国标规定工程图样中的汉字应采用长仿宋体，宽高比为 0.7，当此比值大于 1 时，文字宽度放大，否则将缩小；"倾斜角度"文本框用于控制文字的倾斜角度。文字的其他效果设置如图 10-10 所示。

图 10-8

图 10-9

图 10-10

选择要删除的文字样式，单击 删除(D) 按钮即可将其删除。需要说明的是，默认的 Standard 样式、当前文字样式以及在当前文件中已使过的文字样式都不能被删除。

10.2.2 设置当前文字样式

📺 视频文件	专家讲堂\第 10 章\设置当前文字样式 .swf

当设置好文字样式后，如果要使用该文字样式进行文字注释，必须将该文字样式设置为当前文字样式。下面将名为"汉字"的文字样式设置为当前文字样式。

⚙ **操作步骤**

Step01 ▸ 单击【文字】工具栏上的"文字样式"按钮 A 。

Step02 ▸ 打开【文字样式】对话框。

Step03 ▸ 选择名为"汉字"的文字样式。

Step04 ▸ 单击 置为当前(C) 按钮。

Step05 ▸ 将该文字样式设置为当前样式。

Step06 ▸ 单击【关闭】按钮关闭该对话框。

| 技术看板 | 在创建文字注释时，需要选择一种合适的文字样式，并将其置为当前样式，这样即可使用该文字样式进行标注，否则，系统将使用默认的文字样式进行标注。

10.3 "单行文字"注释

"单行文字"是使用【单行文字】命令创建的一种文字注释，常用于标注简短的文字内容，在建筑设计中多用于标注房间功能等内容。这一节就来学习单行文字注释的创建方法。

本节内容概览

知识点	功能 / 用途	难易度与应用频率
创建"单行文字"注释（P275）	● 创建单行文字 ● 标注图形文字注释	难易度：★ 应用频率：★★★★
疑难解答	● 如何使用特定的文字样式标注文字注释（275） ● 能否使用【单行文字】命令创建多行文字注释（276） ● 如何设置"单行文字"的高度（276） ● 【单行文字】命令中的【对正】选项的作用是什么（276）	
编辑单行文字（P277）	● 修改单行文字内容 ● 为单行文字添加特殊符号	难易度：★ 应用频率：★★★★★
实例（P278）	● 标注平面图房间功能	

10.3.1 创建"单行文字"注释

📺视频文件	专家讲堂 \ 第 10 章 \ 创建"单行文字"注释 .swf

在创建"单行文字"注释前，首先需要选择一种文字样式。下面以上一节新建的名为"汉字"的文字样式作为当前样式，创建高度为 20mm、内容为"无师自通 AutoCAD 建筑设计"的单行文字注释。

⚙️ **实例引导**——创建"单行文字"注释

Step01 ▶ 单击【文字】工具栏上的 Ａ̲Ｉ（单行文字）按钮。

Step02 ▶ 在绘图区单击拾取一点，然后输入"20"，按【Enter】键，设置文字高度。

Step03 ▶ 按【Enter】键，使用默认的文字旋转角度值。

Step04 ▶ 输入"无师自通 AutoCAD 建筑设计"字样。

Step05 ▶ 按 2 次【Enter】键，如图 10-11 所示。

图 10-11

| 技术看板 | 您还可以通过以下方式激活【单行文字】命令。

♦ 单击菜单【绘图】/【文字】/【单行文字】命令。

♦ 在命令行输入"DTEXT"后按【Enter】键。

♦ 使用快捷键"DT"激活单行文字命令。

10.3.2 疑难解答——如何使用特定的文字样式标注文字注释

📺视频文件	疑难解答 \ 第 10 章 \ 疑难解答——如何使用特定的文字样式标注文字注释 .swf

疑难： 如果没有在【文字样式】对话框中设置当前文字样式，此时如何使用特定的文字样式创建"单行文字"注释？

解答： 系统默认状态下使用当前文字样式来创建"单行文字"注释。如果没有设置当前文字样式，又想使用某一种特定的文字样式创建"单行文字"注释时，在命令行直接输入文字样式名，即可使用该文字样式创建"单行文字”注释。例如，使用系统默认的名为“Standard”的文字样式创建“单行文字”注释，具体操作如下。

Step01 ▸ 单击【文字】工具栏上的 A| （单行文字）按钮。

Step02 ▸ 输入“S”，按【Enter】键，激活【样式】选项。

Step03 ▸ 输入样式名“Standard”，按【Enter】键。

Step04 ▸ 在绘图区单击拾取一点，然后输入“20”，按【Enter】键设置文字高度。

Step05 ▸ 按【Enter】键，使用默认的文字旋转角度值。

Step06 ▸ 输入“无师自通 AutoCAD 建筑设计”字样。

Step07 ▸ 按 2 次【Enter】键，如图 10-12 所示。

❶单击
TEXT 指定文字的起点 或 [对正(J) 样式(S)]: S
❷输入
TEXT 输入样式名或 [?] <仿宋体>: Standard
❸输入
无师自通AutoCAD建筑设计
❻输入文字
无师自通AutoCAD建筑设计
❼输入结果

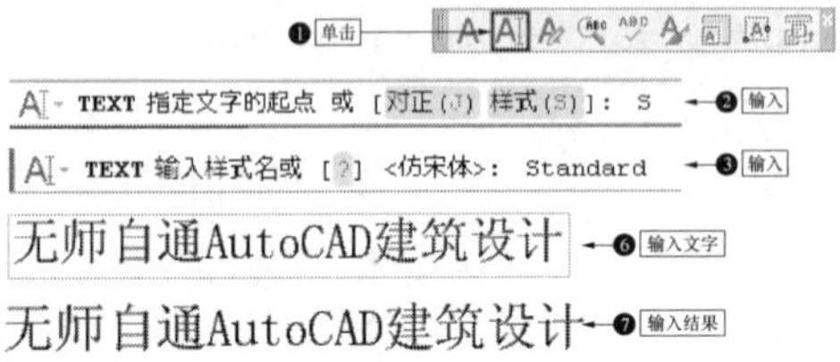

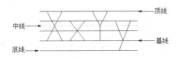

图 10-12

10.3.3 疑难解答——能否使用【单行文字】命令创建多行文字

视频文件	疑难解答 \ 第 10 章 \ 疑难解答——能否使用【单行文字】命令创建多行文字 .swf

疑难：使用【单行文字】命令能否创建“多行文字”注释？该如何操作？

解答：使用【单行文字】命令并不是只能创建“单行文字”注释，也可以创建“多行文字”注释内容，只是所创建的每一行文字，系统都将其看作独立的文字对象。

如果想使用【单行文字】命令创建多行文字内容，在输入一行文字后按【Enter】键换行，然后输入下一行的文字内容，这样就可以使用【单行文字】命令创建多行文字了，自己尝试一下。

10.3.4 疑难解答——如何设置“单行文字”的高度

视频文件	疑难解答 \ 第 10 章 \ 疑难解答——如何设置“单行文字”的高度 .swf

疑难：有时在创建单行文字时会发现命令行并没有出现设置文字高度的提示，这是为什么？

解答：在设置文字样式的时候我们讲过，如果在【文字样式】对话框中已为文字样式设置了文字高度值，那么在使用该文字样式创建单行文字时，系统将不再要求输入文字高度。因此，在创建单行文字时，如果命令行中没有出现要求设置文字高度的命令提示，说明当前使用的文字样式已经设置了文字高度，系统将使用文字样式中设置的高度来定义当前文字高度。

10.3.5 疑难解答——【单行文字】命令中的【对正】选项的作用是什么

视频文件	疑难解答 \ 第 10 章 \ 疑难解答——【单行文字】命令中的【对正】选项的作用是什么 .swf

疑难：什么是“对正”？其作用是什么？

解答：所谓“对正”，就是指单行文字的哪一位置与插入点对齐，它是基于图 10-13 所示的 4 条参考线而言的，这 4 条参考线分别为顶线、中线、基线、底线。其中，“中线”是大写字符高度的水平中心线（即顶线至基线的中间），不是小写字符高度的水平中心线。

顶线
中线
基线
底线

图 10-13

执行【单行文字】命令后，输入“J”并按【Enter】，激活“对正”选项，此时将出现对正的命令选项，如图 10-14 所示。

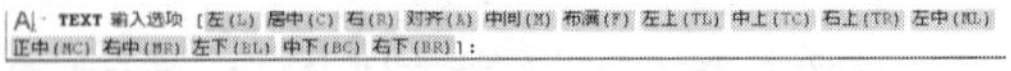

TEXT 输入选项 [左(L) 居中(C) 右(R) 对齐(A) 中间(M) 布满(F) 左上(TL) 中上(TC) 右上(TR) 左中(ML) 正中(MC) 右中(MR) 左下(BL) 中下(BC) 右下(BR)]:

图 10-14

各选项含义如下。

【左（L）】选项用于提示用户拾取一点作为文字串基线的左端点。

【居中（C）】选项用于提示用户拾取文字的中心点，此中心点就是文字串基线的中点，即以基线的中点对齐文字。

【右（R）】选项用于提示用户拾取文字的右端点，此端点就是文字串基线的右端，即以基线的右端点对齐文字。

【对齐（A）】选项用于提示拾取文字基线的起点和终点，系统会根据起点和终点的距离自动调整字高。

【中间（M）】选项用于提示用户拾取文字的中间点，此中间点就是文字串基线的垂直中线和文字串高度的水平中线的交点。

【布满（F）】选项用于提示用户拾取文字基线的起点和终点，系统会以拾取的两点之间的距离自动调整宽度系数，但不改变字高。

【左上（TL）】选项用于提示用户拾取文字串的左上点，此左上点就是文字串顶线的左端点，即以顶线的左端点对齐文字。

【中上（TC）】选项用于提示用户拾取文字串的中上点，此中上点就是文字串顶线的中点，即以顶线的中点对齐文字。

【右上（TR）】选项用于提示用户拾取文字串的右上点，此右上点就是文字串顶线的右端点，即以顶线的右端点对齐文字。

【左中（ML）】选项用于提示用户拾取文

字串的左中点，此左中点就是文字串中线的左端点，即以中线的左端点对齐文字。

【正中（MC）】选项用于提示用户拾取文字串的中间点，此中间点就是文字串中线的中点，即以中线的中点对齐文字。

| 技术看板 | 【正中（MC）】和【中间（M）】两种对正方式拾取的都是中间点，但这两个中间点的位置并不一定完全重合，只有输入的字符为大写或汉字时，此两点才重合。

【右中（MR）】选项用于提示用户拾取文字串的右中点，此右中点就是文字串中线的右端点，即以中线的右端点对齐文字。

【左下（BL）】选项用于提示用户拾取文字串的左下点，此左下点就是文字串底线的左端点，即以底线的左端点对齐文字。

【中下（BC）】选项用于提示用户拾取文字串的中下点，此中下点就是文字串底线的中点，即以底线的中点对齐文字。

【右下（BR）】选项用于提示用户拾取文字串的右下点，此右下点就是文字串底线的右端点，即以底线的右端点对齐文字。

文字的各对正方式如图 10-15 所示。

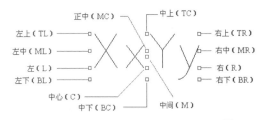

图 10-15

10.3.6 编辑单行文字

💻 视频文件 | 专家讲堂 \ 第 10 章 \ 编辑单行文字 .swf

创建单行文字之后，有时需要对单行文字的内容进行编辑修改等，例如修改文字内容、为文字对象添加前缀或后缀等。这一节我们来编辑上一节输入的"无师自通 AutoCAD 建筑设计"的"单行文字"注释。

⚙ **操作步骤**

1. 删除文字内容

下面首先删除上一节输入的文字注释中的

"无师自通"的文字内容。

3tep01 ▶ 单击【文字】工具栏上的"编辑"按钮 🔤 。

Step02 ▶ 单击输入的文字注释内容，使其反白显示。

Step03 ▶ 将光标定位在"通"字的后面，按住鼠标向左拖曳，将"无师自通"的文字注释选中，使其反白。

Step04 ▶ 按【Delete】键将其删除，如图 10-16 所示。

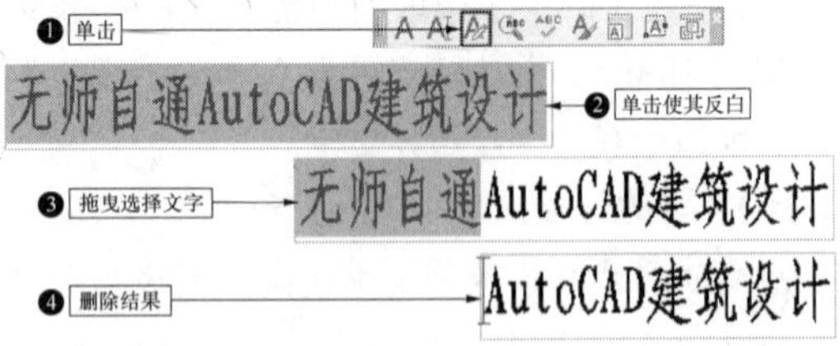

图 10-16

2．添加文字内容

除了删除文字内容之外，我们还可以添加新的文字内容。下面添加"一本通"的文字内容。

Step01 ▶ 将光标定位在文字内容的后面。

Step02 ▶ 输入"一本通"的文字内容。

Step03 ▶ 按 2 次【Enter】键结束操作，如图 10-17 所示。

| **练一练** | 通过以上操作，相信您已经掌握了编辑单行文字的相关技能。下面自己尝试将上一节输入的"无师自通 AutoCAD 建筑设计"单行文字内容修改为"AutoCAD 建筑设计从新手到高手"，结果如图 10-18 所示。

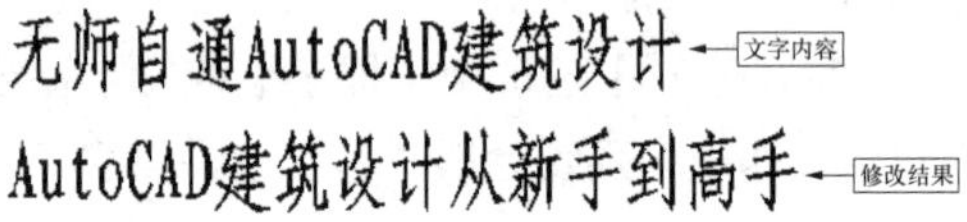

图 10-17

图 10-18

| **技术看板** | 您还可以通过以下方式激活【编辑文字】命令。

♦ 单击菜单【修改】/【对象】/【文字】/【编辑】命令。

♦ 在命令行输入"DDEDIT"后按【Enter】键。

♦ 使用快捷键"ED"激活【编辑】命令。

♦ 双击单行文字内容，直接进入编辑状态。

10.3.7　实例——标注建筑平面图房间功能

📄 素材文件	效果文件 \ 第 8 章 \ 实例——填充建筑平面图地面材质 .dwg
✏️ 效果文件	效果文件 \ 第 10 章 \ 实例——标注建筑平面图房间功能 .dwg
🖥️ 视频文件	专家讲堂 \ 第 10 章 \ 实例——标注建筑平面图房间功能 .swf

打开素材文件，这是填充了地面材质的建筑平面图，如图 10-19 所示。下面我们来标注该房间的功能，效果如图 10-20 所示。

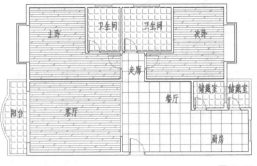

图 10-20

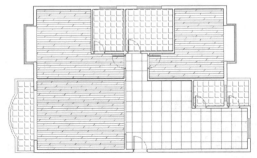

图 10-19

⚙️ **操作步骤**

Step01 ▶ 设置当前图层与文字样式。

在标注文字注释时，首先需要新建名为【文

本层】的新图层，用于标注文字注释。另外，还需要新建一种文字样式。在该文件中，已经有名为"文本层"的新图层和名为【仿宋体】的文字样式。

Step02 ▶ 标注"主卧"文字注释。

Step03 ▶ 标注其他房间文字注释。

　　在标注其他房间的文字注释时，既可以使用相同的方法继续标注，也可以直接将主卧的文字注释复制到其他房间，然后修改文字内容。我们就采用复制并修改文字内容的方式来标注其他房间的文字注释。

Step04 ▶ 修改各房间文字注释。

Step05 ▶ 保存文件。

　　具体的操作步骤请观看随书光盘中本节的视频文件"实例—标注建筑平面图房间功能 .swf"。

10.4　"多行文字"注释

　　与"单行文字"注释不同，"多行文字"注释是用【多行文字】命令创建的文字，在建筑设计中常用于标注建筑平面图中的室内面积等内容。这一节就来学习多行文字注释的创建方法。

本节内容概览

知识点	功能 / 用途	难易度与应用频率
创建"多行文字"注释（P279）	● 使用【多行文字】命令创建多行文字 ● 标注图形文字注释	难易度：★ 应用频率：★★★★★
【文字格式】编辑器详解（P280）	● 输入多行文字内容 ● 编辑多行文字注释	难易度：★ 应用频率：★★★★★
编辑多行文字（P282）	● 修改多行文字内容 ● 为多行文字添加特殊符号	难易度：★ 应用频率：★★★★★

10.4.1　创建"多行文字"注释

💻视频文件	专家讲堂 \ 第 10 章 \ 创建"多行文字"注释 .swf

　　创建"多行文字"注释与创建"单行文字"注释的方法完全不同。创建"多行文字"注释时，会打开【文字格式】编辑器，在【文字格式】编辑器中，可以选择文字样式，设置文字大小、对正方式等。下面创建"无师自通 AutoCAD 建筑设计"的"多行文字"注释。

⚙ 操作步骤

Step01 ▶ 单击【标注】工具栏中的"多行文字"按钮 A。

Step02 ▶ 在绘图区拖曳鼠标拖出文本框。

Step03 ▶ 打开【文字格式】编辑器，在"样式"列表中选择文字样式；在"字体"列表中选择字体；在"文字高度"输入框中输入文字高度。

Step04 ▶ 在文本框中输入文字内容。

Step05 ▶ 单击 **确定** 按钮。结果如图 10-21

所示。

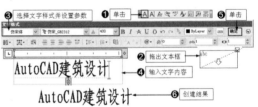

图 10-21

技术看板 | 您还可以采用以下方式激活【多行文字】命令。

◆ 单击菜单【绘图】/【文字】/【多行文字】命令。

◆ 单击【绘图】工具栏上的"多行文字"按钮 **A**。

◆ 在命令行输入"MTEXT"后按【Enter】键。

◆ 使用快捷键"T"。

10.4.2 【文字格式】编辑器详解

📺视频文件 | 专家讲堂\第 10 章\【文字格式】编辑器详解 .swf

【文字格式】编辑器不仅是输入多行文字的唯一工具，而且是编辑多行文字的唯一工具。它由工具栏、顶部带标尺的文本输入框两部分组成。各组成部分的重要功能如下。

1. 工具栏

工具栏主要用于控制多行文字对象的文字样式和选定文字的各种字符格式、对正方式、项目编号等。

（1）Standard ▼ "样式"下拉列表框用于显示您新建的文字样式以及系统默认的文字样式，在此选择当前的文字样式，如图 10-22 所示。

图 10-22

（2）宋体 ▼ "字体"下拉列表用于设置或修改文字的字体，如图 10-23 所示。

图 10-23

（3）2.5 ▼ "文字高度"下拉列表用于设置新字符高度或更改选定文字的高度。

（4）■ByLayer ▼ "颜色"下拉列表用于为文字指定颜色或修改选定文字的颜色，如图 10-24 所示。

图 10-24

（5）"粗体"按钮 B 用于为输入的文字对象或所选定文字对象设置粗体格式，如图 10-25 所示。

AutoCAD建筑设计

图 10-25

（6）"斜体"按钮 I 用于为新输入文字对象或所选定文字对象设置斜体格式，如图 10-26 所示。

AutoCAD建筑设计

图 10-26

| 技术看板 | "粗体"和"斜体"两个选项仅适用于 TrueType 字体的字符。

（7）"下划线"按钮 U 用于为输入的文字或所选定的文字对象设置下划线格式，如图 10-27 所示。

AutoCAD建筑设计

图 10-27

（8）"上划线"按钮 O 用于为输入的文字或所选定的文字对象设置上划线格式，如图 10-28 所示。

AutoCAD建筑设计

图 10-28

（9）"堆叠"按钮 用于为输入的文字或选定的文字设置堆叠格式。要使文字堆叠，文字中须包含插入符（＾）、正向斜杠（/）或磅符号（#），堆叠字符右侧的文字将堆叠在字符左侧的文字之上。例如在标注建筑平面图房间面积时，我们输入"20m2^"，如图 10-29（左）所示；选择"2^"，如图 10-29（中）所示；单击"堆叠"按钮 ，效果如图 10-29（右）所示。

图 10-29

｜ 技术看板 ｜ 在输入"＾"符号时，必须在英文输入法下，按【Shift+6】组合键，这样即可输入"＾"符号。

另外，默认状态下，包含插入符（＾）的文字转换为左对正的公差值；包含正斜杠（/）的文字转换为置中对正的分数值，斜杠被转换为一条同较长的字符串长度相同的水平线；包含磅符号（#）的文字转换为被斜线（高度与两个字符串高度相同）分开的分数。

（10）"标尺"按钮 用于控制文字输入框顶端标心的开关状态。

（11）"栏数"按钮 用于对段落文字进行分栏排版，如图 10-30 所示。

图 10-30

（12）"多行文字对正"按钮 用于设置文字的对正方式，如图 10-31 所示。

图 10-31

（13）"段落"按钮 用于设置段落文字的制表位、缩进量、对齐、间距等。

（14）"左对齐"按钮 用于设置段落文字为左对齐方式。

（15）"居中"按钮 用于设置段落文字为居中对齐方式。

（16）"右对齐"按钮 用于设置段落文字为右对齐方式。

（17）"对正"按钮 用于设置段落文字为对正方式。

（18）"分布"按钮 用于设置段落文字为分布排列方式。

（19）"行距"按钮 用于设置段落文字的行间距。

（20）"编号"按钮 用于对段落文字进行编号。

（21）单击"插入字段"按钮 ，将打开【字段】对话框，用于为段落文字插入一些特殊字段，如图 10-32 所示。

图 10-32

（22）"全部大写"按钮 用于修改英文字符为大写。

（23）"小写"按钮 用于修改英文字符为小写。

（24）"符号"按钮 用于为文本添加一些特殊符号。例如，输入"20m"，将光标置于"20m"文字前面，单击该按钮，在弹出的列表中选择"正/负"选项，即可为其添加"±"符号，如图 10-33 所示。

（25）"倾斜角度"按钮 用于修改

文字的倾斜角度。例如，设置倾斜角度为 30，此时文字效果如图 10-34 所示。

图 10-33

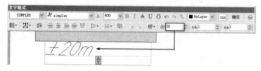

图 10-34

（26）"追踪"微调按钮 用于修改文字间的距离，取值范围为 0.75 ～ 4。设置其值为 2 时，文字效果如图 10-35 所示。

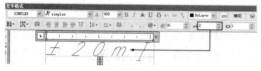

图 10-35

（27）"宽度因子"按钮 用于修改文字的宽度比例。设置宽度因子为 2 时，文字

效果如图 10-36 所示。

图 10-36

2. 文本输入框

文本输入框位于工具栏下侧，主要用于输入和编辑文字对象。它由标尺和文本框两部分组成，用于输入文字内容。另外，将光标移到文本输入框右侧的小方块按钮上，光标会变为双向箭头，此时按住鼠标左右拖曳，可以调整文本框的长度。当文字内容不能在文本框的一行中显示时，文字会自动换行，以适应文本框的长度。将光标移到下方的双向箭头位置处上下拖曳，可以调整文本框的宽度，如图 10-37 所示。

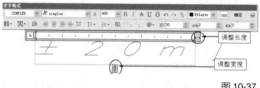

图 10-37

10.4.3 编辑多行文字

💻 视频文件 | 专家讲堂 \ 第 10 章 \ 编辑多行文字 .swf

多行文字同样是在【文字格式】编辑器中进行编辑的，例如修改文字的样式、字体、字高、对正方式以及向文字中添加特殊字符等。下面我们来修改上一节创建的"AutoCAD 建筑设计"的多行文字内容。

⚙️ **操作步骤**

Step01 ▶ 双击上一节创建的多行文字内容，打开【文字格式】编辑器，如图 10-38 所示。

图 10-38

Step02 ▶ 将光标定位在"A"的前面，然后输入"无师自通"文字内容，如图 10-39 所示。

图 10-39

Step03 ▶ 将光标定位在"计"字的后面，按【Enter】键换行，然后输入"卧室面积 20m2^"文字内容，如图 10-40 所示。

图 10-40

Step04 ▶ 将光标置于"^"符号的右边，按住鼠标向左拖曳将"2^"选中，然后单击"堆叠"

按钮，如图 10-41 所示。

图 10-41

Step05 ▶ 此时数字"2"被堆叠到"m"的右上角位置，如图 10-42 所示。

图 10-42

| 技术看板 | 如果需要在多行文字注释中添加其他特殊符号，可先将光标定位在相关位置，然后单击@·按钮，在弹出的下拉列表中选择相关符号，如图 10-43 所示。

Step06 ▶ 修改完毕后单击 确定 按钮，关闭【文字格式】编辑器，完成对多行文字的编辑，结果如图 10-44 所示。

图 10-43

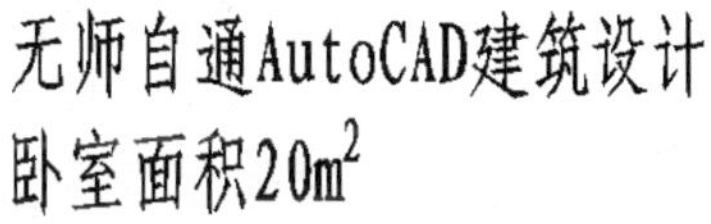

图 10-44

| 技术看板 | 除了双击多行文字打开【文字格式】编辑器之外，您还可以执行菜单栏中的【修改】/【对象】/【文字】/【编辑】命令激活【编辑文字】命令，然后选择多行文字，打开【文字格式】编辑器，对文字进行编辑；如果要修改文字内容，请拖曳鼠标选中要修改的文字内容，重新输入新的文字内容。

10.5 信息查询

在 AutoCAD 建筑设计中，可以通过【查询】命令查询建筑设计图的相关参数，例如房间面积，墙体长度、宽度以及角度等，然后通过查询参数对设计图进行标注。这一节我们就来学习建筑设计图中信息查询的方法。

本节内容概览

知识点	功能 / 用途	难易度与应用频率
查询面积（P284）	● 查询图形面积	难易度：★★★ 应用频率：★★★★★
实例（P285）	● 标注建筑平面图房间面积	
查询距离（P287）	● 查询两点之间的距离 ● 查询图形长度、宽度尺寸	难易度：★ 应用频率：★★★★★
查询半径（P287）	● 查询圆的半径 ● 获取圆信息	难易度：★ 应用频率：★★★★★
查询角度（P288）	● 查询图形角度 ● 获取图形信息	难易度：★ 应用频率：★★★★★
列表查询（P288）	● 获取图形更多信息	难易度：★ 应用频率：★★★★★

10.5.1 查询面积

📄 素材文件	效果文件 \ 第 10 章 \ 标注建筑平面图房间功能 .dwg
💻 视频文件	专家讲堂 \ 第 10 章 \ 查询面积 .swf

在建筑设计中，面积所表达的是建筑物室内空间的平面大小。首先打开素材文件，这是上一节标注了房间功能的一幅建筑平面图，如图 10-45 所示。

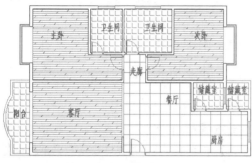

图 10-45

这一节我们来查询该平面图中主卧的面积。为了能正确查询，我们首先在"图层控制"下拉列表中将"地面层"暂时隐藏，结果如图 10-46 所示。

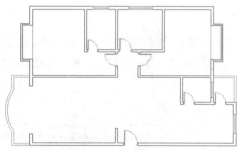

图 10-46

⚙️ **实例引导**——查询房间室内面积

Step01 ▶ 单击菜单栏中的【工具】/【查询】/【面积】命令。

Step02 ▶ 捕捉主卧墙体内侧左上端点。

Step03 ▶ 捕捉主卧墙体内侧左下端点，如图 10-47 所示。

Step04 ▶ 捕捉主卧墙体内侧右下端点。

Step05 ▶ 捕捉主卧门垛上端点。

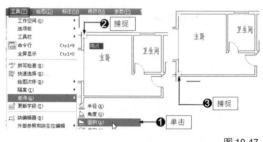

图 10-47

Step06 ▶ 捕捉主卧卫生间门垛外端点。

Step07 ▶ 捕捉主卧墙体内侧右上端点，如图 10-48 所示。

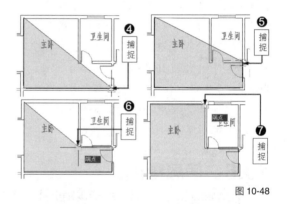

图 10-48

Step08 ▶ 按【Enter】键，在命令行会显示查询出的主卧面积（区域）和周长。

Step09 ▶ 输入"X"，按【Enter】键退出操作，如图 10-49 所示。

图 10-49

| 练一练 | 查询图形面积的操作比较简单。下面参照上述操作方法，尝试查询该平面图中其他房间的面积。

| 技术看板 | 查询面积时，系统会同时查询出房屋的周长。查询出的房屋面积和周长会显示在命令行，用户可以通过查看命令行中的命令记录获得查询结果。

10.5.2 实例——标注建筑平面图房间面积

素材文件	效果文件 \ 第 10 章 \ 实例——标注建筑平面图房间功能 .dwg
视频文件	专家讲堂 \ 第 10 章 \ 实例——标注建筑平面图房间面积 .swf

当查询出室内面积之后，就可以将查询结果标注在平面图中。查询出的结果是以 mm² 为单位的，在标注时要将其转换为 m² 进行标注。另外，一般根据精度要求对小数点后面的数值进行四舍五入换算，这是建筑制图中必须遵循的制图规范。

打开素材文件，下面我们根据查询结果为建筑平面图标注房间面积，结果如图 10-50 所示。

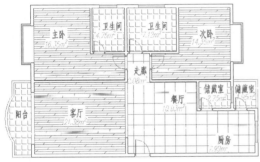

图 10-50

操作步骤

1. 设置文字样式

在标注房间面积时一般使用多行文字进行标注，同时需要设置文字样式。

Step01 ▶ 参照 10.2.1 节的内容新建名为"面积"的文字样式。

Step02 ▶ 设置文字的字体、高度、倾斜角度等参数。

Step03 ▶ 将新建的文字样式设置为当前样式。

Step04 ▶ 单击 关闭(C) 按钮关闭该对话框，如图 10-51 所示。

2. 新建面积图层

一般情况下，图形面积要标注在特定的图层中，这样便于对图形进行管理。下面首先设置名为"面积"的新图层。

Step01 ▶ 依照前面所掌握的知识打开【图层特性管理器】对话框。

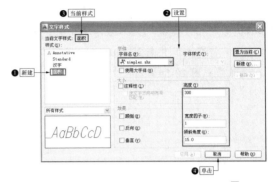

图 10-51

Step02 ▶ 新建名为"面积"的新图层。

Step03 ▶ 设置图层颜色，并将其设置为当前图层，如图 10-52 所示。

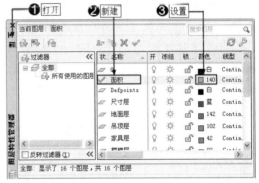

图 10-52

3. 标注主卧面积

在标注面积时，一般需要使用"多行文字"注释工具进行标注。

Step01 ▶ 依照 10.4.1 节的方法在"主卧"文字下方拖曳鼠标，打开【文字格式】编辑器。

Step02 ▶ 设置文字对正方式为【正中】，然后输入主卧的测量面积"16.35m2^"。

Step03 ▶ 选择"2^"字样，单击"堆叠"按钮进行堆叠。

Step04 ▶ 单击 确定 按钮。标注结果如图 10-53 所示。

4. 复制面积

下面将标注的主卧面积复制到其他房间。

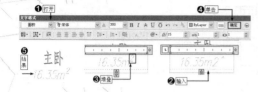

图 10-53

Step01 ▶ 使用快捷键 "CO" 激活【复制】命令。

Step02 ▶ 将在主卧中标注的面积复制到其他房间，结果如图 10-54 所示。

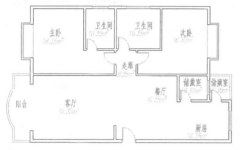

图 10-54

5. 修改标注面积

下面将其他房间的面积修改为正确的面积。

Step01 ▶ 双击主卧卫生间的标注面积，打开【文字格式】编辑器。

Step02 ▶ 修改其内容为 "4.75m²"。

Step03 ▶ 单击 确定 按钮确认，如图 10-55 所示。

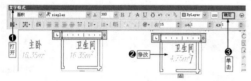

图 10-55

Step04 ▶ 使用相同的方法，继续修改其他房间的面积，结果如图 10-56 所示。

图 10-56

6. 编辑填充图案

Step01 ▶ 在 "图层控制" 下拉列表中将【地面

层】取消隐藏，效果如图 10-57 所示。

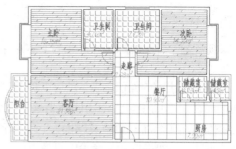

图 10-57

当显示被隐藏的地面层后我们发现，标注内容与平面图中的填充图案重叠，这在建筑设计中是不允许的。这时我们需要对图案填充进行编辑，删除标注内容下方的填充图案。

Step02 ▶ 在没有任何命令发出的情况下，单击主卧室地面的填充图案将其选中，然后右击并选择【图案填充编辑】命令，如图 10-58 所示。

图 10-58

Step03 ▶ 在打开的【图案填充编辑】对话框中单击 "添加：选择对象" 按钮，如图 10-59 所示。

图 10-59

Step04 ▶ 返回绘图区，单击选择主卧房间内的"主卧"文字与标注的面积。

Step05 ▶ 按【Enter】键返回【图案填充编辑】对话框，单击 ⌷确定⌷ 按钮确认，结果文字下方的图案被删除，如图 10-60 所示。

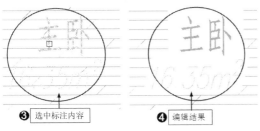

图 10-60

Step06 ▶ 使用相同的方法，继续对其他房间的填充图案进行编辑，结果如图 10-61 所示。

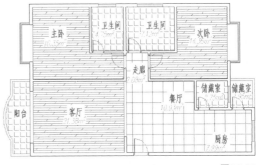

图 10-61

Step07 ▶ 最后将该图形文件命名保存。

10.5.3　查询距离

📄 素材文件	效果文件 \ 第 10 章 \ 实例——标注建筑平面图房间面积 .dwg
🖥 视频文件	专家讲堂 \ 第 10 章 \ 查询距离 .swf

通过查询距离，可以获得两点之间的距离，或者两个对象之间的距离。打开素材文件，这是上一节标注了房间面积的建筑平面图，如图 10-62 所示。下面我们来查询该平面图中主卧窗户的宽度。

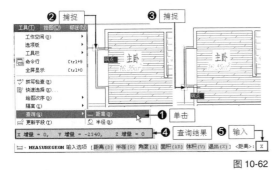

图 10-62

⚙ 操作步骤

Step01 ▶ 单击菜单栏中的【工具】/【查询】/【距离】命令。

Step02 ▶ 捕捉主卧窗户的上端点。

Step03 ▶ 捕捉主卧窗户的下端点。

Step04 ▶ 在命令行中显示查询结果。

Step05 ▶ 输入"X"，按【Enter】键退出，如图 10-63 所示。

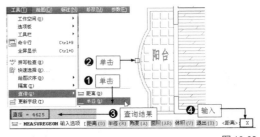

图 10-63

| 技术看板 | 查询结果中的"X 增量 =0"表示以窗户的左端点作为起点，沿 X 轴方向增量 0 个绘图单位；"Y 增量 =-2340"表示以窗户的左端点作为起点，沿 Y 轴负方向增量 2340 个绘图单位，表示窗户的宽度值。

| 练一练 | 下面参照上述操作方法，尝试查询出该平面图其他墙体的长度以及各房间的长度和宽度。

10.5.4　查询半径

📄 素材文件	效果文件 \ 第 10 章 \ 实例——标注建筑平面图房间面积 .dwg
🖥 视频文件	专家讲堂 \ 第 10 章 \ 查询半径 .swf

使用【查询】/【半径】命令可以查询圆、圆弧的半径尺寸。再次打开素材文件，下面我们来查询客厅阳台圆弧的半径尺寸。

操作步骤

Step01 ▸ 单击菜单栏中的【工具】/【查询】/【半径】命令。

Step02 ▸ 单击阳台外侧的圆弧。

Step03 ▸ 在命令行显示查询出的圆的直径。

Step04 ▸ 输入"X"，按【Enter】键退出，如图 10-63 所示。

|练一练| 查询半径的操作并不难，下面尝试查询阳台内侧圆弧的半径。

10.5.5　查询角度

素材文件	素材文件 \ 建筑平面图 A.dwg
视频文件	专家讲堂 \ 第 10 章 \ 查询角度 .swf

使用【查询】/【角度】命令可以查询出一个角的角度。打开素材文件，这是一幅建筑平面图，如图 10-64 所示。

度】命令。

Step02 ▸ 单击厨房内水平墙线。

Step03 ▸ 单击厨房内倾斜墙线。

Step04 ▸ 在命令行显示查询出的角度。

Step05 ▸ 输入"X"，按【Enter】键退出，如图 10-65 所示。

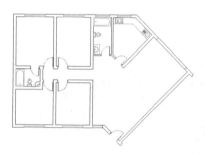

图 10-64

实例引导——查询该建筑平面图中厨房墙面的角度

Step01 ▸ 单击菜单栏中的【工具】/【查询】/【角

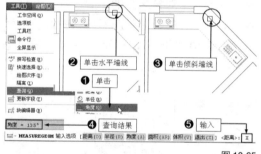

图 10-65

10.5.6　列表查询

素材文件	素材文件 \ 建筑平面图 A.dwg
视频文件	专家讲堂 \ 第 10 章 \ 列表查询 .swf

使用列表查询，可以得到图形更详细的信息，还会将查询结果以列表的形式显示出来，以方便用户查看。打开素材文件，如图 10-66 所示。

实例引导——使用【列表】查询命令查询卫生间中马桶的相关信息

Step01 ▸ 单击菜单栏中的【工具】/【查询】/【列表】命令。

Step02 ▸ 单击卫生间的马桶图块文件。

Step03 ▸ 按【Enter】键，弹出查询示例窗口，显示查询结果，如图 10-66 所示。

|技术看板| 除了以上查询之外，我们还可以查询体积、面域、点坐标等其他信息。这些信息不太常用，在此不再讲解，您可以自己尝试操作。

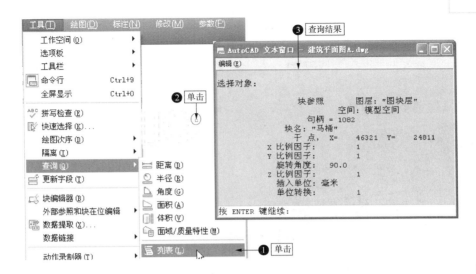

图 10-66

10.6 "快速引线"注释

"快速引线"注释不同于文字注释和尺寸标注，它是一种一端带有箭头的引线和多行文字相结合的一种注释。一般情况下，箭头指向要标注的对象，标注文字则位于引线的另一端。在 AutoCAD 建筑设计中，这种注释多用于标注建筑物外墙以及室内地面装饰材质的名称以及规格等。这一节就来学习"快速引线"注释的创建方法。

本节内容概览

知识点	功能 / 用途	难易度与应用频率
创建"快速引线"注释（P289）	● 创建"快速引线"注释 ● 标注零件图序号	难易度：★ 应用频率：★★★★★
"快速引线"的设置（P290）	● 设置快速引线的注释类型 ● 设置多行文字类型	难易度：★ 应用频率：★★★★★
实例（P292）	● 标注建筑平面图中的地面材质	

10.6.1 创建"快速引线"注释

💻 视频文件	专家讲堂 \ 第 10 章 \ 创建"快速引线"注释 .swf

系统默认状态下，可以通过拾取 3 个点来创建快速引线。引线箭头多指向注释对象，其注释内容位于引线的另一端，在建筑设计中多用于注释建筑外墙面以及室内地面的装饰材料等。下面创建一个标注内容为"快速引线"的"快速引线"注释，如图 10-67 所示。

图 10-67

⚙ 操作步骤

Step01 ▸ 输入"LE"，按【Enter】键，激活【快速引线】命令。

Step02 ▸ 在绘图区单击拾取一点，指定引线的第 1 点。

Step03 ▸ 向右上方引导光标，在合适位置处单击拾取一点，指定引线的第 2 点。

Step04 ▸ 水平向右引导光标，在合适位置处单击拾取一点，指定引线的第 3 点。

Step05 ▸ 按 2 次【Enter】键，打开【文字格式】

编辑器，在"样式"列表中选择文字样式，在"文字高度"选项中设置文字高度。

Step06▶ 在文本输入框中输入"快速引线"文字内容。

Step07▶ 单击 确定 按钮确认。注释结果如图 10-68 所示。

▏技术看板▏ 在进行"快速引线"注释时，引线的方向、点数、箭头以及引线的角度等都

需要根据具体情况进行设置，不同的引线设置会产生不同的引线标注效果。

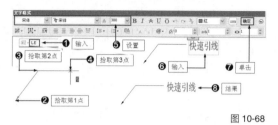

图 10-68

10.6.2 "快速引线"的设置

📺 视频文件	专家讲堂 \ 第 10 章 \ "快速引线"的设置 .swf

为了满足快速引线的不同标注要求，一般情况下需要对快速引线进行相关设置。在命令行中输入"QLEADER"或"LE"，按【Enter】键激活【快速引线】命令，输入"S"后按【Enter】键，激活"设置"选项，并打开【引线设置】对话框，如图 10-69 所示。

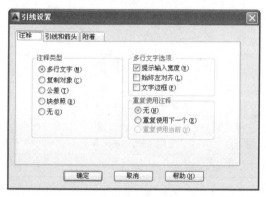

图 10-69

该对话框中包括【注释】选项卡、【引线和箭头】选项卡和【附着】选项卡，用于对引线的注释方式、引线和箭头的类型以及注释文字的附着方式进行设置。下面分别对其进行讲解。

1.【注释】选项卡

【注释】选项卡包括【注释类型】、【多行文字选项】和【重复使用注释】3 个选项组，分别用于设置注释类型以及多行文字等。

（1）【注释类型】选项组

① 勾选【多行文字】选项，在创建引线注释时打开【文字格式】编辑器，用以在引线

末端创建多行文字注释，如图 10-70 所示。

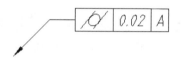

图 10-70

② 如果想使用已有的注释对其他引线进行注释，可以勾选"复制对象"选项，单击 确定 按钮，在绘图区创建引线，然后单击已有的快速引线的标注内容即可。该操作简单，您自己可以尝试操作，在此不再详述。

③ 在进行机械零件的公差标注时请勾选"公差"选项，单击 确定 按钮，在绘图区创建引线，打开【形位公差】对话框，设置公差参数，然后单击 确定 按钮，即可标注形位公差，如图 10-71 所示。

▏技术看板▏ 形位公差主要是在机械设计中标注机械零件图的相关参数与误差值，在建筑设计中基本不用。由于篇幅所限，在此不再详述。如果您对此感兴趣，可以参阅其他书籍的详细讲解。

④ 如果要以内部块作为注释对象，则勾选"块参照"选项，然后在视图中创建引线，输入内部块名，即可使用内部块进行标注。

⑤ 如果要创建无注释的引线，则可以选择"无"选项，此时将创建无任何注释内容的引线。

（2）【多行文字选项】选项组

该选项组用于设置是否提示输入多行文字的宽度、多行文字的对齐方式以及多行文字是

否添加边框等。

①"提示输入宽度"复选项用于提示用户指定多行文字注释的宽度。

②"始终左对齐"复选项用于自动设置多行文字使用左对齐方式。

③"文字边框"复选项主要用于为引线注释添加边框。

（3）【重复使用注释】选项组

在该选项组中设置是否重复使用注释。

①"无"选项表示不对当前所设置的引线注释进行重复使用。

②"重复使用下一个"选项用于重复使用下一个引线注释。

③"重复使用当前"选项用于重复使用当前的引线注释。

2.【引线和箭头】选项卡

进入【引线和箭头】选项卡，设置引线的类型、点数、箭头以及引线段的角度约束等参数，如图 10-71 所示。

图 10-72

| 技术看板 | 在建筑设计中，引线箭头多使用【点】，您也可以根据具体情况选择其他形式。

Step06 ▶ 在【角度约束】选项组中设置第一条引线与第二条引线的角度约束，如图 10-73 所示。

图 10-73

图 10-71

Step01 ▶ 勾选"直线"选项，在引线点之间创建直线段。

Step02 ▶ 勾选"样条曲线"选项，在引线点之间创建样条曲线。

Step03 ▶ 勾选"无限制"复选框，表示系统不限制引线点的数量，您可以通过敲击【Enter】键，手动结束引线点的设置过程。

Step04 ▶ 在"最大值"选项中设置引线点数的最多数量，一般情况下设置为3。

Step05 ▶ 在【箭头】选项组中设置引线箭头的形式，如图 10-72 所示。

3.【附着】选项卡

进入【附着】选项卡，可设置引线中多行文字注释的附着位置，如图 10-74 所示。

图 10-74

需要注意的是，只有在【注释】选项卡内勾选了"多行文字"选项时，此选项卡才可用。

（1）"第一行顶部"单选项用于将引线放置在多行文字第一行的顶部。

（2）"第一行中间"单选项用于将引线放置在多行文字第一行的中间。

（3）"多行文字中间"单选项用于将引线放置在多行文字的中部。

（4）"最后一行中间"单选项用于将引线放置在多行文字最后一行的中间。

（5）"最后一行底部"单选项用于将引线放置在多行文字最后一行的底部。

（6）"最后一行加下划线"复选项用于为最后一行文字添加下划线。

设置完成后，单击 确定 按钮回到绘图区，进行快速引线的标注。

10.6.3 实例——标注建筑平面图地面材质

📄 素材文件	效果文件 \ 第 10 章 \ 实例——标注建筑平面图房间面积 .dwg
📱 效果文件	效果文件 \ 第 10 章 \ 实例——标注建筑平面图地面材质 .dwg
🖥 视频文件	专家讲堂 \ 第 10 章 \ 实例——标注建筑平面图地面材质 .swf

打开素材文件，这是上一节标注了房间面积的一幅建筑平面图，如图 10-75 所示。下面我们来标注该建筑平面图的地面材质，结果如图 10-76 所示。

图 10-76

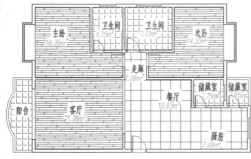

图 10-75

⚙ 操作步骤

Step01 ▶ 设置图层与文字样式。

地面材质的注释一般可以标注在【文本层】，其文字样式可以使用与房间功能相同的文字样式。所以首先需要设置当前图层与当前文字样式。

Step02 ▶ 设置快速引线。

Step03 ▶ 标注快速引线注释。

Step04 ▶ 标注储藏室与阳台地面文字注释。

需要说明的是，在标注这两个位置的文字注释时，需要对快速引线进行重新设置。

Step05 ▶ 执行【另存为】命令，将图形命名存储。

详细的操作步骤请观看本书随书光盘中本节的视频文件"实例——标注建筑平面图地面材质 .swf"。

10.7 综合实例——完善建筑平面图

在建筑设计中，一幅完整的建筑设计图，除了要绘制墙线、门窗以及室内家具和地面材质外，还应包括尺寸标注、文字注释以及墙体序号等内容。这一节我们综合运用本章所学的知识，为某建筑平面图标注尺寸、文字注释以及墙体序号等，对其进行完善，结果如图 10-77 所示。

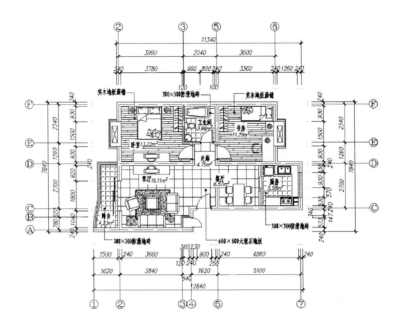

图 10-77

10.7.1　设置标注样式

素材文件	素材文件 \ 建筑平面图 .dwg
效果文件	效果文件 \ 第 10 章 \ 设置标注样式 .dwg
视频文件	专家讲堂 \ 第 10 章 \ 设置标注样式 .swf

标注样式是标注图形尺寸的关键，不同的图形需要不同的标注样式。这一节来设置一种标注样式，以便对图形进行尺寸标注。

操作步骤

Step01 ▶ 绘制尺寸标注样式的尺寸箭头。

在建筑设计中，标注尺寸时的尺寸箭头一般需要用户自定义。

Step02 ▶ 创建图块文件。

Step03 ▶ 设置标注样式。

详细的操作步骤请观看随书光盘中本节的视频文件"设置标注样式 .swf"。

10.7.2　标注建筑平面图细部尺寸

素材文件	效果文件 \ 第 10 章 \ 设置标注样式 .dwg
效果文件	效果文件 \ 第 10 章 \ 标注建筑平面图细部尺寸 .dwg
视频文件	专家讲堂 \ 第 10 章 \ 标注建筑平面图细部尺寸 .swf

所谓"细部尺寸"，就是指平面图中门窗洞、墙体厚度以及房间内部的具体尺寸等。打开素材文件，这一节标注建筑平面图的细部尺寸，结果如图 10-78 所示。

操作步骤

Step01 ▶ 设置图层并绘制尺寸辅助线。

Step02 ▶ 标注基准尺寸。

Step03 ▶ 标注连续尺寸与其他细部尺寸。

详细的操作步骤请观看本书随书光盘中本节的视频文件"标注建筑平面图细部尺寸.swf"。

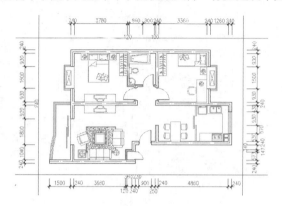

图 10-78

10.7.3　标注轴线尺寸与总尺寸

📄 素材文件	效果文件 \ 第 10 章 \ 标注建筑平面图细部尺寸 .dwg
✏️ 效果文件	效果文件 \ 第 10 章 \ 标注建筑平面图轴线尺寸与总尺寸 .dwg
💻 视频文件	专家讲堂 \ 第 10 章 \ 标注建筑平面图轴线尺寸与总尺寸 .swf

　　轴线是定位墙线的重要依据，因此，标注轴线尺寸是绘制建筑平面图中非常重要的标注内容。打开素材文件，这一节学习标注建筑平面图的轴线尺寸，结果如图 10-79 所示。

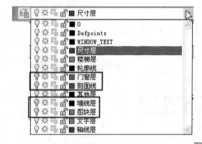

图 10-80

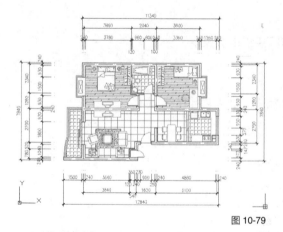

图 10-79

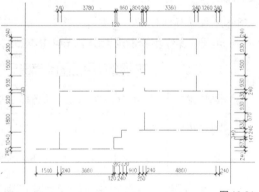

图 10-81

操作步骤

Step01 ▶ 单击菜单【格式】/【图层】命令，关闭"门窗层""剖面线""墙线层"和"图块层"等图层，如图 10-80 所示，此时图形效果如图 10-81 所示。

Step02 ▶ 单击菜单【标注】/【快速标注】命令。

Step03 ▶ 单击选中 5 条垂直轴线，如图 10-82 所示。

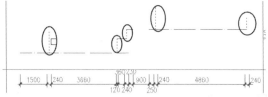

图 10-82

Step04 ▶ 向下引导光标，在细部尺寸下方合适位置处单击确定轴线尺寸的位置，结果如图 10-83 所示。

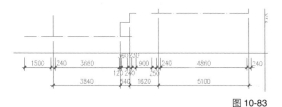

图 10-83

Step05 ▶ 参照上述操作，使用相同的方法，标注平面图其他的轴线尺寸，结果如图 10-84 所示。

Step06 ▶ 在无任何命令发出的情况下单击标注的轴线尺寸，使其夹点显示。

Step07 ▶ 使用夹点拉伸功能对各轴线尺寸进行编辑，结果如图 10-85 所示。

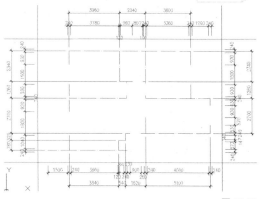

图 10-84

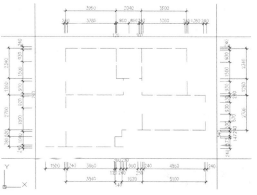

图 10-85

10.7.4　标注建筑平面图墙体序号

📄 素材文件	效果文件 \ 第 10 章 \ 标注建筑平面图轴线尺寸与总尺寸 .dwg
🖊 效果文件	效果文件 \ 第 10 章 \ 标注建筑平面图墙体序号 .dwg
💻 视频文件	专家讲堂 \ 第 10 章 \ 标注建筑平面图墙体序号 .swf

墙体序号是建筑设计图的重要标注内容。在标注墙体序号时，首先需要创建一个墙体序号的属性块，然后才能进行标注。打开素材文件，这一节我们来为建筑平面图标注墙体序号，结果如图 10-86 所示。

⚙ 操作步骤

Step01 ▶ 创建墙体序号属性块。

Step02 ▶ 调整轴线尺寸的尺寸界线。

详细的操作步骤请观看随书光盘中本节的视频文件"标注建筑平面图墙体序号 .swf"。

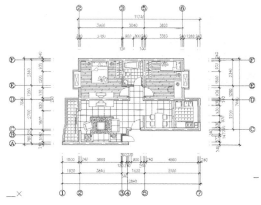

图 10-86

10.7.5 标注建筑平面图房间功能

📄 素材文件	效果文件＼第 10 章＼标注建筑平面图墙体序号 .dwg
✒ 效果文件	效果文件＼第 10 章＼标注建筑平面图房间功能 .dwg
🖥 视频文件	专家讲堂＼第 10 章＼标注建筑平面图房间功能 .swf

房间功能也是建筑设计图中必须要标注的内容。这一节我们为建筑平面图标注房间功能，绘制结果如图 10-87 所示。

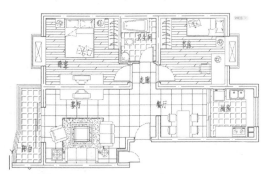

图 10-87

⚙ **操作步骤**

Step01 ▸ 在"图层控制"下拉列表中设置"文字层"作为当前图层。

Step02 ▸ 使用快捷键"ST"打开【文字样式】对话框，创建一种名为"仿宋体"的文字样式，并设置相关参数。

Step03 ▸ 单击菜单【绘图】/文字/【单行文字】命令，在平面图左上侧房间内拾取一点。

Step04 ▸ 输入"300"后按【Enter】键，设置高度。

Step05 ▸ 再次按【Enter】键设，然后在文本框输入"卧室"字样，按 2 次【Enter】键确认。

Step06 ▸ 使用快捷键"CO"激活【复制】命令，将输入的文字复制到其他房间。

Step07 ▸ 在无任何命令发出的情况下双击客厅中的文字内容进入编辑状态，修改其文字内容为"客厅"。

Step08 ▸ 依照相同的方法，继续修改其他房间的文字注释内容，全部修改完成后，将该图形命名保存。

详细的操作步骤请观看随书光盘中本节的视频文件"标注建筑平面图房间功能 .swf"。

10.7.6 标注建筑平面图房间面积

📄 素材文件	效果文件＼第 10 章＼标注建筑平面图房间功能 .dwg
✒ 效果文件	效果文件＼第 10 章＼标注建筑平面图房间面积 .dwg
🖥 视频文件	专家讲堂＼第 10 章＼标注建筑平面图房间面积 .swf

打开素材文件，下面继续标注建筑平面图中各房间的面积。在标注面积时，首先要对各房间的面积进行测量，然后才能标注。标注结果如图 10-88 所示。

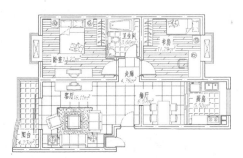

图 10-88

⚙ **操作步骤**

与标注房间功能相同，在标注房间面积时同样需要新建图层与文字样式，然后查询房间面积，最后才能标注房间面积。

Step01 ▸ 新建图层、文字样式并查询面积。

Step02 ▸ 标注房间面积。

Step03 ▸ 编辑图案填充。

房间功能和面积是在地面填充图案上方输入的，这样就使得二者重叠。这在建筑设计图中是不允许的。我们可对填充图案进行编辑，删除文字注释下的图案填充即可。详细的操作步骤请观看本书随书光盘中本节的视频文件

"标注建筑平面图房间面积 .swf"。

10.7.7　标注建筑平面图地面材质

📄 素材文件	效果文件 \ 第 10 章 \ 标注建筑平面图房间面积 .dwg
✒ 效果文件	效果文件 \ 第 10 章 \ 标注建筑平面图地面材质 .dwg
🖥 视频文件	专家讲堂 \ 第 10 章 \ 标注建筑平面图地面材质 .swf

本节标注建筑平面图的地面材质注释。在标注地面材质注释时，需要使用快速引线进行标注，并将其标注在文本层。标注结果如图 10-89 所示。

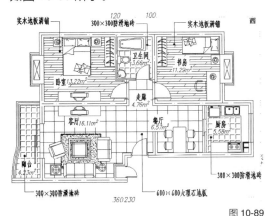

图 10-89

⚙ **操作步骤**

与标注房间功能一样，在标注房间面积时，同样需要新建图层与文字样式，然后需要查询房间面积，最后才能标注房间面积。

Step01 ▶ 新建图层、文字样式并查询面积。

Step02 ▶ 标注房间面积。

Step03 ▶ 编辑图案填充。

由于房间功能和面积是在地面填充图案上方输入的，这样就使得二者重叠，这在建筑设计图中是不允许的，所有需要对填充图案进行编辑，删除文字注释下的图案填充。

Step04 ▶ 使用【另存为】命令将图形命名存储。

详细的操作步骤请观看随书光盘中本节的视频文件"标注建筑平面图地图材质 .swf"。

10.8　综合自测

10.8.1　软件知识检验——选择题

（1）文字注释的类型有（　　）。

A．单行文字和多行文字　　　　B．单行文字、多行文字和快速引线

C．多行文字、单行文字和多重引线　　D．快速引线和多重引线

（2）打开【文字样式】对话框的快捷键是（　　）。

A．ST　　　　B．S　　　　C．T　　　　D．A

（3）关于多行文字，说法正确的是（　　）。

A．多行文字就是有多行的文字内容

B．多行文字就是不管有多少行多少段，每一行每一段文字都是独立的

C．多行文字就是不管有多少行多少段，系统都将其看作一个整体

D．多行文字就是用于标注机械图技术要求的文字

10.8.2　操作技能提升——标注别墅立面图材质与轴线编号

📄 素材文件	素材文件 \ 别墅立面图 .dwg
✒ 效果文件	效果文件 \ 第 10 章 \ 操作技能提升——标注别墅立面图墙面材质与轴线编号 .dwg
🖥 视频文件	专家讲堂 \ 第 10 章 \ 操作技能提升——标注别墅立面图墙面材质与轴线编号 .swf

打开"素材文件"目录下的"别墅立面图 .dwg"文件，如图 10-90 所示，设置一种文字样式，然后使用快速引线命令标注外墙面材质注释，结果如图 10-91 所示。

图 10-90

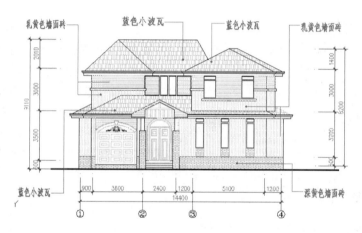

图 10-91

第 11 章
建筑设计的最后环节——输出

　　在 AutoCAD 建筑设计中，输出建筑设计图是最后环节，是非常关键的一个步骤。所谓输出，其实就是将建筑设计图打印到图纸上，这样才算完成了整个设计工作。AutoCAD 中提供了模型和布局两种空间用于打印输出设计图，这一章我们来学习打印输出建筑设计图的方法。

|第 11 章|

建筑设计的最后环节——输出

本章内容概览

知识点	功能 / 用途	难易度与应用频率
设置打印环境（P300）	● 设置打印环境 ● 添加绘图仪，选择打印机 ● 打印输出设计图	难易度：★★★ 应用频率：★★★★★
打印输出建筑设计图（P304）	● 将设计图打印输出到图纸上。	难易度：★★★★★ 应用频率：★★★★★

11.1 设置打印环境

在打印图形之前，您首先需要设置打印环境，具体包括配置打印设备、定义打印图纸尺寸、添加打印样式表以及设置打印页面等。

本节内容概览

知识点	功能 / 用途	难易度与应用频率
添加绘图仪（P300）	● 向打印中添加绘图仪 ● 打印设计图纸	难易度：★★ 应用频率：★★★★★
定义打印图纸尺寸（P301）	● 设置打印图纸尺寸 ● 打印输出设计图	难易度：★ 应用频率：★★★★★
添加打印样式表（P302）	● 添加打印样式表 ● 打印输出设计图	难易度：★ 应用频率：★★★★★
设置打印页面（P302）	● 设置打印机、打印尺寸等 ● 打印输出设计图	难易度：★★★ 应用频率：★★★★★
其他设置（P303）	● 设置打印的其他参数 ● 打印输出设计图	难易度：★★★ 应用频率：★★★★★

11.1.1 添加绘图仪

💻 视频文件   专家讲堂 \ 第 11 章 \ 添加绘图仪 .swf

绘图仪其实就是打印机。打印前，您首先需要向计算机中添加打印机，这是设置打印环境的第一步。下面我们来添加名为"光栅文件格式"的绘图仪。

⚙️ **操作步骤**

Step01 ▶ 单击菜单【文件】/【绘图仪管理器】命令，打开"Plotters"窗口，如图 11-1 所示。

Step02 ▶ 双击【添加绘图仪向导】图标，打开【添加绘图仪 - 简介】对话框，依次单击[下一步(N) >]按钮，直到打开【添加绘图仪 - 绘图

仪型号】对话框，在此设置绘图仪型号及其生产商，如图 11-2 所示。

图 11-1

Step03 ▶ 依次单击[下一步(N) >]按钮，直到打开如图 11-3 所示的【添加绘图仪 - 绘图仪名称】对话框，用于为添加的绘图仪命名，在此采用默

认设置。

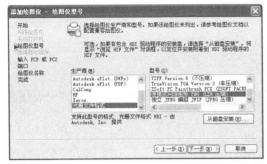

图 11-2

图 11-3

Step04 ▶ 单击 下一步(N) > 按钮，打开【添加绘图仪 - 完成】对话框，单击 完成(F) 按钮，添加的绘图仪会自动出现在 "Plotters" 窗口内，如图 11-4 所示。

图 11-4

11.1.2　定义打印图纸尺寸

🖥 视频文件　｜　专家讲堂\第 11 章\定义打印图纸尺寸 .swf

图纸尺寸是保证正确打印图形的关键。尽管不同型号的绘图仪都有适合该绘图仪规格的图纸尺寸，但有时这些图纸尺寸与打印图形很难相匹配，这时需要您重新定义图纸尺寸。

⚙ **实例引导**——定义打印图纸尺寸

Step01 ▶ 在【Plotters】对话框中，双击添加的绘图仪，打开【绘图仪配置编辑器】对话框。

Step02 ▶ 在【绘图仪配置编辑器】对话框中展开【设备和文档设置】选项卡，然后单击"自定义图纸尺寸"选项，打开【自定义图纸尺寸】选项组。

Step03 ▶ 单击 添加(A)... 按钮，此时系统打开【自定义图纸尺寸 - 开始】对话框，单击 下一步(N) > 按钮，打开【自定义图纸尺寸 - 介质边界】对话框，然后分别设置图纸的宽度、高度以及单位，如图 11-5 所示。

Step04 ▶ 依次单击 下一步(N) > 按钮，直至打开【自定义图纸尺寸 - 完成】对话框，完成图纸尺寸的自定义过程。

Step05 ▶ 单击 完成(F) 按钮，结果新定义的图纸尺寸自动出现在图纸尺寸选项组中，如图 11-6 所示。

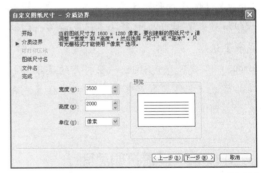

图 11-5

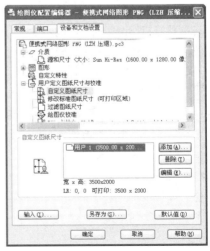

图 11-6

Step06▶ 如果您需要保存此图纸尺寸，可以单击 另存为(S)... 按钮；如果您仅在当前使用一次，单击 确定 按钮即可。

11.1.3 添加打印样式表

📺 视频文件 | 专家讲堂＼第 11 章＼添加打印样式表 .swf

打印样式表其实就是一组打印样式的集合。打印样式用于控制图形的打印效果，修改打印图形的外观。使用【打印样式管理器】命令可以创建和管理打印样式表，下面添加名为"stb01"颜色相关打印样式表。

⚙️ **操作步骤**

Step01▶ 单击菜单【文件】/【打印样式管理器】命令，打开【Plotte】窗口。

Step02▶ 双击窗口中的【添加打印样式表向导】图标📄，打开【添加打印样式表】对话框。

Step03▶ 依次单击 下一步(N) > 按钮，在打开的【添加打印样式表 - 开始】对话框中勾选【创建新打印样式表】选项，然后单击 下一步(N) > 按钮。

Step04▶ 继续在打开的【添加打印样式表 - 选择打印样式表】对话框中勾选【颜色相关打印样式表】选项。

Step05▶ 单击 下一步(N) > 按钮，在打开的【添加打印样式表 - 文件名】对话框中为打印样式表命名，如图 11-7 所示。

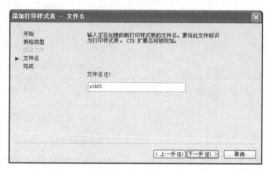

图 11-7

Step06▶ 单击 下一步(N) > 按钮，打开【添加打印样式表 - 完成】对话框，单击 完成 按钮，即可添加设置的打印样式表。新建的打印样式表文件图标显示在【Plot Styles】窗口中，如图 11-8 所示。

图 11-8

11.1.4 设置打印页面

📺 视频文件 | 专家讲堂＼第 11 章＼设置打印页面 .swf

在配置好打印设备后，还需要设置打印页面参数。打印页面参数一般是通过【页面设置管理器】命令来设置的。

⚙️ **操作步骤**

Step01▶ 执行菜单栏中的【文件】/【页面设置管理器】命令，打开【页面设置管理器】对话框，如图 11-9 所示。

Step02▶ 单击 新建(N)... 按钮，在打开的【新建页面设置】对话框中为新页面命名，如图 11-10 所示。

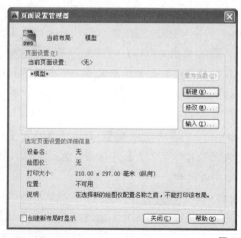

图 11-9

图 11-10

匹配、打印区域的选择以及打印比例的调整等操作。

图 11-11

单击 确定(O) 按钮，打开【页面设置 - 模型】对话框，如图 11-11 所示。在此对话框内，可以进行打印设备的配置、图纸尺寸的

11.1.5　其他设置

🖳 视频文件 ┃ 专家讲堂 \ 第 11 章 \ 其他设置 .swf

1. 选择打印设备

在【打印机 / 绘图仪】选项组中配置绘图仪设备，单击【名称】下拉列表，在展开的下拉列表框中可以选择 Windows 系统打印机或 AutoCAD 内部打印机（".Pc3"文件）作为输出设备。

2. 配置图纸幅面

在【图纸尺寸】下拉列表中配置图纸幅面。展开此下拉列表，在下拉列表框内包含了选定打印设备可用的标准图纸尺寸。

当选择了某种幅面的图纸时，该列表右上角会出现所选图纸及实际打印范围的预览图像。将光标移到预览区中，光标位置处会显示精确的图纸尺寸以及图纸可打印区域的尺寸。

3. 指定打印区域

在【打印区域】选项组中设置需要输出的图形范围。展开【打印范围】下拉列表框，其包含四种打印区域的设置方式，具体有显示、窗口、范围和图形界限。

4. 设置打印比例

在【打印比例】选项组中设置图形的打印比例。其中，【布满图纸】复选项仅适用于模型空间中的打印。当勾选该复选项后，AutoCAD 将自动调整图形，与打印区域和选定的图纸等相匹配，使图形取得最佳位置和比例。

5.【着色视口选项】选项组

在【着色视口选项】选项组中，可以将需要打印的三维模型设置为着色、线框或以渲染图的方式进行输出。

6. 调整打印方向

在【图形方向】选项组中可调整图形在图纸上的打印方向。右侧的图纸图标代表图纸的放置方向，图标中的字母 A 代表图形在图纸上的打印方向，共有纵向、横向两种方式。

在【打印偏移】选项组中可设置图形在图纸上的打印位置。默认设置状态下，AutoCAD 从图纸左下角开始打印图形。打印原点处在图纸左下角，坐标是（0,0），用户可以在此选项组中重新设定新的打印原点，这样图形在图纸上将沿 x 轴和 y 轴移动。

7. 预览与打印图形

当打印环境设置完毕后，即可进行图形的打印。执行菜单栏中的【文件】/【打印】命令，可打开图 11-12 所示的【打印 - 模型】对话框。此对话框具备【页面设置】对话框中的参数设置功能，您不仅可以对已设置好的打印页面进行预览和打印图形，还可以在对话框中重新设置、修改图形的页面参数。

单击 预览(P)... 按钮，可以预览图形的打印效果；单击 确定 按钮，即可按照当前的页面设置进行打印。

图 11-12

11.2　打印输出建筑设计图

这一节我们来学习在不同空间打印输出建筑设计图的方法。

本节内容概览

知识点	功能 / 用途	难易度与应用频率
快速打印建筑立面图（P304）	● 快速打印建筑设计图 ● 输出设计图	难易度：★★★★★ 应用频率：★★★★★
精确打印别墅立面图（P306）	● 精确打印建筑设计图 ● 输出设计图	难易度：★★★★★ 应用频率：★★★★★
多视口打印别墅立面图（P309）	● 多视口打印建筑设计图 ● 输出设计图	难易度：★★★★★ 应用频率：★★★★★

11.2.1　快速打印建筑立面图

📄 素材文件	效果文件\第 10 章\操作技能提升——标注别墅立面图墙面材质与轴线编号 .dwg
✏ 效果文件	效果文件\第 11 章\快速打印别墅立面图 .dwg
💻 视频文件	专家讲堂\第 11 章\快速打印别墅立面图 .swf

打开素材文件，这是一个别墅的建筑立面图。下面在模型空间内快速打印该别墅建筑立面图。

⚙ **操作步骤**

1. 配置绘图仪

Step01 ▶ 单击菜单【文件】/【绘图仪管理器】命令，在打开的对话框中双击图 11-13 中的"DWF6 ePlot"图标，打开【绘图仪配置编辑器 - DWF6 ePlot.pc3】对话框。

图 11-13

Step02 ▶ 展开【设备和文档设置】选项卡，选择"修改标准图纸尺寸可打印区域"选项，在

【修改标准图纸尺寸】组合框内选择如图 11-14
所示的图纸尺寸。

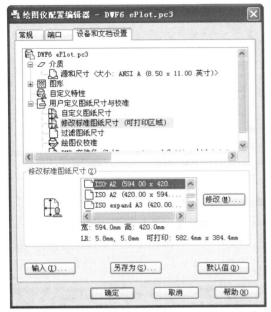

图 11-14

Step03 ▶ 单击 修改(M) 按钮，在打开的【自定义
图纸尺寸 - 可打印区域】对话框中设置参数，
如图 11-15 所示。

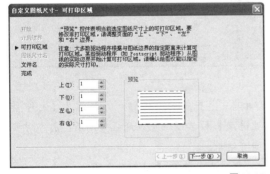

图 11-15

Step04 ▶ 单击 下一步(N) > 按钮，在打开的【自定义
图纸尺寸 - 文件名】对话框中列出了修改后的
标准图纸的尺寸，如图 11-16 所示。

Step05 ▶ 依次单击 下一步(N) > 按钮，在打开的【自
定义图纸尺寸 - 完成】对话框中，列出了所修
改后的标准图纸的尺寸。

Step06 ▶ 单击 完成 按钮，系统返回【绘图仪
配置编辑器 -DWF6 ePlot.pc3】对话框，然后单
击 另存为(S)... 按钮，对当前配置进行保存。

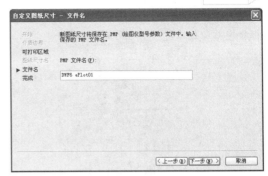

图 11-16

Step07 ▶ 返回【绘图仪配置编辑器 - DWF6 ePlot.
pc3】对话框，单击 确定 按钮，结束命令。

2. 设置打印页面

Step01 ▶ 单击菜单【文件】/【页面设置管理器】
命令，在打开的【页面设置管理器】对话框中
单击 新建(N)... 按钮，将新页面命名为"模型打
印"，如图 11-17 所示。

图 11-17

Step02 ▶ 单击 确定(O) 按钮，打开【页面设置 -
模型】对话框，配置打印设备，设置图纸尺寸、
打印偏移、打印比例和图形方向等参数。

Step03 ▶ 单击"打印范围"下拉列表框，在展开
的下拉列表内选择"窗口"选项，如图 11-18 所示。

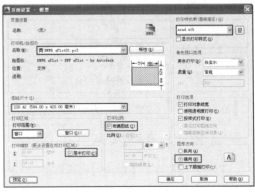

图 11-18

Step04▶ 返回绘图区，在建筑平面图上拖曳鼠标指定打印区域，如图 11-19 所示。

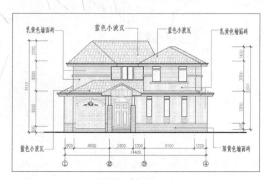

图 11-19

Step05▶ 此时系统自动返回【页面设置 - 模型】对话框，单击 确定 按钮返回【页面设置管理器】对话框，将刚创建的新页面置为当前打印模式，如图 11-20 所示。

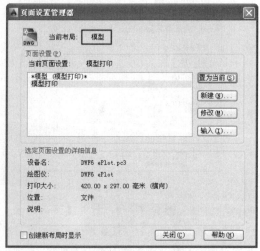

图 11-20

Step06▶ 关闭该对话框，然后执行【文件】/【打印预览】命令，对图形进行打印预览，如图 11-21 所示。

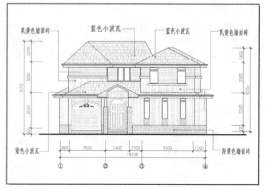

图 11-21

Step07▶ 单击鼠标右键，选择"打印"选项，此时系统打开【浏览打印文件】对话框，设置打印文件的保存路径及文件名后进行保存，如图 11-22 所示。

图 11-22

Step08▶ 单击 保存... 按钮，系统弹出【打印作业进度】对话框。此对话框关闭后，打印过程即可结束。

Step09▶ 最后执行【另存为】命令，将图形命名保存。

11.2.2 精确打印别墅立面图

📄 素材文件	效果文件\第 10 章\操作技能提升——标注别墅立面图墙面材质与轴线编号 .dwg
✒ 效果文件	效果文件\第 11 章\精确打印别墅立面图 .dwg
🖥 视频文件	专家讲堂\第 11 章\精确打印别墅立面图 .swf

打开素材文件，下面通过在布局空间内按照 1：50 的精确出图比例，将该别墅立面图打印输出到 2 号标准图纸上。

🔧 操作步骤

Step01▶ 单击绘图区下方的 布局2 标签，进入 "布局2" 空间，如图 11-23 所示。

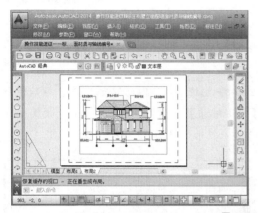

图 11-23

Step02▶ 在无任何命令发出的情况下，单击选择系统自动产生的视口，如图 11-24 所示。

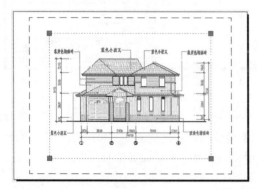

图 11-24

Step03▶ 按【Delete】键，将系统自动产生的视口删除。

Step04▶ 单击菜单【文件】/【页面设置管理器】命令，打开【页面设置管理器】对话框。

Step05▶ 单击 新建(N)... 按钮，新建名为 "精确打印" 的页面，如图 11-25 所示。

图 11-25

Step06▶ 单击 确定(O) 按钮，打开【页面设置 - 精确打印】对话框。

Step07▶ 在该对话框中配置打印设备，设置图纸尺寸、打印偏移、打印比例和图形方向等参数，如图 11-26 所示。

图 11-26

Step08▶ 单击 确定 按钮返回【页面设置管理器】对话框，将刚创建的新页面置为当前页面。

Step09▶ 执行【插入块】命令，插入 "A2-H" 内部块，块参数设置如图 11-27 所示。

图 11-27

Step10▶ 单击 确定 按钮，插入结果如图 11-28 所示

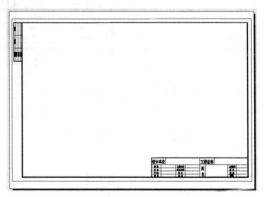

图 11-28

Step11 ▸ 单击菜单【视图】/【视口】/【多边形视口】命令，分别捕捉图框内边框的角点，创建多边形视口，将别墅立面图从模型空间添加到布局空间，如图 11-29 所示。

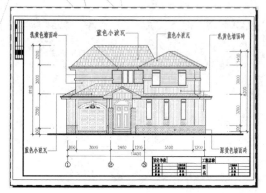

图 11-29

Step12 ▸ 单击状态栏中的图纸按钮，激活刚创建的视口，打开【视口】工具栏，调整比例为 1:50，如图 11-30 所示。

图 11-30

Step13 ▸ 使用【实时平移】工具调整图形的出图位置，如图 11-31 所示。

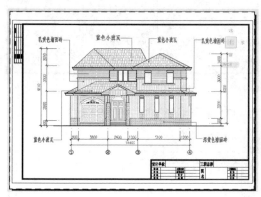

图 11-31

Step14 ▸ 单击 模型 按钮返回图纸空间，设置"文本层"为当前图层，设置"宋体"为当前文字样式，并使用【窗口缩放】工具将图框放大显示。

Step15 ▸ 使用快捷键"T"激活【多行文字】命令，设置字高为 10、对正方式为正中对正，为标题栏填充图名，如图 11-32 所示。

图 11-32

Step16 ▸ 继续输入绘图比例为 1：50，然后使用【全部缩放】工具调整图形的位置，使其全部显示，结果如图 11-33 所示。

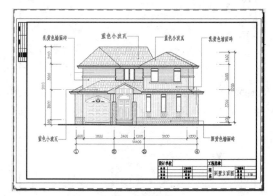

图 11-33

Step17 ▸ 执行【打印】命令，打开【打印 - 布局 1】对话框，单击 确定 按钮，打开【浏览打印文件】对话框，设置名称后对其进行保存，如图 11-34 所示。

图 11-34

Step18 ▸ 保存结束后系统会自动打印文件。

Step19 ▸ 最后执行【另存为】命令，将图形命名保存。

11.2.3 多视口打印别墅立面图

📄 素材文件	效果文件 \ 第 10 章 \ 操作技能提升——标注别墅立面图墙面材质与轴线编号 .dwg
🖍 效果文件	效果文件 \ 第 11 章 \ 多视口打印别墅立面图 .dwg
🖥 视频文件	专家讲堂 \ 第 11 章 \ 多视口打印别墅立面图 .swf

打开素材文件，下面学习以并列视图的方式打印别墅立面图。

🔧 操作步骤

Step01 ▶ 单击 布局1 标签，进入布局空间。使用快捷键 "E" 激活【删除】命令，选择系统自动产生的视口，如图 11-35 所示。

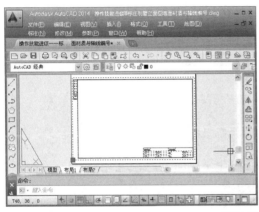

图 11-35

Step02 ▶ 按【Delete】键将其删除。

Step03 ▶ 单击菜单【文件】/【页面设置管理器】命令，在打开的【页面设置管理器】对话框中单击 新建(N)... 按钮，为新页面命名为 "多视口打印"，如图 11-36 所示。

图 11-36

Step04 ▶ 单击 确定 按钮，打开【页面设置 - 布局 1】对话框，设置打印机名称、图纸尺寸、打

印比例和图形方向等页面参数，如图 11-37 所示。

图 11-37

Step05 ▶ 单击 确定 按钮返回【页面设置管理器】对话框，将创建的新页面置为当前，然后关闭该对话框。

Step06 ▶ 在 "图层控制" 下拉列表中将 "0" 图层设置为当前图层。

Step07 ▶ 使用快捷键 "I" 激活【插入块】命令，插入随书光盘中 "图块文件" 目录下的 "A4.dwg" 图块，参数设置如图 11-38 所示。

图 11-38

Step08 ▶ 单击 确定 按钮将其插入，结果如图 11-39 所示。

Step09 ▶ 单击【视图】菜单中的【视图】/【视口】/【新建视口】命令，在打开的【视口】对话框中选择 "四个：相等" 选项。

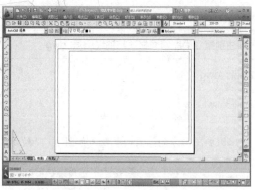

图 11-39

Step10 ▶ 单击 确定 按钮，返回绘图区，根据命令行的提示捕捉内框的两个对角点，将内框区域分割为 4 个视口，结果如图 11-40 所示。

Step11 ▶ 单击状态栏中的 图纸 按钮，进入浮动式的模型空间。

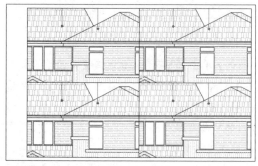

图 11-40

Step12 ▶ 分别激活每个视口，调整每个视口内的视图大小，如图 11-41 所示。

Step13 ▶ 返回图纸空间，单击菜单【文件】/【打

印预览】命令，对图形进行打印预览。

图 11-41

Step14 ▶ 单击鼠标右键，选择"打印"选项，在打开的【浏览打印文件】对话框内设置打印文件的保存路径及文件名，如图 11-42 所示。

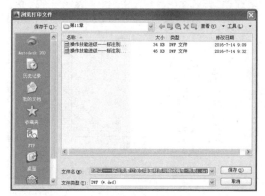

图 11-42

Step15 ▶ 单击 保存... 按钮，将其保存，即可打印图形。

Step16 ▶ 最后执行【另存为】命令，将图形命名保存。

第 12 章
建筑设计必备知识

建筑设计是指对建筑物的功能设计，包括建筑物的造型、尺寸、功能分区、建筑材料、装饰风格等一系列的设计内容。建筑设计是建筑工程施工的重要依据。

|第12章|
建筑设计必备知识

本章内容概览

知识点	功能 / 用途	难易度与应用频率
认识建筑设计中的三视图（P312）	● 认识建筑设计图的三种视图	难易度：★ 应用频率：★★
三视图的绘图原理与相互关系（P314）	● 了解三视图的绘图原理 ● 了解三视图的相互关系	难易度：★ 应用频率：★★
建筑设计图的绘图规范（P315）	● 掌握建筑设计图的绘图规范	难易度：★★★ 应用频率：★★★
建筑设计中的绘图区域与单位设置（P319）	● 设置绘图区域 ● 设置绘图单位	难易度：★★★ 应用频率：★★★
综合案例（P323）	● 制作建筑设计样板文件	

12.1 认识建筑设计中的三视图

在 AutoCAD 建筑设计中，有三大非常重要的设计图，这三大设计图分别是平面图、立面图和剖面图，我们将其简称为"三视图"。"三视图"其实就是从不同视觉角度出发来表现建筑物的 3 种图纸。这一节我们就来认识这 3 种视图。

本节内容概览

知识点	功能 / 用途	难易度与应用频率
平面图（P312）	● 表现建筑物的平面效果	难易度：★★★★ 应用频率：★★★★★
立面图（P313）	● 表现建筑物的立面效果	难易度：★★★★ 应用频率：★★★★★
剖面图（P313）	● 表现建筑物的剖面效果	难易度：★★★★★★ 应用频率：★★★★★

12.1.1 平面图

平面图也叫俯视图，简单地说，就是从建筑物的正上方向下看建筑物时所看到的建筑物的模样。根据绘图原理，平面图是假想用一水平的剖切面沿建筑物门窗洞位置将建筑物剖切后，对剖切面以下部分所作的水平投影图，它能反映出房屋的平面形状、大小和布置，墙、柱的位置、尺寸和材料，门窗的类型和位置等，是建筑工程施工的基本图纸。

根据建筑物的结构不同，平面图分为首层（底层）平面图（表示第一层房间的布置、建筑入口、门厅及楼梯等）、标准层平面图（表示中间各层的布置）、顶层平面图（表示房屋最高层的平面布置）以及屋顶平面图（即屋顶平面的水

平投影）。如图 12-1 所示，上图是某住宅楼的底层平面图，下图是某住宅楼的标准层平面图。

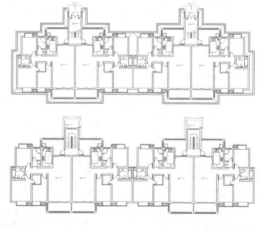

图 12-1

12.1.2 立面图

简单地说，立面图就是我们平视时看到的建筑物的模样，它是在与建筑立面相平行的投影面上所做的正投影图。立面图大致包括南立面图、北立面图、东立面图和西立面图 4 种。其中，反映建筑物主要出入口或比较显著地反映出建筑物外貌特征的立面图称为"正立面图"，其余立面图相应称为"背立面图""左立面图"和"右立面图"。通常也可按房屋朝向来命名，如"南北立面图""东西立面图"等。如图 12-2 所示，上图是某住宅楼的背立面图，下图则是某住宅楼的正立面图。

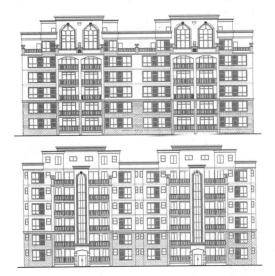

图 12-2

12.1.3 剖面图

在 AutoCAD 建筑设计中，建筑平面图和建筑立面图只能表现建筑物外部形态，建筑物内部构造比较复杂，在建筑平面图和立面图中无法准确表达，因此在建筑工程制图中采用剖视的方法来表现建筑物内部结构，这就是剖面图。

剖面图其实就是将建筑物沿垂直剖切面剖切后，向与剖切面平行的投影面做投影所形成的投影图，用来表示房屋内部的结构或构造形式、分层情况和各部位的联系、材料及其高度等。它是与平面图和立面图相互配合的不可缺少的重要视图。

绘制剖面图时，要将剖切面与形体接触的

部分画上剖面线或材料图例。剖面图的数量要根据建筑物的具体情况和施工实际需要来确定。剖切面一般横向，即平行于侧面，必要时也可纵向，即平行于正面。其位置应选择在能反映出房屋内部构造比较复杂与典型的部位，并通过门窗洞的位置。如果是多层房屋，则应选择在楼梯间或层高不同、层数不同的部位。剖面图的图名应与平面图上所标注剖切符号的编号一致，以便于施工人员查看。图 12-3 所示为某住宅楼的横向剖面图。

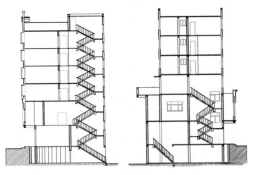

图 12-3

| 技术看板 | 根据形体的复杂程度个同，剖面图还包括"全剖面图""半剖面图"和"局部剖面图"。

(1) 全剖面图：指用剖切面完全地剖开物体所得到的剖面图。此种类型的剖面图适用于结构不对称的形体，或者虽然结构对称但外形简单、内部结构比较复杂的物体。图 12-3 所示，就是某住宅楼的全剖面图。

(2) 半剖面图：在物体内外形状规律，为左右对称或前后对称，而外形比较复杂时，可将其投影的一半画成表示物体外部形状的正投影，另一半画成表示内部结构的剖视图。当对称中心线竖直时，将外形投影绘制在中心线左方，剖视图绘制在中心线的右方；当对称线水平时，将外形投影绘于水平中心线上方，剖视图绘制在水平中心线的下方。

(3) 局部剖面图：局部剖面图是指使用剖切面局部地剖开物体后所得到的视图。局部剖面图仅仅是物体整个投影图中的一部分，因此不标注剖切形，但是局部剖视图和外形之间要用波浪线分开，且波浪线不得与轮廓线重合，也不能超出轮廓线。

半剖面图和局部剖面图一般在机械设计中使用较多，在建筑设计中不常出现，在此不再详细讲解。

平面图、立面图和剖面图是建造建筑物的重要图纸，缺一不可，各图纸都有严格的绘图要求和图示内容。有关这些图纸的绘图要求和图示内容，将在后面的内容中为您详细讲解。

12.2　三视图的绘图原理与相互关系

这一节继续了解三视图的绘图原理与相互关系。

本节内容概览

知识点	功能 / 用途	难易度与应用频率
三视图的绘图原理（P314）	● 了解三视图的绘图原理	难易度：★ 应用频率：★★
三视图的相互关系（P314）	● 了解三视图的相互关系	难易度：★ 应用频率：★★

12.2.1　三视图的绘图原理

在建筑设计中，绘制三视图时常用的投影法是正投影法，也叫三面投影法。所谓三面投影法，是指把物体的 3 个面在各投影面上的正投影称为视图，而将相应的投射方向称为视向，分别有正视、俯视、侧视。正面投影、俯视（水平）投影、侧面投影分别称为正视图（正立面图或正面图）、俯视图（平面图）、左侧立面图（侧面图），如图 12-4 所示。

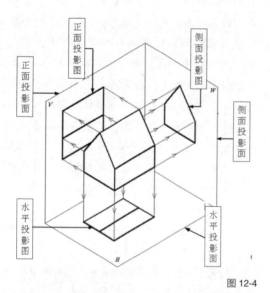

图 12-4

建筑物的这三面投影图总称为三视图或三面图。在绘制三面图时，首先要熟悉形体，进行形体分析，然后确定正视方向，选定作图比例，最后依据投影规律画三面图。

三面图能反映出建筑物 3 个面的形状以及相关尺寸，具体如下。

（1）正面投影图（主视图）：能反映建筑物的正立面形状以及物体的高度和长度，及其上下、左右位置关系。

（2）侧面投影图（侧视图）：能反映物体的侧立面形状以及物体的高度和宽度，及其上下、前后位置关系。

（3）水平投影图（俯视图）：能反映物体的水平面形状及物体的长度和宽度，及其前后、左右位置关系。

12.2.2　三视图的相互关系

三视图之间有"三等"关系，具体如下。

（1）长对正：所谓"长对正"，是指正面投影图的长与水平投影图的长相等。

（2）高平齐：所谓"高平齐"，是指正面投影图的高与侧面投影图的高相等。

（3）宽相等：所谓"宽相等"，是指正面投影图的宽与侧面投影图的宽相等。

"长对正""高平齐""宽相等"是绘制和识读建筑物正投影图必须遵循的投影规律。另外，如果建筑物形体比较复杂，除了绘制建筑物的三面投影图之外，有时为了便于绘图和识图，还需要画出建筑物其他三面的投影图，其他三面的投影图根据投射方向分别称为右侧立面图、底面图和背立面图。

12.3　建筑设计图的绘图规范

在建筑设计中，为了保证制图质量，提高制图效率做到表达统一和便于识读，我国制定了一系列制图标准。在绘制建筑设计图时，应严格遵守标准中的规定。

本节内容概览

知识点	功能 / 用途	难易度与应用频率
图纸（P315）	● 确定建筑设计图的页面大小	难易度：★ 应用频率：★★★★★
标题栏与会签栏（P316）	● 记录图纸相关信息	难易度：★ 应用频率：★★★★★
比例（P316）	● 表示建筑设计图的绘图比例	难易度：★ 应用频率：★★★★★
图线（P316）	● 设置建筑设计图中的线型	难易度：★★ 应用频率：★★★★★
定位轴线（P317）	● 确定建筑墙体的位置	难易度：★★★★ 应用频率：★★★★★
尺寸、标高、图名（P317）	● 标注建筑设计图尺寸、标高与图名	难易度：★★★★ 应用频率：★★★★★
字体与符号（P318）	● 标注建筑设计图文字与其他信息	难易度：★★★★ 应用频率：★★★★★
索引符号与详图符号（P318）	● 标注建筑设计图中的相关符号信息	难易度：★★★★ 应用频率：★★★★★
指北针与风向频率玫瑰图（P318）	● 标注建筑设计图的绘图方向	难易度：★★★★ 应用频率：★★★★★
图例及代号（P318）	● 标注建筑设计图的图例与代号	难易度：★★★★ 应用频率：★★★★★

12.3.1　图纸

建筑设计图要求图纸大小必须按照规定图纸幅面和图框尺寸裁剪，经常用到的图纸幅面如表 12-1 所示。

表 12-1　图纸幅面和图框尺寸（单位：mm）

尺寸代号	A0	A1	A2	A3	A4
$L \times B$	1188×841	841×594	594×420	420×297	297×210
c		10		5	
a			25		
e		20		10	

表 12-1 中的 L 表示图纸的长边尺寸，B 为图纸的短边尺寸，图纸的长边尺寸 L 等于短边尺寸 B 的 $\sqrt{2}$ 倍。当图纸带有装订边时，a 为图纸的装订边尺寸为 25mm；c 为非装订边尺寸，A0 ～ A2 图纸的非装订边边宽为 10mm，A3、A4 图纸的非装订边边宽为 5mm；当图纸为无装订边图纸时，e 为图纸的非装订边尺寸，A0 ～ A2 图纸边宽尺寸为 20mm，A3、A4 图纸边宽尺寸为 10mm。各种图纸的图框尺寸如图 12-5 所示。

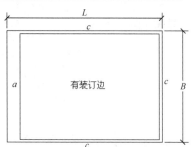
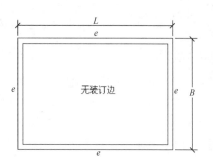

图 12-5

技术看板 图纸的长边可以加长，短边不可以加长，但长边加长时须符合标准：对于A0、A2和A4幅面图纸，可按A0长边的1/8的倍数加长；对于A1和A3幅面图纸，可按A0短边的1/4的整数倍进行加长。

12.3.2 标题栏与会签栏

在一张标准的建筑设计工程图上，总有一个特定的位置用来记录该图纸的有关信息资料，这个特定的位置就是标题栏。标题栏的尺寸是有规定的，但是各行各业有自己的规定和特色。一般来说，常见的CAD工程图纸的标题栏有4种形式，如图12-6所示。

图 12-6

一般从A0图纸到A4图纸的标题栏尺寸均为40mm×180mm，也可以是30mm×180mm或40mm×180mm。另外，需要会签栏的图纸要在图纸规定的位置绘制出会签栏，作为图纸会审后签名使用。会签栏的尺寸一般为20mm×75mm，如图12-7所示。

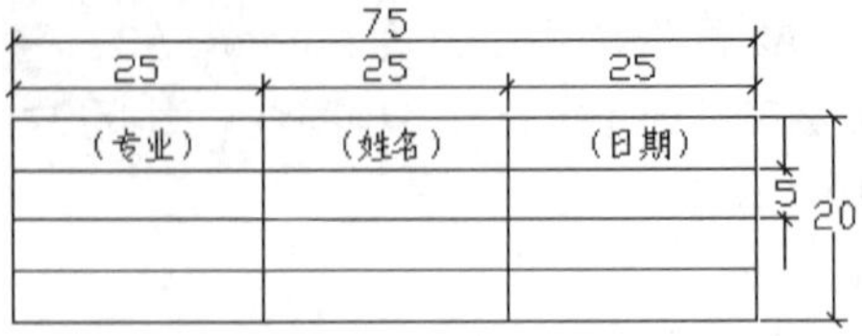

图 12-7

12.3.3 比例

建筑物形体庞大，必须采用不同的比例来绘制。对于整幢建筑物、构筑物的局部和细部结构，都需要分别予以缩小绘出；特殊细小的线脚等有时不缩小，甚至需要放大绘出。建筑施工图中，各种图样常用的比例如表12-2所示。

表 12-2 施工图比例

图名	常用比例	备注
总平面图	1:500、1:1000、1:2000	
平面图立面图剖面图	1:50、1:100、1:200	
次要平面图	1:300、1:400	次要平面图指屋面平面图、工具建筑的地面平面图等
详图	1:1、1:2、1:5、1:10、1:20、1:25、1:50	1:25仅适用于结构构件详图

一般情况下，一个图样应使用一种比例，但在特殊情况下，由于专业制图的需要，同一种图样也可以使用两种不同的比例。

12.3.4 图线

在建筑设计图中，为了表明不同的内容并使层次分明，须采用不同线型和线宽的图线绘制。图线的线型和线宽按表12-3的说明来选用。

表 12-3 图线的线型、线宽及用途

线型	线宽	用途
粗实线	b	（1）平面图、剖面图中被剖切的主要建筑构造（包括构配件）的轮廓线 （2）建筑立面图的外轮廓线 （3）建筑构造详图中被剖切的主要部分的轮廓线 （4）建筑构配件详图中构件的外轮廓线
中实线	$0.5b$	（1）平面图、剖面图中被剖切的次要建筑构造（包括构配件）的轮廓线 （2）建筑平面图、立面图、剖面图中建筑构配件的轮廓线 （3）建筑构造详图及建筑构配件详图中的一般轮廓线
细实线	$0.35b$	小于$0.5b$的图形线、尺寸线、尺寸界线、图例线、索引符号、标高符号等
中虚线	$0.5b$	（1）建筑构造及建筑构配件不可见的轮廓线 （2）平面图中的起重机轮廓线 （3）拟扩建的建筑物轮廓线
细虚线	$0.35b$	图例线、小于$0.5b$的不可见轮廓线

续表

线型	线宽	用途
粗点画线	b	起重机轨道线
细点画线	0.35b	中心线、对称线、定位轴线
折断线	0.35b	不需绘制全的断开界线
波浪线	0.35b	不需绘制全的断开界线、构造层次的断开界线

12.3.5 定位轴线

建筑设计图中的定位轴线是施工定位、放线的重要依据。凡是承重墙、柱子等主要承重构件，都应绘出轴线来确定其位置。对于非承重的分隔墙、次要的局部承重构件等，有时用分轴线定位，有时可由注明其与附近轴线的相关尺寸来定位。

定位轴线采用细点画线表示，轴线的端部用细实线绘制直径为 8mm 的圆，并对轴线进行编号。图 12-8 所示为某住宅楼的定位轴线。

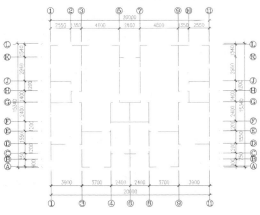

图 12-8

12.3.6 尺寸、标高、图名

在建筑图纸中，还需要标注尺寸、标高以及图名。

1. 尺寸

尺寸表明了建筑物的大小，是建筑物建造的主要依据。建筑图纸上的尺寸应包括尺寸界线、尺寸线、尺寸起止符号和尺寸数字等，如图 12-9 所示。

尺寸界线是表示所度量图形尺寸的范围边限，应用细实线标注；尺寸线是表示图形尺寸度量方向的直线，它与被标注对象之间的距离不宜

小于 10mm，且互相平行的尺寸线之间的距离要保持一致，一般为 7 ～ 10mm；尺寸数字一律使用阿拉伯数字注写，在打印出图后的图纸上，字高一般为 2.5 ～ 3.5mm，同一张图纸上的尺寸数字大小应一致，并且图样上的尺寸单位，除建筑标高和总平面图等建筑图纸以米（m）为单位之外，均应以毫米（mm）为单位。

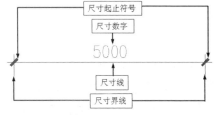

图 12-9

2. 标高

标高是标注建筑高度的一种尺寸形式。标高符号的形式如图 12-10 所示，用细实线绘制。如果在同一位置表示几个不同的标高时，数字注写形式如图 12-10（e）所示。

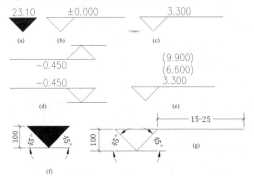

图 12-10

标高数字以米（m）为单位，单体建筑工程的施工图中注写到小数点后第三位，在总平面图中则注写到小数后两位。在单体建筑工程中，零点标高注写成 ±0.000，负数标高数字前必须加注"-"，正数标高前不注写"+"，标高不到 1m 时，小数点前应加写"0"。在总平面图中，标高数字的注写形式与上述相同。

3. 图名

图名也是建筑施工图纸中的重要内容，图名表明了建筑物的名称。图名一般标注在图样的下方，在图名下应绘制一条粗实线，其线宽应不大于同张图中所绘图形的粗实线。同张图样中这种横线的粗度应一致。图名下的横线长

度，应以所写文字所占长短为准，不要任意绘长。在图名的右侧应用比图名字号小一号或二号的字号注写比例尺，如图 12-11 所示。

屋檐详图 1:20

图 12-11

12.3.7 字体与符号

图纸上所标注的文字、字符和数字等内容，主要表明了图名、建筑物各构件的名称以及建造所使用的材料名和面积等，例如房间名、门窗名、材料名、房间面积等。因此，这些文字、字符和数字等应做到排列整齐、清楚正确，与尺寸大小要协调一致。当汉字、字符和数字并列书写时，汉字的字高要略高于字符和数字。汉字应采用国家标准规定的矢量汉字，汉字的高度不应小于 2.5mm，字母与数字的高度不应小于 1.8mm。图纸及说明文字中汉字的字体应采用长仿宋体，图名、大标题、标题栏等可选用长仿宋体、宋体、楷体或黑体等。汉字的最小行距不应小于 2mm；字符与数字的最小行距不应小于 1mm；当汉字与字符数字混合时，最小行距应根据汉字的规定使用。

图 12-12 所示为某建筑平面图中所标注的文字内容及其符号。

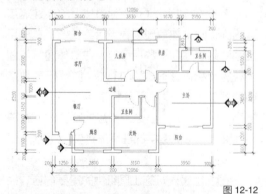

图 12-12

12.3.8 索引符号和详图符号

图样中的某一局部或某一构件和构件间的构造如需用详图表示，应以索引符号索引，即在需要另绘制详图的部位编上索引符号，并在所绘制的详图上编上详图符号。两者必须对应一致，以便看图时查找相应的图样。

索引符号的圆和水平直线均以细实线绘制，圆的直径一般为 10mm。详图符号的圆圈应绘成直径为 14mm 的粗实线圆。图 12-13 所示为某住宅楼檐口详图符号。

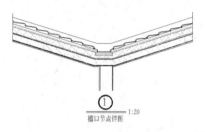

檐口节点详图 1:20

图 12-13

12.3.9 指北针及风向频率玫瑰图

在房屋的底层平面图上，应绘出指北针来表明房屋的朝向。其符号应按国标规定绘制，细实线圆的直径一般以 24mm 为宜，箭尾宽度宜为圆直径的 1/8，即 3mm，圆内指针应涂黑并指向正北，如图 12-14 所示。

风向频率玫瑰图简称风玫瑰图，是根据某一地区多年统计平均的各个方向吹风次数的百分数值，按一定比例绘制的，如图 12-15 所示。一般多用 8 个或 16 个罗盘方位表示，玫瑰图上所表示的风的吹向是从外面吹向地区中心，图中实线为全年风玫瑰图，虚线为夏季风玫瑰图。

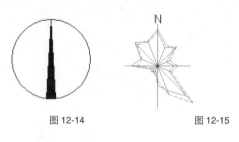

图 12-14   图 12-15

12.3.10 图例及代号

建筑物和构筑物是按比例缩小绘制在图纸上的。对于有些建筑细部、构件形状以及建筑材料等，往往不能如实绘出，也难以用文字注释来表达清楚，所以要按统一规定的图例和代号来表示，以得到简单明了的效果。

12.4　建筑设计中的绘图区域与单位设置

　　在 AutoCAD 建筑设计中，首先需要设置绘图区域与绘图单位，这样才能使绘制的建筑设计图更符合设计要求。这一节我们就学习建筑设计中绘图区域与单位的设置技能。

本节内容概览

知识点	功能 / 用途	难易度与应用频率
设置绘图界限（P319）	● 设置绘图范围	难易度：★ 应用频率：★★★★
疑难解答	● 为何设置绘图界限后绘图区没有变化（P319） ● 是否只能在绘图界限内绘图（P320）	
设置单位类型（P321）	● 设置绘图的单位类型	难易度：★★ 应用频率：★★★★
设置精度与角度方向（P322）	● 设置绘图精度、角度方向	难易度：★★ 应用频率：★★★★

12.4.1　设置绘图界限

💻 视频文件 ｜ 专家讲堂 \ 第 12 章 \ 设置绘图界限 .swf

　　绘图界限其实就是绘图区域，也就是绘图的范围。默认设置状态下，系统为您设定的图形界限是左下角为坐标系原点的矩形区域。其长度为 490 个绘图单位，宽度为 270 个绘图单位，您可以根据绘图需要重新设置一个绘图区域。首先新建一个空白的绘图文件，下面我们重新设置一个 220mm×120mm 的绘图区域。

⚙️ **操作步骤**

Step01 ▶ 单击菜单栏中的【格式】/【图形界限】命令。

Step02 ▶ 输入 "0,0"，按【Enter】键，指定绘图区域左下角为坐标系原点。

Step03 ▶ 输入 "220,120"，按【Enter】键，指定绘图区域右上角。

Step04 ▶ 这样就完成了图形界限的设置，以后您就可以在该范围内绘制图形了。

| **技术看板** | 除了单击菜单栏中的【格式】/【图形界限】命令之外，在命令行输入 "LIMITS" 后按【Enter】键，也可以激活【图形界限】命令来设置图形界限。

12.4.2　疑难解答——为何设置绘图界限后绘图区没有变化

💻 视频文件 ｜ 疑难解答 \ 第 12 章 \ 疑难解答——为何设置绘图界限后绘图区没有变化 .swf

　　疑难： 设置绘图界限后，绘图区看起来没有任何变化，这是为什么？

　　解答： 当您设置绘图界限后，您会发现绘图区域与原来并没有什么区别，您并不能看到所设置的范围到底在哪里。如果您想看到设置后的绘图界限，需要开启栅格。具体操作如下。

⚙️ **操作步骤**

Step01 ▶ 将光标移到功能区 "显示栅格" 按钮 ▦ 上，右击并选择 "设置" 选项。

Step02 ▶ 打开【草图设置】对话框并进入【捕捉和栅格】选项卡。

Step03 ▶ 在【栅格样式】选项卡下取消对 "二维模型空间" 选项的勾选。

Step04 ▶ 在【栅格行为】选项卡下取消对 "显示超出界限的栅格" 选项的勾选。

Step05 ▶ 单击 确定 按钮关闭【草图设置】对话框。

Step06 ▶ 回到绘图区，此时您就可以看到以栅格显示的图形界限了，如图 12-16 所示。

| **技术看板** | 为了使设置的绘图区域能最大

限度地显示在绘图区，您可以单击菜单栏中的【视图】/【缩放】/【全部】命令，使图形界限最大化显示。

练一练 自己尝试重新设置一个 1024mm×768mm 的图形界限，并使其显示在绘图区，如图 12-17 所示。

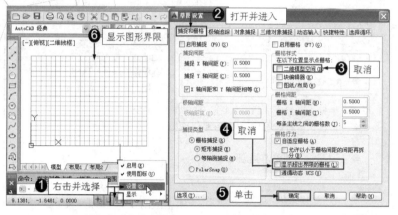

图 12-16

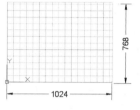

图 12-17

12.4.3 疑难解答——是否只能在绘图界限内绘图

💻 视频文件　疑难解答 \ 第 12 章 \ 疑难解答——是否只能在绘图界限内绘图 .swf

疑难： 设置绘图界限后，是不是就一定会在该界限内绘图呢？如何才能保证只能在绘图界限内绘图？

解答： 设置绘图界限后，是不是就一定在该界限内绘图呢？我们先来看下面的操作。

Step01▶ 输入 "L"，按【Enter】键，激活【直线】命令。

Step02▶ 在绘图界限内单击拾取一点。

Step03▶ 继续在绘图界限内单击拾取下一点。

Step04▶ 继续在绘图界限外单击拾取下一点。

Step05▶ 继续在绘图界限外单击拾取下一点。

Step06▶ 按【Enter】键，结束操作，如图 12-18 所示。

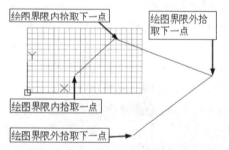

图 12-18

通过以上操作您会发现，即使您设置了绘

图界限，也不是只能在绘图界限内绘图。那么，如何才能保证只能在绘图界限内绘图？

其实，默认设置状态下，系统允许您既可以在设置的绘图界限内绘图，又允许您在绘图界限外绘图，如果您要保证只能在设定的绘图界限内绘图，则需要开启绘图界限的检测功能，禁止绘制的图形超出所设置的绘图界限。当开启此功能后，系统会自动将坐标点限制在设置的绘图界限区域内，拒绝绘图界限之外的点，这样就不会使您绘制的图形超出绘图界限了。下面我们开启绘图界限的检测功能，再来试试看。

⚙️ **操作步骤**

Step01▶ 在命令行输入 "LIMITS" 后按【Enter】键，激活【图形界限】命令。

Step02▶ 输入 "ON" 后按【Enter】键，即可打开图形界限的自动检测功能。

Step03▶ 输入 "L"，按【Enter】键，激活【直线】命令。

Step04▶ 在绘图界限内单击拾取一点。

Step05▶ 继续在绘图界限内单击拾取下一点。

Step06▶ 继续在绘图界限外单击拾取下一点，此时您会发现，无论您如何单击，在绘图界限外总不能拾取下一点，如图 12-19 所示。

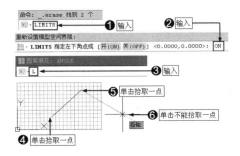

图 12-19

12.4.4 设置单位类型

🖵 视频文件	专家讲堂 \ 第 12 章 \ 设置单位类型 .swf

您可以在【图形单位】对话框中设置绘图时的长度单位类型、角度类型以及向当前文件中插入块和图形时所使用的测量单位等，以保证绘图的精确。这一节继续学习设置单位类型的方法。

⚙ 操作步骤

1. 设置长度单位类型

Step01 ▸ 执行菜单栏中的【格式】/【单位】命令。

Step02 ▸ 打开【图形单位】对话框。

Step03 ▸ 单击【长度】选项组中的【类型】下拉按钮。

Step04 ▸ 在弹出的下拉列表中设置长度类型，默认为"小数"。除此，系统还提供了"建筑""工程""分数"和"科学"4 种长度类型，您可以根据绘图需要选择合适的单位类型。

Step05 ▸ 设置完成后单击 确定 按钮确认，如图 12-20 所示。

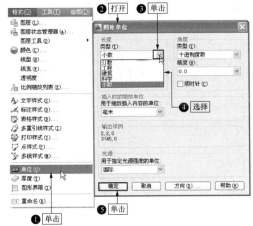

图 12-20

| **技术看板** | "工程"和"建筑"格式提供

英尺和英尺显示并假定每个图形单位表示 1in，其余格式可表示任何真实世界单位。一般情况下，在我国不管是绘制机械图还是建筑工程图等，都采用"小数"作为长度类型。

2. 设置角度类型

Step01 ▸ 单击【角度】选项组中的"类型"下拉列表按钮。

Step02 ▸ 在弹出的下拉列表中设置角度类型，默认为"十进制度数"，您也可以选择"百分度""度 / 分 / 秒""弧度"和"勘测单位"等类型。

Step03 ▸ 设置完成后单击 确定 按钮确认，如图 12-21 所示。

图 12-21

| **技术看板** | 一般情况下，在我国采用"十进制度数"作为角度类型。

3. 设置插入时的缩放单位

在 AutoCAD 中，通过向当前文件中插入块或图形，可以减轻您的绘图工作量，加快绘图速度。但是，有时您插入的块和图形未必完全符合当前图形的大小，这时需要对插入的块和图形进行缩放。为了能按正确比例对块和图形进行缩放，您需要设置用于缩放插入内容的单位。

Step01▶ 在【图形单位】对话框中，单击【插入时的缩放单位】选项组中的"用于缩放插入内容的单位"下拉按钮。

Step02▶ 在弹出的下拉列表中，选择单位，默认为"毫米"。除此，系统还提供了其他单位，您可以根据绘图需要选择合适的单位，如图 12-22 所示。

┃技术看板┃ 一般情况下，用于缩放插入内容的单位为"毫米"。

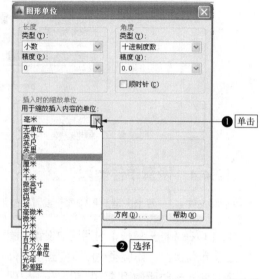

图 12-22

12.4.5 设置精度与角度方向

| 💻 视频文件 | 专家讲堂 \ 第 12 章 \ 设置精度与角度方向 .swf |

当设置了长度和角度类型之后，您还需要设置长度精度、角度精度以及角度方向等，这样才能使您的图形符合设计要求。这一节继续学习设置精度与角度方向的方法。

⚙ **操作步骤**

1. 设置绘图精度

Step01▶ 在【图形单位】对话框中单击【长度】选项组中的"精度"下拉按钮。

Step02▶ 在弹出的下拉列表中选择精度。

Step03▶ 设置完成后单击 确定 按钮确认，如图 12-23 所示。

图 12-23

┃技术看板┃ 线性精度的设置取决于您的绘图要求，您可以根据绘图要求来设置精度。

2. 设置角度精度

Step01▶ 在【图形单位】对话框中单击【角度】选项组中的"精度"下拉按钮。

Step02▶ 在弹出的下拉列表中选择精度。

Step03▶ 设置完成后单击 确定 按钮确认，如图 12-24 所示。

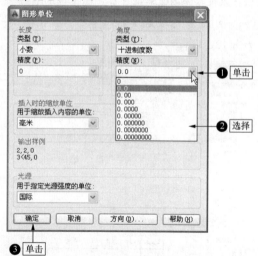

图 12-24

┃技术看板┃ 角度精度的设置取决于您的绘图要求，您可以根据绘图要求设置角度精度。

3. 设置角度方向

Step01 ▶ 单击【图形单位】对话框下方的 方向(D)... 按钮。

Step02 ▶ 打开【方向控制】对话框。

Step03 ▶ 设置角度的基准方向，默认为【东】

Step04 ▶ 设置完成后单击 确定 按钮确认，如图 12-25 所示。

图 12-25

| 技术看板 | 在此有必要介绍一下角度的方向。默认设置状态下，是以东为角度的基准方向依次来设置角度的。也就是说，东（水平向

右）为 0°、北（垂直向上）为 90°、西（水平向左）为 180°、南（垂直向下）为 270°。如果您设置北为基准角度，那么垂直向上就是 0°了。依次类推，西（水平向左）就是 90°、南（垂直向下）就是 180°，而东（水平向右）就是 270°。您不妨自己试试看。

除此，【图形单位】对话框中的【顺时针（C）】单选项是用于设置角度方向的。默认设置状态下，AutoCAD 以逆时针为角度方向。如果勾选该选项，那么在绘图过程中就以顺时针为角度方向，如图 12-26 所示。

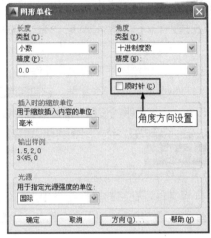

图 12-26

12.5 综合实例——制作建筑设计样板文件

所谓"样板文件"，是指包含一定的绘图环境、参数变量、绘图样式、页面设置等内容，但并未绘制图形的空白文件。默认设置状态下，样板文件被保存在 AutoCAD 安装目录下的"Template"文件夹下，其保存格式为".dwt"格式。

当制作样板文件后，您可以直接调用样板文件进行绘图，这样可以避免许多参数的重复设置，大大节省您的绘图时间，提高绘图效率，同时可确保您绘制的图形更符合规范、更标准，保证图面质量。这一节就来学习制作建筑设计样板文件的方法。

本节内容概览

实例内容	功能 / 用途	难易度与应用频率
设置建筑样板文件绘图环境（P324）	● 设置样板文件的绘图环境 ● 制作样板文件	难易度：★ 应用频率：★★★★★
设置建筑样板文件的图层及其特性（P324）	● 设置样板文件的图层及其特性 ● 制作样板文件	难易度：★ 应用频率：★★★★★
设置建筑样板文件的绘图样式（P325）	● 设置样板文件的绘图样式 ● 制作样板文件	难易度：★ 应用频率：★★★★★

续表

实例内容	功能 / 用途	难易度与应用频率
绘制建筑样板文件的图纸边框（P325）	● 为样板文件制作图纸边框 ● 制作样板文件	难易度：★ 应用频率：★★★★★
绘制建筑样板文件的常用符号（P328）	● 绘制样板文件中的常用符号 ● 制作样板文件	难易度：★ 应用频率：★★★★★
设置建筑样板文件中的页面布局（P330）	● 设置图纸的打印输出 ● 打印输出设计图	难易度：★ 应用频率：★★★★★

12.5.1 设置建筑样板文件的绘图环境

效果文件	效果文件 \ 第 12 章 \ 设置建筑样板文件绘图环境 .dwg
视频文件	专家讲堂 \ 第 12 章 \ 设置建筑样板文件绘图环境 .swf

绘图环境是绘制图形的主要操作空间，设置绘图环境对精确绘图至关重要。它包括绘图单位的设置、图形界限的设置、捕捉模数的设置、追踪功能的设置以及各种常用变量的设置等操作。

操作步骤

Step01 ▶ 新建空白文件。

样板文件是在空白文件的基础上制作的，因此首先需要使用【新建】命令新建一个空白文件。

Step02 ▶ 设置绘图单位。

绘图单位是精确绘图的保证，可在【图形单位】对话框中设置样板文件的绘图单位，如图 12-27 所示。

Step03 ▶ 设置样板图形界限。

图形界限其实就是绘图的范围，相当于手工绘图时选择的图纸大小。设置图形界限时，可以根据所绘制的图形大小设置合适的图形界限。

Step04 ▶ 设置样板文件的捕捉追踪模式。

要想精确绘图，除了设置绘图单位外，捕捉和追踪同样是关键。一般情况下，在建筑设计中，常用的捕捉模式有【端点】和【交点】捕捉。在具体的绘图过程中，可能还会遇到其他捕捉，您可以随时设置。

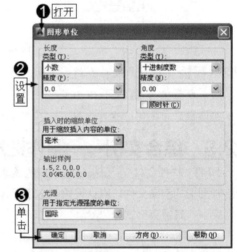

图 12-27

Step05 ▶ 单击【保存】按钮保存文件。

详细的操作步骤请观看随书光盘中本节的视频文件"设置建筑样板文件绘图环境 .swf"。

12.5.2 设置建筑样板文件的图层及其特性

素材文件	效果文件 \ 第 12 章 \ 设置建筑样板文件绘图环境 .dwg
效果文件	效果文件 \ 第 12 章 \ 设置建筑样板文件的图层特性 .dwg
视频文件	专家讲堂 \ 第 12 章 \ 设置建筑样板文件的图层特性 .swf

在绘制建筑设计图时，要根据图形的不同属性将其放置在不同的图层中，这样便于对图形进行管理。这一节我们将在 12.5.1 节保存的文件的基础上设置建筑样板文件中的图层及其特性。

操作步骤

Step01 ▶ 新建图层并命名。

新建图层后，切记要为图层重新命名，这样便于后期对图形进行管理和编辑。

Step02 ▶ 设置图层的颜色特性。

图层颜色的主要作用是便于用户区分图形，它对图形本身没有太大的影响。因此，用户可以根据自己的喜好来设置各图层的颜色。

Step03 ▶ 设置样板文件的线型特性。

在建筑设计中，不同的图形元素使用不同的线型，例如墙线使用实线，轴线一般采用点画线。因此，还需要为图层设置不同的线型，以满足绘图需要。

Step04 ▶ 设置样板文件的线宽特性。

在建筑设计中，墙线一般使用 1mm 的线宽，其他图形元素则使用默认的线宽。

详细的操作步骤请观看随书光盘中本节的视频文件"设置建筑样板文件的图层特性 .swf"。

12.5.3　设置建筑样板文件的绘图样式

素材文件	效果文件 \ 第 12 章 \ 设置建筑样板文件的图层特性 .dwg
效果文件	效果文件 \ 第 12 章 \ 设置建筑样板文件的绘图样式 .dwg
视频文件	专家讲堂 \ 第 12 章 \ 设置建筑样板文件的绘图样式 .swf

绘图样式其实就是指在绘制图形时所用到的线型样式、文字样式、标注样式等。打开 12.5.2 节保存的文件，在此基础上设置建筑工程样板文件的绘图样式。

操作步骤

Step01 ▶ 设置墙线和窗线样式。

在建筑设计中，墙线和窗线使用【多线】命令来绘制。因此，在样板文件中要事先设置好墙线和窗线样式，以方便绘图。

Step02 ▶ 设置文字样式。

不同的标注内容，要采用不同的文字样式。因此，需要为样板文件设置多种文字样式。

Step03 ▶ 绘制尺寸标注的箭头。

在建筑设计中，图形尺寸标注的箭头一般使用"用户自定义箭头"。该箭头可使用【多段线】和【直线】命令来绘制，然后将其定义为图块。

Step04 ▶ 设置建筑工程样板文件的标注样式。

Step05 ▶ 设置建筑工程图的角度样式。

详细的操作步骤请观看随书光盘中本节的视频文件"设置建筑样板文件的绘图样式 .swf"。

12.5.4　绘制建筑样板文件的图纸边框

素材文件	效果文件 \ 第 12 章 \ 设置建筑样板文件的绘图样式 .dwg
效果文件	效果文件 \ 第 12 章 \ 绘制建筑样板文件的图纸边框 .dwg
视频文件	专家讲堂 \ 第 12 章 \ 绘制建筑样板文件的图纸边框 .swf

在建筑设计中，为绘制好的图纸添加图纸边框是建筑设计中必不可少的内容，图纸边框大小是根据绘图界限大小来确定的。打开素材文件，下面以绘制 A2 图纸的标准图纸边框为例，讲解图纸边框的绘制技巧以及图纸边框标题栏的文字填充技巧。

操作步骤

1．绘制图纸边框

图纸边框可以使用【矩形】命令结合【自】功能来绘制。

Step01 ▶ 使用【矩形】命令绘制长度为 594mm、宽度为 420mm 的矩形作为 A2 图纸的外边框，如图 12-28 所示。

图 12-28

Step02 ▶ 按【Enter】键，重复执行【矩形】命令。

Step03 ▶ 输入 "W"，按【Enter】键，激活 "宽度" 选项。

Step04 ▶ 输入 "2"，按【Enter】键，指定矩形的线宽。

Step05 ▶ 激活【自】功能，捕捉外框的左下角点，如图 12-29 所示。

Step06 ▶ 输入 "@25,10"，按【Enter】键，指定第 1 个角点。

Step07 ▶ 激活【自】功能，捕捉外框右上角点，如图 12-30 所示。

Step08 ▶ 输入 "@-10,-10"，按【Enter】键，指定另一个角点。

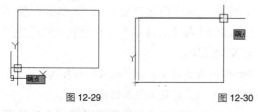

图 12-29   图 12-30

Step09 ▶ 绘制结果如图 12-31 所示。

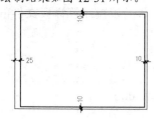

图 12-31

| 技术看板 | 矩形的绘制以及【自】功能的应用等相关知识，在前面章节中已经做了详细讲解，在此不再详述。如果您忘记了具体操作方法，请参阅前面章节的相关内容。

2. 绘制标题栏与会签栏

标题栏和会签栏是图纸边框中不可缺少的内容，主要用于填充图纸的一些重要信息，例如图纸名称、作用以及相关绘图人员的信

息等。

Step01 ▶ 重复执行【矩形】命令。

Step02 ▶ 输入 "W"，按【Enter】键，激活 "宽度" 选项。

Step03 ▶ 输入 "1.5"，按【Enter】键，设置线宽。

Step04 ▶ 捕捉内框右下角点作为矩形的第 1 个角点，如图 12-32 所示。

Step05 ▶ 输入 "@-240,50"，按【Enter】键，指定矩形另一个角点，结果如图 12-33 所示。

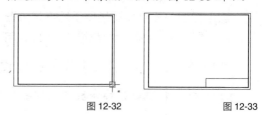

图 12-32   图 12-33

Step06 ▶ 按【Enter】键，重复执行【矩形】命令。

Step07 ▶ 捕捉内框的左上角点，如图 12-34 所示。

Step08 ▶ 输入 "@-20,-100"，按【Enter】键，指定另一个角点，结果如图 12-35 所示。

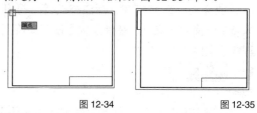

图 12-34   图 12-35

Step09 ▶ 执行菜单栏中的【绘图】/【直线】命令，参照所示尺寸，绘制标题栏和会签栏内部的分格线，详细操作请参阅本书配套光盘中专家讲堂的详细讲解。绘制结果如图 12-36 和图 12-37 所示。

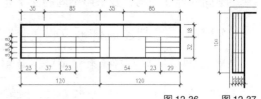

图 12-36   图 12-37

| 技术看板 | 在绘制标题栏和会签栏内部图线时，可以使用【直线】命令配合【偏移】、【修剪】等命令来绘制。【偏移】、【修剪】命令的具体应用和操作，在前面章节中已经做了详细讲解。如果您忘记了，就请返回前面章节查看。

3. 填充标题栏和会签栏

当绘制完标题栏和会签栏之后，还需要对其进行文字填充，标明各栏的作用以及要填充

的具体内容。填充标题栏和会签栏时可以使用【多行文字】命令进行填充。

Step01 ▶ 单击【绘图】工具栏中的"多行文字"按钮 A 。

Step02 ▶ 分别捕捉标题栏左上方方格的对角点，如图 12-38 所示。

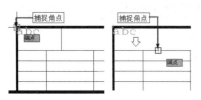

图 12-38

Step03 ▶ 打开【文字格式】编辑器，选择文字样式并设置文字的对正方式，如图 12-39 所示。

图 12-39

Step04 ▶ 在文本输入框内输入"设计单位"文字内容，如图 12-40 所示。

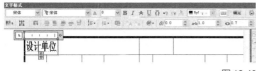

图 12-40

Step05 ▶ 单击 确定 按钮关闭【文字格式】编辑器。

Step06 ▶ 重复使用【多行文字】命令，设置文字样式、高度和对正方式不变，填充如图 12-41 所示的文字。

图 12-41

Step07 ▶ 重复执行【多行文字】命令，设置字体样式为"宋体"、字体高度为"4.6"、对正方式为"正中"，填充标题栏其他文字，如图 12-42 所示。

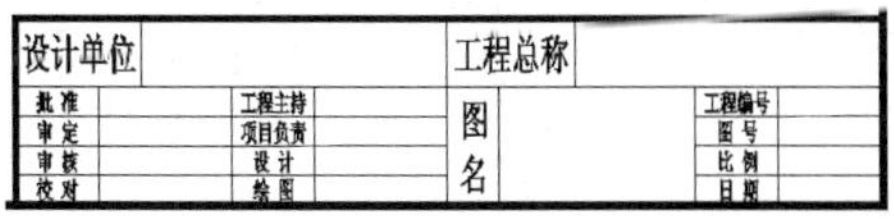

设计单位		工程总称	
批准	工程主持	图	工程编号
审定	项目负责		图 号
审核	设 计	名	比 例
校对	绘 图		日 期

图 12-42

Step08 ▶ 单击【修改】工具栏中的 按钮，激活【旋转】命令，将会签栏旋转 -90°，然后使用【多行文字】命令，设置文字样式为"宋

体"、高度为"2.5"，对正方式为"正中"，为会签栏填充文字，结果如图 12-43 所示。

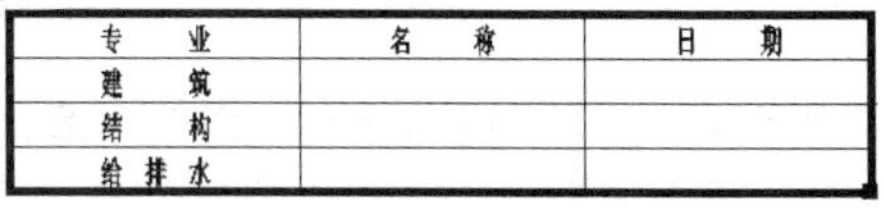

专　业	名　称	日　期
建　筑		
结　构		
给 排 水		

图 12-43

Step09 ▶ 再次执行【旋转】命令，将会签栏及填充的文字旋转 90°，完成图框标题栏和会签栏的填充，结果如图 12-44 所示。

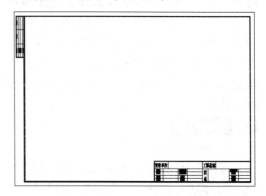

图 12-44

4. 创建图框块

下面将制作完成的图框创建为图块文件，这样就可以将其直接插入到设计图中。

Step01 ▶ 使用快捷键"B"打开【块定义】对话框。

Step02 ▶ 设置块名为"A2-H"，基点为外框左下角点，其他块参数如图 12-45 所示，将图框及填充文字创建为内部块。

图 12-45

Step03 ▶ 执行【另存为】命令，将当前文件命名存储。

| 技术看板 | 创建图块的相关知识在前面章节中已经做了详细讲解，在此不再详述。如果您忘记了相关操作，就请返回前面章节查看，或者观看本书配套光盘下的相关视频文件。

12.5.5 绘制建筑样板文件中的常用符号

📄 素材文件	效果文件\第12章\绘制建筑样板文件的图纸边框 .dwg
✏️ 效果文件	效果文件\第12章\绘制建筑样板文件中的常用符号 .dwg
💻 视频文件	专家讲堂\第12章\绘制建筑样板文件中的常用符号 .swf

在建筑设计图中会有许多符号，这些符号是建筑设计图中不可缺少的重要内容，用来标注层高、轴线与投影等，具体包括"标高符号""轴线编号""投影符号"等。因此，在样板文件中也必须包含这些符号，这些符号并不是系统预设的符号，而是需要您自己动手来绘制。下面我们就来绘制这些符号。

⚙️ **操作步骤**

1. 绘制标高符号

标高符号一般用在建筑立面图和剖面图中，主要用来标注建筑物的层高。标高符号一般可以使用【多段线】命令来绘制。

Step01▶ 使用快捷键"PL"激活【多段线】命令。

Step02▶ 根据图示尺寸在"0图层"上绘制如图12-46所示的标高符号。

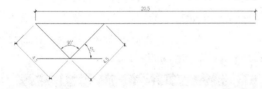

图 12-46

| 技术看板 | 【多段线】命令的应用在前面章节中已经做了详细讲解，相信您一定能依照图示尺寸绘制出该标高符号。如果您觉得绘制该符号有难度，可以参阅本书配套光盘中相关内容的视频文件，在此不再对该标高符号的绘制过程进行详述。

Step03▶ 执行菜单栏中的【绘图】/【块】/【定义属性】命令，打开【属性定义】对话框。

Step04▶ 设置标高符号的标记、提示以及文字设置等内容，如图12-47所示。

Step05▶ 单击 **确定** 按钮，返回绘图区捕捉标高符号右侧端点，作为属性的插入点，如图12-48所示，结果如图12-49所示。

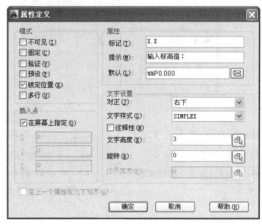

图 12-47

图 12-48

图 12-49

Step06▶ 使用快捷键"B"打开【块定义】对话框。

Step07▶ 将其命名为"标高符号"，以标高符号下方的端点作为块的基点，将其与属性一起创建为属性块。其参数设置如图12-50所示。

图 12-50

Step08▶ 重复执行【多段线】命令，配合捕捉与追踪功能绘制如图 12-51 所示的"标高符号 02"。

Step09▶ 参照上述操作，为刚绘制的标高符号定义文字属性，参数设置如图 12-50 所示，定义结果如图 12-52 所示。

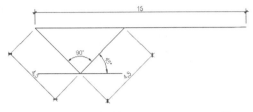

图 12-51

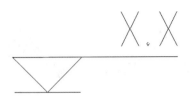

图 12-52

Step10▶ 使用【创建块】命令，以标高符号下方端点作为块的基点，将其与属性一起创建为名为"标高符号 02"的属性块。块参数设置如图 12-53 所示。

图 12-53

2. 绘制轴线编号

轴线编号主要用来标注轴线编号，这也是建筑设计图中不可缺少的重要内容。

Step01▶ 使用快捷键"C"激活【圆】命令，在"0 图层"上绘制直径为 8 的圆，作为轴线编号。

Step02▶ 使用快捷键"ATT"激活【属性定义】命令，为轴线编号圆定义文字属性，如图 12-54 所示。

Step03▶ 单击 确定 按钮，返回绘图区捕捉圆心作为属性的插入点，如图 12-55 所示，插

入结果如图 12-56 所示。

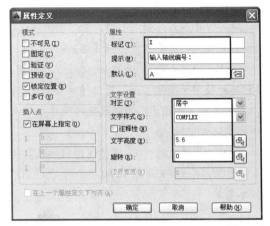

图 12-54

图 12-55　　　　　　图 12-56

Step04▶ 使用快捷键"B"激活【创建块】命令，以圆心为基点，将圆与属性一起创建为"轴编号"的块，如图 12-57 所示。

图 12-57

3. 绘制投影符号

投影符号一般用在建筑平面图中，用于表示平面图的投影。

Step01▶ 使用快捷键"PL"激活【多段线】命令。

Step02▶ 在绘图区单击鼠标左键，指定起点。

Step03▶ 输入"@10<45"，按【Enter】键，指定另一个点。

Step04▶ 输入"@10<315"，按【Enter】键，指定下一个点。

Step05▶ 输入"C"，按【Enter】键，结果如图 12-58 所示。

Step06▶ 下面继续绘制一个圆。

Step07▶ 使用快捷键"C"激活【圆】命令，以三角形的斜边中点为圆心，绘制一个半径为3.5的圆。

Step08▶ 使用快捷键"TR"激活【修剪】命令，以圆为边界，将位于内部的线段修剪掉，结果如图 12-59 所示。

Step09▶ 使用快捷键"H"激活【图案填充】命令，为投影符号填充如图 12-60 所示的"SOLID"实体图案。

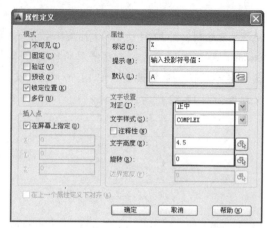

图 12-61

图 12-58　　　　图 12-59　　　　图 12-60

Step10▶ 执行菜单栏中的【绘图】/【块】/【定义属性】命令，打开【属性定义】对话框，为投影符号定义文字属性，如图 12-61 所示。

Step11▶ 单击 确定 按钮返回绘图区，捕捉投影符号的圆心，将其作为属性的插入点，如图 12-62 所示，插入结果如图 12-63 所示。

Step12▶ 使用快捷键"B"激活【创建块】命令，以投影符号的上端点为基点，将投影符号与属性一起创建为"投影符号"的属性块，如图 12-64 所示。

Step13▶ 执行【另存为】命令，将当前文件命名存储。

图 12-62　　　　　　图 12-63

图 12-64

12.5.6　设置建筑样板文件的页面布局

📄 素材文件	效果文件\第 12 章\绘制建筑样板文件中的常用符号 .dwg
📓 效果文件	效果文件\第 12 章\设置建筑样板文件的页面布局 .dwg
🖥 视频文件	专家讲堂\第 12 章\设置建筑样板文件的页面布局 .swf

　　所谓页面布局，其实就是为绘制好的建筑工程图设置打印页面，以便能顺利输出工程图。打印页面的设置内容主要有设置打印页面和打印样式、配置图框等。打开上一节保存的文件，下面继续设置建筑工程样板文件的页面布局。

⚙ **操作步骤**

　　1. 设置页面布局

　　前面我们讲过，AutoCAD 有两种空间：一种是模型空间，主要用来绘制图形；另一种空间叫作布局空间，主要用来打印输入图形。设置页面布局，其实就是在布局空间中添加图框、设置打印样式等。

Step01▶ 单击绘图区底部的【布局 1】标签，进入布局空间，如图 12-65 所示。

Step02▶ 执行菜单栏中的【文件】/【页面设置管理器】命令，打开【页面设置管理器】对话框。

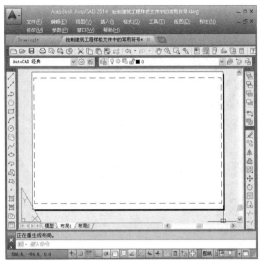

图 12-65

Step03 ▶ 单击 新建(N)... 按钮。

Step04 ▶ 打开【新建页面设置】对话框。

Step05 ▶ 在【新页面设置名】输入框中输入"布局打印",如图 12-66 所示。

图 12-66

Step06 ▶ 单击 确定(0) 按钮,进入【页面设置 - 布局 1】对话框,设置打印设备、图纸尺寸、打印样式、打印比例等各页面参数,如图 12-67 所示。

图 12-67

Step07 ▶ 单击 确定(0) 按钮返回【页面设置管理器】对话框,将刚设置的新页面设置为当前,如图 12-68 所示。

图 12-68

Step08 ▶ 单击 关闭(C) 按钮,结束命令。

2. 为样板文件布置图纸边框并保存样板文件

当设置好页面布局以及打印样式之后,还需要将前面我们制作的图纸边框插入到页面中,最后将该页面保存为样板文件。下面就来插入图纸边框,并保存样板文件。

Step01 ▶ 使用快捷键"I"激活【插入块】命令,打开【插入】对话框。

Step02 ▶ 选择上一节我们创建的名为"A2-H"的图块文件。

Step03 ▶ 设置插入点、轴向以及缩放比例等参数,如图 12-69 所示。

图 12-69

Step04 ▶ 单击 确定(0) 按钮,结果"A2-H"图

表框被插入到当前布局中的原点位置上，如图 12-70 所示。

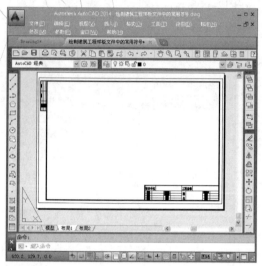

图 12-70

3. 将文件保存为样板文件

Step01 ▸ 单击页面下方的 模型 按钮，返回模型空间。

Step02 ▸ 单击菜单栏中的【文件】/【另存为】命令，打开【图形另存为】对话框。

Step03 ▸ 在该对话框中设置文件的存储类型为“AutoCAD 图形样板（*.dwt）”，如图 12-71 所示。

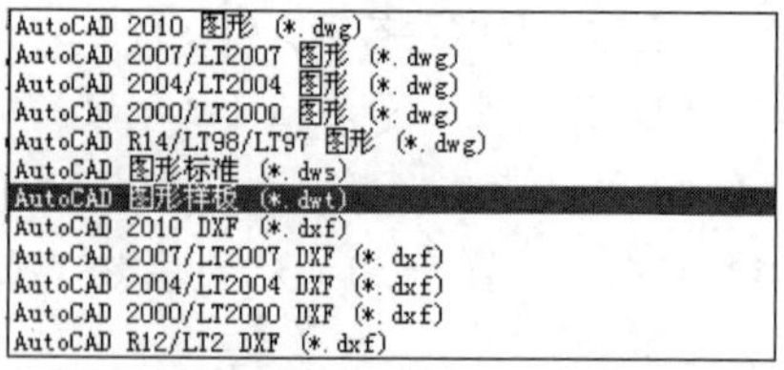

AutoCAD 2010 图形 (*.dwg)
AutoCAD 2007/LT2007 图形 (*.dwg)
AutoCAD 2004/LT2004 图形 (*.dwg)
AutoCAD 2000/LT2000 图形 (*.dwg)
AutoCAD R14/LT98/LT97 图形 (*.dwg)
AutoCAD 图形标准 (*.dws)
AutoCAD 图形样板 (*.dwt)
AutoCAD 2010 DXF (*.dxf)
AutoCAD 2007/LT2007 DXF (*.dxf)
AutoCAD 2004/LT2004 DXF (*.dxf)
AutoCAD 2000/LT2000 DXF (*.dxf)
AutoCAD R12/LT2 DXF (*.dxf)

图 12-71

Step04 ▸ 在【图形另存为】对话框下部的【文件名】文本框内输入“建筑工程样板文件”，如图 12-72 所示。

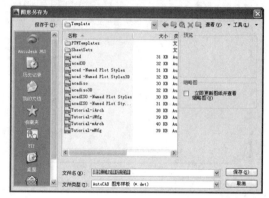

图 12-72

Step05 ▸ 单击 保存(S) 按钮，打开【样板选项】对话框，输入“A2-H 幅面建筑工程样板文件”，如图 12-73 所示。

样板选项
说明
A2-H幅面建筑工程样板文件
确定
取消
帮助
测量单位
公制
新图层通知
将所有图层另存为未协调(U)
将所有图层另存为已协调(R)

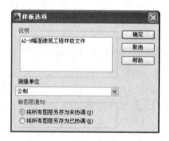

图 12-73

Step06 ▸ 单击 确定 按钮，结果创建了制图样板文件，保存于 AutoCAD 安装目录下的“Template”文件夹目录下。

Step07 ▸ 最后执行【另存为】命令，将当前文件命名为“设置建筑样板文件的页面布局.dwg”文件存储。

第13章
综合实例——
绘制建筑平面图

在建筑设计中，建筑平面图是非常重要的一种图纸。这一章我们来绘制图 13-1 所示的某住宅楼建筑平面图。

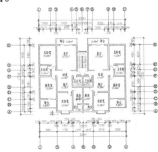

图 13-1

|第13章|
综合实例——绘制建筑平面图
13.1 建筑平面图的功能与图示内容

建筑平面图主要用于表达建筑物的平面形状，房间布置，内外交通联系以及墙、柱、门窗构配件的位置、尺寸、材料和做法等，它是建筑施工图的主要图纸之一，是施工过程中房屋的定位放线、砌墙、设备安装、装修以及编制概预算、备料等的重要依据。一般在建筑平面图上需要表达出如下内容。

1. 定位轴线与编号

定位轴线是用来控制建筑物尺寸和模数的基本手段，是墙体定位的主要依据。它能表达出建筑物纵向和横向墙体的位置关系。编号则是使用阿拉伯数字或者大写拉丁字母对定位轴线标注序号，用于对定位轴线进行识别和区分。

定位轴线有纵向定位轴线与横向定位轴线之分。纵向定位轴线自下而上用大写拉丁字母A、B、C等进行编号表示（I、O、Z 3个拉丁字母不能使用，避免与数字1、0、2相混），而横向定位轴线由左向右使用阿拉伯数字1、2、3等进行编号表示。图13-2所示为某建筑平面图的定位轴线和编号。

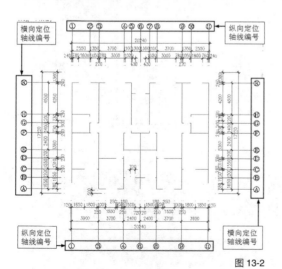

图 13-2

2. 内部结构和朝向

平面图的内部结构和朝向包括各房间的分布及相互间的结构关系；入口、走道、楼梯的位置、形状、走向和级数，在楼梯段中部，使用带箭头的细实线表示楼梯的走向，并注明"上"或"下"字样，如图13-3所示。

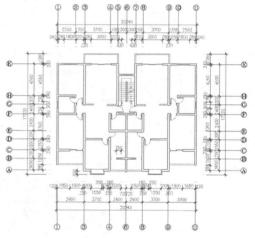

图 13-3

3. 施工尺寸

施工尺寸主要用于反映建筑物的长、宽及内部各结构的相互位置关系，是建筑施工的依据。它主要包括外部尺寸和内部尺寸两种。其中，"内部尺寸"就是在平面图内部标注的尺寸，主要用于表现外部尺寸无法表明的内部结构的尺寸，比如门洞及门洞两侧的墙体尺寸等；"外部尺寸"就是在平面图的外围标注的尺寸，它在水平方向和垂直方向上各有三道尺寸，由里向外依次为细部尺寸、轴线尺寸和总尺寸。

（1）细部尺寸：细部尺寸也叫定形尺寸，它表示平面图内的门窗距离、窗间墙、墙体等细部的详细尺寸。

（2）轴线尺寸：轴线尺寸表示平面图的开间和进深。一般情况下两横墙之间的距离称为开间，两纵墙之间的距离为进深。

（3）总尺寸：总尺寸也叫外包尺寸，它表示平面图的总宽和总长，通常标在平面图的最外部。

如图 13-4 所示，该建筑平面图中标注有细部尺寸、轴线尺寸及总尺寸。

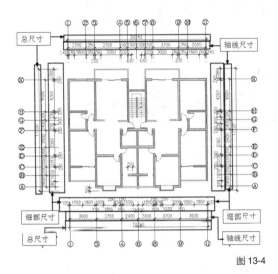

图 13-4

4. 文本注释

在平面图中应注明必要的文字性说明，例如应标注出各房间的名称、各房间的有效使用面积以及各门窗的编号等，如图 13-5 所示。

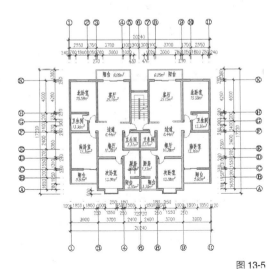

图 13-5

5. 标高尺寸、剖切符号、详图的位置及编号

标高尺寸、剖切符号以及详图的位置和编号也是平面图中不可缺少的内容。

标高尺寸用于注明不同楼地面标高，表示各层楼地面距离相对标高零点的高差。除此之外，还应标注各房间及室外地坪、台阶等的标高。

剖切符号用于表明绘制剖面图时的剖切位置和剖视方向。剖切符号一般在首层平面图上标注。

详图编号主要用于表明某些构造细部或构件的详图的编号，在平面图中的相应位置注明详图的索引符号，以表明详图的位置和编号，以便对照查阅。如图 13-6 所示，平面图中标注有标高尺寸、剖切符号以及详图编号等。

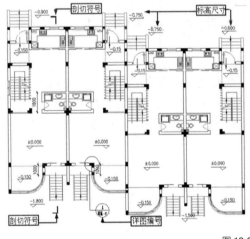

图 13-6

6. 层次、图名及比例

在平面图中，不仅要注明该平面图表达的建筑的层次，还要表明建筑物的图名和比例，以便查找、计算和施工等。层次、图名及比例一般标注在图框的标题栏中，如图 13-7 所示。

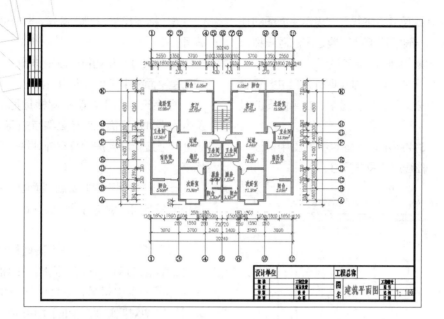

图 13-7

13.2 绘制建筑平面图的轴线网

📄 样板文件	样板文件\建筑样板.dwt
✏️ 效果文件	效果文件\第13章\绘制建筑平面图的轴线网.dwg
🖥️ 视频文件	专家讲堂\第13章\绘制建筑平面图的轴线网.swf

　　轴线是建筑设计中定位墙体的主要依据，是控制建筑物尺寸和模数的基本手段。这一节绘制图13-8所示的定位轴线网。

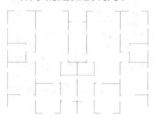

图 13-8

⚙️ 操作步骤

1. 绘制轴线网基本图形

Step01 ▶ 执行【新建】命令，以"建筑样板.dwt"为基础样板，新建空白文件。

Step02 ▶ 展开【图层】工具栏上的"图层控制"下拉列表，将"轴线层"设置为当前图层，如图13-9所示。

Step03 ▶ 使用变量LTSCALE，调整线型比例为1。

Step04 ▶ 使用快捷键"REG"激活【矩形】命令，

绘制长度为10000mm、宽度为15100mm的矩形，如图13-10所示。

图 13-9

Step05 ▶ 使用快捷键"EX"激活【分解】命令，将矩形分解为4条独立的线段。

Step06 ▶ 使用快捷键"O"激活【偏移】命令，将左侧垂直边向右依次偏移2550、1350、3700和1100个绘图单位，结果如图13-11所示。

Step07 ▶ 使用快捷键"CO"激活【复制】命令，根据图示尺寸将最下方的水平线向上复制，以创建横向定位轴线，结果如图13-12所示。

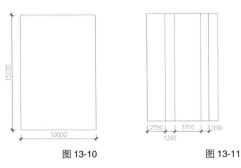

图 13-10　　　　　　　　图 13-11

Step08▶ 在无命令执行的前提下，单击选择最下侧的水平轴线，使其夹点显示，如图 13-13 所示。

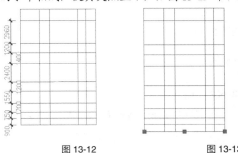

图 13-12　　　　　　　　图 13-13

Step09▶ 单击左侧的夹点使其变为夹基点（也称热点），然后向右引导光标，捕捉该水平线与第 3 条（从左向右数）垂直线的交点，如图 13-14 所示。

Step10▶ 按【Esc】键退出对象的夹点显示状态，结果如图 13-15 所示。

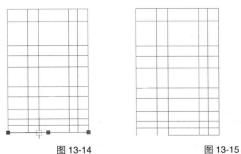

图 13-14　　　　　　　　图 13-15

Step11▶ 参照上述步骤，分别对其他水平和垂直轴线进行拉伸，编辑结果如图 13-16 所示。

Step12▶ 在无任何命令发出的情况下，单击第 2 条水平定位线（从下向上数），使其夹点显示，按【Delete】键将其删除，完成定位轴线网基本图形的绘制。结果如图 13-17 所示。

2. 在轴线网上创建门窗洞

Step01▶ 使用快捷键"O"激活【偏移】命令，将第 3 条垂直轴线（从左向右数）向右偏移 1000 个绘图单位，将第 4 条垂直轴线（从左向右数）向左偏移 900 个绘图单位，如图 13-18 所示。

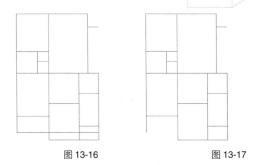

图 13-16　　　　　　　　图 13-17

Step02▶ 使用快捷键"TR"激活【修剪】命令，以刚偏移的两条垂直轴线作为修剪边界，对最下侧的水平轴线进行修剪，以创建 1800 个绘图单位的门洞，如图 13-19 所示。

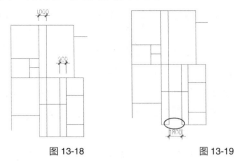

图 13-18　　　　　　　　图 13-19

Step03▶ 在无任何命令发出的情况下，单击选中偏移的两条垂直轴线，按【Delete】键将其删除。

Step04▶ 使用快捷键"BR"激活【打断】命令，单击最上侧的水平轴线。

Step05▶ 输入"F"，按【Enter】键，激活"第 1 点"选项。

Step06▶ 按住【Shift】键同时单击鼠标右键，选择"自"选项，然后捕捉该轴线的左端点。

Step07▶ 输入"@900,0"，按【Enter】键确认。

Step08▶ 继续输入"@1800,0"，按【Enter】键确认，结果如图 13-20 所示。

Step09▶ 重复执行【打断】命令，配合【自】功能以及对象捕捉功能，继续创建其他洞口和窗洞，结果如图 13-21 所示。

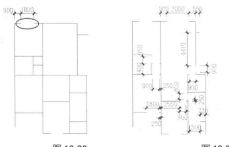

图 13-20　　　　　　　　图 13-21

Step10 ▶ 使用快捷键"MI"激活【镜像】命令，以右侧的垂直轴线作为镜像轴，对左边的所有轴线进行水平镜像，结果如图 13-22 所示。

Step11 ▶ 将该图形命名存储。

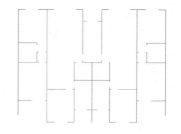

图 13-22

13.3 绘制建筑平面图的墙线

📄 素材文件	效果文件＼第 13 章＼绘制建筑平面图的轴线网 .dwg
✎ 效果文件	效果文件＼第 13 章＼绘制建筑平面图的墙线 .dwg
🖥 视频文件	专家讲堂＼第 13 章＼绘制建筑平面图的墙线 .swf

墙线有主墙线和次墙线之分。主墙线是建筑物的主体结构，主要起到了划分房屋空间和承重的作用；次墙线一般为 120mm，不承担房屋的承重功能，主要用于分割房屋空间。在绘制主次墙线时，首先需要设置名为"墙线"的多线样式，并将其绘制在"墙线层"，这样便于对图形进行管理。由于我们调用了样板文件，因此只需要将名为"墙线样式"的多线样式设置为当前样式即可。这一节将在建筑平面图墙体定位轴线的基础上来绘制主次墙线，结果如图 13-23 所示。

⚙ **操作步骤**

Step01 ▶ 绘制墙线。

Step02 ▶ 编辑墙线。

详细的操作步骤请观看随书光盘中本节的视频文件"绘制建筑平面图的墙线 .swf"。

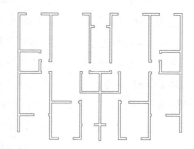

图 13-23

13.4 绘制建筑平面图的建筑构件

📄 素材文件	效果文件＼第 13 章＼绘制建筑平面图的墙线 .dwg
✎ 效果文件	效果文件＼第 13 章＼绘制建筑平面图的建筑构件 .dwg
🖥 视频文件	专家讲堂＼第 13 章＼绘制建筑平面图的建筑构件 .swf

建筑构件主要包括各种门、窗、阳台、楼梯以及卫生间卫浴设施等，这些是建筑平面图中必须要表达的内容。打开上一节保存的图形文件，这一节继续绘制建筑平面图中的建筑构件，结果如图 13-24 所示。

⚙ **操作步骤**

1. 绘制平面窗构件

Step01 ▶ 在"图层控制"下拉列表中将"门窗层"设为当前图层，如图 13-25 所示。

Step02 ▶ 单击菜单栏中的【格式】/【多线样式】命令，在打开的对话框中设置【窗线样式】为当前样式，如图 13-26 所示。

Step03 ▶ 单击【绘图】/【多线】命令，输入"S"，按【Enter】键激活"比例"选项。

Step04 ▶ 输入"240"，按【Enter】键，设置多线比例。

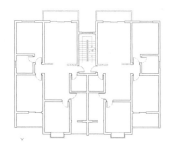

图 13-24

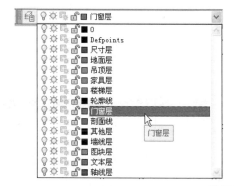

图 13-25

图 13-26

Step05 ▶ 输入"J",按【Enter】键,激活对正功能。

Step06 ▶ 输入"Z",按【Enter】键,设置对正方式。

Step07 ▶ 捕捉左上方窗洞两侧墙线的中点绘制窗线,结果如图 13-27 所示。

Step08 ▶ 重复上一操作步骤,设置多线比例和对正方式不变,配合中点捕捉功能分别绘制其他位置处的窗线,绘制结果如图 13-28 所示。

图 13-27

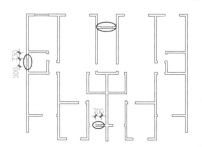

图 13-28

2. 绘制凸窗

Step01 ▶ 使用快捷键"PL"激活【多段线】命令。

Step02 ▶ 捕捉左下方窗洞位置处墙线的下端点,如图 13-29 所示。

Step03 ▶ 输入"@0,−380",按【Enter】键。

Step04 ▶ 继续输入"@1800,0",按【Enter】键。

Step05 ▶ 继续输入"@0,380",按【Enter】键。

Step06 ▶ 按【Enter】键结束操作,绘制结果如图 13-30 所示。

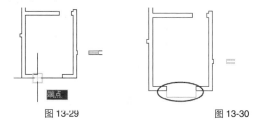

图 13-29　　　　　　　　　图 13-30

Step07 ▶ 使用快捷键"O"激活【偏移】命令,将刚绘制的凸窗内轮廓线向外偏移 40 和 120个绘图单位,并使用画线命令绘制内侧的水平图线,结果如图 13-31 所示。

图 13-31

Step08 ▶ 执行【绘图】|【多线】命令,输入"ST",

按【Enter】键激活"样式"选项。

Step09▶ 输入"墙线样式",按【Enter】键,将"墙线样式"设置为当前样式。

Step10▶ 输入"S",按【Enter】键,激活"比例"选项,输入"120",按【Enter】键确认。

Step11▶ 输入"J",按【Enter】键激活"对正"选项,输入"B",按【Enter】键,设置"下对正"方式,然后捕捉如图 13-32 所示的端点。

图 13-32

Step12▶ 输入"@0,1380",按【Enter】键。

Step13▶ 继续输入"@-5040,0",按【Enter】键。

Step14▶ 继续输入"@0,-1380",按【Enter】键。

Step15▶ 按【Enter】键,绘制结果如图 13-33 所示。

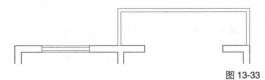

图 13-33

Step16▶ 重复执行【多线】命令,设置多线样式、多线比例和对正方式不变,配合捕捉功能绘制其他位置处的阳台轮廓线,绘制结果如图 13-34 所示。

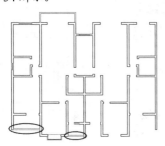

图 13-34

3. 创建门构件

Step01▶ 使用快捷键"REC"激活【矩形】命令,配合中点捕捉功能,在左下方门洞位置处绘制两个 935mm×50mm 的矩形,然后调整其位置作为推拉门,结果如图 13-35 所示。

Step02▶ 重复执行【矩形】命令,配合对象捕捉功能,绘制上侧的三扇推拉门,门的宽度为50mm,长度为 1000mm,如图 13-36 所示。

Step03▶ 使用快捷键"I"激活【插入】命令,

选择随书光盘中"图块文件"目录下的"单开门.dwg"图块文件,将其插入到左下方门洞位置,如图 13-37 所示。

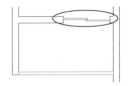

图 13-35

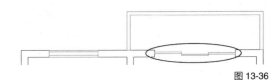

图 13-36

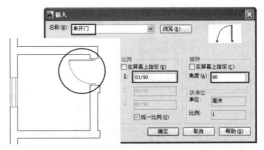

图 13-37

Step04▶ 继续插入单开门,如图 13-38～图 13-42 所示。

图 13-38

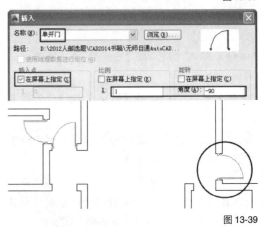

图 13-39

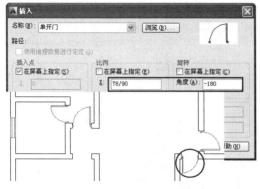

图 13-40

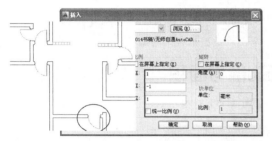

图 13-41

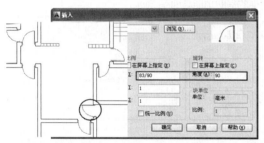

图 13-42

Step05 ▶ 使用快捷键"MI"激活【镜像】命令，选择插入的该单开门图块，如图 13-43 所示。

Step06 ▶ 按【Enter】键确认，然后捕捉门洞下方墙线的中点作为镜像轴的第 1 点，如图 13-44 所示。

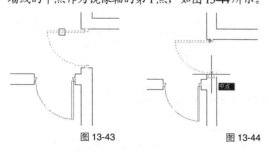

图 13-43　　　　　　　　图 13-44

Step07 ▶ 输入镜像轴第 2 点的坐标为"@0,1"，按【Enter】键确认。

Step08 ▶ 输入"Y"，按【Enter】键确认，以删除源对象，将该单开门进行镜像，结果如

图 13-45 所示。

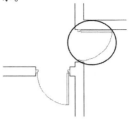

图 13-45

Step09 ▶ 继续使用【插入】命令，将"大隔断 .dwg"和"小隔断 .dwg"插入到平面图中，结果如图 13-46 所示。

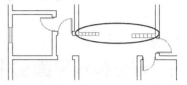

图 13-46

Step10 ▶ 使用快捷键"MI"激活【镜像】命令，将左侧的单开门垂直镜像到下方门洞位置，结果如图 13-47 所示。

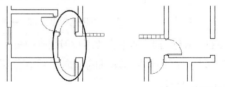

图 13-47

Step11 ▶ 再次使用快捷键"MI"激活【镜像】命令，选择左侧所有单开门、推拉门、平面窗以及凸窗，如图 13-48 所示。

Step12 ▶ 按【Enter】键，然后捕捉上方窗线的中点作为镜像轴的第 1 点，如图 13-49 所示。

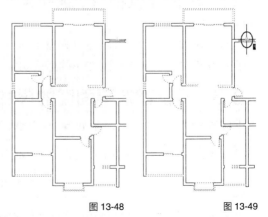

图 13-48　　　　　　　图 13-49

Step13 ▶ 输入"@0,1"，输入镜像轴的第 2 点，镜像结果如图 13-50 所示。

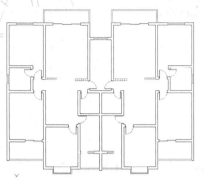

图 13-50

Step14 ▶ 在"图层控制"下拉列表中设置"楼梯层"为当前图层,如图 13-51 所示。

Step15 ▶ 继续执行【插入】命令,采用默认设

置,插入随书光盘中"图块文件"目录下的"楼梯 .dwg"图块文件,结果如图 13-37 所示。

图 13-51

Step16 ▶ 这样,建筑平面图的建筑构件绘制完毕,将该图形命名存储。

13.5 标注建筑平面图中的房间功能与面积

📄 素材文件	效果文件 \ 第 13 章 \ 绘制建筑平面图的建筑构件 .dwg
✒ 效果文件	效果文件 \ 第 13 章 \ 标注建筑平面图中的房间功能与面积 .dwg
💻 视频文件	专家讲堂 \ 第 13 章 \ 标注建筑平面图中的房间功能与面积 .swf

打开上一节保存的图形文件,这一节我们继续来标注建筑平面图中的房间功能与面积,以表达建筑物更详细的信息。标注结果如图 13-52 所示。

⚙ 操作步骤

Step01 ▶ 标注房间功能。

在标注房间功能时,要注意字体的选择。

Step02 ▶ 标注房间面积。

在标注房间面积前,首先需要对各房间进行测量,得到各房间的面积,然后进行标注。

Step03 ▶ 将图形命名保存。

详细的操作步骤请观看随书光盘中本节的视频文件"标注建筑平面图中的房间功能

与面积 .swf"。

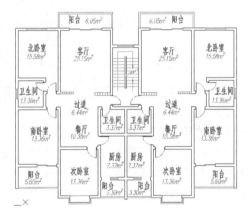

图 13-52

13.6 标注建筑平面图的尺寸

📄 素材文件	效果文件 \ 第 13 章 \ 标注建筑平面图中的房间功能与面积 .dwg
✒ 效果文件	效果文件 \ 第 13 章 \ 标注建筑平面图的尺寸 .dwg
💻 视频文件	专家讲堂 \ 第 13 章 \ 标注建筑平面图的尺寸 .swf

打开上一节保存的图形文件,这一节继续来标注建筑平面图的尺寸。在标注尺寸时要注意设置尺寸标注样式,由于我们使用了样板文件,因此,我们只需要将样板文件中设置好的"建筑标注"的标注样式设置为当前标注样式即可。标注结果如图 13-53 所示。

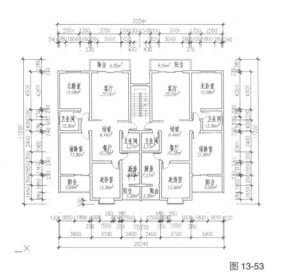

图 13-53

操作步骤

Step01 ▸ 标注细部尺寸。

Step02 ▸ 标注轴线尺寸。

Step03 ▸ 标注其他尺寸。

Step04 ▸ 将图形命名保存。

　　具体的操作步骤请观看随书光盘中本节的视频文件"标注建筑平面图的尺寸 .swf"。

13.7　标注建筑平面图墙体序号

📄 素材文件	效果文件 \ 第 13 章 \ 标注建筑平面图尺寸 .dwg
✒ 效果文件	效果文件 \ 第 13 章 \ 标注建筑平面图墙体序号 .dwg
🖥 视频文件	专家讲堂 \ 第 13 章 \ 标注建筑平面图墙体序号 .swf

　　打开上一节保存的图形文件，这一节继续来标注建筑平面图的墙体序号。在标注墙体序号时要首先绘制名为"轴编号"的属性块，然后使用【插入】命令将其插入到平面图中，再修改其属性值即可。在此，我们可以直接调用已经设置好的轴编号的属性块，其标注结果如图 13-54 所示。

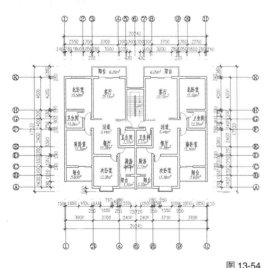

图 13-54

操作步骤

Step01 ▸ 使用快捷键"LA"激活【图层】命令，

将"其他层"设为当前图层。

Step02 ▸ 在无命令执行的前提下选择平面图左下方的轴线尺寸，使其夹点显示，如图 13-55 所示。

Step03 ▸ 按下【Ctrl+1】组合键，打开【特性】对话框，修改延伸线超出尺寸线的长度，如图 13-56 所示。

图 13-55　　　　　　　　　　图 13-56

Step04 ▸ 关闭【特性】对话框，取消尺寸的夹点显示，结果所选择的轴线尺寸的延伸线被延长，如图 13-57 所示。

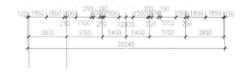

图 13-57

Step05 ▶ 单击【标准】工具栏上的"特性匹配"按钮 ，选择被延长的轴线尺寸作为源对象，单击其他轴线尺寸，将其特性复制给其他轴线尺寸，如图 13-58 所示。

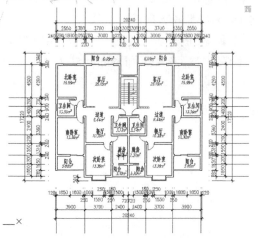

图 13-58

Step06 ▶ 使用快捷键"I"激活【插入块】命令，插入随书光盘中"图块文件"目录下的"轴编号 .dwg"属性块，并设置参数，如图 13-59 所示。

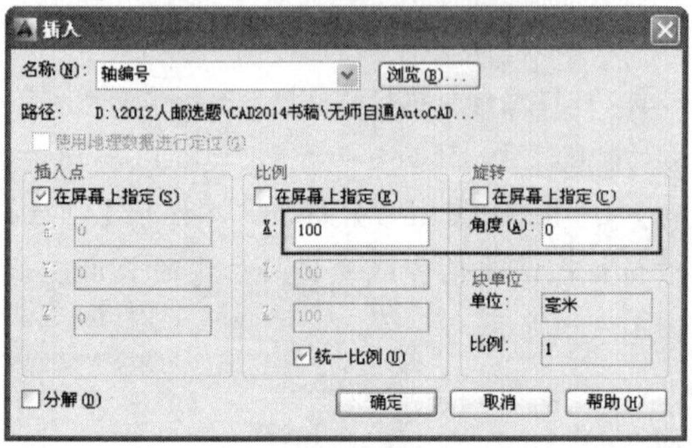

图 13-59

Step07 ▶ 单击 确定 按钮返回绘图区，捕捉左下方轴线尺寸的端点将其插入，在打开的【编辑属性】对话框中修改其编号为 1，如图 13-60 所示。

图 13-60

Step08 ▶ 单击 确定 按钮，标注结果如图 13-61 所示。

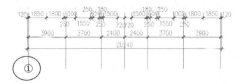

图 13-61

Step09 ▶ 使用快捷键"CO"激活【复制】命令，将轴线编号分别复制到其他轴线尺寸的端点位置，基点为轴线编号圆心，目标点为各指示线的末端点，结果如图 13-62 所示。

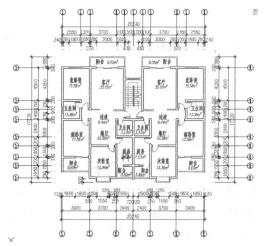

图 13-62

Step10 ▶ 双击平面图下侧第 2 个轴线编号（从左向右），打开【增强属性编辑器】对话框，在【属性】选项卡的【值】输入框内修改属性值为"3"，结果该轴线编号的属性被修改，如图 13-63 所示。

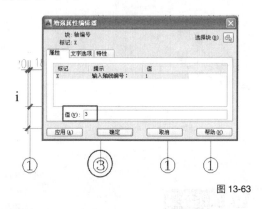

图 13-63

Step11 ▶ 单击 应用(A) 按钮，然后单击 （选择块）按钮，在绘图区分别选择其他位置处的轴线编号进行修改，结果如图 13-64 所示。

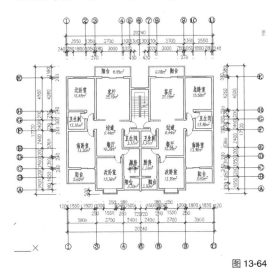

图 13-64

Step12 ▸ 双击编号为"11"的轴线编号打开【增强属性编辑器】对话框，进入【文字选项】选项卡，修改该编号的【宽度因子】为 0.8，如图 13-65 所示。

图 13-65

Step13 ▸ 继续双击右上角编号为"10"和"11"

的两个轴编号，修改宽度比例为 0.8，使这两个双位数字编号完全处于轴标符号内，结果如图 13-66 所示。

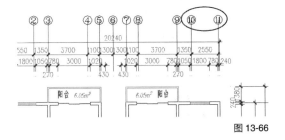

图 13-66

Step14 ▸ 使用快捷键"M"激活【移动】命令，配合对象捕捉功能，分别将平面图四侧的轴编号外移，基点为轴编号与指示线的交点，目标点为各指示线端点，结果如图 13-67 所示。

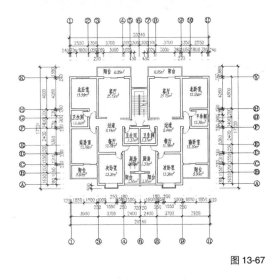

图 13-67

Step15 ▸ 至此，建筑平面图绘制完毕，将图形命名保存。

第14章
综合实例——
绘制建筑立面图

在建筑设计中，建筑立面图也是非常重要的图纸之一。这一章我们绘制图 14-1 所示的某住宅楼建筑立面图。

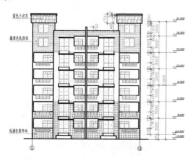

图 14-1

|第14章|

综合实例——绘制建筑立面图

14.1 建筑立面图的功能与图示内容

建筑立面图简称立面图，它是建筑施工图中的基本图纸之一，可以清楚地表达建筑物的体形和外貌，表明建筑物外墙的装修概况。这一节首先了解建筑立面图的相关知识。

1. 建筑立面图例

由于立面图的比例小，因此立面图上的门窗应按图例立面式样表示。相同或类似的门窗只画出一两个完整图，其余的只画出单线图形即可。

2. 建筑立面图的定位线

立面图的横向定位线用于表达建筑物的层高线及窗台、阳台等立面构件的高度线，纵向轴线是建筑物门、窗、阳台等建筑构件位置的辅助线，因此立面图的纵向定位轴线可以与建筑平面图结合起来，对建筑物各立面构件进行定位，如图 14-2 所示。

3. 建筑立面图的编号

对于有定位轴线的建筑立面图的轴线编号，只需画出两端轴线并注出其编号。编号应与建筑平面图两端的轴线编号一致，以便与建筑平面图对照阅读，从而确认立面的方位，如图 14-3 所示。

对于没有定位轴线的建筑立面图，可以按照平面图各面的朝向进行绘制。

4. 建筑立面图的图名

建筑立面图需要标注图名。一般情况下，立面图有 3 种命名方式，具体如下。

（1）第 1 种方式就是按立面图的主次命名，即把建筑物的主要出入口或反映建筑物外貌主要特征的立面图称为正立面图，而把其他立面图分别称为背立面图、左立面图和右立面图等。

（2）第 2 种命名方式是按照建筑物的朝向命名，根据建筑物立面的朝向可分别称为南立面图、北立面图、东立面图和西立面图。

（3）第 3 种命名方式是按照轴线的编号

命名，根据建筑物立面两端的轴线编号命名，如①～⑨图等。

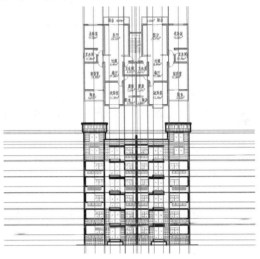

图 14-2

图 14-4 所示为按照建筑物朝向命名的某住宅楼建筑立面图。

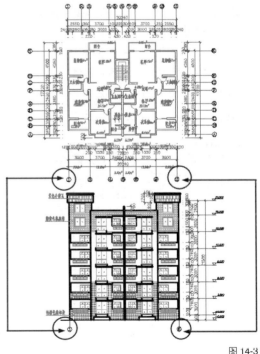

图 14-3

（住宅楼正立面图）

图 14-4

5. 建筑立面图的标高

在建筑立面图中要标注房屋主要部位的相对标高，如室外地坪、室内地面、各层楼檐口、女儿墙压顶、雨罩等的高度，如图 14-5 所示，右侧是标注的标高。

6. 立面图的尺寸

与建筑平面图一样，建筑立面图在其高度方向上也需要标注尺寸，只是其尺寸标注只需沿立面图的高度方向标注细部尺寸、层高尺寸和总高尺寸，具体要求如下。

（1）最里面的一道尺寸是细部尺寸，它用于表示室内外地面高度差、窗下墙高度、门窗洞口高度、洞口顶面到上一层楼面的高度、女儿墙或挑檐板高度等。

（2）中间的一道尺寸称为层高尺寸，它用于表明上下两层楼地面之间的距离。

（3）最外面一道尺寸为总高尺寸，它用于表明室外地坪至女儿墙压顶功至檐口的距离。

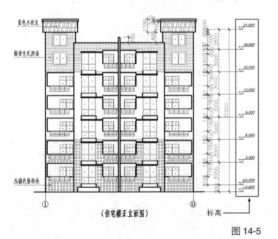

（住宅楼正立面图）

标高

图 14-5

图 14-6 所示为标注的建筑立面图的细部尺寸、层高尺寸与总高尺寸。

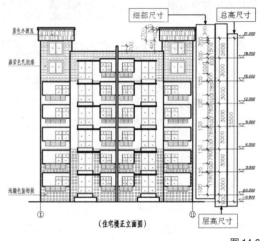

（住宅楼正立面图）

图 14-6

7. 建筑立面图的文本注释

在建筑物立面图上，外墙表面分格线应表示清楚，一般需要使用文字说明各部分所用的面材和色彩，比如表明外墙装饰的做法及分格，表明室外台阶、勒角、窗台、阳台、檐沟、屋顶和雨水管等的立面形状及材料做法等，以方便指导施工。如图 14-7 所示，左侧是标注的建筑立面图外墙装饰材料的文本注释。

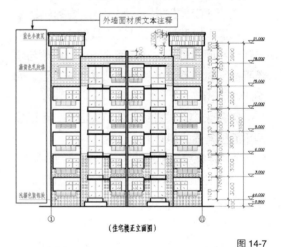

（住宅楼正立面图）

图 14-7

8. 建筑立面图的线宽

为了确保建筑立面图的清晰美观，在绘制立面图时需要注意图线的线宽。一般情况下，立面图的外形轮廓线需要使用粗实线表示，室外地坪线需要使用特粗实线表示，门窗、阳台、雨罩等构件的主要轮廓线用中粗实线表示，其他如门窗扇、墙面分格线等均用细实线表示。

9. 建筑立面图的符号

对于比较简单的对称式的建筑物，其立面图可以只绘制一半，但必须标出对称符号；对于另画详图的部位，一般需要标注索引符号，以指明查阅详图。

14.2 绘制 1～2 层建筑立面图

📄 素材文件	效果文件 \ 第 13 章 \ 标注建筑平面图墙体序号 .dwg
✏️ 效果文件	效果文件 \ 第 14 章 \ 绘制 1～2 层建筑立面图 .dwg
🖥️ 视频文件	专家讲堂 \ 第 14 章 \ 绘制 1～2 层建筑立面图 .swf

绘制建筑立面图时应该从最底层开始绘制，一般是在建筑平面图的基础上来绘制。打开上一章保存的图形文件，这一节绘制图 14-8 所示的 1～2 层建筑立面图。

图 14-8

⚙️ **操作步骤**

Step01 ▶ 在"图层控制"下拉列表中，设置"轴线层"为当前层，冻结"尺寸层""文本层""面积层"和"其他层"，如图 14-9 所示。

图 14-9

Step02 ▶ 此时，建筑平面图的显示效果如图 14-10 所示。

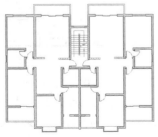

图 14-10

Step03 ▶ 单击菜单栏中的【格式】/【线型】命令，在弹出的【线型管理器】对话框中修改【全局比例因子】为 1，如图 14-11 所示。

图 14-11

Step04 ▶ 使用快捷键"LA"打开【图层特性管理器】对话框，修改"轮廓线"图层的线宽为 0.30mm，并打开状态栏上的"线宽显示"功能，如图 14-12 所示。

图 14-12

Step05 ▶ 使用快捷键"XL"激活【构造线】命令，分别通过平面图下侧各墙、窗等位置点绘制 12 条垂直构造线作为立面图纵向定位线，如图 14-13 所示。

Step06 ▶ 重复执行【构造线】命令，在平面图下侧的适当位置绘制一条水平构造线作为横向定位基准线。

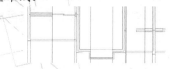

图 14-13

Step07 ▶ 使用快捷键"O"激活【偏移】命令，将水平定位线向上偏移 900 和 3900 个绘图单位，作为室内地面和底层立面的横向定位线，如图 14-14 所示。

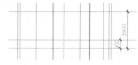

图 14-14

Step08 ▶ 重复执行【偏移】命令，将最上侧的水平定位线分别向下偏移 120 和 1900 个绘图单位，作为外墙身和阳台栏杆定位线，如图 14-15 所示。

图 14-15

Step09 ▶ 设置"轮廓线"为当前图层，使用快捷键"PL"激活【多段线】命令，捕捉最下侧水平构造线与最右侧垂直构造线的交点。

Step10 ▶ 输入"W"，按【Enter】键激活"宽度"选项，设置起点和端点宽度均为 80，向左引导光标，在合适位置处拾取一点，绘制地坪线，如图 14-16 所示。

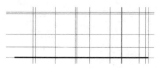

图 14-16

Step11 ▶ 使用快捷键"L"激活【直线】命令，配合端点和交点捕捉功能，绘制如图 14-17 所示的立面轮廓线。

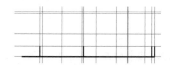

图 14-17

Step12 ▶ 重复执行【直线】命令，配合端点和交点捕捉功能，绘制底层立面轮廓线，如图 14-18 所示。

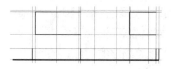

图 14-18

Step13 ▶ 使用快捷键"EX"激活【延伸】命令，选择最上侧的水平线作为延伸边界，分别单击垂直轮廓线进行延伸，结果如图 14-19 所示。

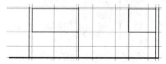

图 14-19

Step14 ▶ 使用快捷键"PL"激活【多段线】命令，按住【Shift】键同时单击鼠标右键，选择"自"选项，

Step15 ▶ 捕捉如图 14-20 所示的点，输入"@550,0"，按【Enter】键确认。

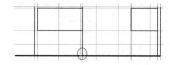

图 14-20

Step16 ▶ 输入"W"，按【Enter】键激活"宽度"选项，分别设置起点和端点宽度为 0，然后输入"@0,600"，按【Enter】键确认。

Step17 ▶ 输入"@2940,0"，按【Enter】键确认；输入"@0,-600"，按 2 次【Enter】键确认，绘制结果如图 14-21 所示。

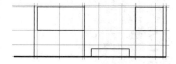

图 14-21

Step18 ▶ 按【Enter】键重复执行【多段线】命令。

Step19 ▶ 再次激活【自】功能，然后捕捉图 14-22 所示的点。

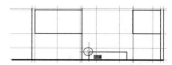

图 14-22

Step20 ▶ 输入"@450,0"，按【Enter】键确认。

Step21 ▶ 再次输入"@0,500"，按【Enter】键。

Step22 ▶ 再次输入"@2040,0"，按【Enter】键。

Step23 ▶ 再次输入"@0,-500"，按【Enter】键。

Step24 ▶ 按【Enter】键，结束命令，绘制结果如图 14-23 所示。

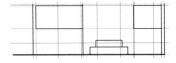

图 14-23

Step25 ▶ 设置"图块层"为当前图层，如图 14-24 所示。

图 14-24

Step26 ▶ 使用快捷键"I"激活【插入】命令，选择随书光盘中"图块文件"目录下的"立面窗 01.dwg"图块文件，采用默认参数将其插入到立面图中，如图 14-25 所示。

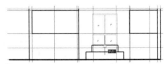

图 14-25

Step27 ▶ 在"图层控制"下拉列表中将"轮廓线"层置为当前图层。

Step28 ▶ 使用快捷键"ERC"激活【矩形】命令，配合【自】功能，捕捉立面窗的左上角点，然后输入"@-100,0"，按【Enter】键确认。

Step29 ▶ 继续输入"@2980,100"，按【Enter】键，绘制结果如图 14-26 所示。

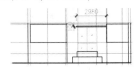

图 14-26

Step30 ▶ 在"图层控制"下拉列表中将"图块层"设置为当前图层。

Step31 ▶ 使用快捷键"I"再次激活【插入】命令，采用默认参数，分别插入随书光盘中"图块文件"目录下的"推拉门 .dwg"和"门联窗 .dwg"图块，插入点分别为图 14-27 所示的交点 A 和 B。

图 14-27

Step32 ▶ 使用快捷键"X"激活【分解】命令，选择刚插入的两个图块文件，按【Enter】键将其分解。

Step33 ▶ 使用快捷键"TR"激活【修剪】命令，以轮廓线作为边界，对分解后的图块进行修剪，并删除被遮挡住的图线和残余图线，结果如图 14-28 所示。

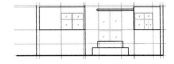

图 14-28

Step34 ▶ 选择修剪后的推拉门和门联窗，修改其图层为"图块层"，如图 14-29 所示。

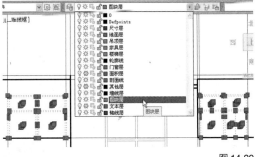

图 14-29

Step35 ▶ 再次使用快捷键"I"激活【插入】命令，插入随书光盘中"图块文件"目录下的"铁艺栏杆 01.dwg"图块文件，插入点为图 14-30 所示的中点。

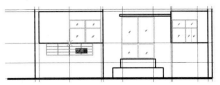

图 14-30

Step36 ▶ 继续使用快捷键"I"激活【插入】命令，插入随书光盘中"图块文件"目录下的"铁艺栏杆 02.dwg"图块文件，插入点为图 14-31 所示的中点。

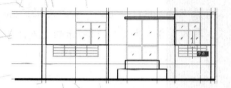

图 14-31

Step37 ▶ 使用快捷键"CO"激活【复制】命令，选择上方 3 条水平构造线进行复制，基点为任一点，目标点为"@0,3000"，结果如图 14-32 所示。

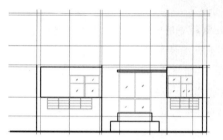

图 14-32

Step38 ▶ 在"图层控制"下拉列表中关闭"轴线层"。

Step39 ▶ 使用快捷键"CO"激活【复制】命令，采用窗交方式选择底层立面轮廓线，如图 14-33 所示。

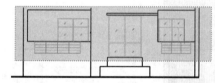

图 14-33

Step40 ▶ 按【Enter】键，结束选择，然后拾取任一点作为基点。

Step41 ▶ 输入"@0,3000"，按 2 次【Enter】键确认，复制结果如图 14-34 所示。

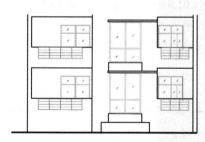

图 14-34

Step42 ▶ 在"图层控制"下拉列表中将"剖面线"设置为当前图层。

Step43 ▶ 使用快捷键"PL"激活【多段线】命令，

捕捉图 14-35 所示的端点。

图 14-35

Step44 ▶ 输入"@4900,0"，按【Enter】键确认。

Step45 ▶ 继续输入"@0,-300"，按 2 次【Enter】键确认，绘制结果如图 14-36 所示。

Step46 ▶ 按【Enter】键重复执行【多段线】命令。

Step47 ▶ 捕捉图 14-37 所示的端点，输入"@-3060,0"，按【Enter】键确认。

图 14-36

图 14-37

Step48 ▶ 继续输入"@0,-300"，按 2 次【Enter】键，绘制结果如图 14-38 所示。

图 14-38

Step49 ▶ 使用快捷键"MI"激活【镜像】命令，

采用窗交方式选择除右侧两条垂直墙线之外的其他所有对象，如图 14-39 所示。

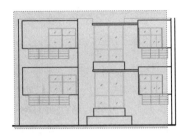

图 14-39

Step50 ▶ 按【Enter】键，然后按【Shift】键同时单击鼠标右键，选择【两点之间的中点】命令，分别捕捉右侧两条垂直线的下端点，以确定镜像轴的第 1 点。

Step51 ▶ 输入"@0,1"，按 2 次【Enter】键镜像，结果如图 14-40 所示。

图 14-40

Step52 ▶ 在特性工具栏设置当前颜色为 232 号色，如图 14-41 所示。

图 14-41

Step53 ▶ 使用快捷键"H"激活【图案填充】命令，选择填充图案并设置填充参数，如图 14-42 所示。

图 14-42

Step54 ▶ 单击"添加：拾取点" ⊞ 按钮返回绘图区，在立面图墙面位置处单击拾取填充区域进行填充，填充结果如图 14-43 所示。

图 14-43

Step55 ▶ 至此，建筑 1 ～ 2 层立面图绘制完毕，将该图形命名保存。

14.3　绘制标准层建筑立面图

📄 素材文件	效果文件\第 14 章\绘制 1 ～ 2 层建筑立面图 .dwg
✒ 效果文件	效果文件\第 14 章\绘制标准层建筑立面图 .dwg
💻 视频文件	专家讲堂\第 14 章\绘制标准层建筑立面图 .swf

　　在商住两用建筑中，1 ～ 2 层常作为商业用房，而 3 层以上则是住宅用房，我们常将 3 层至顶层之间的楼层称为标准层。标准层的特点是内、外部结构和面积都相同。打开上一节保存的图形文件，这一节继续来绘制标准层建筑立面图。绘制结果如图 14-44所示。详细的操作步骤请观看随书光盘中本节的视频文件"绘制标准层建筑立面图 .swf"。

图 14-14

14.4 绘制顶层建筑立面图

📄 素材文件	效果文件 \ 第 14 章 \ 绘制标准层建筑立面图 .dwg
🖊 效果文件	效果文件 \ 第 14 章 \ 绘制顶层建筑立面图 .dwg
🖥 视频文件	专家讲堂 \ 第 14 章 \ 绘制顶层建筑立面图 .swf

顶层建筑立面图无论是外观还是内部结构都与标准层建筑立面图有所不同，因此，在绘制顶层建筑立面图时，要注意其内外部结构的特点。打开上一节保存的图形文件，这一节继续来绘制顶层建筑立面图，结果如图 14-45 所示。

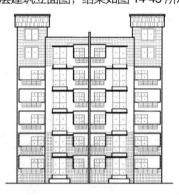

图 14-45

⚙ **操作步骤**

Step01 ▸ 使用快捷键 "CO" 激活【复制】命令。

Step02 ▸ 采用窗口方式选择标准层最顶层中间位置的立面图，如图 14-46 所示。

Step03 ▸ 按【Enter】键，结束对象的选择，然后拾取任一点作为基点。

图 14-46

Step04 ▸ 输入 "@0,3000"，按 2 次【Enter】键确认，结果如图 14-47 所示。

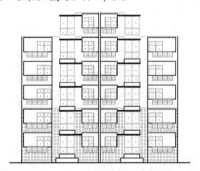

图 14-47

Step05 ▸ 使用快捷键 "O" 激活【偏移】命令，以最上侧水平定位线作为首次偏移对象，以偏移出的对象作为下一次偏移对象，创建间距为 900、1500、600、500、1500、300 和 300 个绘图单位的定位线，结果如图 14-48 所示。

图 14-48

Step06 ▸ 将 "轮廓线" 设置为当前图层，使用快捷键 "L" 激活【直线】命令，配合极轴和对象捕捉功能，以最右侧垂直轮廓线上端点作为起点，绘制图 14-49 所示的立面轮廓线。

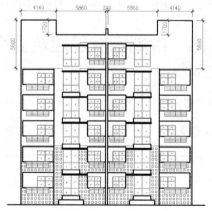

图 14-49

Step07 ▸ 重复执行【直线】命令，配合捕捉和追踪等功能，继续补画内部的立面轮廓线，结果如图 14-50 所示。

Step08 ▸ 将 "图块层" 设置为当前图层，使用快捷键"XL"激活【构造线】命令，通过左右两侧窗户外端点绘制两条垂直的构造线作为定位线，如图 14-51 所示。

图 14-50

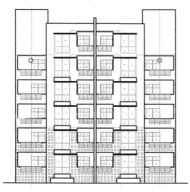

图 14-51

Step09 ▶ 使用快捷键"I"激活【插入】命令，采用默认参数插入随书光盘中"图块文件"目录下的"立面窗.dwg"图块文件，插入点分别为垂直辅助线与水平线的交点，插入结果如图 14-52 所示。

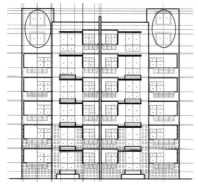

图 14-52

Step10 ▶ 将"轮廓线"设置为当前图层。

Step11 ▶ 使用快捷键"PL"激活【多段线】命令，按住【Shift】键同时单击鼠标右键，选择"自"选项，捕捉右上角外轮廓线角点，输入"@0,

-300"，按【Enter】键。

Step12 ▶ 继续输入"@300,0"，按【Enter】键确认。

Step13 ▶ 继续输入"@0,1400"，按【Enter】键确认。

Step14 ▶ 继续输入"@100,0"，按【Enter】键确认。

Step15 ▶ 继续输入"@0,300"，按【Enter】键确认。

Step16 ▶ 继续输入"@-4940,0"，按【Enter】键确认。

Step17 ▶ 继续输入"@0,-300"，按【Enter】键确认。

Step18 ▶ 继续输入"@100,0"，按【Enter】键确认。

Step19 ▶ 继续输入"@0,-1400"，按【Enter】键确认。

Step20 ▶ 输入"C"，按【Enter】键确认，绘制结果如图 14-53 所示。

图 14-53

Step21 ▶ 按【Enter】键，重复执行【多段线】命令

Step22 ▶ 使用快捷键"P"激活【自】功能，捕捉刚绘制的轮廓线右上角点。

Step23 ▶ 输入"@0,-200"，按【Enter】键确认。

Step24 ▶ 继续输入"@-4940,0"，按【Enter】键确认。

Step25 ▶ 按 2 次【Enter】键，绘制结果如图 14-54 所示。

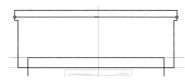

图 14-54

Step26 ▶ 使用快捷键"MI"激活【镜像】命令，选择右侧绘制的顶层立面轮廓图，将其镜像复制到左侧顶层位置，结果如图 14-55 所示。

Step27 ▶ 使用快捷键"TR"激活【修剪】命令，以绘制的顶层轮廓线为边界，对左右两侧顶层轮廓进行修剪，并删除多余图线，结果如图 14-56

所示。

图 14-55

图 14-56

Step28 ▶ 在"图层控制"下拉列表中将"剖面线"设置为当前图层，将当前颜色设置为 32 号色，如图 14-57 所示。

图 14-57

Step29 ▶ 使用快捷键"H"激活【图案填充】命令，选择填充图案并设置填充图案参数，如图 14-58 所示。

图 14-58

Step30 ▶ 单击 ⊞（添加：拾取点）按钮返回绘图区，在顶层要填充的区域单击拾取填充区域，填充区域以虚线显示，如图 14-59 所示。

图 14-59

Step31 ▶ 按【Enter】键返回【图案填充】对话框，单击 确定 按钮进行填充，填充结果如图 14-60 所示。

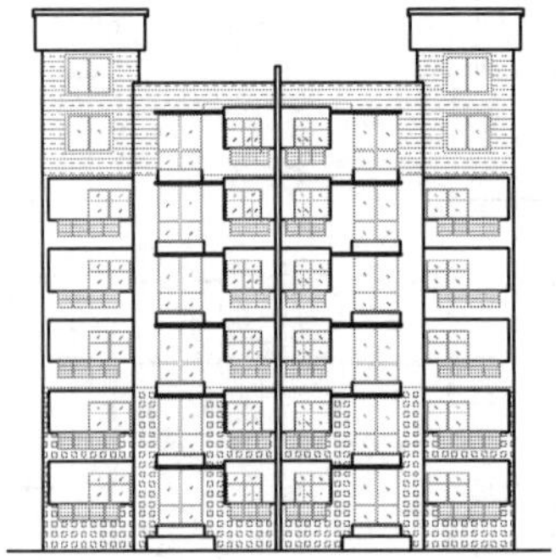

图 14-60

Step32 ▶ 重新设置当前颜色为 142 号颜色，如图 14-61 所示。

图 14-61

Step33 ▶ 重复执行【图案填充】命令，设置填充图案和填充参数，如图 14-62 所示。

图 14-62

Step34 ▶ 依照前面的操作方法，继续对最顶层的区域进行填充，结果如图 14-63 所示。

Step35 ▶ 这样，顶层建筑立面图绘制完毕，将该图形命名存储。

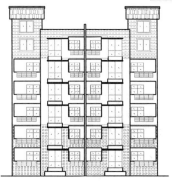
图 14-63

14.5　标注建筑立面图的文字注释

📄 素材文件	效果文件 \ 第 14 章 \ 绘制顶层建筑立面图 .dwg
🖊 效果文件	效果文件 \ 第 14 章 \ 标注建筑立面图的文字注释 .dwg
🖥 视频文件	专家讲堂 \ 第 14 章 \ 标注建筑立面图的文字注释 .swf

打开上一节保存的图形文件，这一节来标注建筑立面图中的文字注释，以表达建筑物更详细的信息。标注结果如图 14-64 所示。详细的操作步骤请观看本书随书光盘中本节的视频文件"标注建筑立面图的文字注释 .swf"。

图 14-64

14.6　标注建筑立面图的尺寸

📄 素材文件	效果文件 \ 第 14 章 \ 标注建筑立面图的文字注释 .dwg
🖊 效果文件	效果文件 \ 第 14 章 \ 标注建筑立面图的尺寸 .dwg
🖥 视频文件	专家讲堂 \ 第 14 章 \ 标注建筑立面图的尺寸 .swf

打开上一节保存的图形文件，这一节继续来标注建筑立面图的尺寸。在标注尺寸时要注意设置尺寸标注样式，由于我们使用了样板文件，因此，我们只需要将样板文件中设置好的"建筑标注"的标注样式设置为当前标注样式即可。标注结果如图 14-65 所示。

⚙ **操作步骤**

Step01 ▶ 在"图层控制"下拉列表中打开"尺寸层"和"轴线层"，并将"尺寸层"设置为当前图层，如图 14-66 所示。

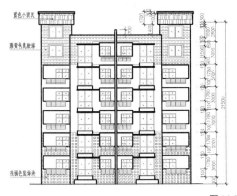
图 14-65

Step02▸ 单击菜单栏中的【标注】/【标注样式】命令，在打开的【标注样式管理器】对话框中选择【建筑标注】样式，单击 置为当前(U) 按钮，将其置为当前样式，如图 14-67 所示。

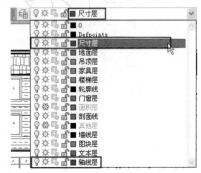

图 14-66

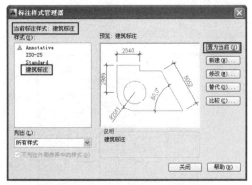

图 14-67

Step03▸ 关闭该对话框，然后使用快捷键"XL"激活【构造线】命令，在立面图右侧适当位置处绘制一条垂直的构造线作为尺寸定位线，如图 14-68 所示。

图 14-68

Step04▸ 单击菜单栏中的【标注】/【线性】命令，捕捉右下方第 2 条水平轴线（由下向上数）与垂直辅助线的交点，如图 14-69 所示。

Step05▸ 继续捕捉右下方第 3 条水平轴线（由下

向上数）与垂直辅助线的交点，如图 14-70 所示。

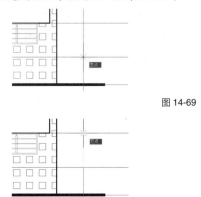

图 14-69

图 14-70

Step06▸ 向右引导光标，在合适位置处单击确定尺寸线的位置，如图 14-71 所示。

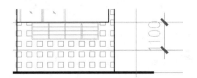

图 14-71

Step07▸ 单击菜单栏中的【标注】/【连续】命令，以刚标注的线性尺寸为基准尺寸，依次捕捉其他水平定位线与垂直辅助线的交点，标注连续尺寸，如图 14-72 所示。

图 14-72

Step08▸ 重复执行【线性】标注命令，配合交点捕捉功能标注图 14-73 所示的线性尺寸，将其作为层高尺寸的基准尺寸。

Step09▸ 执行【连续】标注命令，以刚标注的线性尺寸为基准尺寸，标注立面图第二道尺寸，即层高尺寸，标注结果如图 14-74 所示。

Step10▸ 继续执行【线性】标注命令，配合交点捕捉功能标注立面图的总高尺寸，结果如

图 14-75 所示。

图 14-73

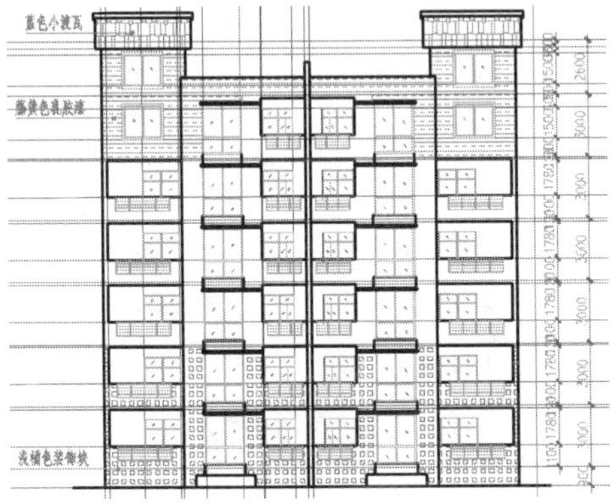

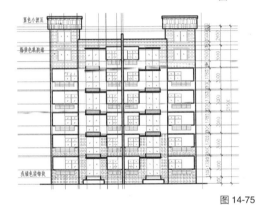

图 14-74

图 14-75

Step11 ▸ 综合使用【线性】和【连续】命令，

配合捕捉追踪功能标注其他位置的细部尺寸，然后单击【标注】工具栏上的"编辑标注文字"按钮，选择重叠的尺寸文字进行编辑，结果如图 14-76 所示。

Step12 ▸ 在"图层控制"下拉列表中关闭"轴线层"，并删除尺寸定位辅助线，结果如图 14-77 所示。

Step13 ▸ 至此，建筑立面图尺寸标注完毕，将该图形命名存储。

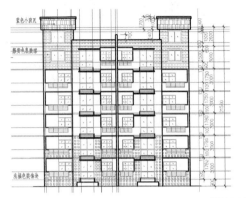

图 14-76

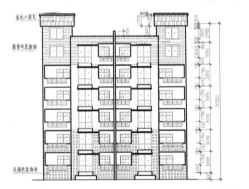

图 14-77

14.7　标注建筑立面图的标高与墙体序号

📄 素材文件	效果文件 \ 第 14 章 \ 标注建筑立面图的尺寸 .dwg
🖊 效果文件	效果文件 \ 第 14 章 \ 标注建筑立面图的标高与墙体序号 .dwg
🖥 视频文件	专家讲堂 \ 第 14 章 \ 标注建筑立面图的标高与墙体序号 .swf

打开上一节保存的图形文件，这一节继续来标注建筑立面图的标高和墙体序号。在标注墙体序号和标高符号时，一般情况下首先要绘制名为"轴编号"的属性块以及标高符号，并将其创建为块，然后使用【插入】命令将其插入到平面图中，再修改其属性值即可。在此，我们可以直接复制平面图中的墙体序号，但对

于标高符号需要重新绘制，再标注到立面图中。标注结果如图 14-78 所示。

⚙ **操作步骤**

Step01 ▸ 在"图层控制"下拉列表中将"0 图层"设置为当前图层，激活状态栏上的【极轴追踪】功能，并设置极轴角为 45°，如图 14-79 所示。

Step02 ▸ 使用快捷键"PL"激活【多段线】命令，

参照图示尺寸绘制标高符号，如图 14-80 所示。

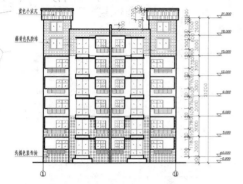

图 14-78

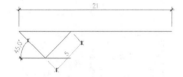

图 14-79

图 14-80

Step03 ▶ 单击【格式】菜单中的【文字样式】命令，在打开的【文字样式】对话框中新建如图 14-81 所示的文字样式。

图 14-81

Step04 ▶ 单击菜单栏中的【绘图】/【块】/【定义属性】命令，打开【属性定义】对话框，为标高符号定义文字属性，如图 14-82 所示。

图 14-82

Step05 ▶ 单击 确定 按钮返回绘图区，捕捉标高符号最右侧的端点，为标高符号定义属性，结果如图 14-83 所示。

图 14-83

Step06 ▶ 使用快捷键 "B" 激活【创建块】命令，在弹出的【块定义】对话框中将其命名为 "标高符号"，然后单击 "拾取点" 按钮返回绘图区，捕捉标高符号下方的中点作为基点，如图 14-84 所示。

图 14-84

Step07 ▶ 再次回到【块定义】对话框，单击 "选择对象" 按钮再次返回绘图区，选择标高符号的所有对象，如图 14-85 所示。

图 14-85

Step08 ▶ 按【Enter】键再次回到【块定义】对话框，设置各参数与选项，如图 14-86 所示。

Step09 ▶ 单击 确定 按钮，将标高符号和属性创建为内部块。

Step10 ▶ 在无任何命令执行的前提下，选择立面图右下侧尺寸文本为 900 个绘图单位的层高尺寸，使其呈现夹点显示状态，如图 14-87 所示。

图 14-86

图 14-87

Step11▶ 按下【Ctrl+1】组合键，在打开的【特性】对话框中修改尺寸界线超出尺寸线的长度，此时层高尺寸的尺寸线增长，如图 14-88 所示。

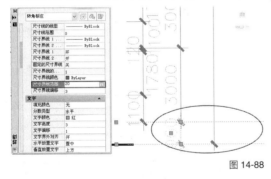

图 14-88

Step12▶ 关闭【特性】对话框，并取消对象的夹点显示。

Step13▶ 单击【标准】工具栏上的"特性匹配"按钮 ，选择被延长的层高尺寸作为源对象，然后依次单击其他层高尺寸，将其尺寸界线的特性复制给其他层高尺寸，结果如图 14-89 所示。

Step14▶ 设置"其他层"为当前图层，使用快捷键"I"打开【插入】对话框，选择定义的"标高符号"的图块，并设置参数如图 14-90 所示。

Step15▶ 单击　确定　按钮返回绘图区，捕捉最下方标高尺寸的端点，在打开的【编辑属性】对话框中修改其值为 -0.900，如图 14-91 所示。

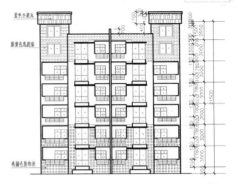

图 14-89

图 14-90

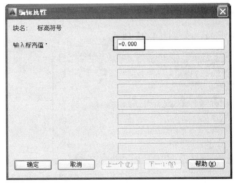

图 14-91

Step16▶ 单击【确定】按钮确认，结果在该位置处插入了标高符号，如图 14-92 所示。

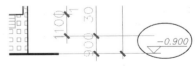

图 14-92

Step17▶ 使用快捷键"CO"激活【复制】命令，将该标高符号复制到其他层高尺寸界线的外端点，结果如图 14-93 所示。

Step18▶ 双击第 2 个标高符号，打开【增强属性编辑器】对话框。进入【属性】选项卡，修改标高的属性值，如图 14-94 所示。

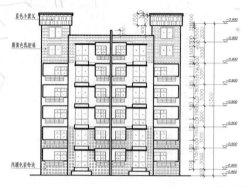

图 14-93

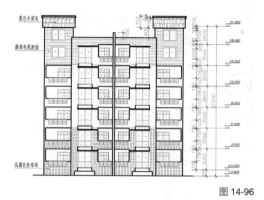

图 14-96

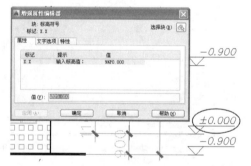

图 14-94

Step19▶ 单击 应用(A) 按钮，结果该标高值被自动修改，如图 14-95 所示。

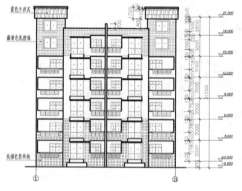

图 14-95

Step20▶ 单击该对话框右上角的"选择块"按钮返回绘图区，从下向上依次拾取其他位置处的标高尺寸属性块，修改各位置的标高尺寸，结果如图 14-96 所示。

Step21▶ 使用画线命令，配合捕捉与追踪功能，在立面图左、右两端下方位置处绘制图 14-97 所示的垂直线段作为轴编号指示线。

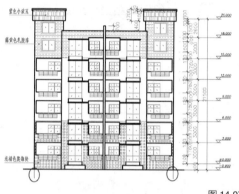

图 14-97

Step22▶ 使用快捷键"CO"激活【复制】命令，将平面图中编号为 1 和 11 的轴编号复制到立面图的轴编号位置，结果如图 14-98 所示。

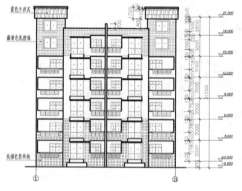

图 14-98

Step23▶ 至此，建筑立面图的标高和墙体序号标注完毕，将图形命名存储。

第15章
综合实例——
绘制建筑剖面图

在建筑设计中，建筑剖面图也是非常重要的图纸之一。这一章我们绘制图 15-1 所示的某住宅楼建筑剖面图。

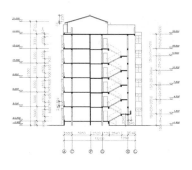

图 15-1

| 第 15 章 |

综合实例——绘制建筑剖面图

15.1　建筑剖面图的功能与图示内容

剖面图主要用于表达建筑物内部垂直方向的高度、楼梯分层、垂直空间的利用以及简要的结构形式和构造方式等，例如屋顶形式，屋顶坡度，檐口形式，楼板搁置方式，楼梯的形式及其简要的结构、构造等。其具体内容如下。

1. 剖切位置

剖面图的剖切位置一般应根据图纸的用途或设计深度来决定，通常选择在能表现建筑物内部结构和构造比较复杂、有变化、有代表性的部位，一般应通过门窗洞口或楼梯间及主要出入口等位置。

2. 剖面比例

剖面图的比例常与同一建筑物的平面图、立面图一致，即采用 1:50、1:100、1:200 的比例绘制。当剖面图的比例小于 1:50 时，可以采用简化的材料图例来表示其构配件断面的材料，如钢筋混凝土构件在断面涂黑，砖墙用斜线表示。

3. 剖面图线

在剖面图中，剖到的墙、板、梁等构件用粗实线表示，而没有剖到的其他构件的投影线则用细实线表示。

4. 剖切结构

在剖面图中，需要表达出以下剖切到的结构：

（1）剖切到的室内外地面（包括台阶、明沟及散水等）、楼地面（包括吊天棚）、屋顶层（包括隔热通风层、防水层及吊天棚）；

（2）剖切到的内外墙及其门、窗（包括过梁、圈梁、防潮层、女儿墙及压顶）；

（3）剖切到的各种承重梁和连系梁、楼梯梯段及楼梯平台、雨篷、阳台以及剖切到的孔道、水箱等的位置、形状及其图例。

由于剖面图是一种正投影图，所以对于没有剖切到的可见结构，也需要在剖面图上体现出来，比如墙面及其凹凸轮廓、梁、柱、阳台、雨篷、门、窗、踢脚、勒脚、台阶（包括平台踏步）、水斗、雨水管、楼梯段（包括栏杆、扶手）和各种装饰构配件等。

5. 尺寸

剖面图的尺寸分为外部尺寸和内部尺寸。内部尺寸主要用于标注剖面图内部各构件间的位置尺寸；外部尺寸主要有水平方向和垂直方向两种形式，其中水平方向外部尺寸常标注剖到的墙、柱及剖面图两端的轴线编号及轴线间距。

6. 坡度

建筑物倾斜的地方如屋面、散水等，需要使用坡度来表示倾斜的程度。图 15-2（左）所示为坡度较小时的表示方法，箭头指向下坡方向，2% 表示坡度的高宽比。

图 15-2

图 15-2（中）和图 15-2（右）所示为坡度较大时的表示方法，其中直角三角形的斜边应与坡度平行，直角边上的数字表示坡度的高宽比。

7. 剖面图数量

建筑剖面图的数量应根据建筑物内部构造的复杂程度和施工需要而定，并使用阿拉伯数字（如 1-1、2-2）或拉丁字母（如 *A-A*、*B-B*）命名。

8. 其他符号

在剖面图上应标明轴线编号、索引符号和标高等，这些与建筑立面图相似。

15.2　绘制 1～2 层建筑剖面图

素材文件	效果文件 \ 第 14 章 \ 标注建筑立面图标高与墙体序号 .dwg
效果文件	效果文件 \ 第 15 章 \ 绘制 1～2 层建筑剖面图 .dwg
视频文件	专家讲堂 \ 第 15 章 \ 绘制 1～2 层建筑剖面图 .swf

绘制建筑剖面图时可以以建筑立面图为参照，然后从最底层开始绘制。打开上一章保存的图形文件，这一节首先绘制图 15-3 所示的 1～2 层建筑剖面图。

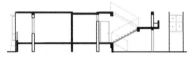

图 15-3

操作步骤

1. 绘制 1～2 层建筑剖面图定位轴线

Step01 ▶ 在"图层控制"下拉列表中，打开被关闭和被冻结的所有图层。

Step02 ▶ 使用快捷键"E"激活【删除】命令，删除多余构造线，仅保留最下方 4 条水平构造线，如图 15-4 所示。

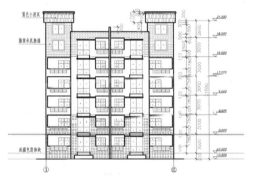

图 15-4

Step03 ▶ 在"图层控制"下拉列表中冻结"文本层""面积层"，如图 15-5 所示。

图 15-5

Step04 ▶ 使用快捷键"RO"激活【旋转】命令，将平面图旋转 -90°，并将其移至立面图右下方位置，如图 15-6 所示。

Step05 ▶ 在"图层控制"下拉列表中将"轴线层"设置为当前图层。

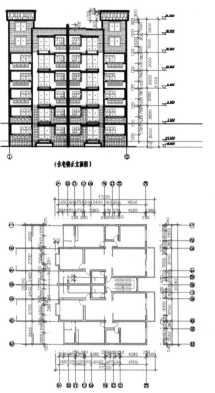

图 15-6

Step06 ▶ 使用快捷键"XL"激活【构造线】命令，根据视图间的对应关系，配合对象捕捉功能，分别从平面图各轴线引出 7 条垂直的定位辅助线，结果如图 15-7 所示。

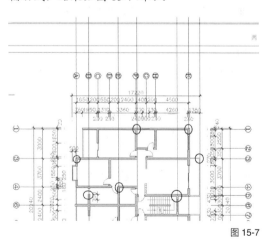

图 15-7

2. 绘制 1～2 层剖面图框架结构

Step01 ▶ 在"图层控制"下拉列表中将"轮廓线"设为当前图层。

Step02 ▶ 使用快捷键"PL"激活【多段线】命令，

捕捉最左侧与左下方轴线的交点，输入"W"，按【Enter】键激活"宽度"选项。

Step03 ▶ 输入"80"，按 2 次【Enter】键设置宽度，向左引出水平追踪线，在合适位置处拾取一点，绘制宽度为 80 个绘图单位的水平线，如图 15-8 所示。

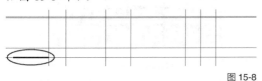

图 15-8

Step04 ▶ 继续执行【多段线】命令，采用相同的宽度参数，绘制右侧的地坪线，如图 15-9 所示。

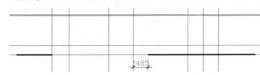

图 15-9

Step05 ▶ 使用快捷键"L"激活【直线】命令，配合捕捉追踪功能绘制剖面图外墙轮廓线和剖面图下侧折断线，结果如图 15-10 所示。

图 15-10

Step06 ▶ 使用快捷键"ML"激活【多线】命令。

Step07 ▶ 输入"ST"，按【Enter】键激活"样式"选项。

Step08 ▶ 输入"墙线样式"，按【Enter】键确认。

Step09 ▶ 输入"S"，按【Enter】键激活"比例"选项。

Step10 ▶ 输入"240"，按【Enter】键设置多线比例。

Step11 ▶ 输入"J"，按【Enter】键激活"对正"选项。

Step12 ▶ 输入"Z"，按【Enter】键设置"无对正"方式。

Step13 ▶ 配合交点捕捉功能绘制如图 15-11 所示的墙线。

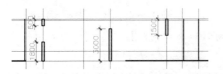

图 15-11

3. 绘制 1～2 层剖面图楼板构件

Step01 ▶ 使用快捷键"PL"激活【多段线】命令，绘制宽度为 240 个绘图单位、长度为 300 个绘图单位的多段线作为过梁，如图 15-12 所示。

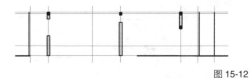

图 15-12

Step02 ▶ 使用快捷键"ML"激活【多线】命令。

Step03 ▶ 输入"ST"，按【Enter】键激活"样式"选项。

Step04 ▶ 输入"墙线样式"，按【Enter】键确认。

Step05 ▶ 输入"S"，按【Enter】键激活"比例"选项。

Step06 ▶ 输入"120"，按【Enter】键设置多线比例。

Step07 ▶ 输入"J"，按【Enter】键激活"对正"选项。

Step08 ▶ 输入"T"，按【Enter】键设置"上对正"方式。

Step09 ▶ 配合交点捕捉功能绘制图 15-13 所示的楼板等构件的示意线。

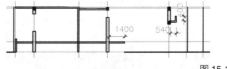

图 15-13

Step10 ▶ 使用快捷键"H"激活【图案填充】命令，选择一种填充图案对绘制的多线进行填充，结果如图 15-14 所示。

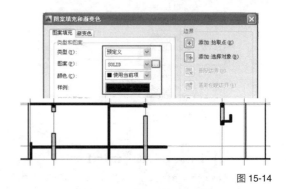

图 15-14

4. 绘制 1～2 层剖面图门窗造型

Step01 ▶ 在"图层控制"下拉列表中将"门窗

层"设置为当前图层。

Step02 ▶ 再次激活【多线】命令，设置"窗线样式"为当前的多线样式，设置对正方式为"无对正"方式，分别绘制宽度为 240 个绘图单位和 120 个绘图单位的多线作为窗户和阳台剖面轮廓线，如图 15-15 所示。

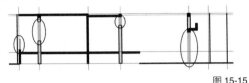

图 15-15

Step03 ▶ 综合使用【矩形】和【直线】命令，对阳台和楼梯门上侧的构件进行完善，结果如图 15-16 所示。

图 15-16

Step04 ▶ 在"图层控制"下拉列表中将"图块层"设置为当前图层。

Step05 ▶ 使用快捷键"I"激活【插入】命令，插入随书光盘中"图块文件"目录下的"凸窗剖面图 .dwg"图块文件，设置参数如图 15-17 所示。

图 15-17

Step06 ▶ 单击 确定 按钮回到绘图区，捕捉左边轮廓线与下方地坪线的交点将其插入，插入结果如图 15-18 所示。

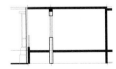

图 15-18

Step07 ▶ 重复执行【插入】命令，继续将随书光盘中"图块文件"目录下的"立面门 .dwg"

和"阳台窗 .dwg"图块文件插入到剖面图相关位置，结果如图 15-19 所示。

图 15-19

5. 创建楼体立面效果

Step01 ▶ 使用【多段线】命令，根据图示尺寸绘制楼梯板和楼梯梁轮廓，如图 15-20 所示。

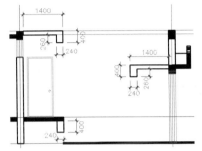

图 15-20

Step02 ▶ 使用【图案填充】命令对绘制的图形填充名为"SOLID"的图案，效果如图 15-21 所示。

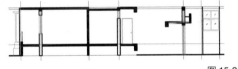

图 15-21

Step03 ▶ 在"图层控制"下拉列表中将"楼梯层"设置为当前图层。

Step04 ▶ 使用【构造线】命令绘制两条垂直构造线，将其作为楼梯板和楼梯的定位辅助线，如图 15-22 所示。

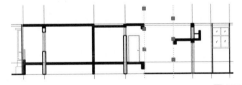

图 15-22

Step05 ▶ 使用快捷键"L"激活【直线】命令，配合追踪功能绘制楼梯台阶和踏步轮廓线，其中台阶长度为 280 个绘图单位，台阶高度为 150 个绘图单位。绘制结果如图 15-23 所示。

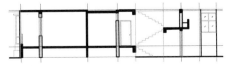

图 15-23

Step06 ▶ 使用快捷键"XL"激活【构造线】命令，配合端点捕捉功能，在楼体下方绘制如图 15-24 所示的倾斜构造线。

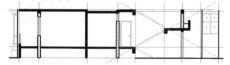

图 15-24

Step07 ▶ 使用快捷键"O"激活【偏移】命令，将两条构造线分别向下偏移 100 个绘图单位，并删除源构造线，结果如图 15-25 所示。

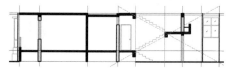

图 15-25

Step08 ▶ 使用快捷键"TR"激活【修剪】命令，对两条倾斜构造线进行修剪，结果如图 15-26 所示。

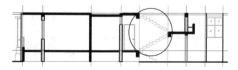

图 15-26

Step09 ▶ 重复执行【直线】命令，绘制楼梯扶手轮廓线，其中扶手的高度为 950 个绘图单位，

结果如图 15-27 所示。

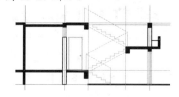

图 15-27

Step10 ▶ 删除两条垂直辅助线，然后使用【图案填充】命令为楼梯填充名为"SOLID"的图案，结果如图 15-28 所示。

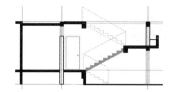

图 15-28

Step11 ▶ 在"图层控制"下拉列表中将"轴线层"暂时隐藏，调整视图查看效果，1 ～ 2 层剖面图效果如图 15-29 所示。

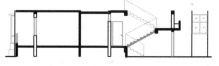

图 15-29

Step12 ▶ 至此，建筑 1 ～ 2 层剖面图绘制完毕，将该图形命名保存。

15.3　绘制标准层建筑剖面图

📄 素材文件	效果文件 \ 第 15 章 \ 绘制 1 ～ 2 层建筑剖面图 .dwg
✒ 效果文件	效果文件 \ 第 15 章 \ 绘制标准层建筑剖面图 .dwg
💻 视频文件	专家讲堂 \ 第 15 章 \ 绘制标准层建筑剖面图 .swf

在绘制标准层建筑剖面图时，可以通过对 1 ～ 2 层剖面图进行编辑修改，然后将其复制，来创建标准层建筑剖面图。

打开上一节保存的图形文件，这一节继续来绘制标准层建筑剖面图。绘制结果如图 15-30 所示。

⚙ **操作步骤**

Step01 ▶ 单击状态栏上的"显示 / 隐藏线宽"按钮 ➕，将线宽暂时隐藏，如图 15-31 所示。

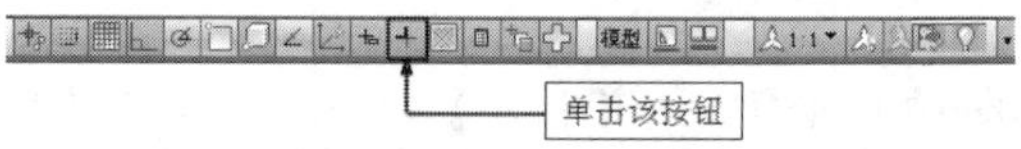

Step02 ▶ 此时图形显示效果如图 15-32 所示。

Step03 ▶ 使用快捷键"CO"激活【复制】命令。

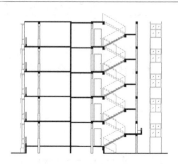

图 15-30

图 15-31

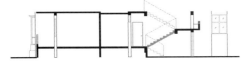

图 15-32

Step04 ▶ 采用窗交方式选择二层剖面图，如图 15-33 所示。

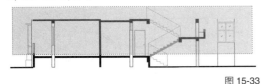

图 15-33

Step05 ▶ 按【Enter】键结束选择，然后拾取任一点作为基点。

Step06 ▶ 输入"@0,3000"，按 2 次【Enter】键确认，复制结果如图 15-34 所示。

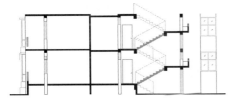

图 15-34

Step07 ▶ 在无命令执行的前提下，夹点显示如图 15-35 所示的墙线和窗线。

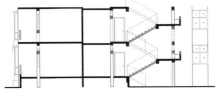

图 15-35

Step08 ▶ 分别单击各下侧夹点，进入夹点编辑模式，然后使用夹点拉伸功能将此夹点上移，结果如图 15-36 所示。

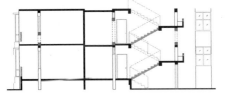

图 15-36

Step09 ▶ 按【Esc】键取消夹点显示，然后重新单击选择如图 15-37 所示的轮廓线，拾取夹点显示。

Step10 ▶ 按【Delete】键，将夹点显示的轮廓线删除，结果如图 15-38 所示。

图 15-37

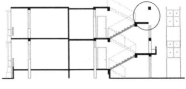

图 15-38

Step11 ▶ 在无命令执行的前提下，单击选择右上侧的窗线使其夹点显示，如图 15-39 所示。

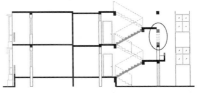

图 15-39

Step12 ▶ 单击上方的夹点进入夹基点（夹点显示为红色），然后显示引导光标，捕捉上方黑色图块的下中点对其进行拉伸，如图 15-40 所示。

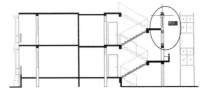

图 15-40

Step13 ▶ 按【Esc】键取消夹点显示，然后在"图层控制"下拉列表中打开被关闭的"轴线层"，结果如图 15-41 所示。

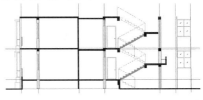

图 15-41

Step14 ▶ 使用快捷键"CO"激活【复制】命令，采用窗交方式选择上方两条水平辅助线，如图 15-42 所示。

Step15 ▶ 按【Enter】键结束选择，捕捉任意一点作为基点，输入目标点为"@0,3000"，结果如图 15-43 所示。

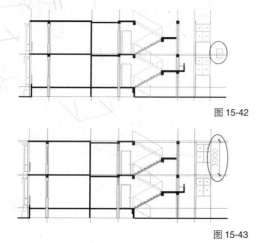

图 15-42

图 15-43

Step16 ▶ 在"图层控制"下拉列表中暂时关闭"轴线层"，然后打开"剖面线"，如图 15-44 所示。

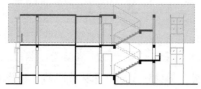

图 15-44

Step17 ▶ 使用快捷键"AR"激活【矩形阵列】命令，采用窗交方式选择图 15-45 所示的剖面图。

图 15-45

Step18 ▶ 按【Enter】键确认，输入"COU"，按【Enter】键激活"计数"选项。

Step19 ▶ 输入"列数"为 1，输入"行数"为 4，按【Enter】键确认。

Step20 ▶ 输入"S"，按【Enter】键激活"间距"

选项。

Step21 ▶ 输入"列间距"为 1，输入"行间距"为 3000，按 2 次【Enter】键确认，阵列结果如图 15-46 所示。

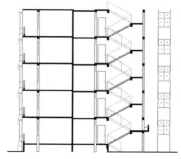

图 15-46

Step22 ▶ 在"图层控制"下拉列表中打开"轴线层"。

Step23 ▶ 重复执行【矩形阵列】命令，选择最上侧的两条水平构造线，按【Enter】键确认。

Step24 ▶ 输入"列数"为 1，输入"行数"为 4，按【Enter】键确认。

Step25 ▶ 输入"S"，按【Enter】键激活"间距"选项。

Step26 ▶ 输入"列间距"为 1，输入"行间距"为 3000，按 2 次【Enter】键确认，阵列结果如图 15-47 所示。

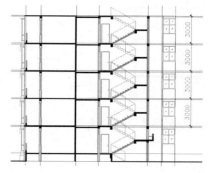

图 15-47

Step27 ▶ 至此，标准层剖面图绘制完毕，将该图形命名保存。

15.4 绘制顶层建筑剖面图

📄 素材文件	效果文件 \ 第 15 章 \ 绘制标准层建筑剖面图 .dwg
🖊 效果文件	效果文件 \ 第 15 章 \ 绘制顶层建筑剖面图 .dwg
💻 视频文件	专家讲堂 \ 第 15 章 \ 绘制顶层建筑剖面图 .swf

与标准层建筑剖面图不同，顶层建筑剖面图的内外部结构都比较复杂。因此，在绘制顶层建筑剖面图时，要参照建筑立面图和建筑平面图的内外部结构特点进行绘制。打开上一节保存的图形文件，这一节继续来绘制顶层建筑剖面图，结果如图 15-48 所示。

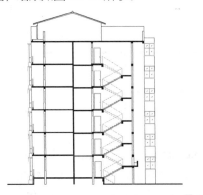

图 15-48

⚙ **操作步骤**

Step01 ▸ 展开"图层控制"下拉列表，将"轮廓线"设置为当前图层，并关闭"轴线层"，如图 15-49 所示。

图 15-49

Step02 ▸ 使用快捷键"CO"激活【复制】命令，采用窗交方式选择最上侧的标准层剖面图轮廓，如图 15-50 所示。

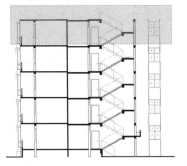

图 15-50

Step03 ▸ 按【Enter】键结束选择，拾取任一点作为基点，然后输入"@0,3000"，按 2 次【Enter】键确认，复制结果如图 15-51 所示。

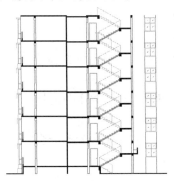

图 15-51

Step04 ▸ 在无任何命令执行的前提下，夹点显示顶层的对象如图 15-52 所示。

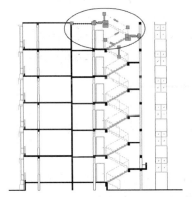

图 15-52

Step05 ▸ 按【Delete】键将选中对象删除，结果如图 15-53 所示。

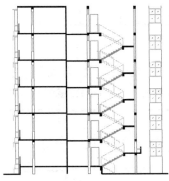

图 15-53

Step06 ▸ 使用快捷键"ML"激活【多线】命令。

Step07 ▸ 输入"ST"，按【Enter】键激活"多项样式"选项。

Step08 ▸ 输入"墙线样式"，按【Enter】键确认，

设置当前多线样式为"墙线样式"。

Step09 ▶ 输入"S",按【Enter】键激活"比例"选项。

Step10 ▶ 输入多线比例为"120",按【Enter】键确认。

Step11 ▶ 输入"J",按【Enter】键激活"对正"选项。

Step12 ▶ 输入"T",按【Enter】键激活"上对正"方式。

Step13 ▶ 捕捉图 15-54 所示的楼板轮廓线的右端点作为起点。

图 15-54

Step14 ▶ 继续捕捉图 15-55 所示的墙线的上端点作为目标点,绘制顶层楼板轮廓线。

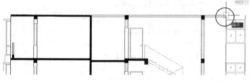

图 15-55

Step15 ▶ 使用快捷键"H"激活【图案填充】命令,为绘制的顶层楼板轮廓线填充名为"SOLID"的图案,结果如图 15-56 所示。

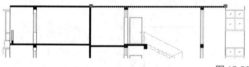

图 15-56

Step16 ▶ 使用快捷键"CO"激活【复制】命令,单击顶层左侧图 15-57 所示的两条墙线,将其选中。

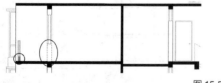

图 15-57

Step17 ▶ 捕捉任意一点作为基点,输入目标点为"@0,3000",按 2 次【Enter】键确认,复制结果如图 15-58 所示。

Step18 ▶ 再次激活【复制】命令,采用窗口方式选择右上侧过梁轮廓线,如图 15-59 所示。

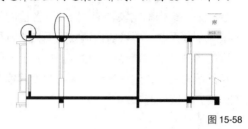

图 15-58

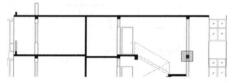

图 15-59

Step19 ▶ 按【Enter】键结束对象的选择,然后捕捉该过梁图形右上角的端点作为基点,捕捉顶层楼板轮廓线的右上端点作为目标点进行复制,结果如图 15-60 所示。

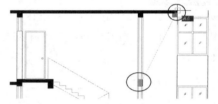

图 15-60

Step20 ▶ 使用快捷键"S"激活【拉伸】命令,采用窗交方式选择左上方的墙线,如图 15-61 所示。

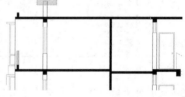

图 15-61

Step21 ▶ 按【Enter】键结束操作,捕捉任意一点作为基点,然后输入目标点坐标为"@0,400",按【Enter】键确认,拉伸结果如图 15-62 所示。

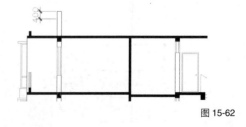

图 15-62

Step22 ▶ 使用快捷键"CO"激活【复制】命令,

采用窗交方式选择拉伸后的墙线，以墙线的右下端点为基点，以顶层楼板右上端点为目标点进行复制，如图 15-63 所示。

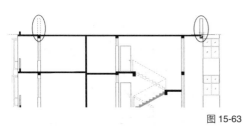

图 15-63

Step23 ▸ 使用快捷键"L"激活【直线】命令，配合端点捕捉功能，绘制阳台上侧的轮廓线，如图 15-64 所示。

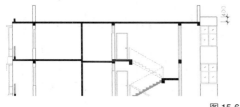

图 15-64

Step24 ▸ 继续使用【直线】命令，配合对象捕捉功能，在顶层左边位置绘制如图 15-65 所示的水平轮廓线。

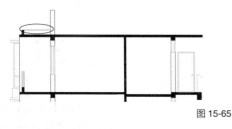

图 15-65

Step25 ▸ 使用【复制】命令，将绘制的水平轮廓线向上偏移复制 1700 个绘图单位，如图 15-66 所示。

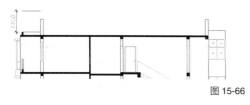

图 15-66

Step26 ▸ 使用快捷键"CHA"激活【倒角】命令。

Step27 ▸ 输入"M"，按【Enter】键激活"多个"选项。

Step28 ▸ 单击左侧垂直墙线的上端点，如图 15-67 所示。

Step29 ▸ 继续在上方水平线的左端点单击，如图 15-68 所示。

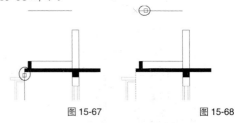

图 15-67　　　　　　　　图 15-68

Step30 ▸ 此时这两条线段相连，如图 15-69 所示。

Step31 ▸ 按【Enter】键重复执行【倒角】命令，继续在水平线的右端单击，如图 15-70 所示。

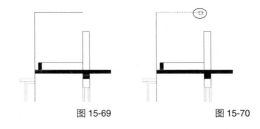

图 15-69　　　　　　　　图 15-70

Step32 ▸ 继续在右侧垂直墙线的上端单击，如图 15-71 所示。

图 15-71

Step33 ▸ 此时这两条直线相连，效果如图 15-72 所示。

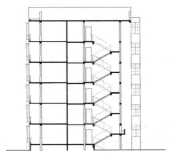

图 15-72

Step34 ▸ 使用快捷键"XL"激活【构造线】命令，分别通过平面图的 ⑧ 号外墙线和 ⑥ 号外墙线引出两条垂直的定位线，通过立面图顶层的立面窗引出两条水平定位线，如图 15-73 所示。

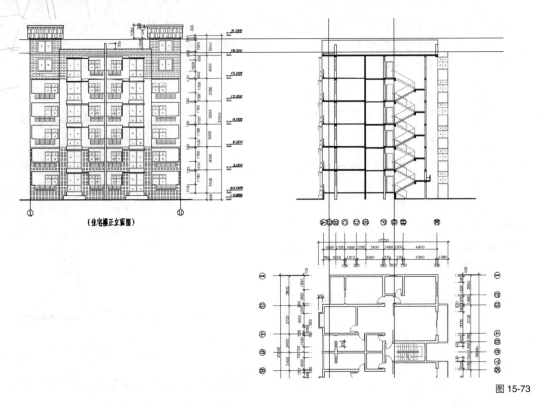

(住宅楼正立面图)

图 15-73

Step35 ▶ 将左侧的垂直定位线向左偏移 120 个绘图单位，然后使用【修剪】命令对其进行修剪，结果如图 15-74 所示。

图 15-74

Step36 ▶ 将两条垂直的定位辅助线向外偏移 600 个绘图单位，然后通过Ⓔ号轴线引出一条垂直构造线，并将该垂直构造线向左偏移 120 个绘图单位，如图 15-75 所示。

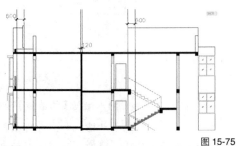

图 15-75

Step37 ▶ 继续使用【构造线】命令，根据视图

间的对应关系，通过立面图引出 5 条水平定位辅助线，结果如图 15-76 所示。

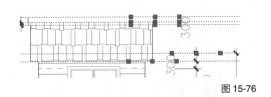

图 15-76

Step38 ▶ 使用快捷键"L"激活【直线】命令，配合交点捕捉功能绘制图 15-77 所示的坡形轮廓线。

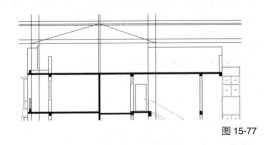

图 15-77

Step39 ▶ 使用快捷键"O"激活【偏移】命令，将第 3 条（由上向下数）水平构造线向上偏移 150 个绘图单位，如图 15-78 所示。

Step40 ▶ 重复执行【偏移】命令，输入"T"，按【Enter】键激活"通过"选项，然后分别通过水平与垂直轮廓线的交点，对两条倾斜屋顶轮廓进行偏移，结果如图 15-79 所示。

视图，结果如图 15-81 所示。

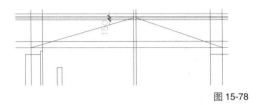

图 15-78

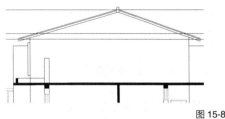

图 15-80

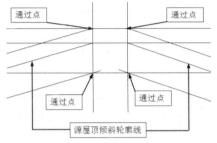

图 15-79

Step41▶ 综合使用【修剪】、【延伸】、【删除】等命令，对各条图线进行编辑，结果如图 15-80 所示。

Step42▶ 将水平构造线放入"轴线层"，并调整

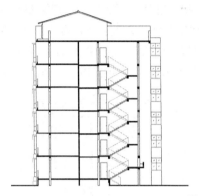

图 15-81

Step43▶ 至此，顶层建筑剖面图绘制完毕，将该图形命名保存。

15.5　标注建筑剖面图的尺寸

📄 素材文件	效果文件\第 15 章\绘制顶层建筑剖面图 .dwg
✏️ 效果文件	效果文件\第 15 章\标注建筑剖面图的尺寸 .dwg
🖥️ 视频文件	专家讲堂\第 15 章\标注建筑剖面图的尺寸 .swf

打开上一节保存的图形文件，这一节我们继续来标注建筑剖面图的尺寸，以表达建筑物更详细的信息。标注结果如图 15-82 所示。详细的操作步骤请观看随书光盘中本节的视频文件"标注建筑剖面图的尺寸 .swf"。

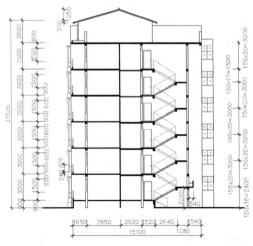

图 15-82

15.6 标注建筑剖面图的标高与墙体序号

📄 素材文件	效果文件\第15章\标注建筑剖面图的尺寸.dwg
🖊 效果文件	效果文件\第15章\标注建筑剖面图的标高与墙体序号.dwg
🖥 视频文件	专家讲堂\第15章\标注建筑剖面图的标高与墙体序号.swf

打开上一节保存的图形文件，这一节继续来标注建筑剖面图的标高和墙体序号。在标注墙体序号和标高符号时，可以直接使用【插入】命令将其插入到剖面图中，再修改其属性值即可，这与在建筑立面图中插入标高符号与墙体序号的方法相同。标注结果如图15-83所示。

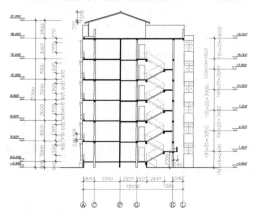

图 15-83

⚙ 操作步骤

Step01 ▶ 在"图层控制"下拉列表中冻结"轴线层"，然后夹点显示左下方尺寸为900个绘图单位的对象，如图15-84所示。

Step02 ▶ 按【Ctrl+1】组合键，打开【特性】对话框，修改尺寸界线超出尺寸线的长度，如图15-85所示。

图 15-84　　　　　图 15-85

Step03 ▶ 按【Enter】键确认，同时按【Esc】键取消尺寸的夹点显示，结果所选择的层高尺寸

的尺寸界线被延长，如图15-86所示。

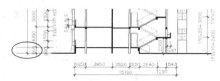

图 15-86

Step04 ▶ 使用快捷键"MA"激活【特性匹配】命令，将刚编辑的尺寸界线特性，复制给剖面图其他位置处的层高尺寸，结果如图15-87所示。

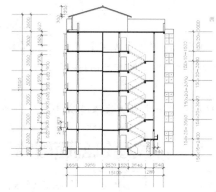

图 15-87

Step05 ▶ 使用快捷键"MI"激活【镜像】命令，采用窗交方式选择立面图右侧的标高符号，如图15-88所示。

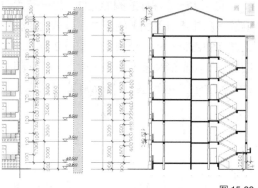

图 15-88

Step06 ▶ 按【Enter】键结束选择，按住【Shift】键同时单击鼠标右键，选择"两点之间的中点"选项。

Step07 ▶ 捕捉立面图右下方轴线尺寸线的端点，如图 15-89 所示。

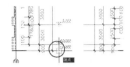

图 15-89

Step08 ▶ 继续捕捉剖面图左下方轴线尺寸线的端点，如图 15-90 所示。

图 15-90

Step09 ▶ 输入"@0,1"，按 2 次【Enter】键确认，将立面图中的标高符号镜像到剖面图中，结果如图 15-91 所示。

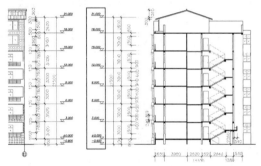

图 15-91

Step10 ▶ 使用快捷键"CO"激活【复制】命令，将立面图中的某个标高尺寸复制到剖面图右侧尺寸线位置，如图 15-92 所示。

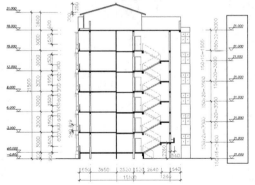

图 15-92

Step11 ▶ 分别在复制的标高尺寸上双击鼠标左键，打开【增强属性编辑器】对话框，修改标高属性值，修改结果如图 15-93 所示。

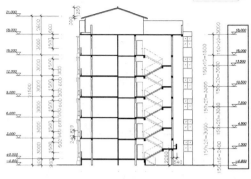

图 15-93

Step12 ▶ 继续使用快捷键"CO"激活【复制】命令，将立面图中编号为①的轴编号复制到剖面图中，结果如图 15-94 所示。

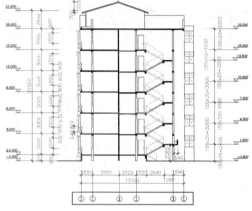

图 15-94

Step13 ▶ 在复制出的轴编号属性块上双击鼠标左键，打开【增强属性编辑器】对话框，依次修改各轴编号的属性值，结果如图 15-95 所示。

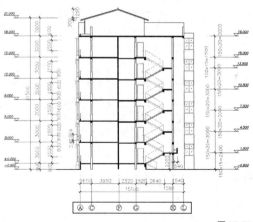

图 15-95

Step14 ▶ 至此，建筑剖面图标高与墙体序号标注完毕，将该图形命名保存。

第16章
综合实例——
绘制建筑结构图

在建筑设计中，除了建筑平面图、建筑立面图及建筑剖面图这三大图纸之外，还有一种非常重要的图纸，即建筑结构图。这一章我们来绘制图16-1所示的某住宅楼楼层结构平面布置图。其他结构图的绘制，与绘制建筑结构图类似，由于篇幅所限，本书不再赘述。

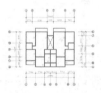

图 16-1

|第 16 章|

综合实例——绘制建筑结构图

16.1　关于建筑结构图

为满足房屋建筑安全和经济施工要求，对房屋的承重构件（基础、梁、柱、楼板等）依据力学原理和有关设计规范进行计算，从而确定它们的形状、尺寸及内部构造等，并将计算与选择结果绘制成图样，就是建筑结构图。建筑结构图应包含以下内容。

1. 结构设计与施工总说明

结构设计与施工总说明包括抗震设计、场地土质、基础与地基的连接、承重结构的选择以及施工注意事项等。

2. 结构布置图

按照构造，结构布置图分为基础平面布置图、楼层平面布置图、屋面结构布置图等。在结构布置图上要标注构件数量、位置型号以及连接形式等。

3. 结构构件图

结构构件图要标注单个构件的构造、形状、材料、尺寸、施工工艺等要求。例如，钢筋混凝土构件图（又称配筋图），表示构件形状、尺寸以及构件内钢筋的种类、数量、形状、等级、直径、尺寸间距等配置情况。其中，钢筋类型主要有以下几种。

（1）主筋（也称受力筋）：主要用于承受内力。

（2）架力筋：与主筋、箍筋一起构成钢筋骨架。

（3）箍筋：固定受力筋并承担部分内力，多设置在板类构件中，与受力筋垂直绑扎，有固定受力筋和均匀分布荷载的作用。

4. 结构图中常用的构件代号

与建筑平、立、剖三视图相同，结构图中要标注相关代号，以便与其他图纸对照查阅。表 16-1 所示为结构图中常用的构件代号。

表 16-1　常用构件代号（部分）

序号	名称	代号	序号	名称	代号	序号	名称	代号
1	板	B	11	过梁	GL	21	柱	Z
2	屋面板	WB	12	连系梁	LL	22	框架柱	KZ
3	空心板	KB	13	基础梁	JL	23	构造柱	GZ
4	槽型板	CB	14	楼梯梁	TL	24	桩	ZH
5	楼梯板	TB	15	框架梁	KL	25	挡土墙	DQ
6	盖板	GB	16	屋梁	WJ	26	地沟	DG
7	梁	L	17	框架	KJ	27	梯	T
8	屋面梁	WL	18	钢架	GJ	28	雨棚	YP
9	吊车梁	DL	19	支架	ZJ	29	阳台	YT
10	圈梁	QL	20	基础	J	30	预埋件	M

在绘制建筑结构图时，应遵守《房屋建筑制图统一标准》《建筑制图标准》以及《建筑结构制图标准》等国家标准的要求。

16.2　绘制楼层结构平面布置图

📄 素材文件	效果文件＼第 13 章＼绘制建筑平面图的轴线网 .dwg
✏️ 效果文件	效果文件＼第 16 章＼绘制楼层结构平面布置图 .dwg
🖥️ 视频文件	专家讲堂＼第 16 章＼绘制楼层结构平面布置图 .swf

打开素材文件，这一节我们来绘制住宅楼楼层结构平面布置图，如图 16-2 所示

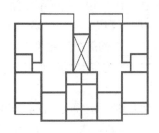

图 16-2

⚙️ **操作步骤**

1. 绘制楼层平面布置图轴线网

与绘制建筑平面图相同，绘制结构平面布置图时，首先需要绘制布置图的轴线网。

Step01 ▶ 单击【格式】菜单中的【线型】命令，在打开的【线型管理器】对话框中修改线型比例为 1，如图 16-3 所示。

图 16-3

Step02 ▶ 使用快捷键"J"激活【合并】命令，单击左上方窗洞位置处的两条水平轴线，按【Enter】键进行合并，如图 16-4 所示。

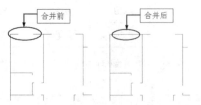

图 16-4

Step03 ▶ 重复执行【合并】命令，分别将其他位置处的门窗洞口合并，结果如图 16-5 所示。

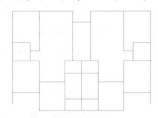

图 16-5

2. 绘制楼层梁结构平面布置图

下面继续来绘制楼层梁结构平面布置图。

Step01 ▶ 使用快捷键"LA"激活【图层】命令，在打开的【图层特性管理器】对话框中创建名为"梁图层"的图层，并将此图层设置为当前图层，如图 16-6 所示。

图 16-6

Step02 ▶ 使用快捷键"PL"激活【多段线】命令，捕捉左下方轴线的端点，如图 16-7 所示。

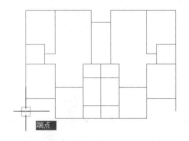

图 16-7

Step03 ▶ 输入"W"，按【Enter】键激活"宽度"选项。

Step04 ▸ 输入"240",按【Enter】键设置起点宽度。

Step05 ▸ 输入"240",按【Enter】键设置端点宽度。

Step06 ▸ 向上引导光标,捕捉图 16-8 所示的端点。

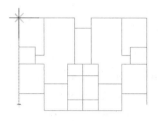

图 16-8

Step07 ▸ 向左引导光标,捕捉图 16-9 所示的端点。

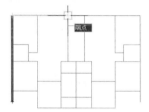

图 16-9

Step08 ▸ 向下引导光标,捕捉图 16-10 所示的端点。

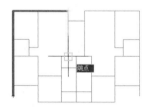

图 16-10

Step09 ▸ 按【Enter】键确认,绘制结果如图 16-11 所示。

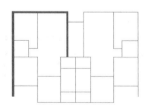

图 16-11

Step10 ▸ 重复执行【多段线】命令,设置起点和端点的宽度保持不变,配合捕捉功能继续绘制其他位置处的轮廓线,结果如图 16-12 所示。

Step11 ▸ 使用快捷键"MI"激活【镜像】命令,选择图 16-13 所示的左边位置处的梁轮廓线,

按【Enter】键确认。

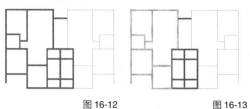

图 16-12　　　　　　　　图 16-13

Step12 ▸ 捕捉图 16-14 所示的端点。

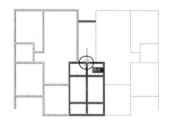

图 16-14

Step13 ▸ 输入"@0,1",按【Enter】键确定镜像轴另一端点坐标。

Step14 ▸ 按【Enter】键结束命令,镜像结果如图 16-15 所示

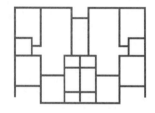

图 16-15

3. 绘制楼梯间以及阳台梁结构线

Step01 ▸ 使用快捷键"PL"激活【多段线】命令,捕捉如图 16-16 所示的端点。

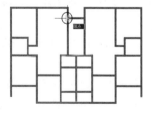

图 16-16

Step02 ▸ 输入"W",按【Enter】键激活"宽度"选项。

Step03 ▸ 输入"75",按【Enter】键设置起点宽度。

Step04 ▸ 输入"75",按【Enter】键设置端点宽度。

Step05 ▸ 捕捉图 16-17 所示的端点。

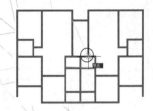

图 16-17

Step06 ▶ 按【Enter】键确认，绘制结果如图 16-18 所示。

Step07 ▶ 重复上一步操作，使用【多段线】命令继续绘制楼梯间轮廓线，绘制结果如图 16-19 所示。

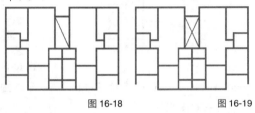

图 16-18 图 16-19

Step08 ▶ 再次执行【多段线】命令，捕捉如图 16-20 所示的端点。

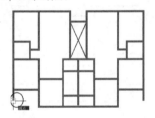

图 16-20

Step09 ▶ 输入"W"，按【Enter】键激活"宽度"选项。

Step10 ▶ 输入"120"，按【Enter】键设置起点宽度。

Step11 ▶ 输入"120"，按【Enter】键设置端点宽度。

Step12 ▶ 水平向右引出追踪线，捕捉追踪线与垂直轴线的交点，如图 16-21 所示。

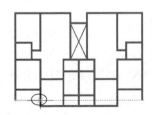

图 16-21

Step13 ▶ 按【Enter】键结束操作，绘制结果如

图 16-22 所示。

Step14 ▶ 使用相同的方法，继续绘制右侧的样条线，结果如图 16-23 所示。

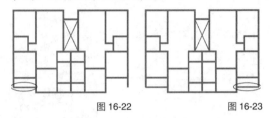

图 16-22 图 16-23

Step15 ▶ 按【Enter】键重复执行【多段线】命令。

Step16 ▶ 捕捉图 16-24 所示的端点。

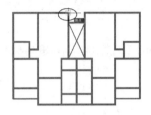

图 16-24

Step17 ▶ 输入"W"，按【Enter】键激活"宽度"选项。

Step18 ▶ 输入"120"，按【Enter】键设置起点宽度。

Step19 ▶ 输入"120"，按【Enter】键设置端点宽度。

Step20 ▶ 向上引出追踪线，输入"1380"，按【Enter】键确认。

Step21 ▶ 向右引出追踪线，输入"4800"，按【Enter】键确认。

Step22 ▶ 向下引出追踪线，输入"1380"，按【Enter】键确认，结果如图 16-25 所示。

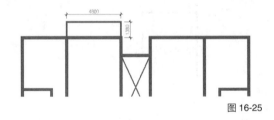

图 16-25

Step23 ▶ 使用快捷键"O"激活【偏移】命令。

Step24 ▶ 输入"E"，按【Enter】键激活"删除"选项。

Step25 ▶ 输入"Y"，按【Enter】键激活"是"选项。

Step26▶ 输入"50"，按【Enter】键设置偏移距离。

Step27▶ 选择绘制的阳台线，在阳台线的上侧拾取一点。

Step28▶ 按【Enter】键结束命令，偏移结果如图 16-26 所示。

Step29▶ 继续执行【多段线】命令，使用相同的设置，绘制右侧阳台线，并对其进行偏移，结果如图 16-27 所示。

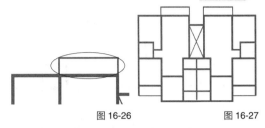

图 16-26　　　　　　　　　　图 16-27

Step30▶ 至此，住宅楼楼层结构平面布置图绘制完毕，将该图形命名保存。

16.3　标注楼层结构平面布置图型号

📄 素材文件	效果文件\第 16 章\绘制楼层结构平面布置图 .dwg
✒ 效果文件	效果文件\第 16 章\标注楼层结构平面布置图型号 .dwg
🖥 视频文件	专家讲堂\第 16 章\标注楼层结构平面布置图型号 .swf

本节在 16.2 节绘图结果的基础上，标注梁结构布置图的型号，效果如图 16-28 所示。

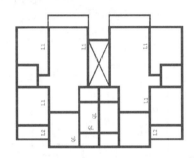

图 16-28

⚙ **操作步骤**

Step01▶ 在"图层"控制下拉列表中将"文本层"设置为当前图层。

Step02▶ 单击菜单【格式】/【文字样式】命令，在打开的【文字样式】对话框中设置"宋体"为当前文字样式，并修改文字的宽度比例为 1。

Step03▶ 单击菜单【绘图】/【文字】/【单行文字】命令，在左下方房间梁位置单击拾取一点，如图 16-29 所示。

Step04▶ 输入"450"，按【Enter】键设置文字高度。

Step05▶ 输入"90"，按【Enter】键设置旋转角度。

Step06▶ 在文字输入框内输入"L1"，按【Enter】键，结果如图 16-30 所示。

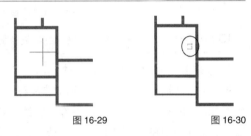

图 16-29　　　　　　　　　　图 16-30

Step07▶ 使用快捷键"CO"激活【复制】命令，将标注的单行文字分别复制到其他位置上，结果如图 16-31 所示。

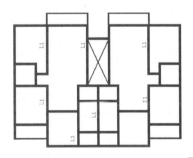

图 16-31

Step08▶ 使用快捷键"ED"激活【编辑文字】命令，选择下侧的文字，在文字输入框内输入正确的文字内容，如图 16-32 所示。

Step09▶ 使用快捷键"DT"，再次激活【单行文字】命令。

Step10▶ 在如图 16-33 所示的位置拾取点，按【Enter】键确认高度。

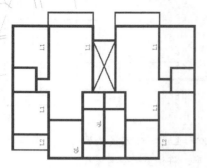

图 16-32

Step11 ▶ 输入 "0"，按【Enter】键设置旋转角度。

Step12 ▶ 在单行文字输入框内输入文字内容，按 2 次【Enter】键结束命令，标注后的结果如图 16-34 所示。

图 16-33

图 16-34

Step13 ▶ 至此，楼层结构平面布置图的型号标注完毕，调整视图查看效果，并将该图形命名保存，如图 16-28 所示。

16.4 标注楼层结构平面布置图的尺寸与符号

素材文件	效果文件 \ 第 16 章 \ 标注楼层结构平面布置图型号 .dwg
效果文件	效果文件 \ 第 16 章 \ 标注楼层结构平面布置图的尺寸与符号 .dwg
视频文件	专家讲堂 \ 第 16 章 \ 标注楼层结构平面布置图的尺寸与符号 .swf

打开上一节保存的图形文件，这一节继续标注楼层结构平面布置图的尺寸及符号，效果如图 16-35 所示。详细的操作步骤请观看随书光盘中本节的视频文件 "标注楼层结构平面布置图的尺寸与符号 .swf"。

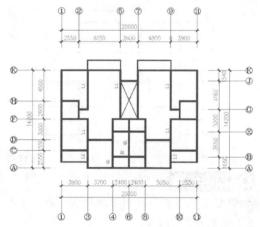

图 16-35

附录　综合自测参考答案

第1章

选择题	题号	1	2	3
	答案	B	A	D
操作提示		（1）在任意工作空间单击标题栏上的工作空间切换按钮 ⚙AutoCAD 经典 ▼ ，在展开的按钮菜单中选择相应的工作空间。 （2）单击【工具】菜单中的【工作空间】选项。 （3）展开【工作空间】工具栏上的【工作空间控制】下拉列表，选择工作空间。 （4）单击状态栏上的 ⚙AutoCAD 经典▼ 按钮，从弹出的按钮菜单选择所需工作空间。			

第2章

选择题	题号	1	2	3	4	5
	答案	D	A	B	B	C
操作提示		（1）设置"端点"和"中点"捕捉模式。 （2）使用快捷键"L"激活【直线】命令。 （3）使用"绝对直角坐标"输入法绘制双扇窗外轮廓。 （4）启动【自】功能，使用"相对坐标"输入法绘制内部双扇窗。 （5）配合【中点】和【端点】捕捉功能绘制窗户线，完成双扇立面窗的绘制。				

第3章

选择题	题号	1	2	3	4	5
	答案	B	A	B	A	D
操作提示		（1）激活【多线】命令，设置多线样式。 （2）使用【多线】命令创建立面窗外框。 （3）继续使用【多线】命令创建立面窗内框。 （4）使用【多段线】配合"中点"捕捉功能绘制立面窗内装饰线。				

第4章

选择题	题号	1	2	3	4	5	6	7
	答案	A	C	D	BCD	D	D	BD
操作提示		（1）激活【多段线】命令，绘制带箭头的多段线作为楼梯指示线。 （2）使用【直线】和【偏移】命令创建楼梯台阶。 （3）使用【直线】命令创建楼梯中间的扶手图形。 （4）使用【修剪】命令对楼梯平面图进行完善。						

第5章

选择题	题号	1	2	3	4
	答案	A	D	B	A
操作提示		绘制立面窗操作提示： （1）使用【矩形】命令绘制立面窗外轮廓。 （2）对矩形进行偏移以创建窗框。 （3）使用【直线】命令绘制玻璃示意线以及装饰线。 绘制橱柜门操作提示： （1）使用直线绘制柜门外轮廓。 （2）对直线进行偏移并修剪以创建柜门内部结构线。 （3）继续示意直线对柜门进行完善。			

第 6 章

选择题	题号	1	2	3	4	5	6
	答案	A	A	A	A	C	D
操作提示	（1）绘制矩形作为电视柜基本图形。 （2）将矩形分解，然后使用【偏移】、【修剪】命令完成电视柜左边图形。 （3）使用【直线】命令绘制电视柜左侧门装饰线。 （4）使用【镜像】命令镜像创建电视柜右侧造型。						

第 7 章

选择题	题号	1	2	3	4	5
	答案	A	B	B	A	B
操作提示	（1）新建名为"尺寸层""门窗层""其他层""剖面线""墙线层""剖面线"以及"填充层"的新图层，并设置图层颜色特性。 （2）使用"点选"方式选择立面图中的屋面瓦图案以及砖墙装饰图案，将其放置在"填充层"。 （3）继续使用"点选"方式选择立面图中的条形装饰图案，将其放置在"剖面线"。 （4）继续使用"点选"方式选择立面图中的窗户图块文件，将其放置在"图块层"。 （5）继续使用"点选"方式选择立面图中的所有尺寸标注，将其放置在"尺寸层"。 （6）继续使用"点选"方式选择立面图中的标高，将其放置在"其他层"。 （7）在图层控制列表中将除"0"层之外的其他所有图层隐藏，然后使用窗交方式选择所有图形，最后在"图层控制"下拉列表中选择"墙线层"，将所选对象放置在该层方式选择立面图中的窗户图块文件，将其放置在"图块层"，完成对该建筑立面图的规划和管理。					

第 8 章

选择题	题号	1	2	3	4
	答案	B	A	B	A
操作提示	创建标高符号属性块的操作提示： （1）使用【多段线】命令绘制标高符号。 （2）为该符号定义属性。 （3）将定义的属性创建为属性块。 向别墅立面图标注标高符号的操作提示： （1）将定义的标高符号复制到右侧的轴线尺寸上。 （2）对复制的标高符号值进行修改。			

第 9 章

选择题	题号	1	2	3
	答案	C	A	A
操作提示	（1）设置尺寸标注样式。 （2）使用【线性】命令标注细部尺寸。 （3）使用【快速标注】命令标注轴线尺寸。 （4）使用【线性】命令标注总尺寸。 （5）使用【编辑标注】命令对尺寸标注进行编辑。		

第 10 章

选择题	题号	1	2	3
	答案	A	A	C
操作提示	（1）新建名为"文本层"的新图层。 （2）设置名为"仿宋体"的文字样式。 （3）使用【快速引线】命令标注外墙面材质注释。 （4）使用【插入】命令插入轴编号的属性块，并对属性块进行编辑。		